| 大学数学基础丛书 |

微积分：微课版

（上册）

主　编　王金芝　楚振艳
副主编　丁淑妍　李　娇　李　阳

U0911779

清华大学出版社
北京

内容简介

本书由数学教师结合多年的教学实践经验编写而成. 本书编写过程中遵循教育教学的规律，对数学思想的讲解力求简单易懂，注重培养学生的思维方式和独立思考问题的能力. 每节后都配有相应的习题，习题的选配尽量典型多样，难度上层次分明，使学生能够掌握数学方法并运用所学知识解决实际问题. 书中还对重要数学概念配备了英文词汇.

全书分上、下两册出版，本书为上册. 上册主要包括：函数、极限和连续，导数与微分，微分中值定理与导数的应用，不定积分，定积分及其应用等内容. 全书把微积分和相关经济学知识有机结合，内容的深度以及广度与经济类、管理类各个专业的微积分教学要求相符合. 本书可供普通高等院校经济类、管理类、理工类少学时各专业作为教材使用，也可以供学生自学使用.

版权所有，侵权必究. 举报：010-62782989，beiqinquan@tup.tsinghua.edu.cn.

图书在版编目（CIP）数据

微积分：微课版. 上册 / 王金芝，楚振艳主编. -- 北京：清华大学出版社，2025. 9.
（大学数学基础丛书）. -- ISBN 978-7-302-70026-5

Ⅰ. O172

中国国家版本馆 CIP 数据核字第 2025RP4002 号

责任编辑： 刘　颖
封面设计： 傅瑞学
责任校对： 赵丽敏
责任印制： 丛怀宇

出版发行： 清华大学出版社

网　　址： https://www.tup.com.cn，https://www.wqxuetang.com
地　　址： 北京清华大学学研大厦 A 座　　**邮　　编：** 100084
社 总 机： 010-83470000　　**邮　　购：** 010-62786544
投稿与读者服务： 010-62776969，c-service@tup.tsinghua.edu.cn
质量反馈： 010-62772015，zhiliang@tup.tsinghua.edu.cn

印 装 者： 三河市铭诚印务有限公司
经　　销： 全国新华书店
开　　本： 185mm×260mm　　**印　　张：** 16　　**字　　数：** 390 千字
版　　次： 2025 年 9 月第 1 版　　**印　　次：** 2025 年 9 月第 1 次印刷
定　　价： 49.00 元

产品编号：111461-01

前言

PREFACE

微积分历经三百余年的发展，已臻于成熟，其应用范围广泛，不仅涵盖自然科学的各个领域，亦逐渐渗透至社会科学领域. 在当今社会，数学的思想、理论与方法已被广泛应用于自然科学、工程技术、企业管理乃至人文学科，“数学是高新技术的核心”这一观点已被普遍认同. 一方面，微积分作为当代大学生必修的核心课程，是开启科技领域大门的关键钥匙，对于学生后续课程的学习至关重要. 另一方面，微积分的学习过程亦是方法论教育的体现，有助于培养学生的理性思维品质和批判性思考能力，激发其主动性和创造力.

为了适应高等教育的发展及人工智能时代的需求，大连民族大学数学科学学院根据教育部对应用型本科人才培养的要求，遵循“以应用为导向，以适度为原则”的指导思想，依据教育部最新颁布的高等学校经济管理类及理工类少学时数学基础课程教学基本要求及研究生入学考试大纲，结合专业人才培养目标和教学改革的实际情况，组织了一批具有丰富教学经验的一线教师编写了本套微积分教材.

本套教材在吸收国内外优秀教材优点的基础上，融入了编者在教学实践中积累的宝贵经验. 编写过程中，特别强调数学的基本方法和技能，致力于培养学生的数学思维能力，提升学生的数学素养，体现数学既是一种工具，也是一种文化和方法论. 本书适用于高等学校经济管理类及理工类少学时专业的学生使用.

本书的特点主要体现在以下 4 个方面：

1. 优化内容结构，适度降低理论难度. 针对高等教育大众化的现状，结合教学实际和学生思维特点，部分以星号标注的题目或章节可选择性学习，适当调整了部分内容的深度和广度. 弱化了理论证明的讲授，凸显了数学思想和应用方面的要求.

2. 在重视基础知识和基本能力培养的同时，兼顾学生综合运用知识解决问题能力的提升. 例题和习题的选取经过精心设计，各节既有基础训练题，也有相当于考研和竞赛难度的综合性提高题，以本节知识内容为核心进行学习和训练. 提高题和各章的复习题，为学有余力的学生和准备考研的学生提供了进一步提升数学水平的渠道. 同时，在例题和习题中加入了与专业相关的应用题，旨在启迪思维，拓展学生运用所学知识解决实际问题的视野.

3. 内容编写遵循由浅入深的原则，逻辑清晰. 采用通俗易懂的语言和直观形象的表达方式，如使用“抓大头”“大势所趋”等表述，使基本概念和原理讲解通俗易懂,数学基本技能和技巧叙述准确明了,便于学生理解和掌握.

4. 本书配备了数字化教学资源,以助于读者深入学习和理解课程内容. 通过扫描二维码,读者能够获取以下资源:

(1) 每节内容的PPT;

(2) 重要知识点的释疑解难;

(3) 典型例题的讲解;

(4) 每章内容的发展历史及相关数学家简介,特别是中国数学家的贡献;

(5) 重点知识的归纳总结;

(6) 重点模块的拓展讲解;

(7) 难点习题的讲解;

(8) 超星平台学习资源链接.

本书上册第1章由李娇完成;第2章由李阳完成;第3章由王金芝完成;第4章由丁淑妍完成;第5章由刘强完成. 下册第1章由楚振艳完成;第2、4章由梁建华完成;第3章由董丽完成. 王金芝、楚振艳、刘强负责全书的统稿及修改定稿. 本套书籍的出版已获批大连民族大学教材出版项目.

本套教材的出版已获大连民族大学教材出版项目批准,借此契机,得以付梓. 本套教材的出版承蒙本校数学科学学院领导的鼎力支持,以及诸位老师提供的宝贵建议与帮助,在此谨向他们致以诚挚的谢意.

鉴于编者水平有限,书中难免存在不足和错误,恳请广大同行和读者不吝批评指正.

编　者

2025年7月

目录 CONTENTS

第 1 章

函数、极限和连续

Functions, limits and continuity

微积分研究的主要对象是函数. 研究函数通常有两种方法：一种方法是代数方法和几何方法的综合. 用这种方法常常只能研究函数的简单性质；另一种方法就是微积分的方法. 用这种方法能够研究函数的许多深刻性质，并且做起来相对简单. 微积分就是用极限的方法研究函数的一门学科.

1.1 函数

为了准确且深刻地理解函数的概念，集合知识是不可或缺的. 本节将简要地介绍集合的一些基本概念，在此基础上重点介绍函数的概念.

1.1.1 集合

1. 集合的概念

集合是具有某种属性的事物的全体，或是一些确定的对象汇集的总体. 组成集合的这些对象被称为集合的**元素**. 通常用大写斜体字母 A，B，C 等表示集合，用小写斜体字母 a，b，c 等表示集合的元素.

x 是集合 E 的元素，记为：$x\in E$（读作：x 属于 E）；

y 不是集合 E 的元素，记为：$y\notin E$（读作：y 不属于 E）.

如果集合 E 的任何元素都是集合 F 的元素，那么就称 E 是 F 的**子集合**，简称为**子集**，记为

$$E\subset F\text{（读作 }E\text{ 包含于 }F\text{），}$$

或者

$$F\supset E\text{（读作 }F\text{ 包含 }E\text{）.}$$

如果集合 E 的任何元素都是集合 F 的元素，并且集合 F 的任何元素也都是集合 E 的元素（即 $E\subset F$ 并且 $F\subset E$），那么称集合 E 与集合 F 相等，记为

$$E=F.$$

为了方便起见，我们引入一个不含任何元素的集合——空集 $\varnothing$. 我们还约定：空集 $\varnothing$ 是任何集合 E 的子集，即

$$\varnothing \subset E.$$

2. 集合的表示方法

(1) 列举法：将集合的元素一一列举出来，写在一个花括号{ }内.

例如，所有正整数组成的集合可以表示为 $\mathbf{Z}^+=\{1,2,\cdots,n,\cdots\}$. 由 $x^2-2x-3=0$ 的根组成的集合 A，可表示为 $A=\{-1,3\}$.

用列举法表示集合时，必须列出集合的所有元素，不得遗漏和重复.

(2) 描述法：将具有性质 $p(x)$ 的元素 x 所组成的集合 A 记作

$$A=\{x \mid x \text{ 具有性质 } p(x)\}.$$

例如，$x^2-2x-3=0$ 的解组成的集合 A，可表示为 $A=\{x \mid x^2-2x-3=0\}=\{-1,3\}$；$x^2-2x-3<0$ 的解组成的集合 B，可表示为 $B=\{x \mid -1<x<3\}$.

再比如，正整数集 $\mathbf{Z}^+$ 也可表示成

$$\mathbf{Z}^+=\{n \mid n=1,2,3,\cdots\};$$

所有实数的集合可表示成

$$\mathbf{R}=\{x \mid x \text{ 为实数}\}.$$

又如

$$A=\{(x,y) \mid x^2+y^2=1, x,y \text{ 为实数}\}$$

表示 xOy 平面单位圆周上点的集合.

全体自然数的集合，全体整数的集合，全体有理数的集合，全体实数的集合和全体复数的集合都是最常遇到的集合，我们约定分别用粗正体字母 **N**, **Z**, **Q**, **R** 和 **C** 来表示这些集合，即

N 表示全体自然数的集合；

Z 表示全体整数的集合；

Q 表示全体有理数的集合；

R 表示全体实数的集合；

C 表示全体复数的集合.

3. 特殊的集合——区间

在本书中经常遇到以下形式的实数集的子集——区间. 为了书写简练，将各种区间的符号、名称、定义列表如下(表1-1，其中 $a,b\in\mathbf{R}$ 且 $a<b$，$-\infty$，$+\infty$分别称为负无穷和正无穷).

表1-1 区间

符 号	名 称		定 义
(a,b)	有限区间	开区间	$\{x \mid a<x<b\}$
$[a,b]$		闭区间	$\{x \mid a\leqslant x\leqslant b\}$
$(a,b]$		左开右闭区间	$\{x \mid a<x\leqslant b\}$
$[a,b)$		左闭右开区间	$\{x \mid a\leqslant x<b\}$

续表

符　号	名　称		定　义
$(a,+\infty)$	无限区间	开区间	$\{x\mid a<x\}$
$[a,+\infty)$		闭区间	$\{x\mid a\leqslant x\}$
$(-\infty,a)$		开区间	$\{x\mid x<a\}$
$(-\infty,a]$		闭区间	$\{x\mid x\leqslant a\}$

4. 特殊的区间——邻域

设 $a\in\mathbf{R},\delta>0$. 称数轴上与点 a 的距离小于 δ 的点的全体为点 $\boldsymbol{a}$ **的** $\boldsymbol{\delta}$ **邻域**,记为 $U(a,\delta)$,即

$$U(a,\delta)=\{x\mid |x-a|<\delta\}=(a-\delta,a+\delta).$$

当不需要注明邻域的半径 δ 时,常将它表示为 $U(a)$,简称 a 的**邻域**.

数集 $\{x\mid 0<|x-a|<\delta\}$ 表示为 $\mathring{U}(a,\delta)$,即

$$\mathring{U}(a,\delta)=\{x\mid 0<|x-a|<\delta\}=(a-\delta,a)\cup(a,a+\delta)=(a-\delta,a+\delta)-\{a\},$$

也就是在 a 的 δ 邻域 $U(a,\delta)$ 中去掉 a,称为 a 的 δ **去心邻域**. 当不需要注明邻域半径 δ 时,常将它表示为 $\mathring{U}(a)$,简称 a 的去心邻域.

通常把区间 $(a-\delta,a)$ 和 $(a,a+\delta)$ 分别称为点 a 的左邻域和右邻域. 有时点 a 的左邻域和右邻域分别记为 $\mathring{U}(a^{-})$ 和 $\mathring{U}(a^{+})$.

1.1.2 函数的概念

在一个自然现象或技术过程中,常常有几个量同时变化,它们的变化并非彼此无关,而是相互联系着的,这是物质世界的一个普遍规律. 17 世纪初,数学首先从对运动(如天文、航海问题等)的研究中引出了函数这个基本概念. 在那以后的二百多年里,这个概念在几乎所有的科学研究工作中占据了中心位置.

例 1 球的半径 r 与该球的体积 V 互相联系着:对于任意的 $r\in[0,+\infty)$ 都对应一个球的体积 V. 已知 r 与 V 的对应关系是

$$V=\frac{4}{3}\pi r^{3}.$$

例 2 在标准大气压下,温度 T 与水的体积 V 互相联系着. 实测数据如表 1-2 所示,数集 $\{0,2,4,6,8,10,12,14\}$ 中每个温度 T 都对应一个体积 V,T 与 V 的对应关系用表 1-2 表示.

表 1-2 实测数据

温度 T/℃	0	2	4	6	8	10	12	14
体积 V/cm^3	100	99.990	99.987	99.990	99.998	100.012	100.032	100.057

上述两个实例，分属于不同的学科，实际意义完全不同. 但是，从数学角度看，它们有一个共同的特征：都有一个数集和一个对应关系，对于数集中任意数 x，按照对应关系都对应 $\mathbf{R}$ 中唯一一个数. 于是有如下的函数概念.

定义 1 设 D 是非空数集. 若存在对应关系 f，对 D 中任意数 x（常记为 $\forall$[①]$x\in D$），按照对应关系 f，都有唯一一个 $y\in\mathbf{R}$ 与之对应，则称 f 是定义在 D 上的**函数**，表示为

$$f: D\to\mathbf{R},$$

数 x 对应的数 y 称为 x 的**函数值**，表示为 $y=f(x)$. x 称为**自变量**，y 称为**因变量**. 数集 D 称为函数 f 的**定义域**，函数值的集合 $f(D)=\{f(x)\mid x\in D\}$ 称为函数 f 的**值域**.

根据函数定义不难看到，上述两例皆为函数的实例.

关于函数概念的几点说明.

(1) 用符号"$f: D\to\mathbf{R}$"表示 f 是定义在数集 D 上的函数，十分清楚、明确. 在本书中，为方便起见，我们约定，将"f 是定义在数集 D 上的函数"用符号"$y=f(x), x\in D$"表示. 当不需要指明函数 f 的定义域时，又可简写为"$y=f(x)$"，有时甚至笼统地说"$f(x)$ 是 x 的函数(值)".

(2) 根据函数定义，虽然函数都存在定义域，但常常并不明确指出函数 $y=f(x)$ 的定义域，这时认为函数的定义域是自明的，即定义域是使函数 $y=f(x)$ 有意义的实数 x 的集合 $D=\{x\mid f(x)\in\mathbf{R}\}$. 例如，函数 $f(x)=\sqrt{1-x^2}$，没有指出它的定义域，那么它的定义域就是使函数 $f(x)=\sqrt{1-x^2}$ 有意义的实数 x 的集合，即闭区间

$$[-1,1]=\{x\mid\sqrt{1-x^2}\in\mathbf{R}\}.$$

具有实际意义的函数，它的定义域要受实际意义的约束. 例如，上述例 1，半径为 r 的球的体积 $V=\frac{4}{3}\pi r^3$ 这个函数，从抽象的函数意义来说，r 可取任意实数；从它的实际意义来说，半径 r 不能取负数，因此它的定义域是区间 $[0,+\infty)$.

(3) 函数定义指出：$\forall x\in D$，按照对应关系 f，对应唯一一个 $y\in\mathbf{R}$，这样的对应就是所谓的单值对应. 反之，一个 $y\in f(D)$ 就不一定只有一个 $x\in D$，使 $y=f(x)$. 例如，函数 $y=\sin x$. $\forall x\in\mathbf{R}$，对应唯一一个 $y=\sin x\in\mathbf{R}$，反之，对 $y=1$，却有无限多个 $x=2k\pi+\frac{\pi}{2}\in\mathbf{R}, k\in\mathbf{N}$，按照对应关系 $y=\sin x$，x 都对应 1. 即

$$\sin\left(2k\pi+\frac{\pi}{2}\right)=1,\quad k\in\mathbf{N}.$$

(4) 在函数 $y=f(x)$ 的定义中，要求对应于 x 值的 y 值是唯一确定的，这种函数也称为**单值函数**. 如果取消唯一这个要求，即对应于 x 值，可以有两个以上确定的 y 值与之对应，那么函数 $y=f(x)$ 称为**多值函数**. 例如，函数 $y=\pm\sqrt{r^2-x^2}$ 是多(双)值函数.

今后如果没有特别声明，我们所讨论的函数都限于单值函数.

(5) 有时一个函数要用几个表达式来表示，这种在自变量的不同变化范围内函数表达

---

① "$\forall$"读作"对于任意的"，并表示此含义.

式不同的函数称为**分段函数**.

实际应用中很多问题都是用分段函数表示的.

例 3 取整函数 $y=[x]$,$[x]$表示不超过 x 的最大整数(如图 1-1 所示). 如$[2.5]=2$,$[3]=3$,$[0]=0$,$[-\pi]=-4$.

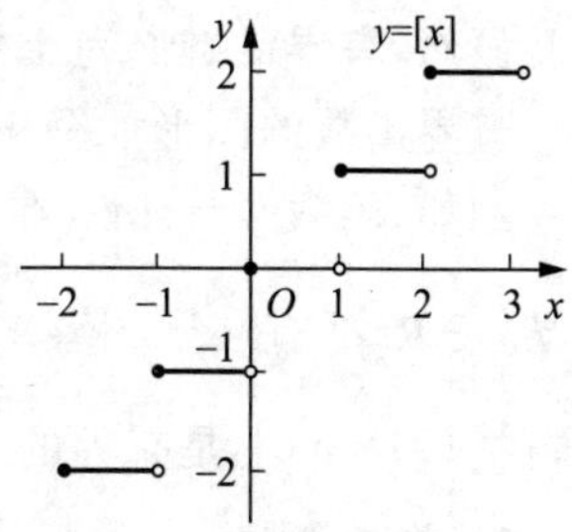

图 1-1 取整函数的图像

例 4 (1) 符号函数 $\operatorname{sgn}x=\begin{cases}-1, & x<0,\\ 0, & x=0,\\ 1, & x>0,\end{cases}$ 其图形如图 1-2(a)所示;

(2) 绝对值函数 $y=|x|=\begin{cases}x, & x\geqslant 0,\\ -x, & x<0,\end{cases}$ 其图形如图 1-2(b)所示;

(3) 分段函数 $y=\begin{cases}x+1, & x<0,\\ 0, & x=0,\\ x-1, & x>0.\end{cases}$ 其图形如图 1-2(c)所示.

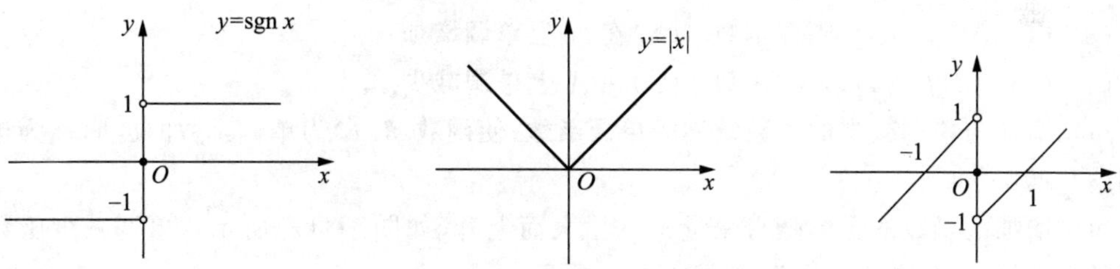

(a) 符号函数　(b) 绝对值函数　(c) 分段函数

图 1-2 三种函数的图像

绝对值及其运算具有下列性质:

(1) $|x|=\sqrt{x^2}$; (2) $|x|\geqslant 0$; (3) $|x|=|-x|$; (4) $-|x|\leqslant x\leqslant |x|$;

(5) 如果 $a>0$,则$\{x\,|\,|x|<a\}=\{x\,|\,-a<x<a\}=(-a,a)$;

(6) 如果 $b>0$,则$\{x\,|\,|x|>b\}=\{x\,|\,x<-b\}\cup\{x\,|\,x>b\}=(-\infty,-b)\cup(b,+\infty)$;

(7) $|x+y|\leqslant|x|+|y|$; (8) $|x-y|\geqslant|x|-|y|$;

(9) $|xy|=|x|\cdot|y|$; (10) $\left|\dfrac{x}{y}\right|=\dfrac{|x|}{|y|}$, $y\neq 0$.

1.1.3 函数的基本特性

1. 有界函数

定义 2 设函数 $f(x)$在集合 D 上有定义,若存在常数 M,使得对任意 $x\in D$,恒有:

(1) $|f(x)|\leqslant M(M>0)$,称函数 $f(x)$在 D 上有界;

(2) $f(x)\leqslant M$,称函数 $f(x)$在 D 上有上界;

(3) $f(x)\geqslant M$,称函数 $f(x)$在 D 上有下界;

(4) 若对于任意给定的 $M>0$,存在 $x_M\in D$,满足 $|f(x_M)|>M$,则称 $f(x)$ 在 D 上无界.

显然,**有界函数必有上界和下界;反之,既有上界又有下界的函数必有界.**

有界函数的图形如图 1-3 所示,曲线 $y=f(x)$ 夹在两条直线 $y=M$ 和 $y=-M$ 之间.

例如,函数 $y=\sin x$ 在 $(-\infty,+\infty)$ 内是有界的,因为对 $\forall x\in\mathbf{R}$,都有 $|\sin x|\leqslant 1$. 函数 $y=\dfrac{1}{x}$ 在 $(0,2)$ 内是无界的,在 $[1,+\infty)$ 上是有界的.

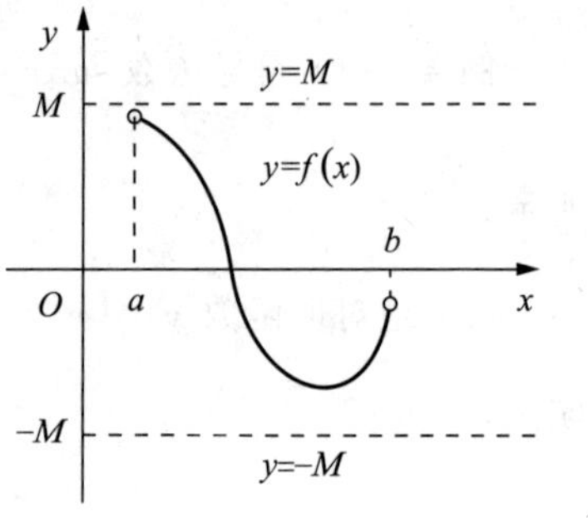

图 1-3 有界函数示意图

2. 单调函数

定义 3 设函数 $f(x)$ 在数集 A 上有定义,$\forall x_1,x_2\in A$ 且 $x_1<x_2$,若:

(1) $f(x_1)<f(x_2)$,则称函数 $f(x)$ 在 A 上**严格单调增加**;

(2) $f(x_1)>f(x_2)$,则称函数 $f(x)$ 在 A 上**严格单调减少**;

(3) $f(x_1)\leqslant f(x_2)$,则称函数 $f(x)$ 在 A 上**单调增加**;

(4) $f(x_1)\geqslant f(x_2)$,则称函数 $f(x)$ 在 A 上**单调减少**.

单调增加与单调减少的函数统称为**单调函数**,使函数 $f(x)$ 为单调函数的区间称为**单调区间**.

单调增加的函数的图形随自变量 x 的增大而上升(如图 1-4(a)所示);单调减少函数的图形随自变量 x 的增大而下降(如图 1-4(b)所示).

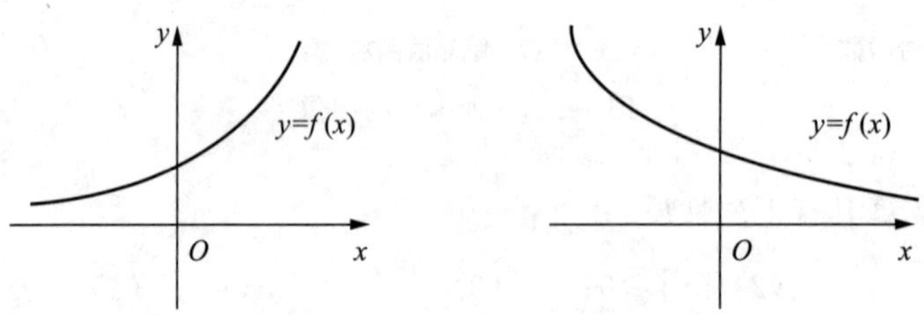

(a) 严格单调增加　　(b) 严格单调减少

图 1-4 单调函数示意图

例如,(1) 函数 $y=x^3$ 在 $(-\infty,+\infty)$ 内是严格单调增加的. (2) 函数 $y=2x^2+1$ 在 $(-\infty,0)$ 内是严格单调减少的,在 $[0,+\infty)$ 内是严格单调增加的. 因此,在 $(-\infty,+\infty)$ 内,$y=2x^2+1$ 不是单调函数.

3. 奇函数与偶函数

定义 4 设函数 $f(x)$ 的定义域为集合 D,若 $\forall x\in D$,有 $-x\in D$,并且

(1) 若 $f(-x)=-f(x)$,则称函数 $f(x)$ 是**奇函数**.

(2) 若 $f(-x)=f(x)$,则称函数 $f(x)$ 是**偶函数**.

奇函数的图像关于原点对称,偶函数的图像关于 y 轴对称,如图 1-5 所示.

例如,函数 $y=x^4-2x^2$, $y=\sqrt{1-x^2}$, $y=\dfrac{\sin x}{x}$ 皆为偶函数;函数 $y=\dfrac{1}{x}$, $y=x^3$, $y=$

$x^2\sin x$ 皆为奇函数.

也有既非奇函数也非偶函数的函数.例如,$y=x+1$,$y=\ln[(2-x)(x+1)]$.

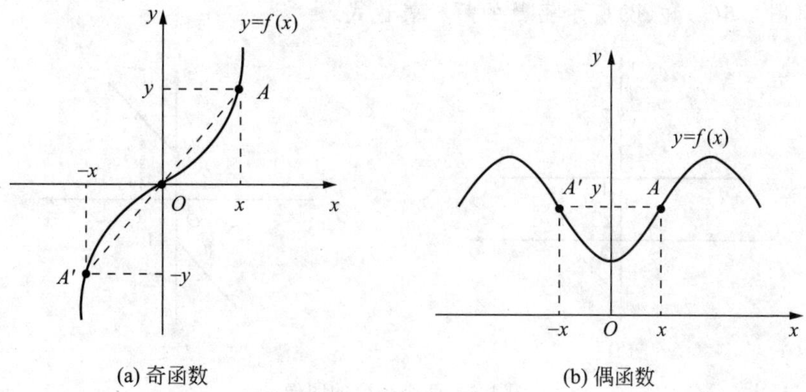

图 1-5 奇、偶函数示意图

4. 周期函数

定义 5 设函数 $f(x)$ 定义在数集 D 上,若 $\exists l>0$,$\forall x\in D$,有 $x\pm l\in D$,且

$$f(x\pm l)=f(x),$$

则称函数 $f(x)$ 是**周期函数**,l 称为函数 $f(x)$ 的一个**周期**.

若 l 是函数 $f(x)$ 的周期,则 $2l$ 也是它的周期.不难用归纳法证明,若 l 是函数 $f(x)$ 的周期,则 $nl\,(n\in\mathbf{Z}^+)$ 也是它的周期.若函数 $f(x)$ 有最小的正周期,通常将这个最小正周期称为函数 $f(x)$ 的**基本周期**,简称为**周期**.

例如,$y=\sin x$ 就是周期函数,周期为 2π.再如,常函数 $y=1$ 也是周期函数,任意正的实数都是它的周期.

习题 1.1

二维码 1.1

1. 判断下面的函数是否相同,并说明理由.

(1) $y=1$ 与 $y=\sin^2 x+\cos^2 x$; (2) $y=2x+1$ 与 $x=2y+1$.

2. 求下列函数的定义域:

(1) $y=\sin\sqrt{4-x^2}$; (2) $y=\dfrac{1}{x^2-4x+3}+\sqrt{x+2}$;

(3) $y=\dfrac{1}{\sqrt{\ln(x-1)}}$; (4) $y=\tan(x+1)$.

3. 设 $f(x)=\begin{cases}2^x, & -1<x<0,\\ 2, & 0\leqslant x<1,\\ x-1, & 1\leqslant x\leqslant 3,\end{cases}$ 求 $f(3)$,$f(2)$,$f(0)$,$f\left(\dfrac{1}{2}\right)$,$f\left(-\dfrac{1}{2}\right)$.

4. 设 $f(x)=\begin{cases}2x+1, & x\geqslant 0,\\ x^2+4, & x<0,\end{cases}$ 求 $f(x-1)+f(x+1)$.

5. 某快递公司的收费标准如下：首重 1 千克收费 10 元，超出部分每千克加收 5 元，请将付费金额 C 元表示为质量 x 千克的函数，其中 $0<x<6$.

6. 写出图 1-6(a)和(b)所示函数的解析表达式.

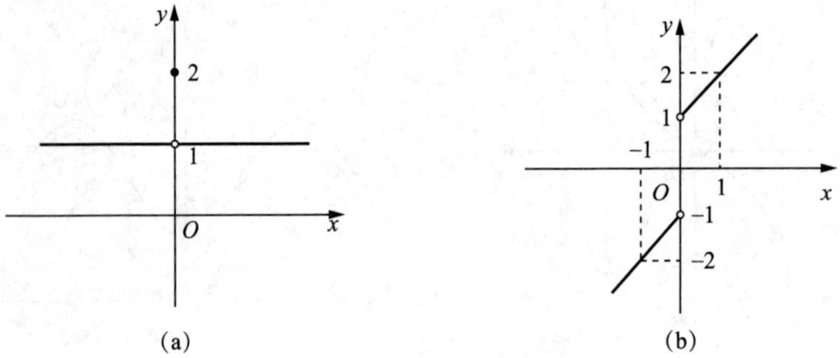

图 1-6 两个函数的图像

7. 已知 $f(x)$是二次多项式，且 $f(x+1)-f(x)=8x+3$，求 $f(x)$.

8. 判定下列函数的奇偶性：

(1) $f(x)=\dfrac{1-x^2}{\cos x}$；　　(2) $f(x)=\ln(x+\sqrt{1+x^2})$；

(3) $f(x)=(x^2+x)\sin x$；　　(4) $f(x)=\begin{cases}1-\mathrm{e}^{-x}, & x\leqslant 0,\\ \mathrm{e}^x-1, & x>0.\end{cases}$

9. 证明下列函数在指定区间内的单调性：

(1) $y=x^2,(-1,0)$；　(2) $y=\sin x,\left(-\dfrac{\pi}{2},\dfrac{\pi}{2}\right)$；　(3) $y=\dfrac{x}{1+x},(-1,+\infty)$.

提高题

1. 设 $f(x)$是周期为 4 的奇函数，且 $f(x)=x^2-2x,x\in[0,2]$，求 $f(7)$.

2. 设下面所考虑的函数都是定义在对称区间$(-L,L)$内的，证明：

(1) 两个偶函数的和是偶函数，两个奇函数的和是奇函数.

(2) 两个偶函数的乘积是偶函数，两个奇函数的乘积是偶函数，偶函数与奇函数的乘积是奇函数.

3. 证明函数 $y=\dfrac{x}{x^2+1}$在$(-\infty,+\infty)$上是有界的.

4. 证明函数 $y=\dfrac{1}{x^2}$在$(0,1)$内是无界的.

5. 判断函数 $f(x)=x\sin x$ 在 $\mathbf{R}$ 上是否有界，并说明理由.

6. 定义在 $\mathbf{R}$ 上的函数 $y=f(x)$满足 $f(0)\neq 0$，当 $x>0$ 时，$f(x)>1$，且对任意 $a,b\in\mathbf{R}$，$f(a+b)=f(a)f(b)$.

(1) 求 $f(0)$；

(2) 求证：对任意 $x\in\mathbf{R}$，有 $f(x)>0$；

(3) 求证：$f(x)$在 $\mathbf{R}$ 上是增函数.

1.2 初等函数

1.2.1 反函数

在初等数学中已经学习了反函数，鉴于其重要性，我们复习反函数的概念及其图像.

在圆的面积公式(函数)

$$S=\pi r^2$$

中，半径 r 是自变量，面积 S 是因变量，即对任意半径 $r\in[0,+\infty)$，均对应唯一一个面积 S. 这个函数还有一个性质：对任意面积 $S\in[0,+\infty)$，按此对应关系，也对应唯一一个半径 r，即

$$r=\sqrt{\frac{S}{\pi}}.$$

函数 $r=\sqrt{\frac{S}{\pi}}$ 就是函数 $S=\pi r^2$ 的反函数.

在函数定义中，已知函数 $y=f(x)$，对任意 $x\in X$，按照对应关系 f，$\mathbf{R}$ 中有唯一一个 y 与之相对应，但对任意一个 $y\in f(X)$，不一定仅有唯一一个 $x\in X$，使 $f(x)=y$. 即一个函数不一定存在反函数.

定义 1 设函数 $y=f(x)$，$x\in X$. 若对任意 $y\in f(X)$，有唯一一个 $x\in X$ 与之对应，使 $f(x)=y$，则在 $f(X)$ 上定义了一个函数，记为

$$x=f^{-1}(y),\quad y\in f(X),$$

称为函数 $y=f(x)$ 的**反函数**. $y=f(x)$ 称为直接函数.

$y=f(x)$ 与 $x=f^{-1}(y)$ 互为反函数.

反函数的实质在于它所表示的对应规律，用什么字母来表示反函数中的自变量与因变量是无关紧要的. 习惯上仍把自变量记作 x，因变量记作 y，则函数 $y=f(x)$ 的反函数 $x=f^{-1}(y)$ 写作 $y=f^{-1}(x)$.

$y=f^{-1}(x)$ 的图形与 $y=f(x)$ 的图形关于直线 $y=x$ 对称(参见图 1-7).

$x=f^{-1}(y)$ 记作 $y=f^{-1}(x)$ 并不影响函数的对应规律，表 1-3 中举例说明.

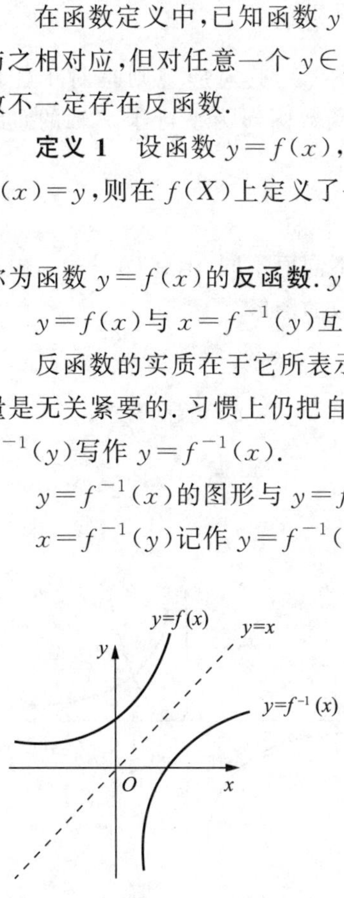

图 1-7 直接函数与反函数示意图

表 1-3 反函数

函数	反函数	反函数
$y=2x+1$	$x=\frac{y-1}{2}$	$y=\frac{x-1}{2}$
$y=a^x$	$x=\log_a y$	$y=\log_a x$
$y=x^3$	$x=\sqrt[3]{y}$	$y=\sqrt[3]{x}$

由函数严格单调的定义不难证明以下定理.

定理 1 若函数 $y=f(x)$ 在某区间 X 上严格单调增加(严格单调减少),则函数 $y=f(x)$ 存在反函数,且反函数 $x=f^{-1}(y)$ 在 $f(X)$ 上也严格单调增加(严格单调减少).

证明从略,作为练习.

注 1 定理 1 的条件“函数是严格单调”中“严格”两字不可忽略. 如 $y=[x]$ 具有单调性,但因为它不是严格单调的函数,它不存在反函数.

注 2 函数是严格单调的仅是存在反函数的充分条件,如函数

$$y=\begin{cases}-x+1, & -1\leqslant x<0,\\ x, & 0\leqslant x\leqslant 1\end{cases}$$

在区间 $[-1,1]$ 上不是单调函数,但它存在反函数

$$x=f^{-1}(y)=\begin{cases}y, & 0\leqslant y\leqslant 1,\\ 1-y, & 1<y\leqslant 2.\end{cases}$$

1.2.2 基本初等函数

以下 6 种函数称为基本初等函数.

1. 常值函数

常值函数 $y=C$,其中 C 为常数,其定义域为 $(-\infty,+\infty)$,其对应规则是对于任何 $x\in(-\infty,+\infty)$,x 所对应的函数值 y 恒等于常数 C,其函数图形为平行于 x 轴的直线(图 1-8).

2. 幂函数

幂函数 $y=x^a$ (a 为任意常数)的定义域和值域因 a 的不同而不同,但在 $(0,+\infty)$ 内都有定义,且图形经过点 $(1,1)$. 图 1-9 给出了常见的几个幂函数的图形.

同底数幂的运算公式如下(其中 m,n 为正整数):

$$x^nx^m=x^{n+m};\quad \frac{x^n}{x^m}=x^{n-m};\quad (x^n)^m=x^{nm};\quad (xy)^n=x^ny^n;$$

$$x^{-n}=\frac{1}{x^n};\quad x^{\frac{1}{n}}=\sqrt[n]{x};\quad x^{\frac{m}{n}}=\sqrt[n]{x^m};\quad x^{-\frac{m}{n}}=\frac{1}{\sqrt[n]{x^m}}.$$

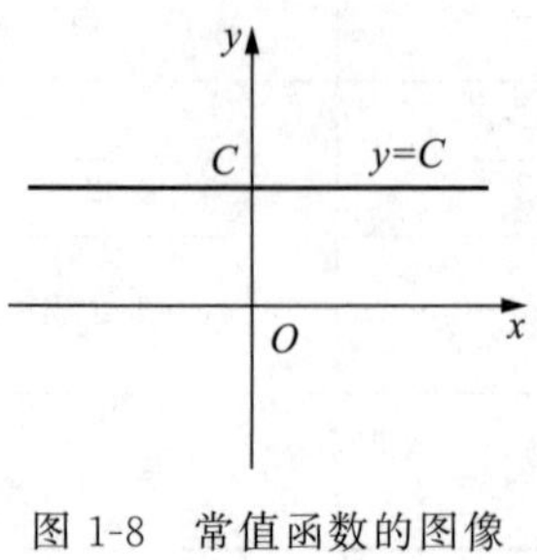

图 1-8 常值函数的图像

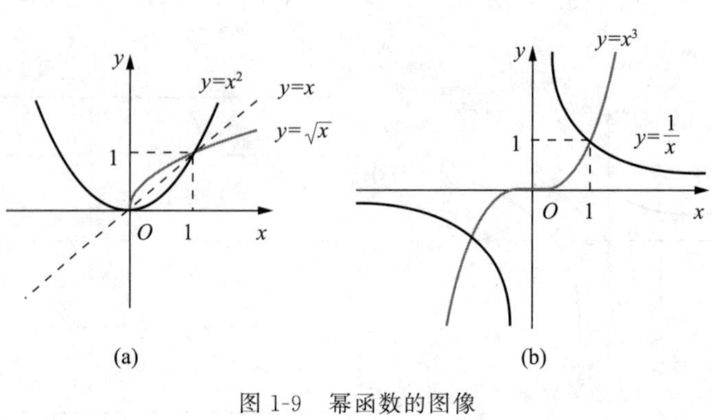

图 1-9 幂函数的图像

3. 指数函数

指数函数 $y=a^x(a>0,a\neq1)$ 的定义域为 $(-\infty,+\infty)$，值域为 $(0,+\infty)$，图形都经过点 $(0,1)$. 当 $a>1$ 时，$y=a^x$ 单调增加；当 $0<a<1$ 时，$y=a^x$ 单调减少. 指数函数的图形均在 x 轴上方，如图 1-10 所示.

指数函数的运算公式如下：

$$a^{x+y}=a^xa^y;\qquad a^{x-y}=\frac{a^x}{a^y};\qquad (a^x)^y=a^{xy};\qquad (ab)^x=a^xb^x.$$

4. 对数函数

对数函数 $y=\log_a x(a>0,a\neq1)$ 是指数函数 $y=a^x$ 的反函数. 由直接函数与反函数的关系知，对数函数的定义域为 $(0,+\infty)$，值域为 $(-\infty,+\infty)$，图形经过点 $(1,0)$，当 $a>1$ 时，$y=\log_a x$ 单调增加；当 $0<a<1$ 时，$y=\log_a x$ 单调减少. 对数函数的图形在 y 轴的右侧，如图 1-11 所示.

对数函数的运算及性质如下：

$$\log_a 1=0;\qquad \log_a a=1;\qquad \log_a MN=\log_a M+\log_a N;$$

$$\log_a \frac{M}{N}=\log_a M-\log_a N;\qquad \log_a M^n=n\log_a M;\qquad \log_a M=\frac{\log_b M}{\log_b a}.$$

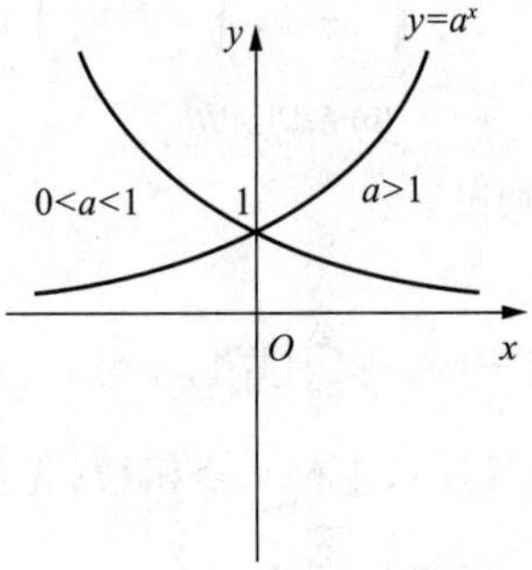

图 1-10 指数函数的图像

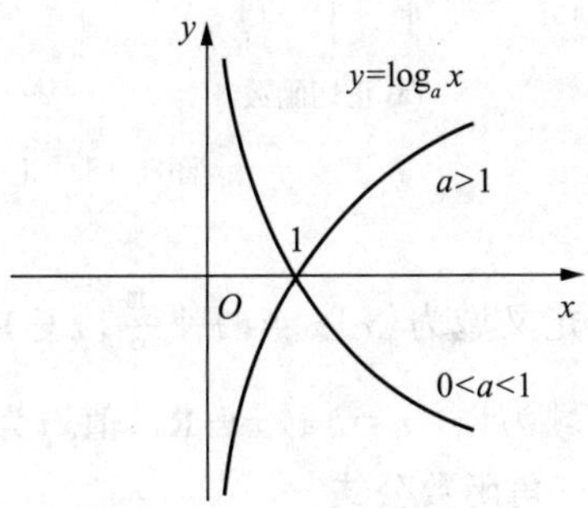

图 1-11 对数函数的图像

当 $a=\mathrm{e}$ 时，$y=\log_{\mathrm{e}} x$ 简记为 $y=\ln x$，它是常见的对数函数，称为**自然对数**，其中 $\mathrm{e}=2.71828182845905\cdots$ 为无理数.

5. 三角函数

三角函数有

正弦函数 $y=\sin x$； 余弦函数 $y=\cos x$；

正切函数 $y=\tan x$； 余切函数 $y=\cot x$；

正割函数 $y=\sec x=\dfrac{1}{\cos x}$； 余割函数 $y=\csc x=\dfrac{1}{\sin x}$.

$\sin x$ 和 $\cos x$ 的定义域为 $(-\infty,+\infty)$，值域为 $[-1,1]$，都以 2π 为周期. $\sin x$ 是奇函数，$\cos x$ 是偶函数，如图 1-12 所示.

$\tan x$ 的定义域是 $\left\{x\,\middle|\,x\neq k\pi+\dfrac{\pi}{2},x\in\mathbf{R}\right\}$，$\cot x$ 的定义域是 $\{x\mid x\neq k\pi,x\in\mathbf{R}\}$（$k$ 为整数）. 它们都以 π 为周期，且都是奇函数，如图 1-13 所示.

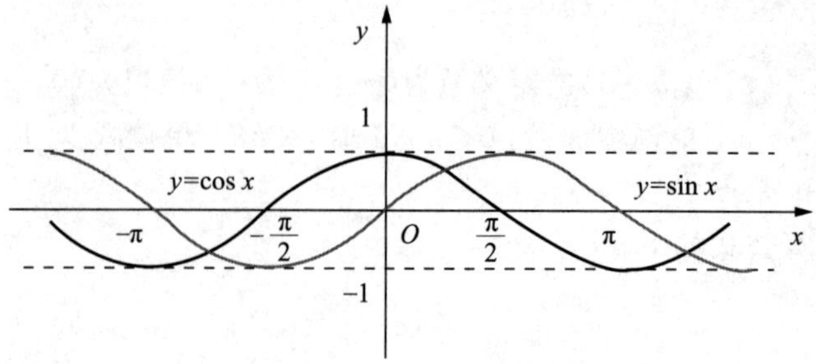

图 1-12 正弦、余弦函数的图像

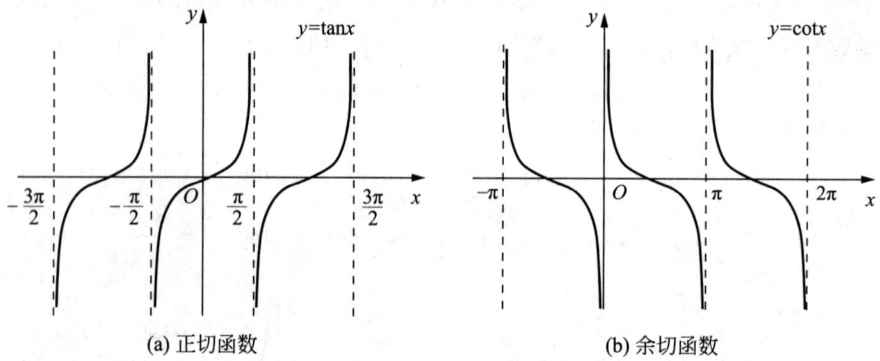

图 1-13 正切、余切函数的图像

$\sec x$ 的定义域为$\left\{x \mid x \neq k\pi+\frac{\pi}{2}, x \in \mathbf{R}\right\}$，值域为$(-\infty,-1]\cup[1,+\infty)$，偶函数，无界.

$\csc x$ 的定义域为$\{x \mid x \neq k\pi, x \in \mathbf{R}\}$，值域为$(-\infty,-1]\cup[1,+\infty)$，奇函数，无界.

常用的三角函数公式

(1) 平方和公式：

$$\sin^2\alpha+\cos^2\alpha=1,\quad 1+\tan^2\alpha=\sec^2\alpha,\quad 1+\cot^2\alpha=\csc^2\alpha.$$

(2) 倍角公式：

$$\sin2\alpha=2\sin\alpha\cos\alpha,\quad \cos2\alpha=\cos^2\alpha-\sin^2\alpha=2\cos^2\alpha-1=1-2\sin^2\alpha.$$

(3) 半角公式(降幂公式)：

$$\sin^2\frac{\alpha}{2}=\frac{1-\cos\alpha}{2},\quad \cos^2\frac{\alpha}{2}=\frac{1+\cos\alpha}{2}.$$

(4) 和角公式：

$$\sin(\alpha\pm\beta)=\sin\alpha\cos\beta\pm\cos\alpha\sin\beta;\quad \cos(\alpha\pm\beta)=\cos\alpha\cos\beta\mp\sin\alpha\sin\beta.$$

(5) 和差化积公式：

$$\sin\alpha+\sin\beta=2\sin\frac{\alpha+\beta}{2}\cos\frac{\alpha-\beta}{2};\quad \sin\alpha-\sin\beta=2\cos\frac{\alpha+\beta}{2}\sin\frac{\alpha-\beta}{2};$$

$$\cos\alpha+\cos\beta=2\cos\frac{\alpha+\beta}{2}\cos\frac{\alpha-\beta}{2};\quad \cos\alpha-\cos\beta=-2\sin\frac{\alpha+\beta}{2}\sin\frac{\alpha-\beta}{2}.$$

(6) 积化和差公式：

$$\sin\alpha\cos\beta=\frac{1}{2}[\sin(\alpha+\beta)+\sin(\alpha-\beta)];$$

$$\cos\alpha\cos\beta=\frac{1}{2}[\cos(\alpha+\beta)+\cos(\alpha-\beta)];$$

$$\sin\alpha\sin\beta=-\frac{1}{2}[\cos(\alpha+\beta)-\cos(\alpha-\beta)].$$

6. 反三角函数

反三角函数是各三角函数在其特定的单调区间上的反函数.

(1) 反正弦函数 $y=\arcsin x$ 是正弦函数 $y=\sin x$ 在区间 $\left[-\frac{\pi}{2},\frac{\pi}{2}\right]$ 上的反函数，其定义域为 $[-1,1]$，值域为 $\left[-\frac{\pi}{2},\frac{\pi}{2}\right]$，如图 1-14(a)所示.

$$\arcsin 1=\frac{\pi}{2};\quad \arcsin\left(-\frac{1}{2}\right)=-\frac{\pi}{6};\quad \arcsin 0=0;\quad \arcsin\frac{\sqrt{2}}{2}=\frac{\pi}{4}.$$

(2) 反余弦函数 $y=\arccos x$ 是余弦函数 $y=\cos x$ 在区间 $[0,\pi]$ 上的反函数，其定义域为 $[-1,1]$，值域为 $[0,\pi]$，如图 1-14(b)所示.

$$\arccos 1=0;\quad \arccos\left(-\frac{1}{2}\right)=\frac{2\pi}{3};\quad \arccos 0=\frac{\pi}{2};$$

$$\arccos\frac{\sqrt{2}}{2}=\frac{\pi}{4};\quad \arcsin x+\arccos x=\frac{\pi}{2}.$$

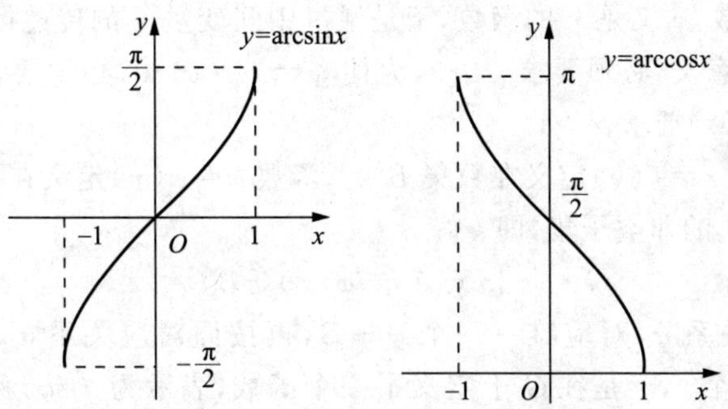

(a) 反正弦函数　　(b) 反余弦函数

图 1-14 反正弦、反余弦函数的图像

(3) 反正切函数 $y=\arctan x$ 是正切函数 $y=\tan x$ 在区间 $\left(-\frac{\pi}{2},\frac{\pi}{2}\right)$ 内的反函数，其定义域为 $(-\infty,+\infty)$，值域为 $\left(-\frac{\pi}{2},\frac{\pi}{2}\right)$，如图 1-15(a)所示.

$$\arctan 0=0;\quad \arctan\left(-\frac{\sqrt{3}}{3}\right)=-\frac{\pi}{6};\quad \arctan\sqrt{3}=\frac{\pi}{3};\quad \arctan 1=\frac{\pi}{4}.$$

(4) 反余切函数 $y=\operatorname{arccot}x$ 是余切函数 $y=\cot x$ 在区间$(0,\pi)$内的反函数,其定义域为$(-\infty,+\infty)$,值域为$(0,\pi)$,如图1-15(b)所示.

$$\operatorname{arccot}0=\frac{\pi}{2};\quad \operatorname{arccot}\left(-\frac{\sqrt{3}}{3}\right)=\frac{2\pi}{3};\quad \operatorname{arccot}\sqrt{3}=\frac{\pi}{6};$$

$$\operatorname{arccot}1=\frac{\pi}{4};\quad \arctan x+\operatorname{arccot}x=\frac{\pi}{2}.$$

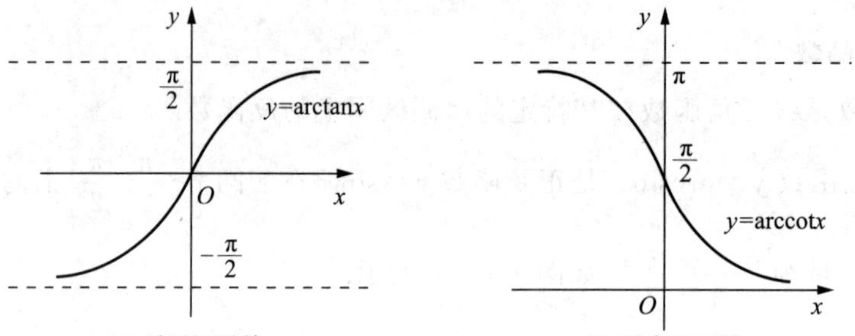

(a) 反正切函数　　(b) 反余切函数

图1-15 反正切、反余切函数的图像

1.2.3 复合函数

由两个或两个以上的函数用所谓"中间变量"传递的方法能产生新的函数. 例如,函数

$$z=\ln y\quad 与\quad y=x-1,$$

由"中间变量"y 的传递生成新函数

$$z=\ln(x-1),$$

在这里,z 是 y 的函数,y 又是 x 的函数,于是通过中间变量 y 的传递得到 z 是 x 的函数. 为了使函数 $z=\ln y$ 有意义,必须要求 $y>0$,为使 $y=x-1>0$,必须要求 $x>1$. 于是对函数 $z=\ln(x-1)$来说,必须要求 $x>1$.

定义2 设函数 $z=f(y)$定义在数集 B 上,函数 $y=\varphi(x)$定义在数集 A 上,G 是 A 中使 $y=\varphi(x)\in B$ 的 x 的非空子集,即

$$G=\{x\mid x\in A,\quad \varphi(x)\in B\}\neq\varnothing.$$

$\forall x\in G$,按照对应关系 φ,对应唯一一个 $y\in B$,再按照对应关系 f,对应唯一一个 z,即 $\forall x\in G$ 对应唯一一个 z,于是在 G 上定义了一个函数,表示为 $f\circ\varphi$,称为函数 $y=\varphi(x)$与 $z=f(y)$的**复合函数**,即

$$(f\circ\varphi)(x)=f[\varphi(x)],\quad x\in G,$$

y 称为中间变量,今后经常将函数 $y=\varphi(x)$与 $z=f(y)$的复合函数表示为

$$z=f[\varphi(x)],\quad x\in G.$$

例如,函数 $z=\sqrt{y}$ 的定义域是区间$[0,+\infty)$,函数 $y=(x-1)(2-x)$的定义域是 $\mathbf{R}$. 为使其生成复合函数,必须要求

$$y=(x-1)(2-x)\geqslant 0,$$

即 $1\leqslant x\leqslant 2$,于是,$\forall x\in[1,2]$,函数 $y=(x-1)(2-x)$与 $z=\sqrt{y}$ 生成了复合函数

$$z=\sqrt{(x-1)(2-x)}.$$

以上是两个函数生成的复合函数.不难将复合函数的概念推广到有限个函数生成的复合函数.例如,三个函数

$$u=\sqrt{z},\quad z=\ln y,\quad y=2x+3$$

生成的复合函数是

$$u=\sqrt{\ln(2x+3)},\quad x\in[-1,+\infty).$$

我们不仅能够将若干简单的函数生成为复合函数,而且还要善于将复合函数"分解"为若干简单的函数,例如,函数

$$y=\tan^5\sqrt[3]{\lg\arcsin x}$$

是由五个简单函数 $y=u^5$,$u=\tan v$,$v=\sqrt[3]{w}$,$w=\lg t$,$t=\arcsin x$ 所生成的复合函数.

1.2.4 初等函数

由基本初等函数经有限次四则运算和复合运算得到并且能用一个式子表示的函数,称为**初等函数**.

例如,$y=3x^2+\sin 4x$,$y=\ln(x+\sqrt{1+x^2})$,$y=\arctan 2x^3+\sqrt{\lg(x+1)}+\dfrac{\sin x}{x^2+1}$都是初等函数.

分段函数一般不属于初等函数,因为它是多个表达式的函数.但也有例外,如分段函数 $y=|x|=\sqrt{x^2}$,可以看成 $y=\sqrt{u}$,$u=x^2$ 两个基本初等函数复合而成的,故 $y=|x|$是初等函数.显然两个初等函数经过四则运算或复合所得的函数也为初等函数.所以当 $f(x)$为初等函数时,$|f(x)|$也为初等函数.

例 1 证明 $u=u(x)$,$v=v(x)$在非空数集 D 上都是初等函数,且 $u(x)>0$,则幂指函数 $y=u(x)^{v(x)}$ 也为初等函数.

证明 因为 $y=u(x)^{v(x)}=e^{v(x)\ln u(x)}=e^w$,$w=v(x)\ln u(x)$;而 e^w,$w=v(x)\ln u(x)$ 均为初等函数,所以由 $y=e^w$,$w=v(x)\ln u(x)$复合而成的函数 $y=u(x)^{v(x)}$ 也为初等函数.

例 2 判断函数 $f(x)=\begin{cases}1, & x<a,\\ 0, & x>a\end{cases}$ 是否为初等函数?

解 因为 $f(x)=\dfrac{1}{2}\left(1-\dfrac{\sqrt{(x-a)^2}}{x-a}\right)$,显然这种形式的 $f(x)$为初等函数.

习题 1.2

二维码 1.2

1. 下列初等函数是由哪些基本初等函数复合而成的?

(1) $y=\sqrt[3]{\arcsin a^x}$; (2) $y=\sin^3\ln x$;

(3) $y=a^{\tan x^2}$; (4) $y=\ln[\ln^2(\ln^3 x)]$;

(5) $y=(1+x)^{20}$; (6) $y=2^{\sin^2 x}$.

2. 设 $f(x+1)=\dfrac{x+1}{x+5}$,求 $f(x)$,$f(x-1)$.

3. 已知函数 $f(x)=\begin{cases}1, & |x|\leqslant 1,\\ 0, & |x|>1,\end{cases}$ 则 $f[f(x)]=$________.

4. 设 $f(x)=\arcsin x$，求 $f(0)$，$f(-1)$，$f\left(-\dfrac{\sqrt{2}}{2}\right)$，$f\left(\dfrac{\sqrt{3}}{2}\right)$.

5. 设 $g(x)=\arctan x$，求 $g(0)$，$g(1)$，$g(\sqrt{3})$，$g(-1)$.

提高题

1. 设 $f(x)$ 为奇函数，$g(x)$ 为偶函数，试证：$f[f(x)]$ 为奇函数，$g[f(x)]$ 为偶函数.

2. 求下列函数的反函数：

(1) $y=\dfrac{1-x}{1+x}$； (2) $y=2\sin 3x$； (3) $y=\dfrac{2^x}{2^x+1}$.

3. 设 $f(x)=\begin{cases}1, & |x|<1,\\ 0, & |x|=1,\\ -1, & |x|>1,\end{cases}$ $g(x)=\mathrm{e}^x$，求 $f[g(x)]$.

*1.3 常用经济函数

1.3.1 需求函数

在经济学中，购买者(消费者)对商品的需求这一概念的含义是购买者既有购买商品的愿望，又有购买商品的能力. 也就是说，只有购买者同时具备了购买商品的欲望和支付能力两个条件，才称得上需求. 影响需求的因素很多，如人口、收入、财产、该商品的价格、其他相关产品的价格以及消费者的偏好等. 在所考虑的时间范围内，如果把除该商品价格以外的上述因素都看作不变的因素，则可把该商品价格 P 看作自变量，需求量看作因变量，即需求量 D 可视为该商品价格 P 的函数，称为**需求函数**，记作

$$D=f(P).$$

需求函数的图形称为**需求曲线**. 需求函数一般是价格的递减函数. 需求曲线通常是一条从左向右下方倾斜的曲线. 即价格上涨，需求量则逐步减少；价格下降，需求量则逐步增大. 引起商品价格和需求量反方向变化的原因在于：一是收入效应，亦即当价格上升或下降时，都会影响到个人的实际收入，从而影响购买力. 例如，价格下降时，意味着购买者的实际收入增加，从而增加对该种商品的购买量；一些在原价格上无力购买的人，此时成为新的购买者，也使购买量增加. 二是替代效应，一些商品之间在使用上存在着彼此可以替代的关系. 当某种商品价格变化高于其他商品价格变化时，购买者就可能改变购买计划，以价格变得相对低的商品去替代价格变得较高的商品. 例如，由于肉价格上涨幅度大了，人们就可能多购买些涨价幅度较小的鱼来代替部分肉的消费. 但是，也有例外情况，需求曲线出现从左向右上升. 例如，古画、文物等珍品价格越高，越被人们认为珍贵，对它们的需求量就越大.

最常用的需求函数类型为线性函数

$$D=\frac{a-P}{b},\quad a>0, b>0.$$

线性函数的斜率为 $-\dfrac{1}{b}<0$. 当 $P=0$ 时，$D=\dfrac{a}{b}$，表示当价格为零时，购买者对该商品的需求

量为$\frac{a}{b}$，$\frac{a}{b}$也称为市场对该商品的饱和需求量. 当 $P=a$ 时，$D=0$，表示当价格上涨到 a 时，已没有人购买该商品(参见图 1-16(a)).

若需求函数为 $D=\frac{a}{P+c}-b(a>0,b>0,c>0)$. 此时，若 $P=0$，则 $D=\frac{a}{c}-b$，表示该商品的饱和需求量为$\frac{a}{c}-b$，当价格上升到 $P=\frac{a}{b}-c$ 时，商品的需求量下降为 0，但若免费赠送，并且给购买者以一定的如运输费用等方面的补贴(表现为负价格)，鼓励购买，则当 P 下降接近于 $-c$ 时，由需求曲线可见，该商品的需求量将无限增大(参见图 1-16(b)).

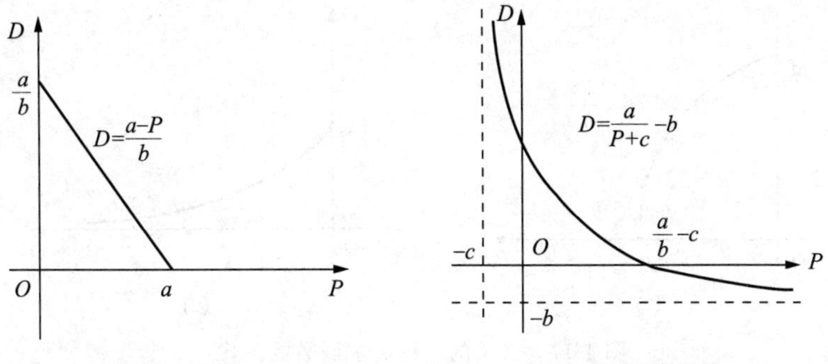

图 1-16 需求函数的图像

习惯上，不少经济分析的著作喜欢把需求函数写成反函数形式 $P=\varphi^{-1}(D)$，但从经济意义上分析时，仍应将 P 作为自变量，把 D 作为因变量. 例如前面介绍的两个需求函数的反函数分别为

$$P=a-bD,\quad P=\frac{a}{D+b}-c.$$

常见的需求函数还有如下一些形式：

(1) $D=\frac{a-P^2}{b}(a>0,b>0)$. 需求曲线如图 1-17(a)所示，其反函数为 $P=\sqrt{a-bD}$.

(2) $D=\frac{a-\sqrt{P}}{b}(a>0,b>0)$. 需求曲线如图 1-17(b)所示，其反函数为 $P=(a-bD)^2$.

(3) $D=\sqrt{\frac{a-P}{b}}(a>0,b>0)$. 需求曲线如图 1-17(c)所示，其反函数为 $P=a-bD^2$.

(4) $D=a\mathrm{e}^{-bP}(a>0,b>0)$. 需求曲线如图 1-17(d)所示，其反函数为

$$P=\frac{2.303}{b}\lg\frac{a}{D}.$$

对于具体问题，可根据实际资料确定需求函数类型及其中的参数.

1.3.2 供给函数

供给是与需求相对的概念，需求是就购买而言的，供给是就生产而言的. 供给是指生产者在某一时刻内，在各种可能的价格水平上，对某种商品愿意并能够出售的数量. 这就是说

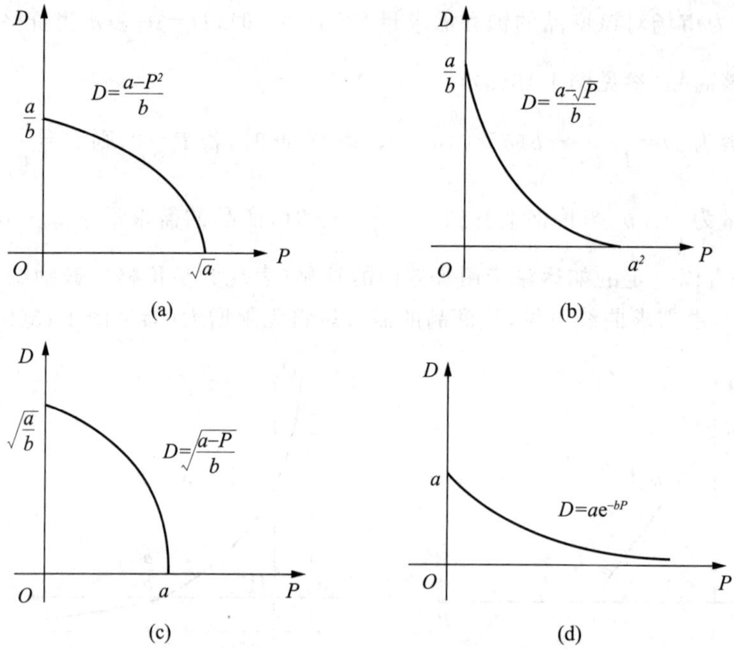

图 1-17 常见的 4 种需求函数的图像

作为供给必须具备两个条件：一是有出售商品的愿望；二是有供应商品的能力，二者缺一便不能构成供给. 供给不仅与生产中投入的成本及技术状况有关，而且与生产者对其他商品和劳务价格的预测等因素有关. 供给函数是讨论在其他因素不变的条件下供应商品的价格与相应供给量的关系，即把供应商品的价格 P 作为自变量，而把相应的供给量 Q 作为因变量. 供给函数一般表示为 $Q=q(P)$，即价格为 P 时，生产者愿意提供的商品量.

供给函数的图形称为供给曲线，它与需求曲线相反，一般是一条从左向右上方倾斜的曲线，即当商品价格上升时，供给量就会上升. 当价格下降时，供给量随之下降. 就是说，供给量随价格变动而发生同方向变动. 但也有例外情况. 例如，珍贵文物和古董等价格上升后，人们就会把存货拿出来出售，从而供给量增加，而当价格上升到一定限度后，人们会以为它们可能更贵重，就会不再提供到市场出售，因而价格上升，供给量反而减少. 此时供给曲线可能不呈现从左向右上方倾斜的形状.

常用的供给函数有如下几种类型.

(1) 线性供给函数：$Q=-d+cP\,(c>0,d>0)$，供给曲线如图 1-18(a)所示. 其反函数为 $P=\frac{1}{c}Q+\frac{d}{c}\,(c>0,d>0)$. 由上式可见，$\frac{d}{c}$为价格的最低限，只有当价格大于$\frac{d}{c}$时，生产者才会供应商品.

(2) 非线性供给函数：$Q=\frac{aP-b}{cP+d}\,(a>0,b>0,c>0,d>0)$. 供给曲线如图 1-18(b)所示. 由此式可知，该商品的最低价格为 $P=\frac{b}{a}$，而当价格上涨时，该商品有一饱和供给量$\frac{a}{c}$.

供给函数形式很多，它与市场组织、市场状况及成本函数有密切关系，这里不一一列举.

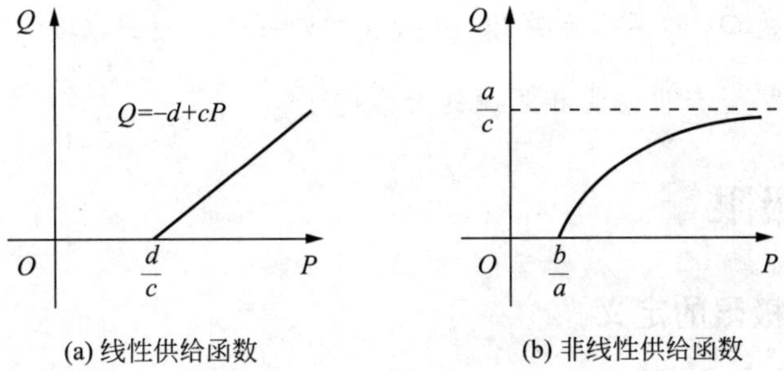

图 1-18 供给函数的图像

1.3.3 总收益函数

设某种产品的价格为 P,相应的需求量为 D,则销售该产品的总收益 R 为 DP. 又若需求函数为 $D=f(P)$,其反函数为 $P=g(D)$,则

$$R=DP=Dg(D).$$

如果取 $P=a-bD$,则可得总收益函数为

$$R=(a-bD)D=aD-bD^2=\frac{a^2}{4b}-\left(\sqrt{b}D-\frac{a}{2\sqrt{b}}\right)^2.$$

由上式可知,当 $D=\frac{a}{2b}$时,所得总收益最大,其最大收益为 $R_{\max}=\frac{a^2}{4b}$.

1.3.4 总成本函数

产品的总成本是指生产一定数量的产品,所需的全部经济投入的费用总额. 短期内的总成本可以分为固定成本和可变成本两部分. 如生产中的设备费用、机器折旧费用、一般管理费用等,可以看作与产品产量无关的,都是固定成本. 而原材料、水电动力支出及雇用工人的工资等,都是随产品的产量的变化而变化的,都是可变成本. 可变成本是产量的函数.

总成本一般用 C 表示,固定成本用 C_0 表示,可变成本用 C_1 表示,C_1 是产量 Q 的函数 $C_1=C_1(Q)$,于是总成本函数为

$$C(Q)=C_0+C_1(Q).$$

习题 1.3

二维码 1.3

1. 设销售商品的总收益是销售量 x 的二次函数,已知 $x=0,2,4$ 时,总收益分别是 0,6,8,试确定总收益函数 $R(x)$.

2. 设某厂生产某种产品 1000t,定价为 130 元/t,当一次售出 700t 以内时,按原价出售;若一次成交超过 700t 时,超过 700t 的部分按原价的 9 折出售,试将总收入表示成销售量的函数.

3. 已知需求函数为 $P=10-\frac{Q}{5}$,成本函数为 $C=50+2Q$,P,Q 分别表示价格和销售量. 试写出利润 L 与销售量 Q 的关系,并求平均利润(单位产品获得的利润).

4. 已知需求函数 Q_d 和供给函数 Q_s 分别为 $Q_d=\frac{100}{3}-\frac{2}{3}P$，$Q_s=20+10P$，求相应的市场均衡价格(即需求量与供给量相等时的价格).

1.4 数列的极限

1.4.1 数列极限的定义

定义 1 按一定顺序排列的一列数

$$x_1, x_2, \cdots, x_n, \cdots$$

称为**数列**，记为 $\{x_n\}$. 数列中的每一个数称为数列的**项**；第 n 项 x_n 称为数列的**一般项**或**通项**；正整数 n 称为 x_n 的下标.

下面的(1)～(6)都是数列的例子：

(1) $\frac{1}{2}, \frac{2}{3}, \frac{3}{4}, \cdots, \frac{n}{n+1}, \cdots$；

(2) $1, 3, 5, \cdots, 2n-1, \cdots$；

(3) $1, 0, 1, \cdots, \frac{1-(-1)^n}{2}, \cdots$；

(4) $1, \frac{1}{2}, \frac{1}{3}, \cdots, \frac{1}{n}, \cdots$；

(5) $1, -\frac{1}{2}, \frac{1}{3}, -\frac{1}{4}, \cdots, (-1)^{n-1}\frac{1}{n}, \cdots$；

(6) $a, a, a, \cdots, a, \cdots$.

对于给定的数列 $\{x_n\}$，由于其各项的取值由其下标唯一确定，故数列 $\{x_n\}$ 可视为定义在正整数集 $\mathbf{Z}^+$ 上的函数

$$x_n = f(n), \quad n \in \mathbf{Z}^+,$$

并称为**下标函数**. 上面的例子中的下标函数分别为：

$$(1)\ f(n)=\frac{n}{n+1}, \quad (2)\ f(n)=2n-1, \quad (3)\ f(n)=\frac{1-(-1)^n}{2},$$

$$(4)\ f(n)=\frac{1}{n}, \quad (5)\ f(n)=(-1)^{n-1}\frac{1}{n}, \quad (6)\ f(n)=a.$$

对于一个给定的数列 $\{x_n\}$，重要的不是去研究它的每一个项如何，而是要知道，当 n 无限增大时(记作 $n\to\infty$)，它的项的变化趋势. 就以上 6 个数列来看：

数列(1)的各项的值随 n 增大而增大，越来越与 1 接近；

数列(2)的各项的值随 n 增大而增大，且无限增大；

数列(3)的各项的值交互取得 0 与 1 两数，而不是越来越与某一数接近；

数列(4)的各项的值随 n 增大越来越与 0 接近；

数列(5)的各项的值在数 0 两边跳跃，越来越与 0 接近；

数列(6)的各项的值都相同.

当 $n\to\infty$ 时，给定数列的项 x_n 无限接近某个常数 a，则称常数 a 为 $n\to\infty$ 时数列 $\{x_n\}$ 的

极限,记为$\lim\limits_{n\to\infty}x_n=a$ 或 $x_n\to a(n\to\infty)$,这时称数列是**收敛**的.否则称数列是**发散**的.

例如数列(1),(4),(5),(6)就是收敛数列,它们的极限分别为

$$\lim_{n\to\infty}\frac{n}{n+1}=1,\quad \lim_{n\to\infty}\frac{1}{n}=0,\quad \lim_{n\to\infty}(-1)^{n-1}\frac{1}{n}=0,\quad \lim_{n\to\infty}a=a.$$

而数列(2),(3)没有极限,所以它们是发散的.

上面对数列的极限做了一些直观的分析,还不是数列极限的严格定义.为了进一步理解无限接近的意义,我们来考察数列(5),我们看到

(1) n 为奇数时,x_n 为正数;n 为偶数时,x_n 为负数;当 n 越来越大时,x_n 的绝对值越来越小,且无限接近于 0.

在数轴上,点 x_n 的位置交互在原点两侧,它与原点的距离随 n 增大而缩小.

(2) 取 0 点的 ε 邻域:

① 取 $\varepsilon=2$,数列中一切项 x_n 全部在 0 的半径为 2 的邻域内.

② 取 $\varepsilon=0.1$,数列中除开始的 10 项外,自第 11 项 x_{11} 起的一切项

$$x_{11},x_{12},\cdots,x_n,\cdots$$

全在 0 的半径为 0.1 的邻域内.

③ 如取 $\varepsilon=0.0001$,只有开始的 10000 项在 0 的半径为 0.0001 的邻域外,自 10001 项起,后面的一切项

$$x_{10001},x_{10002},\cdots,x_n,\cdots$$

都在这个邻域内,如此推下去,逐渐缩小区间长度,即无论 ε 是如何小的数,我们总可以找到一个整数 N,使数列中除开始的 N 项以外,自 $N+1$ 项起,后面的一切项

$$x_{N+1},x_{N+2},x_{N+3},\cdots$$

都在 0 的 ε 邻域内.

(3) 因点 0 的 ε 邻域内的点与原点的距离都小于 ε,故上述结果表明:对于任意小的正数 ε,可有足够大的正整数 N,使数列中自第 $N+1$ 项 x_{N+1} 起,后面的一切项对应的点与原点的距离永远小于 ε.但点 x_n 与原点的距离为 $|x_n-0|$,所以上面关于数列

$$\{x_n\}=\left\{(-1)^{n-1}\frac{1}{n}\right\}$$

又可叙述为:对于任意小的正数 ε,总可以找到一个正整数 N,使当一切 $n>N$ 时,不等式 $|x_n-0|<\varepsilon$ 成立,这样的一个数 0 称为数列 $\{x_n\}=\left\{(-1)^{n-1}\frac{1}{n}\right\}$ 当 n 无限增大时的极限.

一般地,有下列定义.

定义 2 设 $\{x_n\}$ 是一个数列,a 是常数.若对于任意的正数 ε,总存在一个正整数 N,使得当 $n>N$ 时,不等式

$$|x_n-a|<\varepsilon$$

恒成立,则称常数 a 为数列 $\{x_n\}$ 当 $n\to\infty$ 时的**极限**,记为

$$\lim_{n\to\infty}x_n=a \quad 或 \quad x_n\to a \quad (n\to\infty).$$

这时称数列是**收敛**的.否则称数列是**发散**的.

已知不等式

$$|x_n-a|<\varepsilon \Leftrightarrow a-\varepsilon<x_n<a+\varepsilon.$$

于是,数列$\{x_n\}$的极限是a的几何意义是:任意一个以a为中心以ε为半径的邻域$U(a,\varepsilon)$或开区间$(a-\varepsilon,a+\varepsilon)$,数列$\{x_n\}$中总存在一项$x_N$,在此项后面的所有项$x_{N+1},x_{N+2},\cdots$(即除前$N$项以外),它们在数轴上对应的点,都位于邻域$U(a,\varepsilon)$或区间$(a-\varepsilon,a+\varepsilon)$之中,至多能有$N$个点位于此邻域或区间之外(参见图1-19).因为$\varepsilon>0$可以任意小,所以数列中各项所对应的点$x_n$都无限集聚在点$a$附近.

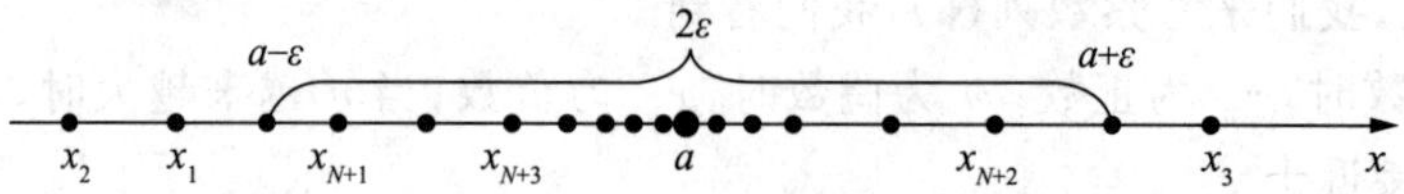

图1-19 数列极限示意图

定义中的正整数N与任意给定的正数ε有关,当ε减小时,一般地,N将会相应地增大.

例1 证明数列$\left\{\frac{n}{n+1}\right\}$的极限是1.

证明 任意给定$\varepsilon>0$,要使

$$\left|\frac{n}{n+1}-1\right|=\frac{1}{n+1}<\varepsilon,$$

只要

$$n>\frac{1}{\varepsilon}-1.$$

取$N=\left[\frac{1}{\varepsilon}-1\right]+1$,则当$n>N$时,必有

$$\left|\frac{n}{n+1}-1\right|<\varepsilon,$$

即

$$\lim_{n\to\infty}\frac{n}{n+1}=1.$$

例2 用数列极限的"ε-N"定义来检验:当$|q|<1$时,有$\lim\limits_{n\to\infty}q^n=0$.

证明 显然,当$q=0$时,$\lim\limits_{n\to\infty}q^n=0$.

当$q\neq0$时,$\forall\varepsilon>0$,要使$|q^n|=|q|^n<\varepsilon$成立,只需$n\ln|q|<\ln\varepsilon$.由于$|q|<1$,故$\ln|q|<0$,以负数$\ln|q|$除上面不等式的两边,有

$$n>\frac{\ln\varepsilon}{\ln|q|}.$$

也就是说,要使$|q^n|<\varepsilon$,n必须大于$\frac{\ln\varepsilon}{\ln|q|}$,根据以上分析,取$N=\left[\frac{\ln\varepsilon}{\ln|q|}\right]+1$,则当$n>N$时,必有

$$|q^n|<\varepsilon,$$

即

$$\lim_{n\to\infty}q^n=0\quad(|q|<1).$$

1.4.2 数列极限的性质

定理 1(唯一性) 若数列收敛,则其极限唯一.

证明 设数列$\{x_n\}$收敛,但极限不唯一:令$\lim\limits_{n\to\infty}x_n=a$,$\lim\limits_{n\to\infty}x_n=b$,且$a\neq b$,不妨设$a<b$,由极限定义,取$\varepsilon=\dfrac{b-a}{2}$,则$\exists$[①]$N_1>0$,当$n>N_1$时,$|x_n-a|<\dfrac{b-a}{2}$,即

$$\frac{3a-b}{2}<x_n<\frac{a+b}{2},\tag{1-1}$$

$\exists N_2>0$,当$n>N_2$时,$|x_n-b|<\dfrac{b-a}{2}$,即

$$\frac{a+b}{2}<x_n<\frac{3b-a}{2},\tag{1-2}$$

取$N=\max\{N_1,N_2\}$,则当$n>N$时,式(1-1),式(1-2)两式应同时成立,显然矛盾.该矛盾说明了收敛数列$\{x_n\}$的极限必唯一.

定义 3 设有数列$\{x_n\}$,若$\exists M\in\mathbf{R}$,$M>0$,使对一切$n=1,2,\cdots$,有$|x_n|\leqslant M$,则称数列$\{x_n\}$是**有界**的,否则称它是**无界**的.

对于数列$\{x_n\}$,若$\exists M\in\mathbf{R}$,使对$n=1,2,\cdots$,有$x_n\leqslant M$,则称数列$\{x_n\}$有**上界**;若$\exists M\in\mathbf{R}$,使对$n=1,2,\cdots$,有$x_n\geqslant M$,则称数列$\{x_n\}$有**下界**.

显然,数列$\{x_n\}$有界的充要条件是$\{x_n\}$既有上界又有下界.

例 3 数列$\left\{\dfrac{1}{n^2+1}\right\}$有界;数列$\{n^2\}$有下界而无上界;数列$\{-n^2\}$有上界而无下界;数列$\{(-1)^n n-1\}$既无上界又无下界.

定理 2(有界性) 若数列$\{x_n\}$收敛,则数列$\{x_n\}$有界.

证明 设$\lim\limits_{n\to\infty}x_n=a$,由极限定义,$\forall\varepsilon>0$,且$\varepsilon<1$,$\exists N>0$,当$n>N$时,$|x_n-a|<\varepsilon<1$,从而$|x_n|<1+|a|$.

取$M=\max\{1+|a|,|x_1|,|x_2|,\cdots,|x_N|\}$,则有$|x_n|\leqslant M$,对一切$n=1,2,\cdots$,成立,即$\{x_n\}$有界.

定理 2 的逆命题不成立,如数列$\{(-1)^n\}$有界,但它不收敛.

定理 3(保号性) 若$\lim\limits_{n\to\infty}x_n=a$,$a>0$(或$a<0$),则$\exists N>0$,当$n>N$时,$x_n>0$(或$x_n<0$).

证明 由极限定义,对$\varepsilon=\dfrac{a}{2}>0$,$\exists N>0$,当$n>N$时,$|x_n-a|<\dfrac{a}{2}$,即$\dfrac{a}{2}<x_n<\dfrac{3}{2}a$,故当$n>N$时,$x_n>\dfrac{a}{2}>0$.

类似可证$a<0$的情形.

推论 设有数列$\{x_n\}$,$\exists N>0$,当$n>N$时,$x_n>0$(或$x_n<0$),若$\lim\limits_{n\to\infty}x_n=a$,则必有$a\geqslant 0$(或$a\leqslant 0$).

在推论中,我们只能推出$a\geqslant 0$(或$a\leqslant 0$),而不能由$x_n>0$(或$x_n<0$)推出其极限(若存

---

① “$\exists$”读作“存在”,并表示此含义.

在)也大于0(或小于0). 例如,$x_n=\frac{1}{n}>0$,但$\lim\limits_{n\to\infty}x_n=\lim\limits_{n\to\infty}\frac{1}{n}=0$.

下面给出数列的子列的概念.

* **定义4** 在数列$\{x_n\}$中保持原有的次序自左向右任意选取无穷多项构成一个新的数列,称它为$\{x_n\}$的一个**子列**.

在选出的子列中,记第一项为x_{n_1},第二项为x_{n_2},…,第k项为x_{n_k},…,则数列$\{x_n\}$的子列可记为$\{x_{n_k}\}$. k表示x_{n_k}在子列$\{x_{n_k}\}$中的项数,n_k表示x_{n_k}在原数列$\{x_n\}$中的项数. 显然,对每一个k,有$n_k\geqslant k$;对任意正整数h,k,如果$h\geqslant k$,则$n_h\geqslant n_k$;若$n_h\geqslant n_k$,则$h\geqslant k$.

由于在子列$\{x_{n_k}\}$中的下标是k而不是n_k,所以$\{x_{n_k}\}$收敛于a的定义是:$\forall\varepsilon>0$,$\exists K>0$,当$k>K$时,有$|x_{n_k}-a|<\varepsilon$. 这时,记为$\lim\limits_{k\to\infty}x_{n_k}=a$.

* **定理4** $\lim\limits_{n\to+\infty}x_n=a$的充要条件是:$\{x_n\}$的任何子列$\{x_{n_k}\}$都收敛,且都以$a$为极限.

证明 先证充分性:由于$\{x_n\}$本身也可看成它的一个子列,故由条件得证.

下面证明必要性:由$\lim\limits_{n\to\infty}x_n=a$,$\forall\varepsilon>0$,$\exists N>0$,当$n>N$时,有

$$|x_n-a|<\varepsilon.$$

今取$K=N$,则当$k>K$时,有$n_k>n_K=n_N\geqslant N$,于是

$$|x_{n_k}-a|<\varepsilon.$$

故有

$$\lim_{k\to\infty}x_{n_k}=a.$$

定理4用来判别数列$\{x_n\}$发散有时是很方便的. 如果在数列$\{x_n\}$中有一个子列发散,或者有两个子列不收敛于同一极限值,则可断言$\{x_n\}$是发散的.

例4 判别数列$\{(-1)^{n+1}\}$的收敛性.

解 在$\{(-1)^{n+1}\}$中选取两个子列:

$$\{1,1,\cdots,1,\cdots\},\quad \{-1,-1,\cdots,-1,\cdots\}.$$

显然,第一个子列收敛于1,而第二个子列收敛于-1,因此原数列$\{(-1)^{n+1}\}$发散.

二维码1.4

习题1.4

1. 下列各数列是否收敛?若收敛,试指出其收敛于何值:

(1) $\{2^n\}$; (2) $\left\{\frac{1}{n}\right\}$; (3) $\{(-1)^{n+1}\}$; (4) $\left\{\frac{n-1}{n}\right\}$;

(5) $x_n=\frac{1}{3^n}$; (6) $x_n=2+\frac{1}{n^2}$; (7) $x_n=(-1)^n n$; (8) $x_n=\frac{1+(-1)^n}{1000}$.

2. 是非题. 若非,请举例说明.

(1) 设在常数a的无论怎样小的ε邻域内存在着$\{x_n\}$的无穷多点,则$\{x_n\}$的极限为a. ( )

(2) 若$\lim\limits_{n\to\infty}x_{2n}=a$,$\lim\limits_{n\to\infty}x_{2n-1}=a$,则$\lim\limits_{n\to\infty}x_n=a$. ( )

(3) 设 $x_n=0.11\cdots1$(n 个 1),则 $\lim\limits_{n\to\infty}x_n=\dfrac{1}{9}$. ( )

(4) 若 $\lim\limits_{n\to\infty}x_n$ 存在,而 $\lim\limits_{n\to\infty}y_n$ 不存在,则 $\lim\limits_{n\to\infty}(x_n\pm y_n)$不存在. ( )

(5) 若 $\lim\limits_{n\to\infty}x_n$ 存在,而 $\lim\limits_{n\to\infty}y_n$ 不存在,则 $\lim\limits_{n\to\infty}(x_ny_n)$不存在. ( )

(6) 若 $\lim\limits_{n\to\infty}u_n$, $\lim\limits_{n\to\infty}v_n$ 都存在,且满足 $u_n<v_n(n=1,2,\cdots)$,则 $\lim\limits_{n\to\infty}u_n<\lim\limits_{n\to\infty}v_n$. ( )

3. 如果 $\lim\limits_{n\to\infty}x_n=a$,证明 $\lim\limits_{n\to\infty}|x_n|=|a|$. 举例说明反之未必成立.

提高题

1. 用数列极限定义证明:

(1) $\lim\limits_{n\to\infty}(\sqrt{n+1}-\sqrt{n})=0$; (2) $\lim\limits_{n\to\infty}\dfrac{5+2n}{1-3n}=-\dfrac{2}{3}$; (3) $\lim\limits_{n\to\infty}\dfrac{n^2-2}{n^2+n+1}=1$.

2. 若数列$\{x_n\}$有界,又 $\lim\limits_{n\to\infty}y_n=0$,证明 $\lim\limits_{n\to\infty}x_ny_n=0$.

3. 设有两个数列$\{u_n\}$与$\{v_n\}$. 已知 $\lim\limits_{n\to\infty}\dfrac{u_n}{v_n}=a\neq0$,又 $\lim\limits_{n\to\infty}u_n=0$,证明 $\lim\limits_{n\to\infty}v_n=0$.

4. 证明:若 $\lim\limits_{n\to\infty}x_n=A$,则存在正整数 N,当 $n>N$ 时,不等式$|x_n|>\dfrac{|A|}{2}$成立.

5. 若 $\lim\limits_{n\to\infty}x_n$ 存在,证明 $\lim\limits_{n\to\infty}n\sin\dfrac{x_n}{n^2}=0$.

1.5 函数的极限

数列是定义于正整数集合上的函数,它的极限只是一种特殊的函数(下标函数)的极限. 下面我们讨论自变量 x 在实数范围内连续变化时,函数 $y=f(x)$的变化趋势. 包括两种情形:

(1) 自变量$|x|$无限增大(记作 $x\to\infty$)时,函数 $y=f(x)$的变化趋势.

(2) 自变量 x 趋近于有限值 x_0(记作 $x\to x_0$)时,函数 $y=f(x)$的变化趋势.

1.5.1 当 $x\to\infty$时,函数 $f(x)$的极限

1.4 节我们介绍了作为下标函数的数列的极限,$\lim\limits_{n\to\infty}f(n)=a$.

例如,对于 $f(n)=\dfrac{1}{n}$,当 n 无限增大时($n\to\infty$),$f(n)$无限接近于 0,即 $\lim\limits_{n\to\infty}\dfrac{1}{n}=0$.

而对于函数 $f(x)=\dfrac{1}{x}$,当$|x|$无限增大($x\to\infty$)时,$f(x)=\dfrac{1}{x}$无限接近于 0,则可记 $\lim\limits_{x\to\infty}\dfrac{1}{x}=0$.

一般地,对于函数 $f(x)$和 A,若$|x|$无限增大($x\to\infty$)时,函数 $f(x)$无限接近于 A,则称 A 为函数 $f(x)$当 $x\to\infty$时的极限,记为 $\lim\limits_{x\to\infty}f(x)=A$ 或 $f(x)\to A(x\to\infty)$.

由上面的直观分析得知,当$|x|$充分大时,$|f(x)-A|$可以任意的小. 由此可得如下的分析定义.

定义 1 设函数 $f(x)$ 在 $\{x \mid |x|>a, a>0\}$ 上有定义，A 是常数，若 $\forall \varepsilon>0$，$\exists X>0$，当 $|x|>X$ 时，恒有

$$|f(x)-A|<\varepsilon,$$

则称**函数 $f(x)$ 当 $x\to\infty$ 时以 A 为极限**，表示为

$$\lim_{x\to\infty} f(x)=A \quad 或 \quad f(x)\to A\,(x\to\infty).$$

极限 $\lim\limits_{x\to\infty} f(x)=A$ 有明显的几何意义. 由于 $|f(x)-A|<\varepsilon \Leftrightarrow A-\varepsilon<f(x)<A+\varepsilon$，参照图 1-20，下面将极限 $\lim\limits_{x\to\infty} f(x)=A$ 定义的分析语言与几何语言对比如表 1-4 所示.

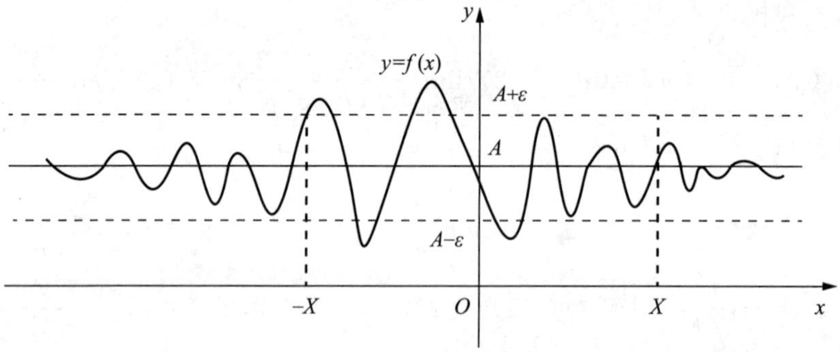

图 1-20 极限 $\lim\limits_{x\to\infty} f(x)=A$ 示意图

表 1-4 极限 $\lim\limits_{x\to\infty} f(x)=A$

分析语言	几何语言
$\forall \varepsilon>0$， $\exists X>0$， $\forall \|x\|>X$， $\|f(x)-A\|<\varepsilon$	在直线 $y=A$ 两侧，以任意两直线 $y=A\pm\varepsilon$ 为边界，宽为 2ε 的带形区域. 在 x 轴上原点两侧总存在两个点 $X, -X$. 对 X 右侧的点 x，即 $\forall x\in(X,+\infty)$，函数 $y=f(x)$ 的图像位于上述带形区域之内. 对 $-X$ 左侧的点，即 $\forall x\in(-\infty,-X)$，函数 $y=f(x)$ 的图形位于上述带形区域之内

当自变量 $|x|$ 无限增大时，还分两种情况：一是 $x\to-\infty$；二是 $x\to+\infty$，因此函数 $f(x)$ 的极限还有两个定义.

定义 2 设函数 $f(x)$ 在区间 $(-\infty, a)$ 内有定义，A 是常数，若 $\forall \varepsilon>0$，$\exists X>0$，$\forall x<-X$，有

$$|f(x)-A|<\varepsilon,$$

则称**函数 $f(x)$ 当 $x\to-\infty$ 时以 A 为极限**，表示为

$$\lim_{x\to-\infty} f(x)=A \quad 或 \quad f(x)\to A\,(x\to-\infty).$$

定义 3 设函数 $f(x)$ 在 $(a,+\infty)$ 内有定义，A 是常数，若 $\forall \varepsilon>0$，$\exists X>0$，$\forall x>X$，有

$$|f(x)-A|<\varepsilon,$$

则称**函数 $f(x)$ 当 $x\to+\infty$ 时以 A 为极限**，表示为

$$\lim_{x\to+\infty} f(x)=A \quad 或 \quad f(x)\to A\,(x\to+\infty).$$

函数 $f(x)\,(x\to+\infty)$ 的极限定义与数列 $\{x_n\}$ 的极限定义很相似. 这是因为它们的自变量的变化趋势相同（$x\to+\infty$ 与 $n\to+\infty$）.

上述函数 $f(x)$ 的极限的三个定义（$x\to\infty, x\to-\infty, x\to+\infty$）很相似. 为了明显地看到

它们的异同，将函数极限的三个定义对比如下：

$\lim\limits_{x\to\infty} f(x)=A \Leftrightarrow \forall \varepsilon>0, \exists X>0, \forall |x|>X$，有$|f(x)-A|<\varepsilon$.

$\lim\limits_{x\to-\infty} f(x)=A \Leftrightarrow \forall \varepsilon>0, \exists X>0, \forall x<-X$，有$|f(x)-A|<\varepsilon$.

$\lim\limits_{x\to+\infty} f(x)=A \Leftrightarrow \forall \varepsilon>0, \exists X>0, \forall x>X$，有$|f(x)-A|<\varepsilon$.

注 (1) 定义中ε刻画$f(x)$与A的接近程度，X刻画$|x|$充分大的程度；ε是任意给定的正数，X是随ε而确定的.

(2) $\lim\limits_{x\to\infty} f(x)$存在的**充分必要条件**：$\lim\limits_{x\to-\infty} f(x)$和$\lim\limits_{x\to+\infty} f(x)$存在并且相等.

例 1 用定义证明$\lim\limits_{x\to\infty}\dfrac{1}{x}=0$.

证明 $\forall \varepsilon>0$，要使

$$\left|\frac{1}{x}-0\right|=\frac{1}{|x|}<\varepsilon,$$

只要$|x|>\dfrac{1}{\varepsilon}$就可以了. 因此，$\forall \varepsilon>0$，取$X=\dfrac{1}{\varepsilon}$，则当$|x|>X$时，有

$$\left|\frac{1}{x}-0\right|<\varepsilon,$$

即

$$\lim_{x\to\infty}\frac{1}{x}=0.$$

例 2 证明$\lim\limits_{x\to-\infty} 2^x=0$.

证明 $\forall \varepsilon>0$，要使$|2^x-0|=2^x<\varepsilon$，只要$x<\dfrac{\ln\varepsilon}{\ln 2}$就可以了(这里不妨设$\varepsilon<1$)，取$X=-\dfrac{\ln\varepsilon}{\ln 2}$，于是

$$\forall \varepsilon>0,\quad \exists X=-\frac{\ln\varepsilon}{\ln 2},\quad \forall x<-X,\quad 有|2^x-0|<\varepsilon,$$

即

$$\lim_{x\to-\infty} 2^x=0.$$

1.5.2 当 $x\to x_0$ 时，函数 $f(x)$ 的极限

对于函数$y=f(x)$，除研究$x\to\infty$时的极限，还需研究x趋于某个常数x_0时，$f(x)$的变化趋势.

例 3 函数$f(x)=2x+1$. 当x趋于2时，可以看到它们所对应的函数值就趋于5(图1-21).

例 4 函数$f(x)=\dfrac{x^2-4}{x-2}$. 当$x\neq 2$时，$f(x)=x+2$，由此可见，当x趋于2时，对应的函数值$f(x)$就趋于4(图1-22).

不难看出，上述两个例子和前面$x\to\infty$时极限存在的情形相似，这里是“当x趋于x_0(但不等于x_0)时，对应的函数值$f(x)$趋于某一确定的数A”. 这两个“趋于”反映了$f(x)$与

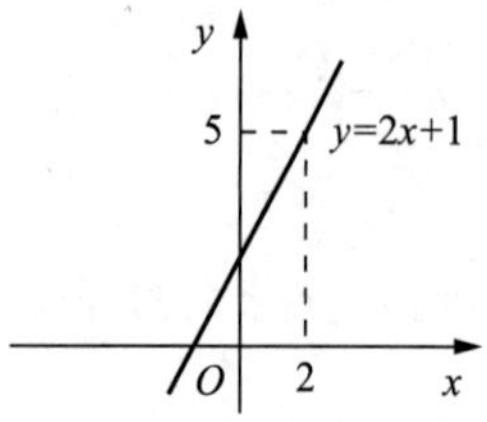

图 1-21 线性函数的极限示意图

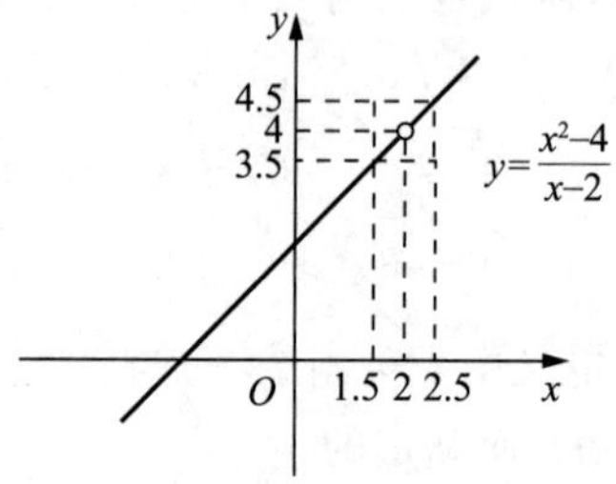

图 1-22 有断点的函数的极限示意图

A 和 x 与 x_0 无限接近程度之间的关系.

在例 4 中,由于

$$|f(x)-A|=|(2x+1)-5|=|2x-4|=2|x-2|,$$

所以要使$|f(x)-5|$小于任给的正数 ε. 只要$|x-2|<\frac{\varepsilon}{2}$即可. 这里$\frac{\varepsilon}{2}$表示 x 与 2 的接近程度,常把它记作 δ,因为它与 ε 有关,所以有时也记作 $\delta(\varepsilon)$.

定义 4(函数极限的 ε-δ 定义) 设函数 $f(x)$在 x_0 的某个去心邻域内有定义,A 是常数,若 $\forall\varepsilon>0$, $\exists\delta>0$, $\forall x$: $0<|x-x_0|<\delta$,有

$$|f(x)-A|<\varepsilon,$$

则称**函数 $f(x)$当 x 趋于 x_0 时以 A 为极限**,表示为

$$\lim_{x\to x_0}f(x)=A \quad 或 \quad f(x)\to A(x\to x_0).$$

注 在此极限定义中,"$0<|x-x_0|<\delta$"指出 $x\neq x_0$,这说明函数 $f(x)$在 x_0 的极限是否存在与函数 $f(x)$在 x_0 有无定义无关.

例 5 证明$\lim\limits_{x\to\frac{1}{2}}\frac{4x^2-1}{2x-1}=2$.

证明 $\forall\varepsilon>0$,要使不等式

$$\left|\frac{4x^2-1}{2x-1}-2\right|=|2x+1-2|=2\left|x-\frac{1}{2}\right|<\varepsilon$$

成立,只需$\left|x-\frac{1}{2}\right|<\frac{\varepsilon}{2}$,取 $\delta=\frac{\varepsilon}{2}$,于是 $\forall\varepsilon>0$, $\exists\delta=\frac{\varepsilon}{2}>0$,

$$\forall x: 0<\left|x-\frac{1}{2}\right|<\delta, \quad 有 \quad \left|\frac{4x^2-1}{2x-1}-2\right|<\varepsilon,$$

即

$$\lim_{x\to\frac{1}{2}}\frac{4x^2-1}{2x-1}=2.$$

极限 $\lim\limits_{x\to x_0}f(x)=A$ 的几何意义: ε-δ 定义表明,任意画一条以直线 $y=A$ 为中心线,宽为 2ε 的横带(无论怎样窄),必存在一条以 $x=x_0$ 为中心,宽为 2δ 的直带,使直带内的函数图像全部落在横带内,如图 1-23 所示.

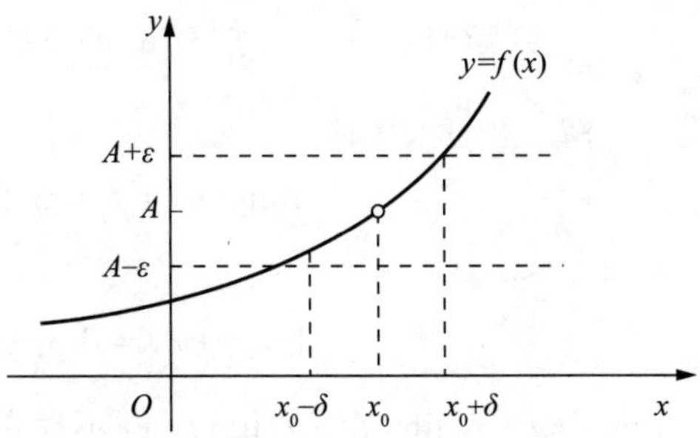

图 1-23　定点极限的几何示意图

例 6　证明 $\lim\limits_{x\to x_0} c=c$，此处 c 为常数.

证明　这里 $|f(x)-A|=|c-c|=0$，因此对于任意给定的正数 ε，可任取一正数 δ，当 $0<|x-x_0|<\delta$ 时，能使不等式

$$|f(x)-A|=0<\varepsilon$$

成立，所以

$$\lim_{x\to x_0} c=c.$$

例 7　证明 $\lim\limits_{x\to x_0} x=x_0$.

证明　这里 $|f(x)-A|=|x-x_0|$，因此对于任意给定的正数 ε，可取正数 $\delta=\varepsilon$，当 $0<|x-x_0|<\delta$ 时，不等式

$$|f(x)-A|=|x-x_0|<\varepsilon$$

成立，所以

$$\lim_{x\to x_0} x=x_0.$$

1.5.3　单侧极限

在上述函数极限的定义中，如果仅讨论自变量 x 从 x_0 的左侧（或右侧）接近 x_0，即 $x\to x_0$ 而又始终保持 $x<x_0$（或 $x>x_0$）的情形，这时如果 $f(x)$ 有极限，该极限称为 **$f(x)$ 在点 x_0 的左极限（或右极限）**.

定义 5　设函数 $f(x)$ 在 x_0 的左邻域（右邻域）有定义，A 是常数. 若 $\forall\varepsilon>0$，$\exists\delta>0$，$\forall x$：$x_0-\delta<x<x_0$（$x_0<x<x_0+\delta$），有

$$|f(x)-A|<\varepsilon,$$

则称 A 是函数 $f(x)$ 在 x_0 的**左极限（右极限）**. 记作

$$\lim_{x\to x_0^-} f(x)=A \quad 或 \quad f(x_0-0)=A\left(\lim_{x\to x_0^+} f(x)=A \text{ 或 } f(x_0+0)=A\right).$$

由定义立即可以得到以下定理.

定理 1　$\lim\limits_{x\to x_0} f(x)=A \Leftrightarrow \lim\limits_{x\to x_0^-} f(x)=\lim\limits_{x\to x_0^+} f(x)=A$.

$\lim\limits_{x\to x_0} f(x)$ 极限存在的充分必要条件：$\lim\limits_{x\to x_0^-} f(x)$，$\lim\limits_{x\to x_0^+} f(x)$ 存在并且相等.

例 8 设 $f(x)=\begin{cases}1, & x<0,\\ x, & x\geqslant 0,\end{cases}$ 判断当 $x\to 0$ 时，$f(x)$ 的极限是否存在.

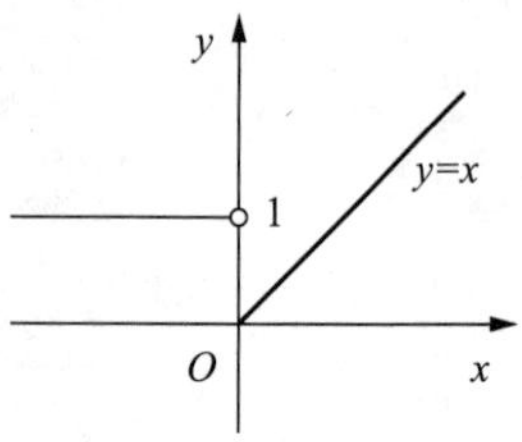

图 1-24 不存在极限的函数示意图

解 当 $x<0$ 时

$$\lim_{x\to 0^-} f(x)=\lim_{x\to 0^-} 1=1;$$

而当 $x>0$ 时，

$$\lim_{x\to 0^+} f(x)=\lim_{x\to 0^+} x=0.$$

$\lim\limits_{x\to 0^-} f(x)\neq \lim\limits_{x\to 0^+} f(x)$，$\lim\limits_{x\to 0} f(x)$ 不存在(参见图 1-24).

例 9 研究当 $x\to 0$ 时，$f(x)=|x|$ 的极限.

解 $f(x)=|x|=\begin{cases}-x, & x<0,\\ x, & x\geqslant 0.\end{cases}$

因为 $\lim\limits_{x\to 0^+} f(x)=\lim\limits_{x\to 0^+} x=0$，$\lim\limits_{x\to 0^-} f(x)=\lim\limits_{x\to 0^-} (-x)=0$. 所以，由定理 1 可得

$$\lim_{x\to 0}|x|=0.$$

二维码 1.5

习题 1.5

1. 设 $y=2x-1$，问：δ 等于多少时，当 $|x-4|<\delta$ 时，$|y-7|<0.1$ 成立？

2. 设 $f(x)=\begin{cases}2x-1, & x<1,\\ 0, & x\geqslant 1,\end{cases}$ 问 $\lim\limits_{x\to 1} f(x)$ 是否存在. 画出 $y=f(x)$ 的图形.

3. 验证 $\lim\limits_{x\to 0}\dfrac{|x|}{x}$ 不存在.

4. 设 $f(x)=\begin{cases}x, & x\leqslant 0,\\ \sin x, & x>0,\end{cases}$ 求 $\lim\limits_{x\to 0} f(x)$.

5. 判断极限 $\lim\limits_{x\to\infty}\arctan x$ 是否存在，并说明理由.

提高题

若 $\lim\limits_{x\to x_0} f(x)=A>0$，证明在 x_0 的某一个去心邻域内 $f(x)>0$.

1.6 函数极限的性质和运算

1.5 节给出了两类六种函数极限，即

$$\lim_{x\to\infty} f(x),\quad \lim_{x\to-\infty} f(x),\quad \lim_{x\to+\infty} f(x);$$
$$\lim_{x\to x_0} f(x),\quad \lim_{x\to x_0^-} f(x),\quad \lim_{x\to x_0^+} f(x).$$

每一种函数极限都有类似的性质和四则运算法则. 本节仅就函数极限 $\lim\limits_{x\to x_0} f(x)$ 给出一些收敛定理及其证明，读者不难对其他五种函数极限以及数列极限写出相应的定理，并给出证明.

1.6.1 函数极限的性质

定理 1(唯一性) 若 $\lim\limits_{x \to x_0} f(x)$存在,则极限值唯一.

证明 用反证法.设 $\lim\limits_{x \to x_0} f(x)=a$, $\lim\limits_{x \to x_0} f(x)=b$,且 $a \neq b$,由极限定义,有

$$\forall \varepsilon>0, \begin{cases} \exists \delta_1>0, & \forall x: 0<|x-x_0|<\delta_1, \text{有} |f(x)-a|<\dfrac{\varepsilon}{2}, \\ \exists \delta_2>0, & \forall x: 0<|x-x_0|<\delta_2, \text{有} |f(x)-b|<\dfrac{\varepsilon}{2}. \end{cases}$$

取 $\delta=\min\{\delta_1,\delta_2\}$,则当 $0<|x-x_0|<\delta$ 时,有

$$|f(x)-a|<\frac{\varepsilon}{2} \quad \text{与} \quad |f(x)-b|<\frac{\varepsilon}{2}$$

同时成立.于是当 $0<|x-x_0|<\delta$ 时,有

$$|a-b|=|a-f(x)+f(x)-b| \leqslant |a-f(x)|+|f(x)-b|<\varepsilon.$$

因为 ε 是任意的,得出矛盾,所以 $a=b$.

定理 2(局部有界性) 若 $\lim\limits_{x \to x_0} f(x)=a$,则存在某个 $\delta_0>0$ 与 $M>0$,当 $0<|x-x_0|<\delta_0$ 时,有 $|f(x)| \leqslant M$.

证明 取 $\varepsilon=1$, $\exists \delta_0>0$,当 $0<|x-x_0|<\delta_0$ 时,有

$$|f(x)-a|<1,$$

因为

$$|f(x)|-|a| \leqslant |f(x)-a|<1,$$

从而

$$|f(x)| \leqslant |a|+1.$$

取 $M=|a|+1$,于是 $\exists \delta_0>0$,当 $0<|x-x_0|<\delta_0$ 时,有

$$|f(x)| \leqslant M.$$

定理 3(局部保序性) 若 $\lim\limits_{x \to x_0} f(x)=a$, $\lim\limits_{x \to x_0} g(x)=b$,且 $a>b$,则存在 $\delta>0$,使当 $0<|x-x_0|<\delta$ 时,$f(x)>g(x)$.

证明 对 $\varepsilon=\dfrac{a-b}{2}$, $\exists \delta_1>0$,当 $0<|x-x_0|<\delta_1$ 时,有

$$|f(x)-a|<\frac{a-b}{2},$$

从而

$$f(x)>a-\frac{a-b}{2}=\frac{a+b}{2}.$$

$\exists \delta_2>0$,当 $0<|x-x_0|<\delta_2$ 时,有

$$|g(x)-b|<\frac{a-b}{2}.$$

从而 $g(x)<b+\dfrac{a-b}{2}=\dfrac{a+b}{2}$.

令 $\delta=\min\{\delta_1,\delta_2\}$，则当 $0<|x-x_0|<\delta$ 时，有

$$g(x)<\frac{a+b}{2}<f(x).$$

推论 1(局部保号性) 若 $\lim\limits_{x\to x_0}f(x)=a$ 且 $a>0$ 或($a<0$)，则存在 $\delta>0$，当 $0<|x-x_0|<\delta$ 时，$f(x)>0$ 或($f(x)<0$).

推论 2 若 $\lim\limits_{x\to x_0}f(x)=a$，$\lim\limits_{x\to x_0}g(x)=b$，且存在 $\delta>0$，当 $0<|x-x_0|<\delta$ 时，$f(x)\geqslant g(x)$，则 $a\geqslant b$.

1.6.2 函数极限的四则运算

定理 4 设 $\lim\limits_{x\to x_0}f(x)=a$，$\lim\limits_{x\to x_0}g(x)=b$，则：

(1) $\lim\limits_{x\to x_0}[f(x)\pm g(x)]=\lim\limits_{x\to x_0}f(x)\pm\lim\limits_{x\to x_0}g(x)=a\pm b$；

(2) $\lim\limits_{x\to x_0}f(x)g(x)=\lim\limits_{x\to x_0}f(x)\lim\limits_{x\to x_0}g(x)=ab$；

(3) 当 $b\neq0$ 时，$\lim\limits_{x\to x_0}\dfrac{f(x)}{g(x)}=\dfrac{\lim\limits_{x\to x_0}f(x)}{\lim\limits_{x\to x_0}g(x)}=\dfrac{a}{b}$.

证明 只证(2)，其余从略.

根据定理 2，由 $\lim\limits_{x\to x_0}f(x)=a$，存在 $\delta_0>0$，当 $0<|x-x_0|<\delta_0$ 时，$|f(x)|\leqslant M$.

$$\forall\varepsilon>0,\begin{cases}\exists\delta_1>0, & \forall x:0<|x-x_0|<\delta_1,\text{有}|f(x)-a|<\varepsilon,\\ \exists\delta_2>0, & \forall x:0<|x-x_0|<\delta_2,\text{有}|g(x)-b|<\varepsilon.\end{cases}$$

取 $\delta=\min\{\delta_0,\delta_1,\delta_2\}$，则当 $0<|x-x_0|<\delta$ 时，有

$$\begin{aligned}|f(x)g(x)-ab|&=|f(x)g(x)-f(x)b+f(x)b-ab|\\&\leqslant|f(x)||g(x)-b|+|b||f(x)-a|<M\varepsilon+|b|\varepsilon\\&=(M+|b|)\varepsilon,\end{aligned}$$

即

$$\lim_{x\to x_0}f(x)g(x)=ab=\lim_{x\to x_0}f(x)\lim_{x\to x_0}g(x).$$

注 1 定理 4 的(1)，(2)可推广到有限多个函数的和或积的情形；

注 2 作为(2)的特殊情形，有

$$\lim_{x\to x_0}cf(x)=c\lim_{x\to x_0}f(x),\quad \lim_{x\to x_0}[f(x)]^n=[\lim_{x\to x_0}f(x)]^n.$$

例 1 求 $\lim\limits_{x\to1}(2x-1)$.

解 $\lim\limits_{x\to1}(2x-1)=\lim\limits_{x\to1}2x-\lim\limits_{x\to1}1=2\lim\limits_{x\to1}x-\lim\limits_{x\to1}1=2\times1-1=1$.

例 2 求 $\lim\limits_{x\to2}\dfrac{x^2-1}{x^3+3x-1}$.

解 $\lim\limits_{x\to2}\dfrac{x^2-1}{x^3+3x-1}=\dfrac{\lim\limits_{x\to2}(x^2-1)}{\lim\limits_{x\to2}(x^3+3x-1)}=\dfrac{\lim\limits_{x\to2}x^2-\lim\limits_{x\to2}1}{\lim\limits_{x\to2}x^3+\lim\limits_{x\to2}3x-\lim\limits_{x\to2}1}$

$$=\frac{(\lim\limits_{x\to 2}x)^2-\lim\limits_{x\to 2}1}{(\lim\limits_{x\to 2}x)^3+3\lim\limits_{x\to 2}x-\lim\limits_{x\to 2}1}=\frac{2^2-1}{2^3+3\times 2-1}=\frac{3}{13}.$$

从例1、例2可以看出，对于有理整函数（多项式）和有理分式函数（分母不为零），求其极限时，只要把自变量 x 的极限值代入函数就可以了.

设多项式

$$f(x)=a_0x^n+a_1x^{n-1}+\cdots+a_{n-1}x+a_n,$$

则

$$\begin{aligned}\lim_{x\to x_0}f(x)&=\lim_{x\to x_0}(a_0x^n+a_1x^{n-1}+\cdots+a_n)\\&=a_0(\lim_{x\to x_0}x)^n+a_1(\lim_{x\to x_0}x)^{n-1}+\cdots+a_{n-1}\lim_{x\to x_0}x+a_n\\&=a_0x_0^n+a_1x_0^{n-1}+\cdots+a_{n-1}x_0+a_n\\&=f(x_0).\end{aligned}$$

对于有理分式函数

$$f(x)=\frac{P(x)}{Q(x)},$$

式中 $P(x)$，$Q(x)$ 均为多项式，且 $Q(x_0)\neq 0$，则

$$\lim_{x\to x_0}f(x)=\lim_{x\to x_0}\frac{P(x)}{Q(x)}=\frac{\lim\limits_{x\to x_0}P(x)}{\lim\limits_{x\to x_0}Q(x)}=\frac{P(x_0)}{Q(x_0)}=f(x_0).$$

若 $Q(x_0)=0$，上述结论不能用.

例3 求 $\lim\limits_{x\to 2}\dfrac{2-x}{4-x^2}$.

解 本题分子、分母的极限均为零，但它们有公因子 $2-x$.

当 $x\to 2$ 时，$x\neq 2$，$x-2\neq 0$. 所以

$$\lim_{x\to 2}\frac{2-x}{4-x^2}=\lim_{x\to 2}\frac{2-x}{(2-x)(2+x)}=\lim_{x\to 2}\frac{1}{2+x}=\frac{1}{4}.$$

注 这类分子分母均为多项式且分子分母都趋于零的题，需要分解因式约去零公因子.

例4 求 $\lim\limits_{x\to 4}\dfrac{\sqrt{x}-2}{x-4}$.

解 $\lim\limits_{x\to 4}\dfrac{\sqrt{x}-2}{x-4}=\lim\limits_{x\to 4}\dfrac{(\sqrt{x}-2)(\sqrt{x}+2)}{(x-4)(\sqrt{x}+2)}=\lim\limits_{x\to 4}\dfrac{x-4}{(x-4)(\sqrt{x}+2)}=\lim\limits_{x\to 4}\dfrac{1}{\sqrt{x}+2}=\dfrac{1}{4}.$

注 所求极限中若含有无理式，应先有理化，约去零公因子.

例5 求 $\lim\limits_{x\to\infty}\dfrac{3x^3-4x^2+2}{7x^3+5x^2-3}$.

解 分子、分母极限均不存在，用 x^3 除分子、分母，然后求极限

$$\lim_{x\to\infty}\frac{3x^3-4x^2+2}{7x^3+5x^2-3}=\lim_{x\to\infty}\frac{3-\dfrac{4}{x}+\dfrac{2}{x^3}}{7+\dfrac{5}{x}-\dfrac{3}{x^3}}=\frac{3}{7}.$$

例 6 求$\lim\limits_{n\to\infty}\dfrac{2n^2-2n+3}{3n^2+1}$.

解 以n^2除分子、分母,再求极限,有$\lim\limits_{n\to\infty}\dfrac{2n^2-2n+3}{3n^2+1}=\lim\limits_{n\to\infty}\dfrac{2-\dfrac{2}{n}+\dfrac{3}{n^2}}{3+\dfrac{1}{n^2}}=\dfrac{2}{3}$.

例 7 求$\lim\limits_{x\to\infty}\dfrac{2x^2-1}{3x^4+x^2-2}$.

解 以x^4除分子、分母,再求极限

$$\lim_{x\to\infty}\frac{2x^2-1}{3x^4+x^2-2}=\lim_{x\to\infty}\frac{\dfrac{2}{x^2}-\dfrac{1}{x^4}}{3+\dfrac{1}{x^2}-\dfrac{2}{x^4}}=\frac{0}{3}=0.$$

注 对于极限

$$\lim_{x\to\infty}\frac{a_0x^n+a_1x^{n-1}+\cdots+a_{n-1}x+a_n}{b_0x^m+b_1x^{m-1}+\cdots+b_{m-1}x+b_m}=\lim_{x\to\infty}\frac{a_0x^n}{b_0x^m}=\begin{cases}\infty, & n>m,\\ \dfrac{a_0}{b_0}, & n=m,\\ 0, & n<m,\end{cases}$$

可以理解为分子分母都抓“大头”. 分子抓“大头a_0x^n”,分母抓“大头b_0x^m”. 例5、例6按此方法做更简便.

上面的结论对于类似的数列的极限也成立.

1.6.3 复合函数的极限

定理 5 设函数$y=f(\varphi(x))$是由$y=f(u)$,$u=\varphi(x)$复合而成,如果$\lim\limits_{x\to x_0}\varphi(x)=u_0$,且在$x_0$的一个去心邻域内,$\varphi(x)\neq u_0$,又$\lim\limits_{u\to u_0}f(u)=A$,则

$$\lim_{x\to x_0}f(\varphi(x))=\lim_{u\to u_0}f(u)=A.$$

该定理可运用函数极限的定义直接推出,故略去证明.

例 8 求$\lim\limits_{x\to 0}e^{\sin x}$.

解 因为$\lim\limits_{x\to 0}\sin x=0$,$\lim\limits_{u\to 0}e^u=1$,故$\lim\limits_{x\to 0}e^{\sin x}=\lim\limits_{\sin x\to 0}e^{\sin x}=\lim\limits_{u\to 0}e^u=1$.

例 9 求$\lim\limits_{x\to 1}\sin(\ln x)$.

解 因为$\lim\limits_{x\to 1}\ln x=0$,$\lim\limits_{u\to 0}\sin u=0$,故$\lim\limits_{x\to 1}\sin(\ln x)=\lim\limits_{\ln x\to 0}\sin(\ln x)=\lim\limits_{u\to 0}\sin u=0$.

二维码 1.6

习题 1.6

1. 选择题

(1) $\lim\limits_{x\to\infty}\dfrac{x^2+2x-\sin x}{2x^2+\sin x}$为(　　).

A. 不存在　　B. 0　　C. 2　　D. $\frac{1}{2}$

(2) $\lim\limits_{x\to\infty}\frac{e^x-1}{2e^x+1}$为(　　).

A. ∞　　B. 不存在　　C. 0　　D. $\frac{1}{2}$

(3) 设 $f(x)=\begin{cases}-x, & x\leqslant 1,\\ 3+x, & x>1;\end{cases}$ $g(x)=\begin{cases}x^3, & x\leqslant 1,\\ 2x-1, & x>1.\end{cases}$ 则$\lim\limits_{x\to 1}f[g(x)]$为(　　).

A. -1　　B. 1　　C. 4　　D. 不存在

(4) $\lim\limits_{x\to\infty}\frac{(1+a)x^4+bx^3+2}{x^3+x^2-1}=-2$,则 a,b 的值分别为(　　).

A. $a=-3,b=0$　　B. $a=0,b=-2$　　C. $a=-1,b=0$　　D. $a=-1,b=-2$

(5) 设 $0<a<b$,则 $\lim\limits_{n\to\infty}\sqrt[n]{a^n+b^n}=$(　　).

A. 1　　B. 0　　C. a　　D. b

2. 求下列各式的极限:

(1) $\lim\limits_{x\to\infty}\frac{(3x+1)^{70}(8x-1)^{30}}{(5x+2)^{100}}$;

(2) $\lim\limits_{x\to\infty}\left(\frac{x^3}{2x^2-1}-\frac{x^2}{2x+1}\right)$;

(3) $\lim\limits_{x\to+\infty}\frac{\sqrt{x}}{\sqrt{x+\sqrt{x+\sqrt{x}}}}$;

(4) $\lim\limits_{h\to 0}\frac{(x+h)^2-x^2}{h}$;

(5) $\lim\limits_{x\to+\infty}x(\sqrt{x^2+1}-x)$;

(6) $\lim\limits_{x\to 1}\frac{2x^2-x-1}{x-1}$;

(7) $\lim\limits_{t\to 1}\left(\frac{1}{1-t}-\frac{2}{1-t^2}\right)$;

(8) $\lim\limits_{n\to\infty}\left(1+\frac{1}{2}+\frac{1}{4}+\cdots+\frac{1}{2^n}\right)$;

(9) $\lim\limits_{x\to 1}\frac{\sqrt{x}-1}{x-1}$;

(10) $\lim\limits_{x\to 1}\left(\frac{1}{1-x}-\frac{3}{1-x^3}\right)$;

(11) $\lim\limits_{x\to 1}\frac{x^2-1}{x^2+2x-3}$;

(12) $\lim\limits_{n\to\infty}\left(\frac{1}{n^2}+\frac{2}{n^2}+\cdots+\frac{n}{n^2}\right)$.

3. 设 $\lim\limits_{x\to-1}\frac{x^3-ax^2-x+4}{x+1}=m$,试求 a 及 m 的值.

4. 已知 $\lim\limits_{x\to+\infty}(5x-\sqrt{ax^2-bx+c})=2$.求 a,b 的值.

5. 已知 $f(x)=\begin{cases}\sqrt{x-3}, & x\geqslant 3,\\ x+a, & x<3,\end{cases}$ 且$\lim\limits_{x\to 3}f(x)$存在,求 a.

6. 已知 $f(x)=\begin{cases}x-1, & x<0,\\ \dfrac{x^2+3x-1}{x^3+1}, & x\geqslant 0,\end{cases}$ 求$\lim\limits_{x\to 0}f(x)$, $\lim\limits_{x\to+\infty}f(x)$, $\lim\limits_{x\to-\infty}f(x)$.

提高题

1. 设数列$\{x_n\}$收敛,则(　　).

A. 当 $\lim\limits_{n\to\infty}\sin x_n=0$ 时，$\lim\limits_{n\to\infty}x_n=0$

B. 当 $\lim\limits_{n\to\infty}(x_n+\sqrt{|x_n|})=0$ 时，$\lim\limits_{n\to\infty}x_n=0$

C. 当 $\lim\limits_{n\to\infty}(x_n+x_n^2)=0$ 时，$\lim\limits_{n\to\infty}x_n=0$

D. 当 $\lim\limits_{n\to\infty}(x_n+\sin x_n)=0$ 时，$\lim\limits_{n\to\infty}x_n=0$

2. 求 $\lim\limits_{n\to\infty}\dfrac{1-\mathrm{e}^{-nx}}{1+\mathrm{e}^{-nx}}$.

1.7 极限存在准则与两个重要极限

1.7.1 极限存在准则

1. 夹逼准则

本节只就 $x\to x_0$ 的情形叙述函数极限存在的判别准则.

定理 1(夹逼准则) 若

(1) 函数 $f(x),g(x),h(x)$ 在点 x_0 的某去心邻域内满足条件:

$$g(x)\leqslant f(x)\leqslant h(x),$$

(2) $\lim\limits_{x\to x_0}g(x)=A$，$\lim\limits_{x\to x_0}h(x)=A$，

则 $\lim\limits_{x\to x_0}f(x)$ 存在，且 $\lim\limits_{x\to x_0}f(x)=A$.

证明 因为 $\lim\limits_{x\to x_0}g(x)=A$，$\lim\limits_{x\to x_0}h(x)=A$，故 $\forall\varepsilon>0$，

$\exists\delta_1>0$，当 $0<|x-x_0|<\delta_1$ 时，有 $|g(x)-A|<\varepsilon$，从而 $A-\varepsilon<g(x)$，

$\exists\delta_2>0$，当 $0<|x-x_0|<\delta_2$ 时，有 $|h(x)-A|<\varepsilon$，从而 $h(x)<A+\varepsilon$，

取 $\delta=\min\{\delta_1,\delta_2\}$，则当 $0<|x-x_0|<\delta$ 时，有

$$A-\varepsilon<g(x)\leqslant f(x)\leqslant h(x)<A+\varepsilon.$$

所以有

$$\lim_{x\to x_0}f(x)=A.$$

注 对于 $x\to\infty$ 时的夹逼准则可类似地写出.

对于数列，也有类似的夹逼准则.

定理 1′(数列的夹逼准则) 对于数列 $\{x_n\},\{y_n\},\{z_n\}$，

(1) 如果存在 N，使得当 $n>N$ 时 $y_n\leqslant x_n\leqslant z_n$；

(2) $\lim\limits_{n\to\infty}y_n=\lim\limits_{n\to\infty}z_n=a$.

则 $\lim\limits_{n\to\infty}x_n$ 存在，且 $\lim\limits_{n\to\infty}x_n=a$.

例 1 利用夹逼准则求 $\lim\limits_{n\to\infty}\left(\dfrac{1}{\sqrt{n^2+1}}+\dfrac{1}{\sqrt{n^2+2}}+\cdots+\dfrac{1}{\sqrt{n^2+n}}\right)$

解 $\dfrac{n}{\sqrt{n^2+n}}\leqslant\dfrac{1}{\sqrt{n^2+1}}+\dfrac{1}{\sqrt{n^2+2}}+\cdots+\dfrac{1}{\sqrt{n^2+n}}\leqslant\dfrac{n}{\sqrt{n^2+1}}$.

而

$$\lim_{n\to\infty}\frac{n}{\sqrt{n^2+n}}=\lim_{n\to\infty}\frac{1}{\sqrt{1+\frac{1}{n}}}=1,\quad \lim_{n\to\infty}\frac{n}{\sqrt{n^2+1}}=\lim_{n\to\infty}\frac{1}{\sqrt{1+\frac{1}{n^2}}}=1.$$

由夹逼准则，所求极限存在，且有

$$\lim_{x\to x_0}\left(\frac{1}{\sqrt{n^2+1}}+\frac{1}{\sqrt{n^2+2}}+\cdots+\frac{1}{\sqrt{n^2+n}}\right)=1.$$

2. 单调有界原理

定义 1 如果数列$\{x_n\}$满足条件

$$x_n\leqslant x_{n+1}\quad (x_n\geqslant x_{n+1}),\quad n\in\mathbf{Z}^+,$$

则称数列$\{x_n\}$是**单调增加**的(**单调减少**的). 单调增加和单调减少的数列统称为**单调数列**.

定理 2(单调有界原理) 单调有界数列必有极限.

例 2 设 $x_n=\left(1+\frac{1}{n}\right)^n$，证明数列$\{x_n\}$收敛.

证明 (1) 先证数列是单调增加的.

$$\begin{aligned}x_n&=\left(1+\frac{1}{n}\right)^n\\&=1+\frac{n}{1!}\cdot\frac{1}{n}+\frac{n(n-1)}{2!}\cdot\frac{1}{n^2}+\frac{n(n-1)(n-2)}{3!}\cdot\frac{1}{n^3}+\cdots+\frac{n(n-1)\cdots(n-n+1)}{n!}\frac{1}{n^n}\\&=1+\frac{1}{1!}+\frac{1}{2!}\left(1-\frac{1}{n}\right)+\frac{1}{3!}\left(1-\frac{1}{n}\right)\left(1-\frac{2}{n}\right)+\cdots+\frac{1}{n!}\left(1-\frac{1}{n}\right)\left(1-\frac{2}{n}\right)\cdots\left(1-\frac{n-1}{n}\right),\end{aligned}$$

$$\begin{aligned}x_{n+1}=\left(1+\frac{1}{n+1}\right)^{n+1}&=1+\frac{1}{1!}+\frac{1}{2!}\left(1-\frac{1}{n+1}\right)+\frac{1}{3!}\left(1-\frac{1}{n+1}\right)\left(1-\frac{2}{n+1}\right)+\cdots+\\&\quad\frac{1}{n!}\left(1-\frac{1}{n+1}\right)\left(1-\frac{2}{n+1}\right)\cdots\left(1-\frac{n-1}{n+1}\right)+\\&\quad\frac{1}{(n+1)!}\left(1-\frac{1}{n+1}\right)\left(1-\frac{2}{n+1}\right)\cdots\left(1-\frac{n}{n+1}\right).\end{aligned}$$

在这两个展开式中，除前两项相同外，后者的每个项都大于前者的相应项，且后者最后还多了一个数值为正的项，因此有

$$x_n<x_{n+1}.$$

(2) 再证数列有上界.

因 $1-\frac{1}{n},1-\frac{2}{n},\cdots,1-\frac{n-1}{n}$都小于 1，故

$$\begin{aligned}x_n&<1+\frac{1}{1!}+\frac{1}{2!}+\cdots+\frac{1}{n!}<1+1+\frac{1}{2}+\frac{1}{2^2}+\cdots+\frac{1}{2^{n-1}}\\&=1+\frac{1-\frac{1}{2^n}}{1-\frac{1}{2}}=3-\frac{1}{2^{n-1}}<3.\end{aligned}$$

根据单调有界原理，数列$\{x_n\}=\left\{\left(1+\frac{1}{n}\right)^n\right\}$有极限.

以后，记

$$\lim_{n\to\infty}\left(1+\frac{1}{n}\right)^n=\mathrm{e}.$$

e 被称为**欧拉**(Euler)**数**. 已被证明：e 是一个无理数，它的值是 e=2.71828182845905….

1.7.2 两个重要极限

1. 证明$\lim\limits_{x\to 0}\dfrac{\sin x}{x}=1$(第一个重要极限)

证明 因为$\dfrac{\sin x}{x}$为偶函数，故有$\lim\limits_{x\to 0^-}\dfrac{\sin x}{x}=\lim\limits_{x\to 0^+}\dfrac{\sin x}{x}$，所以只需证明

$$\lim_{x\to 0^+}\frac{\sin x}{x}=1.$$

设$\overset{\frown}{AP}$是以点O为圆心，半径为1的圆弧，过A点作圆弧的切线与OP的延长线交于点T，$PN\perp OA$.

设$\angle AOP=x$且$0<x<\dfrac{\pi}{2}$(参见图1-25)，比较面积，显然有$\triangle OAP$的面积<扇形OAP的面积<$\triangle OAT$的面积，即

$$\frac{1}{2}\sin x<\frac{x}{2}<\frac{1}{2}\tan x.$$

以$\dfrac{1}{2}\sin x$除各项得

$$1<\frac{x}{\sin x}<\frac{1}{\cos x},\text{则}\quad \cos x<\frac{\sin x}{x}<1.$$

因

$$\lim_{x\to 0}\cos x=1,$$

由夹逼准则，有

$$\lim_{x\to 0}\frac{\sin x}{x}=1.$$

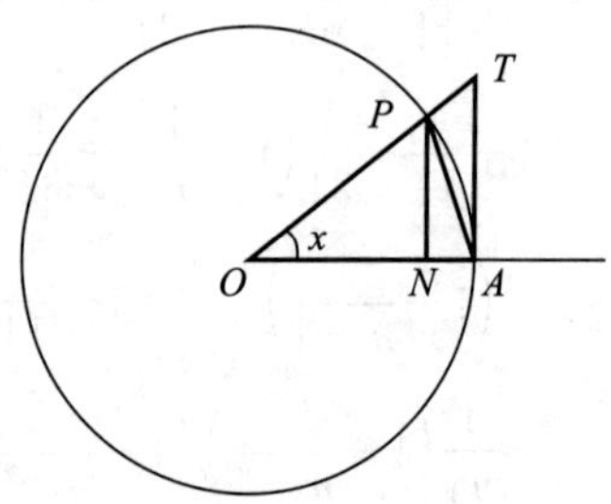

图1-25 单位圆上的扇形及对应的三角形之间的面积关系

注 (1) 这一极限可扩展为$\lim\limits_{\varphi(x)\to 0}\dfrac{\sin\varphi(x)}{\varphi(x)}=1$，这一公式更具有普遍意义.

(2) 当$0<x<\dfrac{\pi}{2}$时，$\sin x<x<\tan x$. 此不等式可作为结论记住.

例3 求$\lim\limits_{x\to 0}\dfrac{1-\cos x}{x^2}$.

解 $$\lim_{x\to 0}\frac{1-\cos x}{x^2}=\lim_{x\to 0}\frac{2\sin^2\frac{x}{2}}{x^2}=\frac{1}{2}\lim_{x\to 0}\frac{\sin^2\frac{x}{2}}{\left(\frac{x}{2}\right)^2}=\frac{1}{2}\lim_{x\to 0}\left(\frac{\sin\frac{x}{2}}{\frac{x}{2}}\right)^2=\frac{1}{2}\times 1^2=\frac{1}{2}.$$

例4 证明$\lim\limits_{x\to 0}\dfrac{\tan x}{x}=1$.

证明 $$\lim_{x\to 0}\frac{\tan x}{x}=\lim_{x\to 0}\frac{\sin x}{x}\cdot\frac{1}{\cos x}=\lim_{x\to 0}\frac{\sin x}{x}\cdot\lim_{x\to 0}\frac{1}{\cos x}=1.$$

例5 求$\lim\limits_{x\to 0}\dfrac{\tan x-\sin x}{x^3}$.

解 $\lim\limits_{x\to0}\dfrac{\tan x-\sin x}{x^3}=\lim\limits_{x\to0}\dfrac{\sin x(1-\cos x)}{x^3\cos x}=\lim\limits_{x\to0}\dfrac{\sin x}{x}\cdot\dfrac{1-\cos x}{x^2}\cdot\dfrac{1}{\cos x}=\dfrac{1}{2}$.

例 6 求 $\lim\limits_{x\to\infty}x\sin\dfrac{1}{x}$.

解 令 $u=\dfrac{1}{x}$,则当 $x\to\infty$ 时,$u\to0$,故

$$\lim_{x\to\infty}x\sin\frac{1}{x}=\lim_{u\to0}\frac{\sin u}{u}=1.$$

2. $\lim\limits_{x\to\infty}\left(1+\dfrac{1}{x}\right)^x=\mathrm{e}$(第二个重要极限).

证明 前面我们已证 $\lim\limits_{n\to\infty}\left(1+\dfrac{1}{n}\right)^n=\mathrm{e}$.

先讨论 $x\to+\infty$ 的情形.

对任意 $x>1$,总能找到两个相邻的自然数 n 和 $n+1$,使得 x 介于它们之间,即

$$n\leqslant x<n+1 \quad 或 \quad \frac{1}{n+1}<\frac{1}{x}\leqslant\frac{1}{n},$$

因此有

$$1+\frac{1}{n+1}<1+\frac{1}{x}\leqslant1+\frac{1}{n},$$

上述不等式中每项都大于 1,于是

$$\left(1+\frac{1}{n+1}\right)^n<\left(1+\frac{1}{x}\right)^x<\left(1+\frac{1}{n}\right)^{n+1}.$$

显然,当 $x\to+\infty$ 时,随之也有 $n\to\infty$. 当 $n\to\infty$ 时,不等式两端均趋于 e.

$$\lim_{n\to\infty}\left(1+\frac{1}{n+1}\right)^n=\lim_{n\to\infty}\frac{\left(1+\frac{1}{n+1}\right)^{n+1}}{1+\frac{1}{n+1}}=\frac{\lim\limits_{n\to\infty}\left(1+\frac{1}{n+1}\right)^{n+1}}{\lim\limits_{n\to\infty}\left(1+\frac{1}{n+1}\right)}=\mathrm{e},$$

$$\lim_{n\to\infty}\left(1+\frac{1}{n}\right)^{n+1}=\lim_{n\to\infty}\left(1+\frac{1}{n}\right)^n\cdot\left(1+\frac{1}{n}\right)=\lim_{n\to\infty}\left(1+\frac{1}{n}\right)^n\cdot\lim_{n\to\infty}\left(1+\frac{1}{n}\right)=\mathrm{e}.$$

故当 $x\to+\infty$ 时(随之 n 也趋于无穷),夹在中间的变量 $\left(1+\dfrac{1}{x}\right)^x$ 也趋于 e. 即

$$\lim_{x\to+\infty}\left(1+\frac{1}{x}\right)^x=\mathrm{e}.$$

再证

$$\lim_{x\to-\infty}\left(1+\frac{1}{x}\right)^x=\mathrm{e}.$$

令 $x=-(1+t)$,则当 $x\to-\infty$ 时,有 $t\to+\infty$,因此

$$\lim_{x\to-\infty}\left(1+\frac{1}{x}\right)^x=\lim_{t\to+\infty}\left(1-\frac{1}{1+t}\right)^{-(1+t)}=\lim_{t\to+\infty}\left(\frac{t}{1+t}\right)^{-(1+t)}=\lim_{t\to+\infty}\left(\frac{1+t}{t}\right)^{1+t}$$

$$=\lim_{t\to+\infty}\left(1+\frac{1}{t}\right)^t\left(1+\frac{1}{t}\right)=\mathrm{e}.$$

综合上面结果便有

$$\lim_{x\to\infty}\left(1+\frac{1}{x}\right)^x=\mathrm{e}.$$

这个极限也可换成另一种形式. 设 $x=\frac{1}{u}$, 则 $x\to\infty\Leftrightarrow u\to 0$, 有

$$\lim_{u\to 0}(1+u)^{\frac{1}{u}}=\mathrm{e}.$$

注 这一极限可扩展为 $\lim\limits_{\varphi(x)\to 0}(1+\varphi(x))^{\frac{1}{\varphi(x)}}=\mathrm{e}$, 这一公式应用更广泛.

例 7 求 $\lim\limits_{x\to\infty}\left(1+\frac{2}{x}\right)^{3x}$.

解 $\lim\limits_{x\to\infty}\left(1+\frac{2}{x}\right)^{3x}=\lim\limits_{x\to\infty}\left[\left(1+\frac{2}{x}\right)^{\frac{x}{2}}\right]^6=\mathrm{e}^6$.

例 8 求 $\lim\limits_{x\to\infty}\left(\frac{x+1}{x+2}\right)^x$.

解 $\lim\limits_{x\to\infty}\left(\frac{x+1}{x+2}\right)^x=\lim\limits_{x\to\infty}\left(1+\frac{-1}{x+2}\right)^x=\lim\limits_{x\to\infty}\left[\left(1+\frac{-1}{x+2}\right)^{\frac{x+2}{-1}}\right]^{\frac{-x}{x+2}}$

$$=\mathrm{e}^{\lim\limits_{x\to\infty}\frac{-x}{x+2}}=\mathrm{e}^{\lim\limits_{x\to\infty}\frac{-x}{x}}=\mathrm{e}^{-1}.$$

例 9 求 $\lim\limits_{x\to 0}\frac{\ln(1+x)}{x}$.

解 $\lim\limits_{x\to 0}\frac{\ln(1+x)}{x}=\lim\limits_{x\to 0}\ln(1+x)^{\frac{1}{x}}=\ln\mathrm{e}=1$.

例 10 求 $\lim\limits_{x\to 0}\frac{\mathrm{e}^x-1}{x}$.

解 令 $u=\mathrm{e}^x-1$, 则 $x=\ln(1+u)$, 当 $x\to 0$ 时, $u\to 0$, 故

$$\lim_{x\to 0}\frac{\mathrm{e}^x-1}{x}=\lim_{u\to 0}\frac{u}{\ln(1+u)}=\lim_{u\to 0}\frac{1}{\frac{\ln(1+u)}{u}}=1.$$

注 计算 1^∞ 型极限的最简单方法是使用如下的 1^∞ 型极限计算公式:
若 $\lim u(x)=1$, $\lim v(x)=\infty$. 则

$$\lim u^v=\lim[1+(u-1)]^{\frac{1}{u-1}\cdot(u-1)v}=\mathrm{e}^{\lim(u-1)v}.$$

若使用这一公式求例 7～例 11 的极限就简单很多. 同学们可以自己去算.

例 11 设 $\lim\limits_{x\to\infty}\left(\frac{x+2a}{x-a}\right)^x=8$, 求 a.

解 左边 $=\mathrm{e}^{\lim\limits_{x\to\infty}\left(\frac{x+2a}{x-a}-1\right)x}=\mathrm{e}^{\lim\limits_{x\to\infty}\frac{3ax}{x-a}}=\mathrm{e}^{3a}=8$, $3a=\ln 8$ 故 $a=\ln 2$.

***例 12**(连续复利问题) 设有一笔本金 A_0 存入银行, 年利率为 r, 则一年末结算时, 其本金与利息和为

$$A_1=A_0+rA_0=A_0(1+r).$$

如果一年分两期计息，每期利率为$\frac{1}{2}r$，且前一期的本金与利息和作为后一期的本金，则一年后的本金与利息和为

$$A_2=A_0\left(1+\frac{r}{2}\right)+A_0\left(1+\frac{r}{2}\right)\frac{r}{2}=A_0\left(1+\frac{r}{2}\right)^2.$$

如果一年分 n 期计息，每期利率按$\frac{r}{n}$计算，且前一期的本金与利息和为后一期的本金，则一年末的本金与利息和为

$$A_n=A_0\left(1+\frac{r}{n}\right)^n.$$

于是到 t 年末共计复利 nt 次，其本金与利息和为

$$A_n(t)=A_0\left(1+\frac{r}{n}\right)^{nt}.$$

令 $n\to\infty$，则表示利息随时计入本金，这样，t 年末本金与利息和为

$$A(t)=\lim_{n\to\infty}A_n(t)=\lim_{n\to\infty}A_0\left(1+\frac{r}{n}\right)^{nt}=A_0\lim_{n\to\infty}\left[\left(1+\frac{r}{n}\right)^{\frac{n}{r}}\right]^{rt}=A_0\mathrm{e}^{rt}.$$

这种将利息计入本金重复计算复利的方法称为连续复利，类似于连续复利问题的数学模型，在研究人口增长、林木增长、细菌繁殖、物体的冷却、放射性元素的衰变等许多实际问题中都会遇到，因此有很重要的实际意义.

习题 1.7

二维码 1.7

1. 计算下列极限：

(1) $\lim\limits_{x\to0}\frac{\sin\omega x}{x}$；　(2) $\lim\limits_{x\to0}\frac{\tan3x}{\tan5x}$；　(3) $\lim\limits_{x\to0}x\cot x$；

(4) $\lim\limits_{x\to0}\frac{1-\cos2x}{x\sin x}$；　(5) $\lim\limits_{x\to a}\frac{\sin x-\sin a}{x-a}$；　(6) $\lim\limits_{x\to0}\frac{\arcsin x}{x}$；

(7) $\lim\limits_{x\to0}\frac{x-\sin2x}{x+\sin2x}$；　(8) $\lim\limits_{x\to0}\frac{\cos x-\cos3x}{x^2}$.

2. 计算下列极限：

(1) $\lim\limits_{x\to0}\ln(1+2x)^{\frac{1}{x}}$；　(2) $\lim\limits_{x\to\infty}\left(1+\frac{1}{x}\right)^{\frac{x}{2}}$；　(3) $\lim\limits_{x\to\infty}\left(\frac{1+x}{x}\right)^{2x}$；

(4) $\lim\limits_{x\to\infty}\left(\frac{2x+3}{2x+1}\right)^{x+1}$；　(5) $\lim\limits_{x\to\infty}\left(\frac{3+x}{2+x}\right)^{2x}$；　(6) $\lim\limits_{x\to\infty}\left(\frac{x^2}{x^2-1}\right)^{x}$.

3. 求下列极限：

(1) $\lim\limits_{n\to\infty}\left(\frac{1}{n+\sqrt{1}}+\frac{1}{n+\sqrt{2}}+\cdots+\frac{1}{n+\sqrt{n}}\right)$；

(2) $\lim\limits_{n\to\infty}n\left(\frac{1}{n^2+\pi}+\frac{1}{n^2+2\pi}+\cdots+\frac{1}{n^2+n\pi}\right)$；

(3) $\lim\limits_{n\to\infty}\sqrt[n]{\dfrac{2+(-1)^n}{2^n}}$； (4) $\lim\limits_{n\to\infty}(1+2^n+3^n)^{\frac{1}{n}}$；

(5) $\lim\limits_{n\to\infty}\left(\dfrac{1}{n^2}+\dfrac{1}{(n+1)^2}+\cdots+\dfrac{1}{(n+n)^2}\right)$； (6) $\lim\limits_{n\to\infty}\dfrac{n!}{n^n}$.

4. 求下列极限：

(1) $\lim\limits_{x\to\infty}x\sin\dfrac{1}{x}$； (2) $\lim\limits_{x\to 1}(1-x)\sec\dfrac{\pi x}{2}$； (3) $\lim\limits_{x\to 0}(1+3\tan^2 x)^{\cot^2 x}$；

(4) $\lim\limits_{x\to\infty}\left(\dfrac{x-1}{x+3}\right)^{x+2}$； (5) $\lim\limits_{x\to\infty}\left(\dfrac{x^2}{x^2-1}\right)^{x^2}$.

提高题

1. 求下列极限：

(1) $\lim\limits_{x\to 0}(\cos 2x+2x\sin x)^{\frac{1}{x^4}}$； (2) $\lim\limits_{n\to\infty}\sqrt[n]{n}$；

(3) $\lim\limits_{x\to\infty}x\left[\sin\ln\left(1+\dfrac{3}{x}\right)-\sin\ln\left(1+\dfrac{1}{x}\right)\right]$； (4) $\lim\limits_{x\to 0}(\sin x+\cos x)^{\frac{1}{x}}$；

(5) $\lim\limits_{x\to 0}\dfrac{\sqrt{1+\tan x}-\sqrt{1+\sin x}}{x^3}$； (6) $\lim\limits_{n\to\infty}\left(\dfrac{n+1}{n}\right)^{(-1)^n}$.

2. 设数列$\{x_n\}$满足 $0<x_1<\pi, x_{n+1}=\sin x_n\ (n=1,2,\cdots)$.

(1) 证明 $\lim\limits_{n\to\infty}x_n$ 存在，并求该极限；(2) 计算 $\lim\limits_{n\to\infty}\left(\dfrac{x_{n+1}}{x_n}\right)^{\frac{1}{x_n^2}}$.

3. 设 $0<x_1<3, x_{n+1}=\sqrt{x_n(3-x_n)}$，证明 $\lim\limits_{n\to\infty}x_n$ 存在，并求该极限.

4. 设 $u_1=1, u_2=2, n\geqslant 3$ 时，$u_n=u_{n-1}+u_{n-2}$.

(1) 求证：$\dfrac{3}{2}u_{n-1}<u_n<2u_{n-1}$； (2) 求 $\lim\limits_{n\to\infty}\dfrac{1}{u_n}$.

1.8 无穷小与无穷大

1.8.1 无穷小

1. 无穷小的定义

定义1 若 $\lim\limits_{x\to x_0}f(x)=0$，则称 $\boldsymbol{f(x)}$**是当** $\boldsymbol{x\to x_0}$ **时的无穷小量，简称无穷小.**

在此定义中，将 $x\to x_0$ 换成 $x\to x_0^+, x\to x_0^-, x\to+\infty, x\to-\infty, x\to\infty$ 以及 $n\to\infty$，可定义不同形式的无穷小. 例如：当 $x\to 0$ 时，函数 $x^3, \sin x, \tan x$ 都是无穷小；当 $x\to+\infty$时，函数$\dfrac{1}{x^2}, \left(\dfrac{1}{2}\right)^x, \dfrac{\pi}{2}-\arctan x$ 都是无穷小；当 $n\to\infty$时，数列 $\left\{\dfrac{1}{n}\right\}, \left\{\dfrac{1}{2^n}\right\}, \left\{\dfrac{n}{n^2+1}\right\}$都是无穷小.

注 (1) 无穷小不是“很小的常数”. 除去零外，任何常数，无论它的绝对值怎么小，都不是无穷小. 因此，不要把无穷小量与非常小的数混淆，如 10^{-100} 很小，但它不是无穷小量.

(2) 常数 0 是任何极限过程中的无穷小量.(3) 无穷小量与极限过程分不开,不能脱离极限过程说 $f(x)$是无穷小量.如 $\sin x$ 是 $x\to 0$ 时的无穷小量,但因为 $\lim\limits_{x\to\frac{\pi}{2}}\sin x=1$,所以 $\sin x$ 不是 $x\to\frac{\pi}{2}$时的无穷小量.(4) 由于 $\lim C=C$(C 等常数),所以任何非零常数都不是无穷小量.

2. 无穷小的性质

根据极限定义或极限四则运算定理,不难证明无穷小有以下性质.

性质 1 若函数 $f(x)$与 $g(x)(x\to x_0)$都是无穷小,则函数 $f(x)\pm g(x)(x\to x_0)$是无穷小.

进一步有,在某极限过程中,有限多个无穷小量的代数和仍为无穷小量.

性质 2 若函数 $f(x)(x\to x_0)$是无穷小,函数 $g(x)$在 x_0 的某去心邻域 $\mathring{U}(x_0,\delta)$有界,则 $f(x)\cdot g(x)(x\to x_0)$是无穷小.

特别地,若 $f(x)$与 $g(x)(x\to x_0)$都是无穷小,则函数 $f(x)\cdot g(x)(x\to x_0)$也是无穷小.

例如,当 $\alpha>0,x\to 0$ 时,x^α 为无穷小,$\left|\sin\dfrac{1}{x}\right|\leqslant 1$,所以 $x^\alpha\sin\dfrac{1}{x}(x\to 0)$是无穷小.

进一步有,在某极限过程中,有限多个无穷小量之积仍为无穷小量.

性质 3(极限与无穷小的关系) $\lim\limits_{x\to x_0}f(x)=A\Leftrightarrow f(x)=A+\alpha(x)$,其中 $\lim\limits_{x\to x_0}\alpha(x)=0$.

证明 只证性质 3.

(必要性)设 $\lim\limits_{x\to x_0}f(x)=A$,令 $\alpha(x)=f(x)-A$,则 $f(x)=A+\alpha(x)$,只需证明当 $x\to x_0$ 时 $\alpha(x)$是无穷小量.

事实上,因 $\lim\limits_{x\to x_0}f(x)=A$,$\forall\varepsilon>0$,$\exists\delta>0$,当 $0<|x-x_0|<\delta$ 时,有$|f(x)-A|<\varepsilon$,由定义 1,$\alpha(x)=f(x)-A$ 是无穷小.

(充分性)设 $f(x)=A+\alpha(x)$,则 $f(x)-A=\alpha(x)$,其中 $\alpha(x)(x\to x_0)$是无穷小.因 $\alpha(x)(x\to x_0)$是无穷小,$\forall\varepsilon>0$,$\exists\delta>0$,当 $0<|x-x_0|<\delta$ 时,有$|f(x)-A|=|\alpha(x)|<\varepsilon$.

所以 $\lim\limits_{x\to x_0}f(x)=A$.

1.8.2 无穷大

与无穷小相对应的一类变量是无穷大.如果在 $x\to x_0(x\to\infty)$时,对应的函数 $f(x)$的绝对值无限地增大,则称当 $x\to x_0(x\to\infty)$时,$f(x)$是无穷大.

定义 2 设 $f(x)$在 x_0 的某去心邻域有定义,若 $\forall M>0$,$\exists\delta>0$,当 $0<|x-x_0|<\delta$ 时,有

$$|f(x)|>M,$$

则称**函数 $f(x)$当 $x\to x_0$ 时是无穷大**,表示为

$$\lim_{x\to x_0}f(x)=\infty\quad 或\quad f(x)\to\infty(x\to x_0).$$

将定义中的不等式$|f(x)|>M$ 改为

$$f(x)>M \quad 或 \quad f(x)<-M,$$

则称函数 $f(x)$ 当 $x\to x_0$ 时是正无穷大或负无穷大. 分别表示为

$$\lim_{x\to x_0} f(x)=+\infty \quad 或 \quad f(x)\to+\infty(x\to x_0),$$

$$\lim_{x\to x_0} f(x)=-\infty \quad 或 \quad f(x)\to-\infty(x\to x_0).$$

注 无穷大不是数,不能把无穷大与很大的数混为一谈.

例 1 证明 $\lim\limits_{x\to1}\dfrac{1}{x-1}=\infty$.

证明 $\forall M>0$,要使 $\left|\dfrac{1}{x-1}\right|=\dfrac{1}{|x-1|}>M$,只需 $|x-1|<\dfrac{1}{M}$. 取 $\delta=\dfrac{1}{M}$,于是 $\forall M>0$,$\exists\delta=\dfrac{1}{M}>0$,当 $0<|x-1|<\delta$ 时,有 $\left|\dfrac{1}{x-1}\right|>M$,即

$$\lim_{x\to1}\frac{1}{x-1}=\infty.$$

例 2 证明 $\lim\limits_{x\to+\infty} a^x=+\infty(a>1)$.

证明 $\forall M>0$(不妨设 $M>1$),要使不等式

$$a^x>M$$

成立,解得 $x>\log_a M$,取 $X=\log_a M$,于是 $\forall M>0$,$\exists X=\log_a M$,当 $x>X$ 时,有 $a^x>M$,即 $\lim\limits_{x\to+\infty} a^x=+\infty(a>1)$.

1.8.3 无穷小与无穷大的关系

定理 1 (1) 若函数 $f(x)$ 当 $x\to x_0$ 时是无穷大,则 $\dfrac{1}{f(x)}$ 是 $x\to x_0$ 时的无穷小;

(2) 若函数 $f(x)$ 当 $x\to x_0$ 时是无穷小,且 $f(x)\neq0$,则 $\dfrac{1}{f(x)}$ 是 $x\to x_0$ 时的无穷大.

证明 只证(2),(1)可类似地证明.

$\forall M>0$,因为当 $x\to x_0$ 时,$f(x)$ 是无穷小,对 $\varepsilon=\dfrac{1}{M}>0$,$\exists\delta>0$,当 $0<|x-x_0|<\delta$ 时,有 $|f(x)|<\dfrac{1}{M}$ 或 $\left|\dfrac{1}{f(x)}\right|>M$,即函数 $\dfrac{1}{f(x)}$ 当 $x\to x_0$ 时是无穷大.

1.8.4 无穷小的比较

首先比较三个无穷小 $\left\{\dfrac{1}{n}\right\}$,$\left\{\dfrac{1}{n^2}\right\}$ 与 $\left\{\dfrac{1}{n^3}\right\}$ $(n\to\infty)$ 趋近于 0 的速度,如表 1-5 所示.

表 1-5 三个无穷小趋于 0 的速度

n	1	2	4	8	10	…	100	…	$\to\infty$
$\dfrac{1}{n}$	1	0.5	0.25	0.125	0.1	…	0.01	…	$\to0$

续表

$\frac{1}{n^2}$	1	0.25	0.0625	0.015625	0.01	…	0.0001	…	→0
$\frac{1}{n^3}$	1	0.0625	0.015625	0.001953	0.001	…	0.00001	…	→0

由表 1-5 看到，这三个无穷小趋于 0 的速度有明显差异. $\left\{\frac{1}{n^2}\right\}$ 比 $\left\{\frac{1}{n}\right\}$ 快，而 $\left\{\frac{1}{n^3}\right\}$ 比 $\left\{\frac{1}{n^2}\right\}$ 快. 表现在极限上，为

$$\lim_{n\to\infty}\frac{\frac{1}{n^2}}{\frac{1}{n}}=0,\quad \lim_{n\to\infty}\frac{\frac{1}{n^3}}{\frac{1}{n^2}}=0.$$

定义 3 设 $f(x)$ 与 $g(x)$ 当 $x\to x_0$ 时都是无穷小，且 $g(x)\neq 0$.

(1) 若 $\lim\limits_{x\to x_0}\frac{f(x)}{g(x)}=0$，则称 $f(x)$ 是 $g(x)$ 的**高阶无穷小**. 记为

$$f(x)=o(g(x)),\quad x\to x_0.$$

(2) 若 $\lim\limits_{x\to x_0}\frac{f(x)}{g(x)}=b\neq 0$，则称 $f(x)$ 是 $g(x)$ 的**同阶无穷小**. 记为

$$f(x)=O(g(x)),\quad x\to x_0.$$

(3) 若 $\lim\limits_{x\to x_0}\frac{f(x)}{g(x)}=1$，则称 $f(x)$ 是 $g(x)$ 的**等价无穷小**，记为

$$f(x)\sim g(x),\quad x\to x_0.$$

(4) 若 $\lim\limits_{x\to x_0}\frac{f(x)}{g^{\alpha}(x)}=c\neq 0(\alpha>0)$，则称 $f(x)$ 是 $\boldsymbol{g(x)}$ **的 $\boldsymbol{\alpha}$ 阶无穷小**.

例如，(1) 因为 $\lim\limits_{x\to 0}\frac{x^2}{\sin x}=0$，所以，当 $x\to 0$ 时，$x^2=o(\sin x)$.

(2) 因为 $\lim\limits_{x\to 0}\frac{\tan x}{x}=\lim\limits_{x\to 0}\frac{\sin x}{x}\cdot\lim\limits_{x\to 0}\frac{1}{\cos x}=1$，所以，当 $x\to 0$ 时，$\tan x$ 与 x 是等价无穷小，即 $\tan x\sim x(x\to 0)$.

(3) 因为 $\lim\limits_{x\to 0}\frac{1-\cos x}{x^2}=\lim\limits_{x\to 0}\frac{\sin^2\frac{x}{2}}{2\left(\frac{x}{2}\right)^2}=\frac{1}{2}$，所以，当 $x\to 0$ 时，$1-\cos x$ 是 x 的二阶无穷小.

(4) 因为 $\lim\limits_{x\to 0}\frac{3x^4-x^3+x^2}{5x^2}=\lim\limits_{x\to 0}\left(\frac{3}{5}x^2-\frac{1}{5}x+\frac{1}{5}\right)=\frac{1}{5}$，所以，当 $x\to 0$ 时，$3x^4-x^3+x^2$ 是 $5x^2$ 的同阶无穷小.

注 对于无穷小的比较，有如下结论：

(1) 当 $x\to 0$ 时 $x^n+x^m\sim x^{\min\{m,n\}}$，$x\cdot o(x^n)=o(x^{n+1})$.

(2) 当 $\varphi(x)\to 0$ 时，$\varphi(x)+o(\varphi(x))\sim\varphi(x)$.

例如,当 $x\to 0$ 时,$x^3=o(3x)$,则 $x^3+3x\sim 3x$; $1-\cos x=o(x)$,则 $x+(1-\cos x)\sim x$.

(3) 当 $x\to 0$ 时,有

$\sin x\sim x$, $\tan x\sim x$, $\arcsin x\sim x$, $\arctan x\sim x$, $\ln(1+x)\sim x$, $e^x-1\sim x$,

$a^x-1\sim x\ln a$, $1-\cos x\sim\dfrac{1}{2}x^2$, $(1+x)^\alpha-1\sim\alpha x$, $\tan x-\sin x\sim\dfrac{1}{2}x^3$.

当 $x\to 0^+$ 时,有 $x^x-1=e^{x\ln x}-1\sim x\ln x$.

当 $x\to 1$ 时,$\ln x\sim x-1$.

(4) 将上面的 x 都换成 $\varphi(x)$ 等价式仍成立,即当 $\varphi(x)\to 0$ 时,有

$\sin\varphi(x)\sim\varphi(x)$, $\tan\varphi(x)\sim\varphi(x)$, $\arcsin\varphi(x)\sim\varphi(x)$, $\arctan\varphi(x)\sim\varphi(x)$,

$a^{\varphi(x)}-1\sim\varphi(x)\ln a$, $\ln(1+\varphi(x))\sim\varphi(x)$, $e^{\varphi(x)}-1\sim\varphi(x)$,

$(1+\varphi(x))^\alpha-1\sim\alpha\varphi(x)$, $1-\cos\varphi(x)\sim\dfrac{1}{2}\varphi(x)^2$, $\tan\varphi(x)-\sin\varphi(x)\sim\dfrac{1}{2}\varphi^3(x)$.

当 $\varphi(x)\to 1$ 时,$\ln\varphi(x)\sim\varphi(x)-1$.

求两个无穷小的比的极限时可用等价无穷小代换.

定理 2 设 $\alpha\sim\alpha'$,$\beta\sim\beta'$,且 $\lim\dfrac{\beta'}{\alpha'}$ 存在,则 $\lim\dfrac{\beta}{\alpha}$ 也存在,且 $\lim\dfrac{\beta}{\alpha}=\lim\dfrac{\beta'}{\alpha'}$.

证明 $\lim\dfrac{\beta}{\alpha}=\lim\left(\dfrac{\beta}{\beta'}\cdot\dfrac{\beta'}{\alpha'}\cdot\dfrac{\alpha'}{\alpha}\right)=\lim\dfrac{\beta}{\beta'}\lim\dfrac{\beta'}{\alpha'}\lim\dfrac{\alpha'}{\alpha}=\lim\dfrac{\beta'}{\alpha'}$.

这个性质表明,求两个无穷小之比的极限时,分子及分母都可用等价无穷小来代替.因此,如果用来代替的无穷小选得适当的话,可以使计算简化.

例 3 求 $\lim\limits_{x\to 0}\dfrac{\tan 2x}{\sin 5x}$.

解 当 $x\to 0$ 时,$\tan 2x\sim 2x$,$\sin 5x\sim 5x$,所以 $\lim\limits_{x\to 0}\dfrac{\tan 2x}{\sin 5x}=\lim\limits_{x\to 0}\dfrac{2x}{5x}=\dfrac{2}{5}$.

例 4 求 $\lim\limits_{x\to 0}\dfrac{\sin x}{x^3+3x}$.

解 当 $x\to 0$ 时,$\sin x\sim x$,$x^3+3x\sim 3x$,所以

$$\lim_{x\to 0}\frac{\sin x}{x^3+3x}=\lim_{x\to 0}\frac{x}{3x}=\frac{1}{3}.$$

例 5 求 $\lim\limits_{x\to 0}\dfrac{\sqrt{1+\sin^2 2x}-1}{1-\cos 3x}$.

解 当 $x\to 0$ 时,$\sqrt{1+\sin^2 2x}-1\sim\dfrac{1}{2}\sin^2 2x$,$1-\cos 3x\sim\dfrac{1}{2}(3x)^2$,故

$$\lim_{x\to 0}\frac{\sqrt{1+\sin^2 2x}-1}{1-\cos 3x}=\lim_{x\to 0}\frac{\frac{1}{2}\sin^2 2x}{\frac{1}{2}(3x)^2}=\lim_{x\to 0}\frac{(2x)^2}{(3x)^2}=\frac{4}{9}.$$

例 6 求 $\lim\limits_{x\to 0}\dfrac{e^x-e^{\sin x}}{x-\sin x}$.

解 $\lim\limits_{x\to 0}\dfrac{e^x-e^{\sin x}}{x-\sin x}=\lim\limits_{x\to 0}\dfrac{e^{\sin x}(e^{x-\sin x}-1)}{x-\sin x}$.

当 $x\to 0$ 时，$e^{x-\sin x}-1\sim x-\sin x$，所以

$$\lim_{x\to 0}\frac{e^x-e^{\sin x}}{x-\sin x}=\lim_{x\to 0}\frac{e^{\sin x}(e^{x-\sin x}-1)}{x-\sin x}=\lim_{x\to 0}\frac{e^{\sin x}(x-\sin x)}{x-\sin x}=1.$$

若分子分母都是无穷小，但分子或分母是两个无穷小的和(差)，可以用等价无穷小代换，但是有条件的.

设 α,β,γ 为同一自变量变化过程中的无穷小，且 $\alpha\sim\alpha',\beta\sim\beta'$，则：①若 $\lim\frac{\alpha'}{\beta'}$ 存在，且 $\lim\frac{\alpha'}{\beta'}\neq 1$，则 $\lim\frac{\alpha-\beta}{\gamma}=\lim\frac{\alpha'-\beta'}{\gamma}$；若 $\lim\frac{\alpha'}{\beta'}$ 存在且 $\lim\frac{\alpha'}{\beta'}\neq -1$，则 $\lim\frac{\alpha+\beta}{\gamma}=\lim\frac{\alpha'+\beta'}{\gamma}$.

例 7 求 $\lim\limits_{x\to 0}\frac{\sqrt{1-x}-1+\sin x}{\ln(1+2x)}$.

解 $\lim\limits_{x\to 0}\frac{\sqrt{1-x}-1+\sin x}{\ln(1+2x)}=\lim\limits_{x\to 0}\frac{-\frac{1}{2}x+x}{2x}=\frac{1}{4}$.

例 8 求 $\lim\limits_{x\to 0}\frac{\tan x-\sin x}{x^3}$.

解 $\lim\limits_{x\to 0}\frac{\tan x-\sin x}{x^3}\neq\lim\limits_{x\to 0}\frac{x-x}{x^3}=0$.

当 $x\to 0$ 时，$\tan x\sim x$，$\sin x\sim x$，$x-x=0$. 所以上面的计算过程就是错误的. 正确的答案为

$$\lim_{x\to 0}\frac{\tan x-\sin x}{x^3}=\lim_{x\to 0}\frac{\sin x(1-\cos x)}{x^3\cos x}=\lim_{x\to 0}\frac{\sin x}{x}\cdot\frac{1-\cos x}{x^2}\cdot\frac{1}{\cos x}=\frac{1}{2}.$$

二维码 1.8

习题 1.8

1. 举例说明：在某极限过程中，两个无穷小量之商、两个无穷大量之商、无穷小量与无穷大量之积都不一定是无穷小量，也不一定是无穷大量.

2. 判断下列命题是否正确：

(1) 无穷小量与无穷小量的商一定是无穷小量；

(2) 有界函数与无穷小量之积为无穷小量；

(3) 有界函数与无穷大量之积为无穷大量；

(4) 有限个无穷小量之和为无穷小量；

(5) 有限个无穷大量之和为无穷大量；

(6) $y=x\sin x$ 在 $(-\infty,+\infty)$ 内无界，但 $\lim\limits_{x\to+\infty}x\sin x\neq\infty$；

(7) 无穷大量的倒数都是无穷小量；

(8) 无穷小量的倒数都是无穷大量.

3. 指出下列函数哪些是极限过程中的无穷小量，哪些是极限过程中的无穷大量.

(1) $f(x)=\frac{3}{x^2-4}$，$x\to 2$；　　(2) $f(x)=\ln x$，$x\to 1$，$x\to 0^+$，$x\to+\infty$；

(3) $f(x)=e^{\frac{1}{x}}, x\to 0^+, x\to 0^-$；　(4) $f(x)=\frac{\pi}{2}-\arctan x, x\to +\infty$；

(5) $f(x)=\frac{1}{x}\sin x, x\to\infty$；　(6) $f(x)=\frac{1}{x^2}\sqrt{1+\frac{1}{x^2}}, x\to\infty$.

4. 求 $\lim\limits_{x\to\infty}\frac{\sin x}{x}$.

5. 当 $x\to 0$ 时，讨论下列各无穷小是 x 的多少阶无穷小：

(1) $\sqrt{x}+\sin x$；　(2) $x^{\frac{2}{3}}-x^{\frac{1}{2}}$；　(3) $\sqrt[3]{x}-3x^3+x^5$.

6. 比较下列各组无穷小：

(1) 当 $x\to 1$ 时，$\frac{1-x}{1+x}$ 与 $1-\sqrt{x}$；　(2) 当 $x\to 0$ 时，$(1-\cos x)^2$ 与 $\sin^2 x$；

(3) 当 $x\to 1$ 时，$1-x$ 与 $1-\sqrt[3]{x}$.

7. 利用等价无穷小代换，求下列各极限：

(1) $\lim\limits_{x\to 0}\frac{1-\cos 2x}{x\sin x}$；　(2) $\lim\limits_{x\to 0}\frac{3\sin x+x^2\cos\frac{1}{x}}{(1+\cos x)\ln(1+x)}$；

(3) $\lim\limits_{x\to 0}\frac{1-\cos^3 x}{x\sin 2x}$；　(4) $\lim\limits_{x\to 0}\left(\frac{1}{\sin x}-\frac{1}{\tan x}\right)$；

(5) $\lim\limits_{x\to 0}\frac{e^{2x}-1}{\ln(x+1)}$；　(6) $\lim\limits_{x\to 0}\frac{\sqrt[3]{1+x^2}-1}{x^2}$；

(7) $\lim\limits_{n\to\infty}\sqrt{n}(\sqrt[n]{a}-1)(a>0)$；　(8) $\lim\limits_{x\to 0}\frac{\ln(a+x)+\ln(a-x)-2\ln a}{x^2}$.

8. 已知 $\lim\limits_{x\to 0}\frac{\sqrt{1+f(x)\sin 2x}-1}{e^{3x}-1}=2$，求 $\lim\limits_{x\to 0}f(x)$.

提高题

1. $\lim\limits_{x\to +\infty}\frac{x^{100}+3x^2+2}{e^x+8}(2+\cos x)=$________.

2. 求 $\lim\limits_{x\to 0}\frac{1}{x^3+\ln(1+x^5)}\left[\left(\frac{2+\cos x}{3}\right)^x-1\right]$.

3. 当 $x\to 0$ 时，函数 $f(x)=e^{\tan x}-e^{\sin x}$ 与 x^n 是同阶的无穷小量，则 $n=$________.

4. 当 $x\to 0^+$ 时，若 $\ln^\alpha(1+2x)$，$(1-\cos x)^{\frac{1}{\alpha}}$ 均是比 x 高阶的无穷小，求 α 的取值范围.

5. 设 $a_1=x(\cos\sqrt{x}-1)$，$a_2=\sqrt{x}\ln(1+\sqrt[3]{x})$，$a_3=\sqrt[3]{x+1}-1$. 当 $x\to 0^+$ 时，将以上3个无穷小量按照从低阶到高阶顺序排列.

6. 当 $x\to 0^+$ 时，$\sqrt{x+\sqrt{x}}$ 与 $1-\cos x^\alpha$ 是同阶无穷小，求 α.

7. 根据定义证明：当 $x\to 0$ 时，$y=x^2\sin\frac{1}{x}$ 为无穷小.

8. 证明：函数 $y=\frac{1}{x}\cos\frac{1}{x}$ 在区间(0,1]上无界，但当 $x\to 0^+$ 时，该函数不是无穷大.

9. 设函数 $y=\dfrac{1+2x}{x}$，问 x 应满足什么条件能使 $|y|>10^4$？并证明 $x\to 0$ 时该函数是无穷大.

10. 设 α,β 是无穷小，证明：如果 $\alpha\sim\beta$，则 $\beta-\alpha=o(\alpha)$；反之，如果 $\beta-\alpha=o(\alpha)$，则 $\alpha\sim\beta$.

1.9 连续函数

自然界中许多现象，如空气或水的流动、气温的变化、生物的生长等，都是连续不断地在运动和变化. 这种现象反映到数学关系上，就是函数的连续性.

1.9.1 连续函数的概念

实际应用中遇到的函数常有这样一个特点：当自变量的值改变非常小时，相应的函数值的改变也非常小. 如气温为时间的函数，就有这种性质. 为了用数学表达函数的上述特性，先介绍增量(改变量)的概念.

在函数 $y=f(x)$ 的定义域中，设自变量 x 由 x_0 变到 x_1，相应的函数值由 $f(x_0)$ 变到 $f(x_1)$. 差 $\Delta x=x_1-x_0$ 称为自变量 x 的**增量**(改变量)，相应地，

$$\Delta y=f(x_1)-f(x_0)=f(x_0+\Delta x)-f(x_0)$$

称为函数 $y=f(x)$ 的**增量**.

注 $\Delta x,\Delta y$ 是完整的记号，它们可正、可负、也可为 0.

下面给出连续函数的定义.

定义 1 设函数 $f(x)$ 在 x_0 及其邻域有定义，如果当自变量的增量趋于 0 时，相应的函数的增量也趋于 0，即

$$\lim_{\Delta x\to 0}\Delta y=0 \quad 或 \quad \lim_{\Delta x\to 0}[f(x_0+\Delta x)-f(x_0)]=0,$$

则称**函数 $y=f(x)$ 在点 x_0 连续**.

由于

$$\lim_{\Delta x\to 0}[f(x_0+\Delta x)-f(x_0)]=0\Leftrightarrow \lim_{\Delta x\to 0}f(x_0+\Delta x)=f(x_0),$$

如记 $x=x_0+\Delta x$，则 $\Delta x\to 0\Leftrightarrow x\to x_0$，于是

$$\lim_{\Delta x\to 0}f(x_0+\Delta x)=f(x_0)\Leftrightarrow \lim_{x\to x_0}f(x)=f(x_0).$$

故定义 1 可叙述为以下形式.

定义 2 设函数 $y=f(x)$ 在 x_0 及其邻域有定义，若

$$\lim_{x\to x_0}f(x)=f(x_0),$$

则称**函数 $y=f(x)$ 在点 x_0 连续**.

用“ε-δ”语言，可将函数在一点连续的定义叙述如下.

定义 3 若 $\forall\varepsilon>0,\exists\delta>0$，当 $|x-x_0|<\delta$ 时，不等式

$$|f(x)-f(x_0)|<\varepsilon$$

成立，则称函数 $f(x)$ 在点 x_0 连续.

由表达式 $\lim\limits_{x\to x_0} f(x)=f(x_0)$ 可知，$f(x)$ 在点 x_0 连续需满足3个条件：

(1) $f(x)$ 在点 x_0 有定义；

(2) $\lim\limits_{x\to x_0} f(x)$ 存在；

(3) $\lim\limits_{x\to x_0} f(x)=f(x_0)$.

定义4 设函数 $y=f(x)$ 在点 x_0 及其左邻域(右邻域)有定义，若

$$\lim_{x\to x_0^-} f(x)=f(x_0)\left(\lim_{x\to x_0^+} f(x)=f(x_0)\right),$$

则函数 $f(x)$ 在点 x_0 **左连续(右连续)**.

由函数的极限与其左、右极限的关系，容易得到函数的连续性与其左、右连续性的关系.

定理1 $f(x)$ 在点 x_0 连续的充要条件是 $f(x)$ 在点 x_0 左连续且右连续.

注 (1) 函数 $y=f(x)$ 在点 x_0 连续，即 $\lim\limits_{x\to x_0} f(x)=f(x_0)=f(\lim\limits_{x\to x_0} x)$，换一种通俗的说法：若 $y=f(x)$ 在点 x_0 连续，则极限符号可以穿过函数符号，直接作用在自变量上.

(2) $y=f(x)$ 在点 x_0 连续的充分必要条件为 $\lim\limits_{x\to x_0^-} f(x)=\lim\limits_{x\to x_0^+} f(x)=f(x_0)$.

定义5 如果函数 $f(x)$ 在开区间 (a,b) 内每一点都连续，则称函数 $f(x)$ 在区间 (a,b) 内连续；如果函数 $f(x)$ 在 (a,b) 内连续，同时在 a 点右连续，在 b 点左连续，则称函数 $f(x)$ 在闭区间 $[a,b]$ 上连续.

从几何上看，$f(x)$ 的连续性表示，当横轴上两点距离充分小时，函数图形上的对应点的纵坐标之差也很小，这说明连续函数的图形是一条无间隙的连续曲线.

例1 多项式函数和有理函数在其定义域内是连续的.

例2 $f(x)=\sin x$ 在 $\mathbf{R}$ 上连续.

证明 任取 $x_0\in\mathbf{R}$，$\forall x\in\mathbf{R}$，有不等式

$$\left|\cos\frac{x+x_0}{2}\right|\leqslant 1 \quad 与 \quad \left|\sin\frac{x-x_0}{2}\right|\leqslant\frac{|x-x_0|}{2}.$$

$\forall\varepsilon>0$，要使不等式

$$|\sin x-\sin x_0|=2\left|\cos\frac{x+x_0}{2}\right|\cdot\left|\sin\frac{x-x_0}{2}\right|\leqslant 2\,\frac{|x-x_0|}{2}=|x-x_0|<\varepsilon$$

成立，只需取 $\delta=\varepsilon$. 于是

$\forall\varepsilon>0$，$\exists\delta=\varepsilon>0$. $\forall x$：$|x-x_0|<\delta$，有 $|\sin x-\sin x_0|<\varepsilon$. 即

$$\lim_{x\to x_0}\sin x=\sin x_0,$$

即正弦函数 $\sin x$ 在 x_0 连续. 由 x_0 的任意性，$\sin x$ 在 $\mathbf{R}$ 上连续.

例3 设函数

$$f(x)=\begin{cases}x^2+3, & x\geqslant 0,\\ a-x, & x<0,\end{cases}$$

问 a 为何值时，函数 $y=f(x)$ 在点 $x=0$ 处连续？

解 因为 $f(0)=3$，且

$$\lim_{x\to0^-}f(x)=\lim_{x\to0^-}(a-x)=a,\qquad \lim_{x\to0^+}f(x)=\lim_{x\to0^+}(x^2+3)=3,$$

所以当 $a=3$ 时，$y=f(x)$ 在点 $x=0$ 处连续.

例 4 设函数

$$f(x)=\begin{cases}-1, & x<0,\\ 1, & x\geqslant0,\end{cases}$$

试问在 $x=0$ 处函数 $f(x)$ 是否连续？

解 因为 $f(0)=1$，$\lim\limits_{x\to0^-}f(x)=\lim\limits_{x\to0^-}(-1)=-1\neq f(0)=1$，所以函数 $f(x)$ 在 $x=0$ 处不连续.

1.9.2 函数的间断点

定义 6 如果函数 $y=f(x)$ 在点 x_0 不满足连续性定义的条件，则称函数 $f(x)$ 在点 x_0 **间断**(或**不连续**). x_0 称为函数 $f(x)$ 的**间断点**(或**不连续点**).

$f(x)$ 在点 x_0 不满足连续性定义的条件有 3 种情况：

(1) 函数 $f(x)$ 在点 x_0 无定义；

(2) $\lim\limits_{x\to x_0}f(x)$ 不存在；

(3) $\lim\limits_{x\to x_0}f(x)\neq f(x_0)$.

因此，以下情形中的点都是间断点.

(1) 没有定义的点；

(2) 极限值不存在的点；

(3) 极限值不等于函数值的点.

注 函数没有定义的点一定是间断点，分段函数的分段点可能是间断点.

根据极限情况，将间断点分为以下两大类：第一类间断点和第二类间断点.

定义 7 设 x_0 是函数 $f(x)$ 的间断点，若 $\lim\limits_{x\to x_0^-}f(x)$，$\lim\limits_{x\to x_0^+}f(x)$ 都存在，则称 x_0 是函数 $f(x)$ 的**第一类间断点**. 进一步，若 $\lim\limits_{x\to x_0^-}f(x)\neq\lim\limits_{x\to x_0^+}f(x)$，则称 x_0 是函数 $f(x)$ 的**跳跃间断点**；若 $\lim\limits_{x\to x_0^-}f(x)=\lim\limits_{x\to x_0^+}f(x)\neq f(x_0)$，则称 x_0 是函数 $f(x)$ 的**可去间断点**.

若 x_0 是 $f(x)$ 的可去间断点，则改变点 x_0 的函数值或适当定义在点 x_0 的函数值，可使函数 $f(x)$ 在点 x_0 连续，这就是“可去”的含义.

例 5 判断函数

$$f(x)=\begin{cases}\dfrac{x}{|x|}, & x\neq0,\\ 0, & x=0\end{cases}$$

在 $x=0$ 处是否连续，若不连续是什么类型的间断点？

解 $\lim\limits_{x\to0^-}f(x)=-1$，$\lim\limits_{x\to0^+}f(x)=1$.

左极限和右极限都存在，但不相等，$f(x)$ 在 $x=0$ 不连续(图 1-26). $x=0$ 为 $f(x)$ 的跳跃间断点，属于第一类间断点.

例 6 设

$$f(x)=\begin{cases}x, & x\neq 1,\\ \dfrac{1}{2}, & x=1.\end{cases}$$

判断 $x=1$ 是 $f(x)$ 的什么间断点.

解 $f(1)=\dfrac{1}{2}$，$\lim\limits_{x\to 1}f(x)=1$，所以 $\lim\limits_{x\to 1}f(x)\neq f(1)$，故 $x=1$ 是 $f(x)$ 的可去间断点(图 1-27).

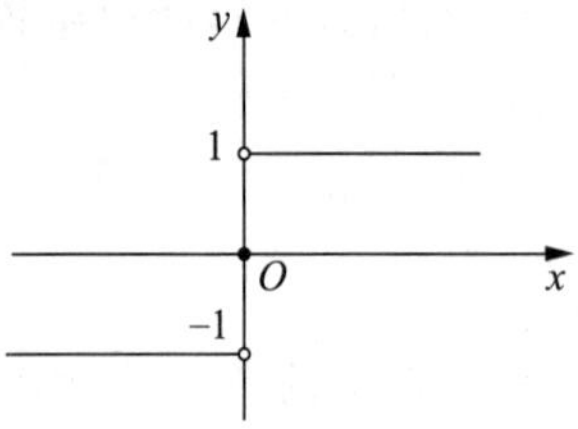

图 1-26 跳跃间断点示意图

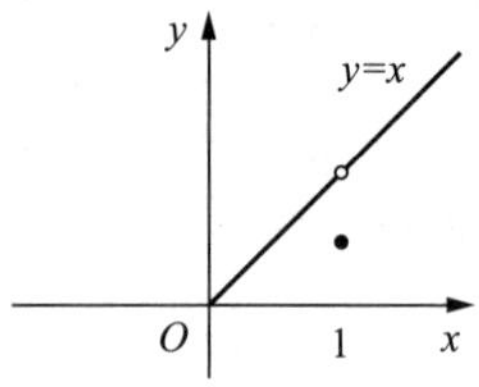

图 1-27 可去间断点示意图

例 7 判断 $x=1$ 是 $f(x)$ 的什么间断点，其中

$$f(x)=\frac{x^2-1}{x-1}.$$

解 $\lim\limits_{x\to 1}\dfrac{x^2-1}{x-1}=\lim\limits_{x\to 1}(x+1)=2$. 但 $f(x)$ 在 $x=1$ 点无意义，故在 $x=1$ 处 $f(x)$ 有可去间断点(参见图 1-28).

若补充定义

$$f(x)=\begin{cases}\dfrac{x^2-1}{x-1}, & x\neq 1,\\ 2, & x=1,\end{cases}$$

则 $f(x)$ 在 $x=1$ 处连续.

定义 8 若 $f(x)$ 在 x_0 的左、右极限至少有一个不存在，则称 x_0 为 $f(x)$ 的**第二类间断点**. 若 $\lim\limits_{x\to x_0^+}f(x)=\infty$ 或 $\lim\limits_{x\to x_0^-}f(x)=\infty$，则称 x_0 为 $f(x)$ 的**无穷间断点**. 若 $\lim\limits_{x\to x_0}f(x)$ 不存在，但 $f(x)$ 的函数值在两个数之间变化，则称 x_0 为 $f(x)$ 的**振荡间断点**.

例 8 判断 $x=0$ 是 $f(x)$ 的什么间断点.

$$f(x)=\begin{cases}\dfrac{1}{x}, & x\neq 0,\\ 0, & x=0.\end{cases}$$

解 $\lim\limits_{x\to 0}f(x)=\lim\limits_{x\to 0}\dfrac{1}{x}=\infty$，所以 $x=0$ 是 $f(x)$ 的无穷间断点，属于第二类间断点(图 1-29).

例 9 判断 $x=0$ 是 $f(x)$ 的什么间断点，其中

$$f(x)=\begin{cases}\sin\dfrac{1}{x}, & x\neq 0,\\ 0, & x=0.\end{cases}$$

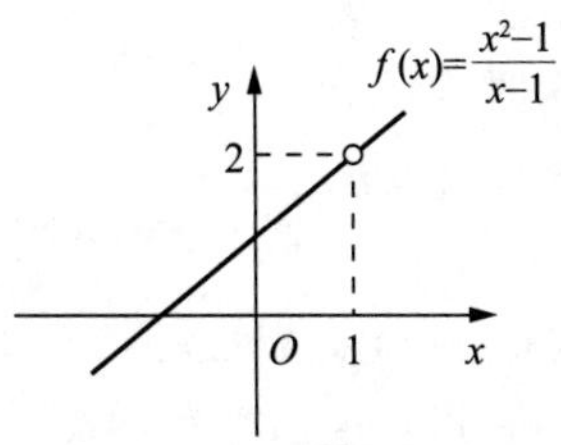

图 1-28 可去间断点示意图

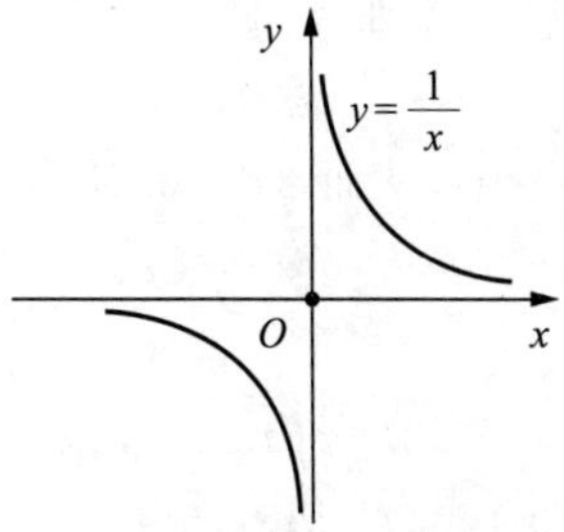

图 1-29 无穷间断点示意图

解 $\lim\limits_{x\to 0}f(x)=\lim\limits_{x\to 0}\sin\frac{1}{x}$不存在，且 $\sin\frac{1}{x}$在-1与1之间变化，所以 $x=0$ 是 $f(x)$的振荡间断点，属于第二类间断点(图 1-30).

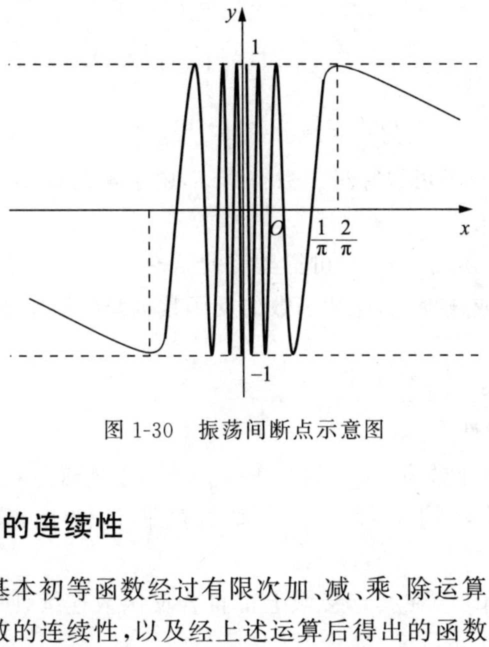

图 1-30 振荡间断点示意图

1.9.3 初等函数的连续性

由于初等函数是由基本初等函数经过有限次加、减、乘、除运算及有限次复合而成的，因而只需讨论基本初等函数的连续性，以及经上述运算后得出的函数的连续性. 又由于三角函数和对应的反三角函数、指数函数与对数函数互为反函数，因此还需证明反函数的连续性.

根据极限的四则运算法则和连续的定义有以下定理.

定理 2 若函数 $f(x)$与 $g(x)$都在 x_0 连续，则函数

$$f(x)\pm g(x),\quad f(x)g(x),\quad \frac{f(x)}{g(x)},\quad g(x_0)\neq 0$$

在 x_0 也连续.

定理 3 若函数 $y=\varphi(x)$在 x_0 连续，且 $y_0=\varphi(x_0)$，而函数 $z=f(y)$在 y_0 连续，则复合函数 $z=f[\varphi(x)]$在 x_0 连续. 即 $\lim\limits_{x\to x_0}f[\varphi(x)]=f[\lim\limits_{x\to x_0}\varphi(x)]=f[\varphi(\lim\limits_{x\to x_0}x)]=f[\varphi(x_0)]$.

证明 已知 $z=f(y)$在 y_0 连续，即

$$\forall\varepsilon>0,\exists\eta>0,\forall y:|y-y_0|<\eta,\text{有}|f(y)-f(y_0)|<\varepsilon.$$

又已知 $y=\varphi(x)$ 在 x_0 连续，且 $y_0=\varphi(x_0)$，即对上述 $\eta>0$，$\exists\delta>0$，$\forall x$：$|x-x_0|<\delta$，有

$$|\varphi(x)-\varphi(x_0)|=|y-y_0|<\eta.$$

于是 $\forall\varepsilon>0(\exists\eta>0)$，从而 $\exists\delta>0$，使当 $|x-x_0|<\delta$ 时，有

$$|\varphi(x)-\varphi(x_0)|=|y-y_0|<\eta,$$

从而

$$|f[\varphi(x)]-f[\varphi(x_0)]|=|f(y)-f(y_0)|<\varepsilon.$$

即 $\lim\limits_{x\to x_0}f[\varphi(x)]=f[\lim\limits_{x\to x_0}\varphi(x)]=f[\varphi(\lim\limits_{x\to x_0}x)]=f[\varphi(x_0)]$.

注 在定理2中，把函数 $y=\varphi(x)$ 在 x_0 连续改为 $\lim\limits_{x\to x_0}\varphi(x)$ 存在，则有以下命题.

命题1 若 $\lim\limits_{x\to x_0}\varphi(x)=y_0$，而函数 $z=f(x)$ 在 y_0 连续，则当 $x\to x_0$ 时，极限 $\lim\limits_{x\to x_0}f[\varphi(x)]$ 存在，且

$$\lim_{x\to x_0}f[\varphi(x)]=f(y_0).$$

于是，由 $\lim\limits_{x\to x_0}\varphi(x)=y_0$ 及 $\lim\limits_{x\to x_0}f[\varphi(x)]=f(y_0)$，有

$$\lim_{x\to x_0}f[\varphi(x)]=f(\lim_{x\to x_0}\varphi(x)).$$

即在命题的条件下，极限符号可以穿过函数符号 f，由于函数 φ 不一定在 x_0 连续，所以极限符号不能穿过函数符号 φ.

在命题中，把 $x\to x_0$ 换成 $x\to\infty$，可得类似的结论.

定理4 严格增加(或减少)的连续函数的反函数也是严格增加(或减少)的连续函数.

证明略.

现在讨论基本初等函数的连续性.

(1) 三角函数的连续性.

前面已经证明了正弦函数 $y=\sin x$ 在 $(-\infty,+\infty)$ 上连续. 用类似的方法可以证明余弦函数 $y=\cos x$ 在 $(-\infty,+\infty)$ 上连续. 再由定理2，立即可以得到函数 $\tan x$, $\cot x$, $\sec x$, $\csc x$ 在其定义域内是连续的.

(2) 反三角函数(主值支)在其定义域上都符合反函数连续性的条件，故它们在各自的定义域上连续.

(3) 指数函数 $y=a^x(a>0,a\neq1)$ 在 $(-\infty,+\infty)$ 上连续.(证明略)

(4) 对数函数是指数函数的反函数，指数函数是严格单调的函数，在其定义域上符合反函数连续性定理的条件，故对数函数在其定义域上是连续的.

(5) 幂函数 $y=x^\mu$ 在定义域 $(0,+\infty)$ 内连续.

事实上，$y=x^\mu=e^{\mu\ln x}$，由指数函数、对数函数的连续性以及复合函数的连续性定理，立即得到幂函数的连续性.

综合以上讨论可得以下定理.

定理5 基本初等函数在其定义域上是连续的.

由基本初等函数的连续性及连续函数的四则运算和复合函数的连续性可得以下定理.

定理6 一切初等函数在其定义区间内都是连续的.

注 (1) 定义区间是指包含在定义域内的区间. 初等函数在其定义域内不一定连续，例

如 $f(x)=\sqrt{\cos x-1}$ 的定义域为 $\{x\mid x=2k\pi,k\in\mathbf{Z}\}$，这是个离散的点集，对于这样的点不能讨论连续性，因为 $f(x)$ 在 x_0 连续的必要条件是 $f(x)$ 在 x_0 及其邻域内有定义.

(2) 这个结论对判别函数的连续性和求函数的极限都很方便. 例如，若函数 $f(x)$ 是初等函数，且点 x_0 属于函数 $f(x)$ 的定义区间，那么函数 $f(x)$ 在点 x_0 连续.

求初等函数 $f(x)$ 在定义区间内一点 x_0 的极限就化为求函数 $f(x)$ 在点 x_0 的函数值.

(3) 对于幂指函数的极限，利用连续函数的定义可转化为其他形式的极限

$$\lim_{x\to x_0}u(x)^{v(x)}=\lim_{x\to x_0}\mathrm{e}^{v(x)\ln u(x)}=\mathrm{e}^{\lim\limits_{x\to x_0}v(x)\ln u(x)}.$$

特别地，当 $\lim\limits_{x\to x_0}u(x)=A$，$\lim\limits_{x\to x_0}v(x)=B$ 时，则 $\lim\limits_{x\to x_0}u(x)^{v(x)}=A^B$.

例 10 求下列极限：

(1) $\lim\limits_{x\to 1}\dfrac{x^2+\ln(4-3x)}{\arctan x}$；　(2) $\lim\limits_{x\to 0}\dfrac{x^2+1}{3x^2+\cos x+2}$；　(3) $\lim\limits_{x\to 0}\dfrac{\log_a(1+x)}{x}$.

解 (1) $\lim\limits_{x\to 1}\dfrac{x^2+\ln(4-3x)}{\arctan x}=\dfrac{1+\ln(4-3)}{\arctan 1}=\dfrac{4}{\pi}$；

(2) $\lim\limits_{x\to 0}\dfrac{x^2+1}{3x^2+\cos x+2}=\dfrac{0+1}{0+\cos 0+2}=\dfrac{1}{3}$；

(3) $\lim\limits_{x\to 0}\dfrac{\log_a(1+x)}{x}=\lim\limits_{x\to 0}\log_a(1+x)^{\frac{1}{x}}=\log_a\lim\limits_{x\to 0}(1+x)^{\frac{1}{x}}=\log_a\mathrm{e}$.

特别地，$\lim\limits_{x\to 0}\dfrac{\ln(1+x)}{x}=\ln\mathrm{e}=1$.

例 11 求下列极限：

(1) $\lim\limits_{x\to 0}(x+2)^x$；　(2) $\lim\limits_{x\to 0}\left(\dfrac{\sin 2x}{x}\right)^{1+x}$.

解 (1) $\lim\limits_{x\to 0}(x+2)^x=(0+2)^0=1$；

(2) $\lim\limits_{x\to 0}\left(\dfrac{\sin 2x}{x}\right)^{1+x}=2^1=2$.

习题 1.9

二维码 1.9

1. 设 $f(x)=\begin{cases}\dfrac{\ln(1+2x)}{x}, & x\neq 0,\\ k, & x=0,\end{cases}$ 求 k 值使得 $f(x)$ 在点 $x=0$ 处连续.

2. 问 a 取何值时，$f(x)=\begin{cases}\cos x, & x<0,\\ a+x, & x\geqslant 0\end{cases}$ 在 $x=0$ 处连续.

3. 讨论 $f(x)=\begin{cases}x+2, & x\geqslant 0,\\ x-2, & x<0\end{cases}$ 在 $x=0$ 处的连续性.

4. 研究下列函数的连续性：

(1) $f(x)=\begin{cases}x^2, & 0\leqslant x\leqslant 1,\\ 2-x, & 1<x\leqslant 2;\end{cases}$　(2) $f(x)=\begin{cases}x, & -1\leqslant x\leqslant 1,\\ 1, & x<-1,x>1.\end{cases}$

5. 常数 C 为何值时，可使函数 $f(x)=\begin{cases}Cx+1, & x\leqslant 3,\\ Cx^2-1, & x>3\end{cases}$ 在 $(-\infty,+\infty)$ 内连续.

6. 设函数 $f(x)=\begin{cases}e^x, & x<0,\\ a+x, & x\geqslant 0,\end{cases}$ 应当怎样选择数 a，使 $f(x)$ 成为在 $(-\infty,+\infty)$ 内连续的函数？

7. 指出下列函数的间断点及其所属类型，若是可去间断点，试补充或修改定义，使函数在该点连续.

(1) $y=\dfrac{x^2-x}{|x|(x^2-1)}$；　(2) $y=\arctan\dfrac{1}{x-1}$；　(3) $y=\dfrac{x^2-1}{x^2-3x+2}$；

(4) $y=\dfrac{x}{\tan x}$；　(5) $y=\cos^2\dfrac{1}{x}, x=0$；

(6) $f(x)=\begin{cases}\dfrac{1}{x}, & x<0,\\ \dfrac{x^2-1}{x-1}, & 0\leqslant |x-1|\leqslant 1,\\ x+1, & x>2.\end{cases}$

8. 设 $f(x)$ 在点 x_0 连续，$g(x)$ 在点 x_0 不连续，问 $f(x)+g(x)$ 及 $f(x)\cdot g(x)$ 在点 x_0 是否连续？若肯定或否定，请给出证明；若不确定，试给出例子（连续的例子与不连续的例子）.

9. 求下列极限：

(1) $\lim\limits_{x\to+\infty}(\sin\sqrt{x+1}-\sin\sqrt{x})$；　(2) $\lim\limits_{x\to+\infty}\tan\left(\ln\dfrac{4x^2+1}{x^2+4x}\right)$；

(3) $\lim\limits_{x\to 0}(1+2x)^{\frac{3}{\sin x}}$；　(4) $\lim\limits_{x\to 2}\dfrac{e^x}{2x+1}$.

提高题

1. 设 $f(x)=\lim\limits_{n\to\infty}\dfrac{x^{2n-1}+ax^2+bx}{x^{2n}+1}$ 为连续函数，试确定 a 与 b 的值.

2. 函数 $f(x)=\begin{cases}\dfrac{\ln(1+ax^3)}{x-\arcsin x}, & x<0,\\ 6, & x=0,\\ \dfrac{e^{ax}+x^2-ax-1}{x\sin\dfrac{x}{4}}, & x>0.\end{cases}$ 问 a 为何值时，(1) $f(x)$ 在 $x=0$ 处连续；(2) $x=0$ 处为可去间断点；(3) $x=0$ 处为跳跃间断点.

提示：当 $x\to 0$ 时，$x-\arcsin x\sim -\dfrac{1}{6}x^3$，$e^x-x-1\sim\dfrac{1}{2}x^2$.

3. 讨论函数 $f(x)=x\lim\limits_{n\to\infty}\dfrac{1-x^{2n}}{1+x^{2n}}$ 的连续性，若有间断点，判别其类型.

提示：当 $|x|<1$ 时，$\lim\limits_{n\to\infty}x^n=0$；当 $|x|>1$ 时，$\lim\limits_{n\to\infty}x^n=\infty$.

4. 已知函数 $f(x)=\begin{cases} x, & x\leqslant 0, \\ \dfrac{1}{n}, & \dfrac{1}{n+1}\leqslant x\leqslant\dfrac{1}{n}, \end{cases}$ 判断 $x=0$ 是 $f(x)$ 的连续点还是间断点.

5. 设 $f(x)$ 在点 x_0 连续,且 $f(x_0)\neq 0$,试证存在 $\delta>0$,使得当 $x\in(x_0-\delta,x_0+\delta)$ 时 $|f(x)|>\dfrac{|f(x_0)|}{2}$.

6. 设 $f(x)=\begin{cases} \dfrac{\sqrt[3]{1-ax}-1}{x}, & x<0, \\ ax+b, & 0\leqslant x\leqslant 1, \\ \dfrac{\sin(x-1)}{x-1}, & x>1 \end{cases}$ 为连续函数,求常数 a,b.

7. 设函数 $f(x)=\begin{cases} x^2+1, & |x|\leqslant c, \\ \dfrac{2}{|x|}, & |x|>c \end{cases}$ 在 $(-\infty,+\infty)$ 内连续,求 c.

1.10 闭区间上连续函数的性质

定理 1(最值定理) 若函数 $f(x)$ 在闭区间 $[a,b]$ 上连续,则 $f(x)$ 在 $[a,b]$ 上必有最小值和最大值.即在 $[a,b]$ 上至少有一点 ξ_1 和一点 ξ_2,$\forall x\in[a,b]$,有

$$f(\xi_1)\leqslant f(x)\leqslant f(\xi_2).$$

这时,$f(\xi_1)$ 就是 $f(x)$ 在 $[a,b]$ 上的最小值,$f(\xi_2)$ 就是最大值.达到最小值和最大值的点 ξ_1 或 ξ_2 有可能是闭区间的端点,并且这样的点未必是唯一的(图 1-31).

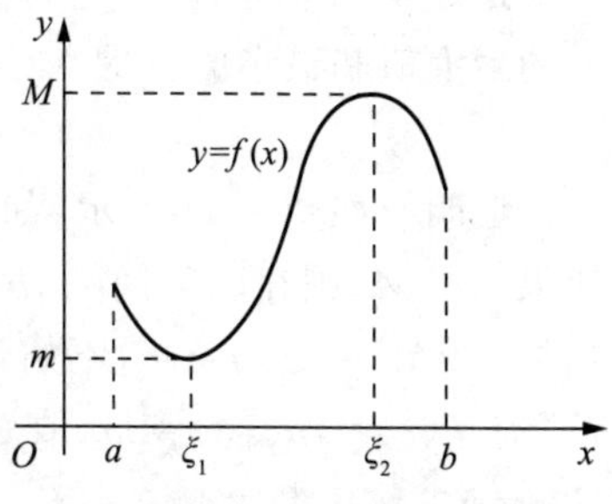

图 1-31 闭区间上的连续函数示意图

注 (1) 开区间内连续的函数不一定有此性质.如函数 $f(x)=\tan x$ 在 $\left(-\dfrac{\pi}{2},\dfrac{\pi}{2}\right)$ 内连续,但 $\lim\limits_{x\to\frac{\pi}{2}^-}\tan x=+\infty$,$\lim\limits_{x\to-\frac{\pi}{2}^+}\tan x=-\infty$,所以 $f(x)=\tan x$ 在 $\left(-\dfrac{\pi}{2},\dfrac{\pi}{2}\right)$ 内就取不到最大值与最小值.

(2) 若函数在闭区间上有间断点,也不一定有此性质.例如,函数

$$y=f(x)=\begin{cases} -x+1, & 0\leqslant x<1, \\ 1, & x=1, \\ -x+3, & 1<x\leqslant 2 \end{cases}$$

在闭区间 $[0,2]$ 上有一间断点 $x=1$,它取不到最大值和最小值(图 1-32).

定理 2(有界性定理) 若函数 $f(x)$ 在闭区间 $[a,b]$ 上连续,则它在 $[a,b]$ 上有界.即存在 $M>0$,$\forall x\in[a,b]$,有 $|f(x)|\leqslant M$.

一般地,开区间上的连续函数不一定有界.例如,$f(x)=\dfrac{1}{x}$ 在 $(0,1)$ 内连续,但它无界.

定理 3(零点定理) 若函数 $f(x)$ 在闭区间 $[a,b]$ 上连续,且 $f(a)$ 与 $f(b)$ 异号,则在

(a,b)内至少存在一点ξ，使$f(\xi)=0$.

其几何意义是：连续曲线$y=f(x)$的两个端点分别在x轴的两侧，则此连续曲线至少与x轴有一个交点，交点的横坐标即ξ(图1-33).

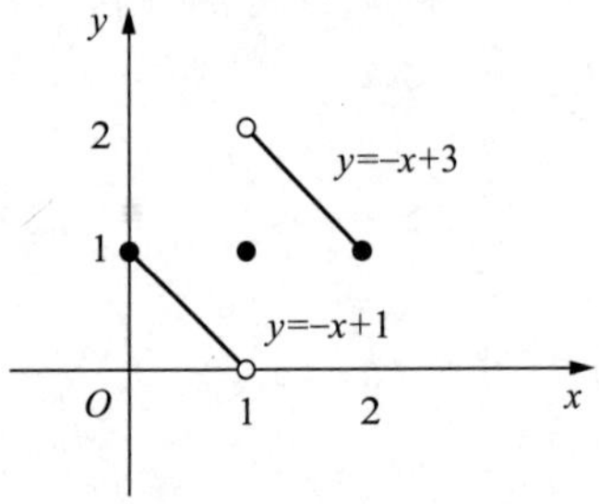

图1-32 最值定理反例示意图

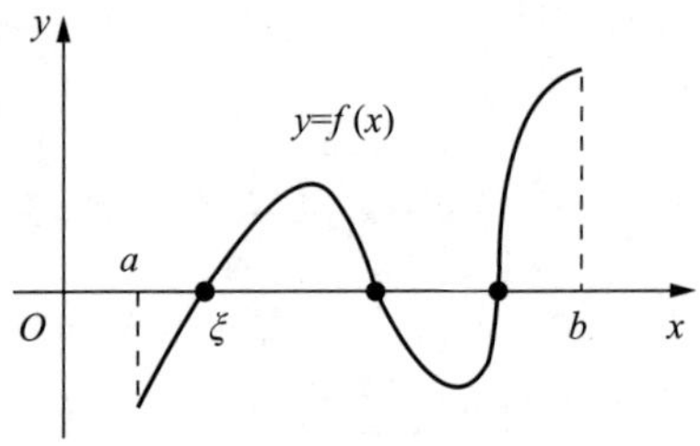

图1-33 零点定理示意图

定理3说明，如$f(x)$是闭区间$[a,b]$上的连续函数，且$f(a)$与$f(b)$异号，则方程$f(x)=0$在(a,b)内至少有一个根.

例1 设$f(x)$，$g(x)$在$[a,b]$上连续，且$f(a)<g(a)$，$f(b)>g(b)$，试证：在(a,b)内至少存在一个ξ，使$f(\xi)=g(\xi)$.

证明 令$F(x)=f(x)-g(x)$，则$F(x)$在$[a,b]$上连续，且$F(a)=f(a)-g(a)<0$，$F(b)=f(b)-g(b)>0$，于是由零点定理知，在(a,b)内至少存在一个ξ，使$F(\xi)=0$，即$f(\xi)=g(\xi)$.

定理4(介值定理) 若函数$f(x)$在闭区间$[a,b]$上连续，M与m分别是$f(x)$在$[a,b]$上的最大值和最小值，c是M，m间任意数(即$m\leqslant c\leqslant M$)，则在$[a,b]$上至少存在一点ξ，使

$$f(\xi)=c.$$

证明 如图1-34所示，如果$m=M$，则函数$f(x)$在$[a,b]$上是常数，定理显然成立.如果$m<M$，则在闭区间$[a,b]$上必存在两点x_1和x_2，使$f(x_1)=M$，$f(x_2)=m$，不妨设$x_1<x_2$.若$c=M$，取$\xi=x_1$，有$f(\xi)=c$；若$c=m$，取$\xi=x_2$，有$f(\xi)=c$；若$c\neq m$且$c\neq M$，作函数$\phi(x)=f(x)-c$，$\phi(x)$在$[x_1,x_2]\subset[a,b]$上连续且$\phi(x_1)=f(x_1)-c>0$，$\phi(x_2)=f(x_2)-c<0$.

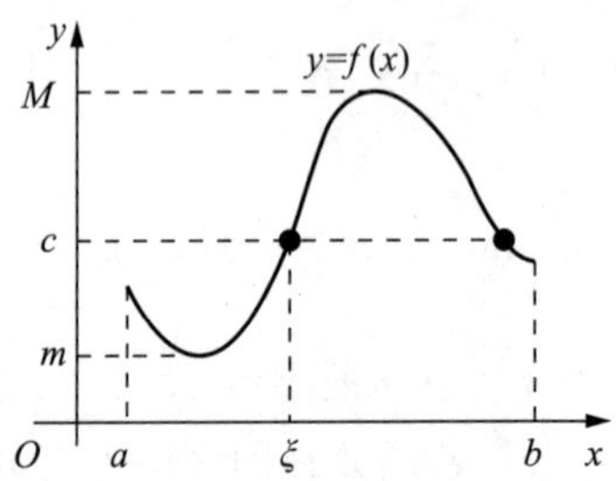

图1-34 介值定理示意图

由零点存在定理，在区间(x_1,x_2)内至少存在一点ξ，使

$$\phi(\xi)=f(\xi)-c=0,$$

即$f(\xi)=c$.

例2 设函数$f(x)$在$[0,3]$上连续，又$f(0)+f(1)+f(2)=3$，$f(3)=-1$，证明存在一点$\xi\in(0,3)$，使得$f(\xi)=0$.

证明 由题设可知，$f(x)$在$[0,2]$上连续，则为$f(x)$在$[0,2]$上能取得最小值m和最大值M，于是$m\leqslant f(0)\leqslant M$，$m\leqslant f(1)\leqslant M$，$m\leqslant f(2)\leqslant M$，故

$3m \leqslant f(0)+f(1)+f(2) \leqslant 3M$，即 $m \leqslant \dfrac{f(0)+f(1)+f(2)}{3} \leqslant M$.

由介值定理，存在点 $\eta \in [0,2]$，使得 $f(\eta)=\dfrac{f(0)+f(1)+f(2)}{3}=1$. 又 $f(3)=-1$，可知 $f(x)$ 在 $[\eta,3]$ 上满足零点存在定理，故存在一点 $\xi \in (\eta,3) \subset (0,3)$，使得 $f(\xi)=0$.

习题 1.10

二维码 1.10

1. 证明方程 $x^3+2x=6$ 至少有一个根介于 1 和 3 之间.

2. 证明方程 $x=a\sin x+b(a>0,b>0)$ 至少有一个正根，并且它不超过 $a+b$.

3. 证明方程 $xe^{x^2}=1$ 在区间 $\left(\dfrac{1}{2},1\right)$ 内至少有一实根.

4. 设 $f(x)$ 在 $[0,1]$ 上连续，且 $0 \leqslant f(x) \leqslant 1$，证明在 $[0,1]$ 上至少存在一点 ξ，使得 $f(\xi)=\xi$.

5. 设函数 $f(x)$ 在 $[0,2a]$ 上连续，且 $f(0)=f(2a)$，证明在 $[0,a]$ 上至少存在一点 ξ，使得 $f(\xi)=f(\xi+a)$.

6. 若 $f(x)$ 在 $[a,b]$ 上连续，$a<x_1<x_2<\cdots<x_n<b$，则在 $[x_1,x_n]$ 上必有 ξ，使

$$f(\xi)=\frac{f(x_1)+f(x_2)+\cdots+f(x_n)}{n}.$$

提高题

1. 设 $f(x)$ 在 $[a,b]$ 上连续且无零点，证明：存在 $m>0$，使得或者在 $[a,b]$ 上恒有 $f(x) \geqslant m$，或者在 $[a,b]$ 上恒有 $f(x) \leqslant -m$.

2. 若 $f(x)$ 在 $[a,b)$ 上连续，且 $\lim\limits_{x\to b^-} f(x)$ 存在，证明 $f(x)$ 在 $[a,b)$ 上有界.

3. 设 $f(x)$ 在 $[a,+\infty)$ 上连续，$f(a)>0$，且 $\lim\limits_{x\to+\infty} f(x)=A<0$，证明：在 $[a,+\infty)$ 上至少有一点 ξ，使 $f(\xi)=0$.

4. 证明方程 $x^5-3x=1$ 在 $(1,2)$ 内至少存在一个实根.

5. 证明曲线 $y=-x^4-3x^2+7x+10$ 在 $x=1$ 与 $x=2$ 之间至少与 x 轴有一个交点.

6. 证明在 $(0,2)$ 内至少存在一点 x_0，使得 $e^{x_0}-2=x_0$.

复习题 1

1. 是非题

(1) 无界数列必定发散. ( )

(2) 分段函数必存在间断点. ( )

(3) 初等函数在其定义域内必连续. ( )

(4) 若 $f(x)$ 在 x_0 连续，则必有 $\lim\limits_{x\to x_0} f(x)=f(\lim\limits_{x\to x_0} x)$. ( )

(5) 若对任意给定的 $\varepsilon>0$，存在自然数 N，当 $n>N$ 时，总有无穷多个 u_n 满足 $|u_n-A|<$

ε,则数列$\{u_n\}$必以A为极限. ( )

2. 填空题

(1) $\lim\limits_{n\to\infty}(\sqrt{n+2}-\sqrt{n})\sqrt{n-1}=$________.

(2) 已知$\lim\limits_{x\to 0}\dfrac{\ln\left(1+\dfrac{f(x)}{\sin 2x}\right)}{3^x-1}=5$,则$\lim\limits_{x\to 0}\dfrac{f(x)}{x^2}=$________.

(3) $\lim\limits_{x\to 0}(x+\mathrm{e}^{2x})^{\frac{1}{\sin x}}=$________.

(4) 函数$f(x)=\begin{cases}\dfrac{\mathrm{e}^{2x}-1}{x}, & x<0,\\ a\cos x+x^2, & x\geqslant 0\end{cases}$在$(-\infty,+\infty)$上连续,则$a=$________.

(5) 已知$\lim\limits_{x\to 1}\dfrac{x^2+ax+b}{x-1}=3$,则$a=$________,$b=$________.

3. 选择题

(1) 设$f(x)$在$\mathbf{R}$上有定义,函数$f(x)$在点x_0左、右极限都存在且相等是函数$f(x)$在点x_0连续的( ).

A. 充分条件　　B. 充分且必要条件

C. 必要条件　　D. 非充分也非必要条件

(2) 若函数$f(x)=\begin{cases}x^2+a, & x\geqslant 1,\\ \cos\pi x, & x<1\end{cases}$在$\mathbf{R}$上连续,则$a$的值为( ).

A. 0　　B. 1　　C. -1　　D. -2

(3) 若函数$f(x)$在某点x_0极限存在,则( ).

A. $f(x)$在x_0的函数值必存在且等于极限值

B. $f(x)$在x_0的函数值必存在,但不一定等于极限值

C. $f(x)$在x_0的函数值可以不存在

D. 如果$f(x_0)$存在的话,必等于极限值

(4) $\lim\limits_{x\to\infty}x\sin\dfrac{1}{x}=$( ).

A. ∞　　B. 不存在　　C. 1　　D. 0

(5) $\lim\limits_{x\to\infty}\left(1-\dfrac{1}{x}\right)^{2x}=$( ).

A. e^{-2}　　B. ∞　　C. 0　　D. $\dfrac{1}{2}$

4. 利用极限定义证明:

(1) $\lim\limits_{x\to\infty}\dfrac{3n+1}{2n-1}=\dfrac{3}{2}$;　　(2) $\lim\limits_{n\to\infty}0.\underbrace{99\cdots 9}_{n个}=1$.

5. 求下列极限:

(1) $\lim\limits_{x\to 1}\dfrac{\ln(1+\sqrt[3]{x-1})}{\arcsin 2\sqrt[3]{x^2-1}}$;　　(2) $\lim\limits_{n\to\infty}\dfrac{n}{\ln n}(\sqrt[n]{n}-1)$;

(3) $\lim\limits_{n\to\infty}\left(\dfrac{1}{n^2+n+1}+\dfrac{2}{n^2+n+2}+\cdots+\dfrac{n}{n^2+n+n}\right)$;

(4) $\lim\limits_{n\to\infty}(\sqrt{n+3\sqrt{n}}-\sqrt{n-\sqrt{n}})$;

(5) $\lim\limits_{n\to\infty}\left(\dfrac{3}{1^2\times 2^2}+\dfrac{5}{2^2\times 3^2}+\cdots+\dfrac{2n+1}{n^2\times(n+1)^2}\right)$.

6. 设 $\lim\limits_{x\to\infty}\dfrac{(x+1)^{95}(ax+1)^5}{(x^2+1)^{50}}=8$,求 a 的值.

7. 已知函数 $f(x)=\begin{cases}x^2+1, & x<0,\\ 2x-b, & x\geqslant 0\end{cases}$ 在点 $x=0$ 处连续,求 b 的值.

8. 求如下函数的间断点,并判断其类型.若为可去间断点,试补充或修改定义后使其为连续点.

$$f(x)=\begin{cases}\dfrac{x^2+x}{|x|(x^2-1)}, & x\neq\pm 1 \text{ 及 } 0,\\ 0, & x=\pm 1.\end{cases}$$

9. 求下列函数的间断点并判别类型:

(1) $f(x)=\dfrac{x}{(1+x)^2}$; (2) $f(x)=\dfrac{|x|}{x}$;

(3) $f(x)=[x]$; (4) $f(x)=\dfrac{2^{\frac{1}{x}}-1}{2^{\frac{1}{x}}+1}$.

10. 设 $a>0$, $f(x)=\begin{cases}\dfrac{\cos x}{x+2}, & x\geqslant 0,\\ \dfrac{\sqrt{a}-\sqrt{a-x}}{x}, & x<0.\end{cases}$

(1) a 为何值时,$x=0$ 是 $f(x)$ 的连续点? (2) a 为何值时,$x=0$ 是 $f(x)$ 的间断点?

(3) 当 $a=2$ 时求连续区间.

11. 设 $f(x)=\begin{cases}2, & x=0, x=\pm 2,\\ 4-x^2, & 0<|x|<2,\\ 4, & |x|>2.\end{cases}$ 求出 $f(x)$ 的间断点,并指出是哪一类间断点,若可去,则补充定义,使其在该点连续.

12. 讨论函数 $f(x)=\begin{cases}x^{\alpha}\sin\dfrac{1}{x}, & x>0,\\ \mathrm{e}^x+\beta, & x\leqslant 0\end{cases}$ 在 $x=0$ 处的连续性.

13. 若 $f(x)$ 在 $[0,a]$ 上连续 $(a>0)$ 且 $f(0)=f(a)$,证明方程 $f(x)=f\left(x+\dfrac{a}{2}\right)$ 在 $(0,a)$ 内至少有一个实根.

14. 验证方程 $x2^x=1$ 至少有一个小于 1 的根.

15. 证明:若 $f(x)$ 在 $(-\infty,+\infty)$ 内连续,且 $\lim\limits_{x\to\infty}f(x)$ 存在,则 $f(x)$ 必在 $(-\infty,+\infty)$ 内有界.

16. 设 $f(x)$ 在 $[a,b]$ 上连续，且 $a<x_1<x_2<\cdots<x_n<b$，$c_i\,(i=1,2,3,\cdots,n)$ 为任意正数，则在 (a,b) 内至少存在一个 ξ，使

$$f(\xi)=\frac{c_1f(x_1)+c_2f(x_2)+\cdots+c_nf(x_n)}{c_1+c_2+\cdots+c_n}.$$

17. 估计方程 $x^3-6x+2=0$ 的根的位置.

自测题 1

1. 填空题

(1) $\lim\limits_{x\to\infty}\left(\dfrac{2x+3}{2x+1}\right)^{x+1}=$________.

(2) 已知当 $x\to 0$ 时，$(1+kx^2)^{\frac{1}{2}}-1$ 与 $\cos x-1$ 是等价无穷小，则 $k=$________.

(3) 设函数 $f(x)=\begin{cases} a+\mathrm{e}^{\frac{1}{x}}, & x<0, \\ b+1, & x=0, \\ \dfrac{\sin 3x}{x}, & x>0 \end{cases}$ 在 $x=0$ 处连续，则 $a=$________，$b=$________.

(4) 已知 $\lim\limits_{x\to 0}\dfrac{x}{f(3x)}=2$，则 $\lim\limits_{x\to 0}\dfrac{f(2x)}{x}=$________.

(5) 若 $f(x)$ 在 $[a,b]$ 上连续且无零点，但有使 $f(x)$ 取正值的点，则 $f(x)$ 在 $[a,b]$ 上的符号为________.

2. 选择题

(1) 若 $f(x)=\dfrac{\mathrm{e}^x-b}{(x-a)(x-1)}$，以 $x=1$ 为可去间断点，则(　　).

A. $a=0,b\neq 1$　　B. $a=1,b=\mathrm{e}$

C. $a\neq 1,b=\mathrm{e}$　　D. $a\neq 1,b=1$

(2) 函数 $f(x)=x\sin x$(　　).

A. 在 $(-\infty,+\infty)$ 内无界　　B. 在 $(-\infty,+\infty)$ 内有界

C. 当 $x\to\infty$ 时为无穷大　　D. 当 $x\to\infty$ 时极限存在

(3) 设 $f(x)=\dfrac{1-x}{1+x}$，$g(x)=1-\sqrt[3]{x}$，则当 $x\to 1$ 时，(　　).

A. f 与 g 为等价无穷小　　B. f 较 g 为高阶无穷小

C. f 较 g 为低阶无穷小　　D. f 与 g 为同阶无穷小但不等价

(4) 下列等式不成立的是(　　).

A. $\lim\limits_{x\to\frac{\pi}{2}}\dfrac{\cos x}{x-\frac{\pi}{2}}=1$　　B. $\lim\limits_{x\to\infty}x\sin\dfrac{1}{x}=1$

C. $\lim\limits_{x\to 0}\dfrac{\tan x}{\sin x}=1$　　D. $\lim\limits_{x\to 0}\dfrac{\sin(\tan x)}{x}=1$

(5) 设 $f(x)=\dfrac{x^2-x}{|x|(x^2-1)}$,则下列结论中错误的是(　　).

A. $x=-1,x=0,x=1$ 为 $f(x)$的间断点　B. $x=-1$ 为无穷间断点

C. $x=0$ 为可去间断点　D. $x=1$ 为第一类间断点

3. 求下列极限:

(1) $\lim\limits_{x\to 0}\sqrt[x]{1-2x}$;　(2) $\lim\limits_{x\to+\infty}(\sqrt{x^2+1}-x)$;

(3) $\lim\limits_{n\to\infty}\dfrac{3n^2-4n+1}{4n^2-4n+1}$;　(4) $\lim\limits_{x\to 0}\dfrac{\tan x-\sin x}{\ln(1+x^3)}$.

4. 设 $f(x)=\begin{cases}x\sin\dfrac{1}{x}, & x>0,\\ a+x^2, & x\leqslant 0.\end{cases}$ 要使 $f(x)$在$(-\infty,+\infty)$内连续,应当怎样选取 a?

5. 设函数 $f(x)=\begin{cases}x\sin\dfrac{1}{x}+\mathrm{e}^{\frac{1}{x}}, & x<0,\\ k+1, & x=0,\\ \dfrac{\sin x}{x}-1, & x>0\end{cases}$ 在其定义域内连续,求 k.

6. 求下列函数的间断点,并说明其类型:

(1) $f(x)=\dfrac{1+x}{1+x^3}$;　(2) $f(x)=\dfrac{1}{2-2^{\frac{1}{x-1}}}$.

7. 设 $f(x)=x^3+4x^2-3x-1$,试讨论方程 $f(x)=0$ 在$(-\infty,0)$内的实根情况.

第 2 章

导数与微分

Derivative and Differential

微分学是微积分的重要组成部分，它的基本概念是函数的导数和微分. 函数的导数反映了函数相对于自变量的变化而变化的快慢程度. 例如，实际问题中物体运动的速度、城市人口增长的速度、国民经济发展的速度、劳动生产率等都表现为函数的导数. 而微分则刻画了当自变量有微小变化时，函数大体上变化量.

本章主要讨论导数和微分的概念以及它们的计算方法. 导数的应用将在第 3 章讨论.

2.1 导数的概念

导数是微积分的核心概念之一，它是一种特殊的极限，反映了函数相对于自变量变化而变化的快慢程度. 导数是求函数的单调性、极值、曲线的切线以及一些优化问题的重要工具，同时对研究几何问题、不等式问题起着重要作用. 导数概念是我们今后学习微积分的基础. 同时，导数在物理学. 经济学等领域都有广泛的应用，是开展科学研究必不可少的工具.

2.1.1 导数的引入

为了说明导数，我们先讨论两个问题：速度问题和切线问题，这两个问题在历史上都与导数的形成有密切的关系.

1. 变速直线运动的瞬时速度

设有一物体做变速直线运动，其运动方程为 $s=s(t)$，考虑在时刻 $t=t_0$ 的瞬时速度.

在时刻 $t=t_0$ 处取一小的时间段$[t_0,t_0+\Delta t]$，在该时间段内位移为 $\Delta s=s(t_0+\Delta t)-s(t_0)$，而所用时间长度为 Δt，故在时间段$[t_0,t_0+\Delta t]$内的平均速度为

$$\frac{\Delta s}{\Delta t}=\frac{s(t_0+\Delta t)-s(t_0)}{\Delta t}.$$

当 Δt 很小时，平均速度可以作为瞬时速度的近似值 $v(t_0)\approx\frac{\Delta s}{\Delta t}$，且 Δt 越小，近似程度越高. 令 $\Delta t\to 0$，平均速度的极限就是瞬时速度，即

$$v(t_0)=\lim_{\Delta t\to 0}\frac{\Delta s}{\Delta t}=\lim_{\Delta t\to 0}\frac{s(t_0+\Delta t)-s(t_0)}{\Delta t}.$$

2. 切线问题

圆的切线可定义为"与圆只有一个交点的直线".但是对于其他曲线,用"与曲线只有一个交点的直线"作为切线的定义就不一定合适.例如,对于抛物线 $y=x^2$,在原点处两个坐标轴都符合上述定义,但实际上只有 x 轴是该抛物线在原点处的切线.下面给出切线的定义.

设有曲线 C 及 C 上的一点 M,在 C 上另取一点 N,作割线 MN.当点 N 沿曲线 C 趋于点 M 时,如果割线 MN 绕点 M 旋转而趋于极限位置 MT,直线 MT 就称为**曲线 C 在点 M 处的切线**(参见图 2-1).

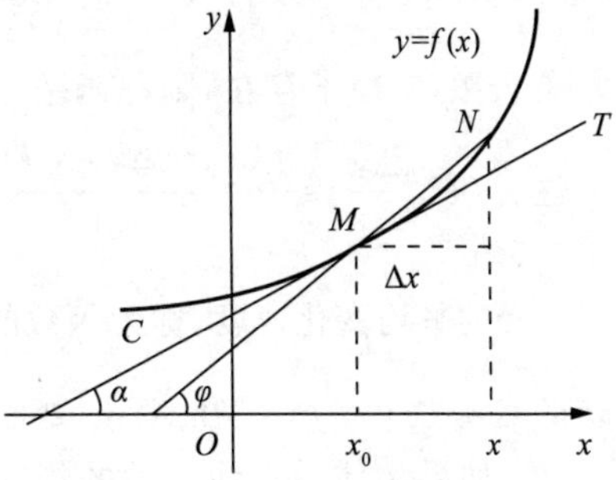

图 2-1　割线与切线间关系示意图

设曲线 C 是函数 $y=f(x)$ 的图形.在点 $M(x_0,y_0)$ 外另取 C 上一点 $N(x,y)$,于是割线 MN 的斜率为

$$\tan\varphi=\frac{y-y_0}{x-x_0}=\frac{f(x)-f(x_0)}{x-x_0},$$

其中 φ 为割线 MN 的倾角.当点 N 沿曲线 C 趋于点 M 时,$x\to x_0$.如果当 $x\to x_0$ 时,上式的极限存在,设为 k,即

$$k=\lim_{x\to x_0}\frac{f(x)-f(x_0)}{x-x_0}$$

存在,则此极限 k 是割线斜率的极限,也就是切线的斜率.这里 $k=\tan\alpha$,其中 α 是切线 MT 的倾角.于是,通过点 $M(x_0,f(x_0))$ 且以 k 为斜率的直线 MT 便是曲线 C 在点 M 处的切线.

上面两个问题尽管实际意义不同,但它们最后都归结为:当自变量的改变量趋于 0 时,求函数的改变量与自变量的改变量的比值的极限.抽象出它们在数量关系方面的这种共性,就得到函数的变化率——导数的概念.

2.1.2　导数的概念

1. 函数在一点的导数

定义 1　设函数 $y=f(x)$ 在点 x_0 的某邻域 $U(x_0)$ 内有定义,自变量 x 在点 x_0 的增量是 Δx,相应地,函数的增量是 $\Delta y=f(x_0+\Delta x)-f(x_0)$.若极限

$$\lim_{\Delta x\to 0}\frac{\Delta y}{\Delta x}=\lim_{\Delta x\to 0}\frac{f(x_0+\Delta x)-f(x_0)}{\Delta x} \tag{2-1}$$

存在,则称函数 $f(x)$ 在点 x_0 **可导**(derivable)(或**存在导数**),此极限称为函数 $f(x)$ 在点 x_0 的**导数**(derivative),记为 $f'(x_0)$,$y'(x_0)$,$\left.\frac{\mathrm{d}f(x)}{\mathrm{d}x}\right|_{x=x_0}$ 或 $\left.\frac{\mathrm{d}y}{\mathrm{d}x}\right|_{x=x_0}$,即

$$f'(x_0)=\lim_{\Delta x\to 0}\frac{f(x_0+\Delta x)-f(x_0)}{\Delta x}$$

或

$$\left.\frac{\mathrm{d}y}{\mathrm{d}x}\right|_{x=x_0}=\lim_{\Delta x\to 0}\frac{f(x_0+\Delta x)-f(x_0)}{\Delta x}.$$

为了方便，有时也将极限(2-1)写为

$$f'(x_0)=\lim_{h\to 0}\frac{f(x_0+h)-f(x_0)}{h},\quad \Delta x=h$$

或

$$f'(x_0)=\lim_{x\to x_0}\frac{f(x)-f(x_0)}{x-x_0},\quad x=x_0+\Delta x.$$

若极限(2-1)不存在，则称函数 $f(x)$在点 x_0 **不可导**.

注　(1) $\dfrac{\Delta y}{\Delta x}=\dfrac{f(x_0+\Delta x)-f(x_0)}{\Delta x}$反映的是自变量 x 从 x_0 变到 $x_0+\Delta x$ 时，函数 $y=f(x)$的平均变化速度，称为函数的平均变化率；而导数 $f'(x_0)=\lim\limits_{\Delta x\to 0}\dfrac{f(x_0+\Delta x)-f(x_0)}{\Delta x}$ 反映的是函数 $y=f(x)$在点 x_0 处的变化速度，称为函数在点 x_0 处的变化率.

(2) 如果物体沿直线运动的规律是 $s=f(t)$，则物体在时刻 t_0 的瞬时速度 v_0 是 $f(t)$在 t_0 的导数 $f'(t_0)$；如果曲线的方程是 $y=f(x)$，则曲线在点 $P(x_0,y_0)$的切线斜率 k 是 $f(x)$在 x_0 的导数 $f'(x_0)$，即 $k=f'(x_0)$.

例 1　已知 $f(x)=x(x-1)(x-2)\cdots(x-2027)$，求 $f'(2027)$.

$$f'(2027)=\lim_{x\to 2027}\frac{f(x)-f(2027)}{x-2027}=\lim_{x\to 2027}\frac{x(x-1)(x-2)\cdots(x-2027)-0}{x-2027}=2027!.$$

2. 单侧导数

在式(2-1)中，如果自变量的增量 Δx 只从大于 0 的方向或从小于 0 的方向趋近于 0，则有以下定义.

定义 2　设 $y=f(x)$在$(x_0-\delta,x_0]$上有定义，若左极限

$$\lim_{\Delta x\to 0^-}\frac{f(x_0+\Delta x)-f(x_0)}{\Delta x}$$

存在，则称函数 $f(x)$在 x_0 **左侧可导**(left derivable)，并把上述左极限称为函数 $f(x)$在 x_0 的**左导数**(left derivative)，记作 $f'_-(x_0)$，即

$$f'_-(x_0)=\lim_{\Delta x\to 0^-}\frac{f(x_0+\Delta x)-f(x_0)}{\Delta x}=\lim_{x\to x_0^-}\frac{f(x)-f(x_0)}{x-x_0}.$$

类似地，可以定义函数 $f(x)$在 x_0 **右侧可导**(right derivable)及**右导数**(right derivative)

$$f'_+(x_0)=\lim_{\Delta x\to 0^+}\frac{f(x_0+\Delta x)-f(x_0)}{\Delta x}=\lim_{x\to x_0^+}\frac{f(x)-f(x_0)}{x-x_0}.$$

由极限存在的条件，有以下定理.

定理 1　函数 $f(x)$在 x_0 可导⇔函数 $f(x)$在 x_0 的左、右导数都存在并且相等，即

$$f'_-(x_0)=f'_+(x_0).$$

例 2　研究函数

$$f(x)=\begin{cases}x, & x<0,\\ \ln(1+x), & x\geqslant 0\end{cases}$$

在点 $x=0$ 处的可导性.

解 易知 $f(x)$ 在点 $x=0$ 处连续，而

$$f'_+(0)=\lim_{x\to 0^+}\frac{f(x)-f(0)}{x}=\lim_{x\to 0^+}\frac{\ln(1+x)-0}{x}=\lim_{x\to 0^+}\ln(1+x)^{\frac{1}{x}}=1,$$

$$f'_-(0)=\lim_{x\to 0^-}\frac{f(x)-f(0)}{x}=\lim_{x\to 0^-}\frac{x-0}{x}=1.$$

由于 $f'_-(0)=f'_+(0)=1$，故 $f(x)$ 在点 $x=0$ 处可导，且 $f'(0)=1$.

3. 导函数

定义 3 若函数 $f(x)$ 在区间 (a,b) 内的每一点都可导，则称 $f(x)$ 在区间 (a,b) 内**可导**. 若函数 $f(x)$ 在区间 (a,b) 内可导，且 $f'_+(a)$ 和 $f'_-(b)$ 存在，则称 $f(x)$ 在 $[a,b]$ 上**可导**.

若函数 $y=f(x)$ 在区间 I 可导，则 $\forall x\in I$，都存在(对应)唯一一个导数 $f'(x)$，根据函数的定义，$f'(x)$ 是区间 I 上的函数，称为函数 $f(x)$ 在区间 I 上的**导函数**，记为

$$f'(x),y',\quad \frac{\mathrm{d}f(x)}{\mathrm{d}x}\quad 或\quad \frac{\mathrm{d}y}{\mathrm{d}x}.$$

显然，函数 $f(x)$ 在点 x_0 处的导数 $f'(x_0)$ 就是导函数 $f'(x)$ 在点 $x=x_0$ 处的函数值，即

$$f'(x_0)=f'(x)\big|_{x=x_0}.$$

导函数 $f'(x)$ 简称为导数，而 $f'(x_0)$ 是函数 $f(x)$ 在点 x_0 处的导数或 $f'(x)$ 在点 $x=x_0$ 处的函数值.

根据导数定义，函数 $f(x)$ 在点 x 的导数为

$$f'(x)=\lim_{\Delta x\to 0}\frac{\Delta y}{\Delta x}=\lim_{\Delta x\to 0}\frac{f(x+\Delta x)-f(x)}{\Delta x}.$$

为了简化叙述，在以下各例中，Δx 都是表示自变量在点 x 的改变量，Δy 都是表示函数相应的改变量.

4. 求导数举例

例 3 求 $f(x)=c$(c 是常数)在点 x 的导数.

解 $f(x+\Delta x)=c$，$\Delta y=f(x+\Delta x)-f(x)=c-c=0$，故

$$\frac{\Delta y}{\Delta x}=\frac{0}{\Delta x}=0,$$

所以

$$\lim_{\Delta x\to 0}\frac{\Delta y}{\Delta x}=0,$$

即常数函数的导数为 0.

例 4 求函数 $f(x)=x^\alpha$(α 是任意实数)在点 x 的导数.

解 $f'(x)=\lim\limits_{\Delta x\to 0}\dfrac{\Delta y}{\Delta x}=\lim\limits_{\Delta x\to 0}\dfrac{f(x+\Delta x)-f(x)}{\Delta x}$

$$=\lim_{\Delta x\to 0}\frac{(x+\Delta x)^{\alpha}-x^{\alpha}}{\Delta x}=\lim_{\Delta x\to 0}\frac{x^{\alpha}\left[\left(1+\frac{\Delta x}{x}\right)^{\alpha}-1\right]}{\Delta x}$$

$$=\lim_{\Delta x\to 0}\frac{x^{\alpha}\cdot\alpha\frac{\Delta x}{x}}{\Delta x}=\alpha x^{\alpha-1},$$

即$(x^{\alpha})'=\alpha x^{\alpha-1}$.

特别地，$(\sqrt{x})'=(x^{\frac{1}{2}})'=\frac{1}{2}x^{-\frac{1}{2}}=\frac{1}{2\sqrt{x}}$，$\left(\frac{1}{x}\right)'=-\frac{1}{x^{2}}$.

例 5　求正弦函数 $f(x)=\sin x$ 的导函数.

解　$\forall x\in\mathbf{R}$，$f(x+\Delta x)=\sin(x+\Delta x)$，

$$\Delta y=f(x+\Delta x)-f(x)=\sin(x+\Delta x)-\sin x,$$

$$\frac{\Delta y}{\Delta x}=\frac{\sin(x+\Delta x)-\sin x}{\Delta x}=\frac{2\cos\left(x+\frac{\Delta x}{2}\right)\sin\frac{\Delta x}{2}}{\Delta x}=\cos\left(x+\frac{\Delta x}{2}\right)\frac{\sin\frac{\Delta x}{2}}{\frac{\Delta x}{2}},$$

故有

$$\lim_{\Delta x\to 0}\frac{\Delta y}{\Delta x}=\lim_{\Delta x\to 0}\cos\left(x+\frac{\Delta x}{2}\right)\frac{\sin\frac{\Delta x}{2}}{\frac{\Delta x}{2}}=\lim_{\Delta x\to 0}\cos\left(x+\frac{\Delta x}{2}\right)\cdot\lim_{\Delta x\to 0}\frac{\sin\frac{\Delta x}{2}}{\frac{\Delta x}{2}}=\cos x$$

$$\left(\text{已知}\lim_{\Delta x\to 0}\cos\left(x+\frac{\Delta x}{2}\right)=\cos x,\ \lim_{\Delta x\to 0}\frac{\sin\frac{\Delta x}{2}}{\frac{\Delta x}{2}}=1\right),$$

即正弦函数 $\sin x$ 在 $\mathbf{R}$ 上任意 x 点处都可导，并且

$$(\sin x)'=\cos x.$$

同样地，余弦函数 $\cos x$ 在定义域 $\mathbf{R}$ 上也可导，并且

$$(\cos x)'=-\sin x.$$

例 6　求对数函数 $f(x)=\log_a x\,(a>0$，且 $a\neq 1,x>0)$在 x 的导数.

解　$f(x+\Delta x)=\log_a(x+\Delta x)\quad(x+\Delta x>0)$，

$$\Delta y=f(x+\Delta x)-f(x)=\log_a(x+\Delta x)-\log_a x=\log_a\left(1+\frac{\Delta x}{x}\right).$$

$$\frac{\Delta y}{\Delta x}=\frac{1}{\Delta x}\log_a\left(1+\frac{\Delta x}{x}\right)=\frac{1}{x}\frac{x}{\Delta x}\log_a\left(1+\frac{\Delta x}{x}\right)=\frac{1}{x}\log_a\left(1+\frac{\Delta x}{x}\right)^{\frac{x}{\Delta x}},$$

故有

$$\lim_{\Delta x\to 0}\frac{\Delta y}{\Delta x}=\lim_{\Delta x\to 0}\frac{1}{x}\log_a\left(1+\frac{\Delta x}{x}\right)^{\frac{x}{\Delta x}}=\frac{1}{x}\log_a\left[\lim_{\Delta x\to 0}\left(1+\frac{\Delta x}{x}\right)^{\frac{x}{\Delta x}}\right]=\frac{1}{x}\log_a \mathrm{e}=\frac{1}{x\ln a}$$

$$\left(\text{已知}\lim_{\Delta x\to 0}\left(1+\frac{\Delta x}{x}\right)^{\frac{x}{\Delta x}}=\mathrm{e},\ \log_a \mathrm{e}=\frac{\ln \mathrm{e}}{\ln a}=\frac{1}{\ln a}\right),$$

即对数函数 $\log_a x$ 在定义域$(0,+\infty)$内任意 x 处都可导. 于是它在$(0,+\infty)$内可导，并且

$$(\log_a x)'=\frac{1}{x\ln a}.$$

特别地，对于自然对数函数（即 $a=\mathrm{e}$），有

$$(\ln x)'=\frac{1}{x\ln \mathrm{e}}=\frac{1}{x}.$$

例 7 设 $y=a^x, x\in(-\infty,+\infty), a>0$，求 y'.

解 注意到 $u\to 0$ 时，$\mathrm{e}^u-1\sim u$，从而

$$y'=\lim_{\Delta x\to 0}\frac{a^{x+\Delta x}-a^x}{\Delta x}=\lim_{\Delta x\to 0}\frac{a^x(a^{\Delta x}-1)}{\Delta x}=a^x\lim_{\Delta x\to 0}\frac{\mathrm{e}^{\Delta x\ln a}-1}{\Delta x}=a^x\lim_{\Delta x\to 0}\frac{\Delta x\ln a}{\Delta x}=a^x\ln a,$$

即 $(a^x)'=a^x\ln a\,(a>0)$.

特别地，$(\mathrm{e}^x)'=\mathrm{e}^x$.

2.1.3 导数的几何意义

连续函数 $y=f(x)$ 的图形在直角坐标系中表示一条连续曲线，由前面切线问题的讨论知，函数 $y=f(x)$ 在 x_0 处的导数 $f'(x_0)$ 在几何上表示曲线 $y=f(x)$ 在点 $M(x_0,f(x_0))$ 处的切线的斜率，如图 2-2 所示.

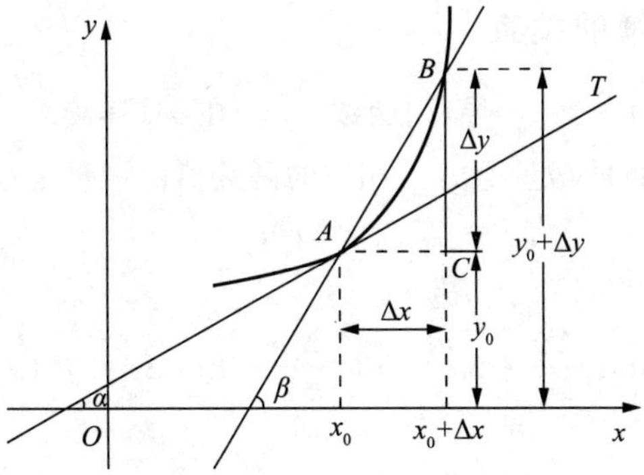

图 2-2 导数的几何意义示意图

若 $f'(x_0)$ 存在，曲线 $y=f(x)$ 在点 $M(x_0,f(x_0))$ 处的切线方程为

$$y-f(x_0)=f'(x_0)(x-x_0),$$

法线方程为 $y-f(x_0)=-\dfrac{1}{f'(x_0)}(x-x_0)$.

若 $f'(x_0)$ 为无穷大，此时曲线 $y=f(x)$ 在点 $(x_0,f(x_0))$ 处有切线 $x=x_0$.

例 8 求过点 $(2,0)$ 且与曲线 $y=\dfrac{1}{x}$ 相切的直线方程.

解 显然点 $(2,0)$ 不在曲线 $y=\dfrac{1}{x}$ 上. 由导数的几何意义可知，若设切点为 (x_0,y_0)，则 $y_0=\dfrac{1}{x_0}$，且所求切线的斜率 k 为

$$k=\left(\frac{1}{x}\right)'\bigg|_{x=x_0}=-\frac{1}{x_0^2},$$

故所求切线方程为

$$y-\frac{1}{x_0}=-\frac{1}{x_0^2}(x-x_0).$$

又切线过点(2,0),所以有

$$-\frac{1}{x_0}=-\frac{1}{x_0^2}(2-x_0).$$

于是得 $x_0=1, y_0=1$,从而所求切线方程为

$$y-1=-(x-1), \qquad 即 \quad y=2-x.$$

例 9 在曲线 $y=x^{\frac{3}{2}}$ 上求一点,使曲线在该点处的切线与直线 $y=3x-1$ 平行.

解 在 $y=x^{\frac{3}{2}}$ 上的任一点 $M(x,y)$ 处切线的斜率 k 为

$$k=y'=(x^{\frac{3}{2}})'=\frac{3}{2}\sqrt{x}.$$

而已知直线 $y=3x-1$ 的斜率为 3,则 $\frac{3}{2}\sqrt{x}=3$,解之得 $x=4$,代入曲线方程得 $y=4^{\frac{3}{2}}=8$. 故所求点为(4,8).

2.1.4 可导与连续的关系

定理 2 若函数 $f(x)$ 在 x_0 可导,则函数 $f(x)$ 在 x_0 连续.

证明 设在 x_0 自变量的增量是 Δx,相应的函数值的增量是

$$\Delta y=f(x_0+\Delta x)-f(x_0),$$

有

$$\lim_{\Delta x\to 0}\Delta y=\lim_{\Delta x\to 0}\frac{\Delta y}{\Delta x}\cdot\Delta x=\lim_{\Delta x\to 0}\frac{\Delta y}{\Delta x}\cdot\lim_{\Delta x\to 0}\Delta x=f'(x_0)\cdot 0=0.$$

即函数 $f(x)$ 在 x_0 连续.

注 定理 2 的逆命题不成立,即函数在一点连续,函数在该点不一定可导.

例 10 函数 $f(x)=|x|$ 在 $x=0$ 处连续,但它在 $x=0$ 处不可导.

证明

$$\lim_{x\to 0}f(x)=\lim_{x\to 0}|x|=0=f(0).$$

故函数 $f(x)=|x|$ 在 $x=0$ 处连续.

$$f'_+(0)=\lim_{x\to 0^+}\frac{f(x)-f(0)}{x-0}=\lim_{x\to 0^+}\frac{|x|-0}{x-0}=\lim_{x\to 0^+}\frac{x}{x}=1.$$

$$f'_-(0)=\lim_{x\to 0^-}\frac{f(x)-f(0)}{x-0}=\lim_{x\to 0^-}\frac{|x|-0}{x-0}=\lim_{x\to 0^-}\frac{-x}{x}=-1.$$

因为 $f'_-(0)\neq f'_+(0)$,于是函数 $f(x)=|x|$ 在 $x=0$ 不可导(参见图 2-3).

例 11 证明:函数 $f(x)=\sqrt[3]{x}$ 在 $x=0$ 处连续但不可导.

证明 因为 $\lim\limits_{x\to 0}f(x)=\lim\limits_{x\to 0}\sqrt[3]{x}=0=f(0)$,所以 $f(x)$ 在 $x=0$ 处连续.

$$\lim_{x\to 0}\frac{f(x)-f(0)}{x-0}=\lim_{x\to 0}\frac{\sqrt[3]{x}}{x}=\lim_{x\to 0}\frac{1}{\sqrt[3]{x^2}}=+\infty,$$

即函数 $f(x)=\sqrt[3]{x}$ 在 $x=0$ 处不可导,也称函数 $f(x)=\sqrt[3]{x}$ 在 $x=0$ 处有无穷大导数.它的几何意义是,曲线 $y=\sqrt[3]{x}$ 在点(0,0)存在切线,切线就是 y 轴(它的斜率是 $+\infty$),如图 2-4 所示.

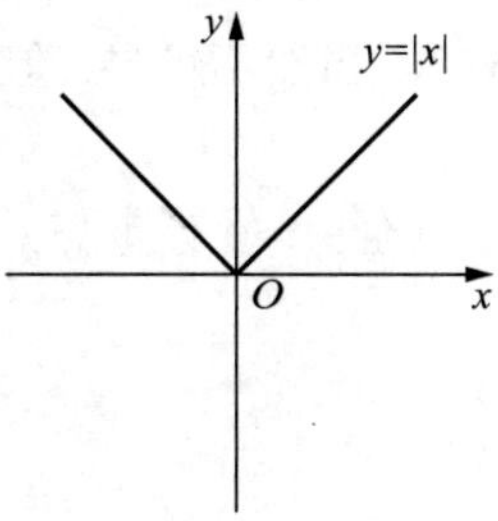

图 2-3 绝对值函数在 $x=0$ 处不可导图示

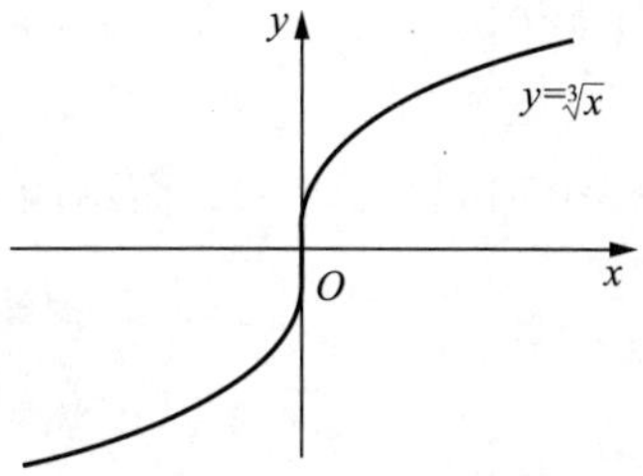

图 2-4 切线为 y 轴的函数图示

例 12 讨论函数

$$f(x)=\begin{cases} x\sin\dfrac{1}{x}, & x\neq 0,\\ 0, & x=0 \end{cases}$$

在点 $x=0$ 处的连续性和可导性.

解 因为

$$\lim_{x\to 0}f(x)=\lim_{x\to 0}x\sin\frac{1}{x}=0=f(0),$$

所以 $f(x)$ 在点 $x=0$ 处连续.但

$$\lim_{x\to 0}\frac{f(x)-f(0)}{x-0}=\lim_{x\to 0}\frac{x\sin\dfrac{1}{x}-0}{x}=\lim_{x\to 0}\sin\frac{1}{x}$$

不存在,故 $f(x)$ 在点 $x=0$ 处不可导.

例 11、例 12 都说明"连续不一定可导",连续只是可导的必要条件.

例 13 试确定常数 a,b 之值,使函数 $f(x)=\begin{cases} 2e^x+a, & x<0,\\ x^2+bx+1, & x\geqslant 0 \end{cases}$ 在点 $x=0$ 处可导.

解 由可导与连续的关系,首先 $f(x)$ 在点 $x=0$ 处必须是连续的,即

$$\lim_{x\to 0^-}f(x)=\lim_{x\to 0^-}(2e^x+a)=2+a,$$

$$\lim_{x\to 0^+}f(x)=\lim_{x\to 0^+}(x^2+bx+1)=1=f(0).$$

由连续性定理有 $\lim\limits_{x\to 0^-}f(x)=\lim\limits_{x\to 0^+}f(x)=f(0)$,即 $2+a=1,a=-1$.又

$$f'_-(0)=\lim_{x\to 0^-}\frac{f(x)-f(0)}{x-0}=\lim_{x\to 0^-}\frac{(2e^x-1)-1}{x}=2\lim_{x\to 0^-}\frac{e^x-1}{x}=2,$$

$$f'_+(0)=\lim_{x\to 0^+}\frac{f(x)-f(0)}{x-0}=\lim_{x\to 0^+}\frac{(x^2+bx+1)-1}{x}=b.$$

由 $f(x)$ 在点 $x=0$ 处可导,有 $f'_-(0)=f'_+(0)$,即 $b=2$.故当取 $a=-1,b=2$ 时,$f(x)$

在点 $x=0$ 处可导.

注 分段函数在分段点处的导数一定要用定义求，而不是求分段函数在分段点处左右两侧的导函数，再求导函数在分段点处的函数值.

例如，$f(x)=\begin{cases} x-2, & x<0, \\ 0, & x=0, \\ x+2, & x>0, \end{cases}$ $f(x)$ 在点 $x=0$ 处不连续，当然不可导. 但是当 $x<0$ 时，$f'(x)=1$；当 $x>0$ 时，$f'(x)=1$. 而不能因此就断定 $f(x)$ 在 $x=0$ 处可导.

二维码 2.1

习题 2.1

1. 用定义求下列函数的导数：

(1) $f(x)=(e^x-1)(e^{2x}-2)\cdot\cdots\cdot(e^{nx}-n)$，求 $f^{(n)}(0)$.

(2) $f(x)=(x-1)(x-2)^2(x-3)^3$，求 $f'(1),f'(2),f'(3)$.

(3) $f(x)=(x-1)\arcsin\sqrt{\dfrac{x}{1+x}}$，求 $f'(1)$.

(4) $f(x)=\begin{cases} x^2\sin\dfrac{1}{x}, & x\neq 0, \\ 0, & x=0, \end{cases}$ 求 $f'(0)$.

(5) $f(x)=x|x|$，求 $f'(0)$.

2. 下列各题中均假定 $f'(x_0)$ 存在，按照导数定义观察下列极限，指出 A 表示什么.

(1) $\lim\limits_{\Delta x\to 0}\dfrac{f(x_0-\Delta x)-f(x_0)}{\Delta x}=A$；

(2) $\lim\limits_{x\to 0}\dfrac{f(x)}{x}=A$，其中 $f(0)=0$，且 $f'(0)$ 存在；

(3) $\lim\limits_{h\to 0}\dfrac{f(x_0+h)-f(x_0-h)}{h}=A$；

(4) $\lim\limits_{n\to\infty} n\left[f\left(x_0+\dfrac{1}{n}\right)-f(x_0)\right]=A$.

3. 如果 $f(x)$ 为偶函数，且 $f'(0)$ 存在，证明 $f'(0)=0$.

4. 设 $f(x)=\begin{cases} x^2, & x\leqslant c, \\ ax+b, & x>c, \end{cases}$ a,b,c 是常数，试确定 a,b，使 $f'(c)$ 存在.

5. 设函数 $f(x)$ 在 $x=2$ 处连续，且 $\lim\limits_{x\to 2}\dfrac{f(x)}{x-2}=3$，求 $f'(2)$.

6. 求下列函数 $f(x)$ 的 $f'_-(0)$ 和 $f'_+(0)$，并问 $f'(0)$ 是否存在？

(1) $f(x)=\begin{cases} \sin x, & x<0, \\ \ln(1+x), & x\geqslant 0; \end{cases}$

(2) $f(x)=\begin{cases} \dfrac{x}{1+e^{\frac{1}{x}}}, & x\neq 0, \\ 0, & x=0. \end{cases}$

7. 求曲线 $y=\ln x$ 在 $(1,0)$ 点的切线方程和法线方程.

8. 在抛物线 $y=x^2$ 上取横坐标为 $x_1=1$ 和 $x_2=3$ 的两点，作过这两点的割线，问该抛物线上哪一点的切线可平行于这割线？

提高题

1. 设 $f(x)$ 在 $x=a$ 处可导，且 $f(a)\neq 0$，求 $\lim\limits_{n\to\infty}\left[\dfrac{f\left(a+\frac{1}{n}\right)}{f(a)}\right]^n$.

2. 若函数 $f(1)=0$，$f'(1)$ 存在，求 $\lim\limits_{x\to 0}\dfrac{f(\sin^2 x+\cos x)\tan 3x}{(e^{x^2}-1)\sin x}$.

3. 设 $f(x)$ 在 $(-\infty,+\infty)$ 内有定义，对任意 x 都有 $f(x+1)=2f(x)$，且当 $0\leqslant x\leqslant 1$ 时，$f(x)=x(1-x^2)$，判断 $f(x)$ 在 $x=0$ 处是否可导.

4. 已知 α,β 为常数，$f(x)$ 可导，求 $\lim\limits_{\Delta x\to 0}\dfrac{f(x+\alpha\Delta x)-f(x-\beta\Delta x)}{\Delta x}$.

5. 已知 $f(x)=x(2x-1)(3x-2)\cdots(100x-99)$，求 $f'(0)$.

6. 设函数 $f(x)$ 在 $x=0$ 处连续，且 $\lim\limits_{h\to 0}\dfrac{f(h^2)}{h^2}=1$，则(　　).

A. $f(0)=0$ 且 $f'_-(0)$ 存在　　B. $f(0)=1$ 且 $f'_-(0)$ 存在

C. $f(0)=0$ 且 $f'_+(0)$ 存在　　D. $f(0)=1$ 且 $f'_+(0)$ 存在

7. 设函数 $f(x)$ 连续，且 $f'(0)>0$，则存在 $\delta>0$，使得(　).

A. $f(x)$ 在 $(0,\delta)$ 内单调增加　　B. $f(x)$ 在 $(-\delta,0)$ 内单调减少

C. 对任意的 $x\in(0,\delta)$ 有 $f(x)>f(0)$　　D. 对任意的 $x\in(-\delta,0)$ 有 $f(x)>f(0)$

8. 设函数 $f(x)$ 在 $x=0$ 处可导，$f'(0)=1$，则 $\lim\limits_{x\to 0}\dfrac{f(x)-f(-2x)}{\tan x}=$ ________.

2.2　求导法则与导数公式

2.2.1　函数四则运算的求导法则

求导运算是微积分的基本运算之一.要迅速准确地求出函数的导数，如果总是按照导数的定义去求函数的导数，计算量很大，费时费力.为此要把求导运算公式化，这样就需要求导法则.

定理 1　若函数 $u(x)$ 与 $v(x)$ 在 x 可导，则它们的和、差、积、商(除分母为零的点外)都在点 x 可导，且

(1) $[cu(x)]'=cu'(x)$，其中 c 为常数.

(2) $[u(x)\pm v(x)]'=u'(x)\pm v'(x)$.

(3) $[u(x)v(x)]'=u(x)v'(x)+u'(x)v(x)$.

(4) $\left[\dfrac{u(x)}{v(x)}\right]'=\dfrac{u'(x)v(x)-u(x)v'(x)}{[v(x)]^2}$.

证明　由于(1)的证明极为简单，下面从(2)开始证明.

(2) 设 $y=u(x)\pm v(x)$，有

$$\Delta y=[u(x+\Delta x)\pm v(x+\Delta x)]-[u(x)\pm v(x)]$$

$$=[u(x+\Delta x)-u(x)]\pm[v(x+\Delta x)-v(x)]=\Delta u\pm\Delta v,$$

$$\frac{\Delta y}{\Delta x}=\frac{\Delta u}{\Delta x}\pm\frac{\Delta v}{\Delta x}.$$

已知函数 $u(x)$与 $v(x)$在 x 可导,故有

$$\lim_{\Delta x\to 0}\frac{\Delta u}{\Delta x}=u'(x) \quad 与 \quad \lim_{\Delta x\to 0}\frac{\Delta v}{\Delta x}=v'(x).$$

于是

$$\lim_{\Delta x\to 0}\frac{\Delta y}{\Delta x}=\lim_{\Delta x\to 0}\frac{\Delta u}{\Delta x}\pm\lim_{\Delta x\to 0}\frac{\Delta v}{\Delta x}=u'(x)\pm v'(x),$$

即函数 $u(x)\pm v(x)$在 x 可导,且$[u(x)\pm v(x)]'=u'(x)\pm v'(x)$.

应用归纳法,可将定理 1 推广为任意有限个函数代数和的导数,即若函数 $u_1(x),u_2(x),\cdots,u_n(x)$都在 x 可导,则函数 $u_1(x)\pm u_2(x)\pm\cdots\pm u_n(x)$在 x 也可导,且

$$[u_1(x)\pm u_2(x)\pm\cdots\pm u_n(x)]'=u_1'(x)\pm u_2'(x)\pm\cdots\pm u_n'(x).$$

(3) 设 $y=u(x)v(x)$,有

$$\begin{aligned}\Delta y&=u(x+\Delta x)v(x+\Delta x)-u(x)v(x)\\&=u(x+\Delta x)v(x+\Delta x)-u(x+\Delta x)v(x)+u(x+\Delta x)v(x)-u(x)v(x)\\&=u(x+\Delta x)[v(x+\Delta x)-v(x)]+v(x)[u(x+\Delta x)-u(x)]\\&=u(x+\Delta x)\Delta v+v(x)\Delta u,\end{aligned}$$

$$\frac{\Delta y}{\Delta x}=u(x+\Delta x)\frac{\Delta v}{\Delta x}+v(x)\frac{\Delta u}{\Delta x}.$$

已知函数 $u(x)$与 $v(x)$在 x 可导,故有

$$\lim_{\Delta x\to 0}\frac{\Delta u}{\Delta x}=u'(x) \quad 与 \quad \lim_{\Delta x\to 0}\frac{\Delta v}{\Delta x}=v'(x).$$

根据 2.1 节定理 2,函数 $u(x)$在 x 连续,即$\lim\limits_{\Delta x\to 0}u(x+\Delta x)=u(x)$. 于是

$$\lim_{\Delta x\to 0}\frac{\Delta y}{\Delta x}=\lim_{\Delta x\to 0}u(x+\Delta x)\cdot\lim_{\Delta x\to 0}\frac{\Delta v}{\Delta x}+v(x)\cdot\lim_{\Delta x\to 0}\frac{\Delta u}{\Delta x}=u(x)v'(x)+u'(x)v(x).$$

即函数 $u(x)v(x)$在 x 可导,且

$$[u(x)v(x)]'=u(x)v'(x)+u'(x)v(x).$$

注 $[u(x)v(x)]'\neq u'(x)v'(x)$!

应用归纳法,可将(2)推广为任意有限个函数的乘积的导数.

若函数 $u_1(x),u_2(x),\cdots,u_n(x)$都在 x 可导,则函数 $u_1(x)u_2(x)\cdots u_n(x)$在 x 也可导,且

$$\begin{aligned}&[u_1(x)u_2(x)\cdots u_n(x)]'\\=&u_1'(x)u_2(x)\cdots u_n(x)+u_1(x)u_2'(x)\cdots u_n(x)+\cdots+u_1(x)u_2(x)\cdots u_n'(x).\end{aligned}$$

定理 2 的特殊情形:当 $v(x)=c$ 是常数时,由定理 2,有

$$[cu(x)]'=cu'(x)+u(x)(c)'=cu'(x).$$

(4) 先考虑 $u(x)=1$ 时的特殊情况. 设 $y=\dfrac{1}{v(x)}$,有

$$\Delta y=\frac{1}{v(x+\Delta x)}-\frac{1}{v(x)}=\frac{v(x)-v(x+\Delta x)}{v(x)v(x+\Delta x)}=\frac{-\Delta v}{v(x)v(x+\Delta x)},$$

$$\frac{\Delta y}{\Delta x}=\frac{-\frac{\Delta v}{\Delta x}}{v(x)v(x+\Delta x)}.$$

已知函数 $v(x)$在 x 可导,则函数 $v(x)$在 x 连续,故有

$$\lim_{\Delta x\to 0}\frac{\Delta v}{\Delta x}=v'(x),\quad \lim_{\Delta x\to 0}v(x+\Delta x)=v(x).$$

于是

$$\lim_{\Delta x\to 0}\frac{\Delta y}{\Delta x}=\frac{\lim\limits_{\Delta x\to 0}\frac{\Delta v}{\Delta x}}{v(x)\lim\limits_{\Delta x\to 0}v(x+\Delta x)}=-\frac{v'(x)}{[v(x)]^2},$$

即函数$\frac{1}{v(x)}$在 x 可导,且 $\left[\frac{1}{v(x)}\right]'=\frac{-v'(x)}{[v(x)]^2}$. 于是

$$\begin{aligned}\left[\frac{u(x)}{v(x)}\right]'&=\left[u(x)\cdot\frac{1}{v(x)}\right]'=u'(x)\frac{1}{v(x)}+u(x)\left[\frac{1}{v(x)}\right]'\\&=u'(x)\frac{1}{v(x)}+u(x)\frac{-v'(x)}{[v(x)]^2}=\frac{u'(x)v(x)-u(x)v'(x)}{[v(x)]^2}.\end{aligned}$$

注 $\left[\frac{u(x)}{v(x)}\right]'\neq\frac{u'(x)}{v'(x)}$!

例 1 求函数 $f(x)=5\log_2 x-2x^4$ 的导数.

解 $$\begin{aligned}f'(x)&=(5\log_2 x-2x^4)'=(5\log_2 x)'-(2x^4)'\\&=5(\log_2 x)'-2(x^4)'=\frac{5}{x\ln 2}-8x^3.\end{aligned}$$

例 2 求函数 $f(x)=\sqrt{x}\sin x$ 的导数.

解 $$\begin{aligned}f'(x)&=(\sqrt{x}\sin x)'=\sin x(\sqrt{x})'+\sqrt{x}(\sin x)'\\&=\sin x\cdot\frac{1}{2\sqrt{x}}+\sqrt{x}\cos x=\frac{\sin x}{2\sqrt{x}}+\sqrt{x}\cos x.\end{aligned}$$

例 3 求正切函数 $\tan x$ 与余切函数 $\cot x$ 的导数.

解 $$(\tan x)'=\left(\frac{\sin x}{\cos x}\right)'=\frac{(\sin x)'\cos x-\sin x(\cos x)'}{\cos^2 x}=\frac{\cos^2 x+\sin^2 x}{\cos^2 x}=\frac{1}{\cos^2 x}=\sec^2 x.$$

$$\begin{aligned}(\cot x)'&=\left(\frac{\cos x}{\sin x}\right)'=\frac{(\cos x)'\sin x-\cos x(\sin x)'}{\sin^2 x}\\&=\frac{-\sin^2 x-\cos^2 x}{\sin^2 x}=-\frac{1}{\sin^2 x}=-\csc^2 x.\end{aligned}$$

例 4 求正割函数 $\sec x$ 与余割函数 $\csc x$ 的导数.

解 $$(\sec x)'=\left(\frac{1}{\cos x}\right)'=-\frac{(\cos x)'}{\cos^2 x}=\frac{\sin x}{\cos^2 x}=\tan x\cdot\sec x.$$

$$(\csc x)'=\left(\frac{1}{\sin x}\right)'=-\frac{(\sin x)'}{\sin^2 x}=-\frac{\cos x}{\sin^2 x}=-\cot x\cdot\csc x.$$

2.2.2 反函数的求导法则

为了求反三角函数(三角函数的反函数)的导数,首先给出反函数求导法则.

定理 2 函数 $y=f(x)$ 在某区间 I_x 内严格单调可导，且 $f'(x)\neq 0$，则 $y=f(x)$ 在 I_x 内的反函数 $x=\varphi(y)$ 在相应的区间 I_y 内严格单调可导，且

$$\varphi'(y)=\frac{1}{f'(x)}.$$

证明 由 1.2 节定理 1，函数 $y=f(x)$ 在区间 I_x 内存在反函数 $x=\varphi(y)$.

当 $x\in I_x$ 时，$y\in I_y$，$y=f(x)$ 在某区间 I_x 内严格单调可导，则也连续，同时 $x=\varphi(y)$ 在区间 I_y 内严格单调连续，且当 $y\in I_y$，$y+\Delta y\in I_y$ 时，有

$$\Delta x=\varphi(y+\Delta y)-\varphi(y),\quad \Delta y=f(x+\Delta x)-f(x).$$

故有

$$\Delta y\to 0\Leftrightarrow \Delta x\to 0;\quad \Delta y\neq 0\Leftrightarrow \Delta x\neq 0.$$

于是

$$\frac{\Delta x}{\Delta y}=\frac{1}{\frac{\Delta y}{\Delta x}},$$

故有

$$\lim_{\Delta y\to 0}\frac{\Delta x}{\Delta y}=\lim_{\Delta x\to 0}\frac{1}{\frac{\Delta y}{\Delta x}}=\frac{1}{\lim\limits_{\Delta x\to 0}\frac{\Delta y}{\Delta x}}=\frac{1}{f'(x)},$$

即反函数 $x=\varphi(y)$ 在 y 处可导，并且 $\varphi'(y)=\frac{1}{f'(x)}$.

注 由于 $y=f(x)$ 与 $x=\varphi(y)$ 互为反函数，所以上述公式也可以写成

$$f'(x)=\frac{1}{\varphi'(y)}.$$

例 5 求指数函数 $y=a^x\,(a>0$ 且 $a\neq 1)$ 的导数.

解 已知指数函数 $y=a^x$ 是对数函数 $x=\log_a y$ 的反函数，故有

$$(a^x)'=\frac{1}{(\log_a y)'}=\frac{1}{\frac{1}{y\ln a}}=y\ln a=a^x\ln a,$$

即

$$(a^x)'=a^x\ln a.$$

特别地，当 $a=\mathrm{e}$ 时，有 $(\mathrm{e}^x)'=\mathrm{e}^x\ln\mathrm{e}=\mathrm{e}^x$.

例 6 求反三角函数 $y=\arcsin x\left(-1<x<1,-\frac{\pi}{2}<y<\frac{\pi}{2}\right)$ 的导数.

解 $y=\arcsin x$ 在 $(-1,1)$ 内连续，且严格单调，存在反函数 $x=\sin y$. 由反函数的求导法则，有

$$(\arcsin x)'=\frac{1}{(\sin y)'}=\frac{1}{\cos y},$$

但 $\cos y=\sqrt{1-\sin^2 y}=\sqrt{1-x^2}$ $\left(因为当 -\frac{\pi}{2}<y<\frac{\pi}{2} 时，\cos y>0，所以根号前只取正号\right)$，从而有

$$(\arcsin x)'=\frac{1}{\sqrt{1-x^2}}.$$

同理可得

$$(\arccos x)'=-\frac{1}{\sqrt{1-x^2}},\quad (\arctan x)'=\frac{1}{1+x^2},\quad (\operatorname{arccot} x)'=-\frac{1}{1+x^2}.$$

2.2.3 复合函数的求导法则

我们经常遇到的函数多是由几个基本初等函数生成的复合函数,因此,复合函数的求导法则是求导运算中经常应用的一个重要法则.

定理 3(链式法则(chain rule)) 若函数 $u=\varphi(x)$在 x 处可导,函数 $y=f(u)$在相应的点 $u(=\varphi(x))$可导,则复合函数 $y=f[\varphi(x)]$在 x 也可导,且

$$\{f[\varphi(x)]\}'=f'(u)\varphi'(x)\quad 或\quad \frac{\mathrm{d}y}{\mathrm{d}x}=\frac{\mathrm{d}y}{\mathrm{d}u}\frac{\mathrm{d}u}{\mathrm{d}x}.$$

证明 设 x 取得改变量 Δx,则 u 取得相应的改变量 Δu,从而 y 取得相应的改变量 Δy.

$$\Delta u=\varphi(x+\Delta x)-\varphi(x),\quad \Delta y=f(u+\Delta u)-f(u).$$

当 $\Delta u\neq 0$ 时,有

$$\frac{\Delta y}{\Delta x}=\frac{\Delta y}{\Delta u}\cdot\frac{\Delta u}{\Delta x}.$$

因为 $u=\varphi(x)$在 x 可导,则必连续,所以当 $\Delta x\to 0$ 时,$\Delta u\to 0$,因此

$$\lim_{\Delta x\to 0}\frac{\Delta y}{\Delta x}=\lim_{\Delta x\to 0}\frac{\Delta y}{\Delta u}\cdot\lim_{\Delta x\to 0}\frac{\Delta u}{\Delta x}=\lim_{\Delta u\to 0}\frac{\Delta y}{\Delta u}\cdot\lim_{\Delta x\to 0}\frac{\Delta u}{\Delta x}.$$

于是有

$$\{f[\varphi(x)]\}'=f'(u)\varphi'(x)\quad 或\quad \frac{\mathrm{d}y}{\mathrm{d}x}=\frac{\mathrm{d}y}{\mathrm{d}u}\frac{\mathrm{d}u}{\mathrm{d}x}.$$

可以证明,当 $\Delta u=0$ 时上述公式仍成立.

注 (1) 定理中 $f'(u)$是 $y=f(u)$对 u 的导数,现在 $u=\varphi(x)$,则

$$f'(u)=f'[\varphi(x)]=(f[\varphi(x)])'_{\varphi(x)},$$

即 $f'[\varphi(x)]$表示 $y=f[\varphi(x)]$对 $\varphi(x)$的导数.

因此,若 $y=f(u)$对 u 的导数为 $f'(u)$,则 $y=f[\varphi(x)]$对 $\varphi(x)$的导数就是 $f'[\varphi(x)]$.

具体的,$(u^\alpha)'_u=\alpha u^{\alpha-1}$,则$(\varphi^\alpha(x))'_{\varphi(x)}=\alpha\varphi^{\alpha-1}(x)$. 而$(\mathrm{e}^u)'_u=\mathrm{e}^u$,则$(\mathrm{e}^{\varphi(x)})'_{\varphi(x)}=\mathrm{e}^{\varphi(x)}$,例如$(\mathrm{e}^{2x})'_{2x}=\mathrm{e}^{2x}$,即基本的求导公式中的 x 都可以用 $\varphi(x)$来换.

(2) 应用归纳法,可将定理 3 推广为任意有限多个函数生成的复合函数的情形. 以三个函数为例.

若 $y=f(u),u=\varphi(v),v=\psi(x)$都可导,则

$$\frac{\mathrm{d}y}{\mathrm{d}x}=\frac{\mathrm{d}y}{\mathrm{d}u}\frac{\mathrm{d}u}{\mathrm{d}v}\frac{\mathrm{d}v}{\mathrm{d}x}=(f\{\varphi[\psi(x)]\})'=f'(u)\varphi'(v)\psi'(x).$$

(3) 对于复合函数求导来说,链式法则是重要而且实用的方法. 用这个法则的关键是:

将一个给定的复合函数分解成若干个基本初等函数,按照从外到内的顺序依次求导.

例 7 求 $y=\sin 5x$ 的导数.

解 函数 $y=\sin 5x$ 是函数 $y=\sin u$ 与 $u=5x$ 的复合函数.由复合函数求导法则,有

$$(\sin 5x)'=(\sin u)'(5x)'=\cos u\cdot 5=5\cos 5x.$$

例 8 求函数 $y=\ln(-x)(x<0)$的导数.

解 函数 $y=\ln(-x)$是函数 $y=\ln u$ 与 $u=-x$ 的复合函数,由复合函数求导法则,有

$$[\ln(-x)]'=(\ln u)'(-x)'=\frac{1}{u}\cdot(-1)=\frac{1}{x}.$$

将这一结果与$(\ln x)'=\dfrac{1}{x}$合并,有

$$(\ln|x|)'=\frac{1}{x}\quad(x\neq 0).$$

例 9 求幂函数 $y=x^{\alpha}$(α 是实数)的导数.

解 将 $y=x^{\alpha}$ 两端求自然对数,有 $\ln y=\alpha\ln x$,即

$$y=e^{\alpha\ln x}\ (x>0),$$

它是函数 $y=e^{u}$ 与 $u=\alpha\ln x$ 的复合函数.由复合函数求导法则,有

$$(x^{\alpha})'=(e^{\alpha\ln x})'=(e^{u})'(\alpha\ln x)'=e^{u}\ \frac{\alpha}{x}=e^{\alpha\ln x}\ \frac{\alpha}{x}=x^{\alpha}\ \frac{\alpha}{x}=\alpha x^{\alpha-1},$$

即

$$(x^{\alpha})'=\alpha x^{\alpha-1}.$$

若幂函数 $y=x^{\alpha}$ 的定义域是 $\mathbf{R}$ 或 $\mathbf{R}-\{0\}$,则幂函数 $y=x^{\alpha}$ 的导数公式$(x^{\alpha})'=\alpha x^{\alpha-1}$也是正确的.

对复合函数的分解比较熟练后,就不必再写出中间变量,而可采用下列例题的方式来计算.

例 10 $y=\ln\sin x$,求 y'.

解 $y'=(\ln\sin x)'_x=(\ln\sin x)'_{\sin x}(\sin x)'_x=\dfrac{1}{\sin x}(\sin x)'=\dfrac{\cos x}{\sin x}=\cot x.$

例 11 求函数 $y=\tan^3\ln x$ 的导数.

解 $y'=3\tan^2\ln x\cdot(\tan\ln x)'_x=3\tan^2\ln x\cdot\sec^2\ln x\cdot(\ln x)'$

$$=3\tan^2\ln x\cdot\sec^2\ln x\cdot\frac{1}{x}=\frac{3}{x}\tan^2\ln x\cdot\sec^2\ln x.$$

例 12 求 $y=f(x)^{g(x)}$的导数,其中 $f(x)$,$g(x)$均可导,且 $f(x)>0$.

解 $y=f(x)^{g(x)}=e^{g(x)\ln f(x)}$.

$$y'=e^{g(x)\ln f(x)}[g(x)\ln f(x)]'=e^{g(x)\ln f(x)}\left[g'(x)\ln f(x)+g(x)\frac{f'(x)}{f(x)}\right]$$

$$=f(x)^{g(x)}\left[g'(x)\ln f(x)+g(x)\frac{f'(x)}{f(x)}\right].$$

2.2.4 初等函数的导数

以上根据导数的定义和求导法则得到了基本初等函数的导数公式.它们是求初等函数

导数的基础. 把它们集中起来,就是**导数公式表**.

(1) $(c)'=0$,其中 c 是常数;

(2) $(x^{\alpha})'=\alpha x^{\alpha-1}$,其中 α 是实数;

(3) $(\log_a x)'=\dfrac{1}{x}\log_a \mathrm{e}=\dfrac{1}{x\ln a}$,$(\ln x)'=\dfrac{1}{x}$;

(4) $(a^x)'=a^x\ln a$,$(\mathrm{e}^x)'=\mathrm{e}^x$;

(5) $(\sin x)'=\cos x$,$(\cos x)'=-\sin x$,$(\tan x)'=\sec^2 x$,

$(\cot x)'=-\csc^2 x$,$(\sec x)'=\tan x\sec x$,$(\csc x)'=-\cot x\csc x$;

(6) $(\arcsin x)'=\dfrac{1}{\sqrt{1-x^2}}$,$(\arccos x)'=-\dfrac{1}{\sqrt{1-x^2}}$,

$(\arctan x)'=\dfrac{1}{1+x^2}$,$(\mathrm{arccot}\, x)'=-\dfrac{1}{1+x^2}$.

根据复合函数求导,上面公式中的 x 都可以换成任意可导的函数 $\varphi(x)$,若

$\dfrac{\mathrm{d}f(x)}{\mathrm{d}x}=f'(x)$,则 $\dfrac{\mathrm{d}f[\varphi(x)]}{\mathrm{d}\varphi(x)}=f'[\varphi(x)]$.

如 $\dfrac{\mathrm{d}\varphi^{\alpha}(x)}{\mathrm{d}\varphi(x)}=(\varphi^{\alpha}(x))'_{\varphi(x)}=\alpha\varphi^{\alpha-1}(x)$,其中 α 是实数.

其他的可类似地写出.

根据求导法则和导数公式表,能求出任意初等函数的导数. 由导数公式表知,基本初等函数的导数还是初等函数. 于是,初等函数的导数仍是初等函数,即初等函数对导数运算是封闭的.

习题 2.2

二维码 2.2

1. 求下列函数的导数:

(1) $y=x^3+\dfrac{5}{x^4}-\dfrac{1}{x}+10$;　　(2) $y=4x^5-2^x+3\mathrm{e}^x$;

(3) $y=\tan x-2\sec x+3$;　　(4) $y=\sin x\cdot\cos x$;

(5) $y=x\ln x-x^2$;　　(6) $y=3\mathrm{e}^x\cos x$;

(7) $y=\dfrac{\mathrm{e}^x}{x^2}+\ln 2$;　　(8) $y=\dfrac{1-\cos x}{\sin x}$;

(9) $y=x(x+1)\tan x$.

2. 求下列函数的导数:

(1) $y=\sin x-\cos x$,求 $y'\big|_{x=\frac{\pi}{6}}$ 和 $y'\big|_{x=\frac{\pi}{4}}$;　　(2) $\rho=\theta\sin\theta+\dfrac{1}{2}\cos\theta$,求 $\dfrac{\mathrm{d}\rho}{\mathrm{d}\theta}\Big|_{\theta=\frac{\pi}{4}}$.

3. 求下列函数的导数:

(1) $y=(2x+5)^4$;　　(2) $y=\cos(4-3x)$;

(3) $y=\mathrm{e}^{-3x^2}$;　　(4) $y=\ln^2(1+x^2)$;

(5) $y=\sin^2 x$;　　(6) $y=\arctan(\mathrm{e}^x)$;

(7) $y=(\arcsin x)^2$；　　(8) $y=\ln\cos x$.

4. 求下列函数的导数：

(1) $y=\arcsin(2x+5)$；　　(2) $y=\dfrac{1}{\sqrt{1-x^2}}$；

(3) $y=e^{-3x^2}\cos 2x$；　　(4) $y=\ln^2(1+x^2)$；

(5) $y=\arcsin\sqrt{x}$；　　(6) $y=\ln(x+\sqrt{a^2+x^2})$；

(7) $y=\ln(\sec x+\tan x)$；　　(8) $y=\ln(\csc x+\cot x)$.

5. 求下列函数的导数：

(1) $y=e^{\tan\frac{1}{x}}$；　　(2) $y=\ln\tan 2x$；

(3) $y=e^{\arctan\sqrt{x}}$；　　(4) $y=\ln\ln\ln x$；

(5) $y=\sin^2 x\cdot\sin x^2$；　　(6) $y=\sqrt{x+\sqrt{x}}$；

(7) $y=\arccos\sqrt{1-3x}-2^{-\frac{1}{x}}$；　　(8) $y=\sqrt{\dfrac{x+1}{x-1}}$，求 $y'|_{x=2}$.

6. 设 $f(x)=(ax+b)\sin x+(cx+d)\cos x$，确定 a,b,c,d 使 $f'(x)=x\cos x$.

7. 求垂直于直线 $2x-6y+1=0$，且与曲线 $y=x^3-3x^2-5$ 相切的直线方程.

8. 设 $y=f\left(\dfrac{3x-2}{3x+2}\right)$，又 $f'(x)=\arctan x^2$，求 $\left.\dfrac{dy}{dx}\right|_{x=0}$.

提高题

1. 设 $y=x^{\sin x}$，$x>0$，求 $\dfrac{dy}{dx}$.

2. 设 $f(x)$ 可导，求下列函数的导数 $\dfrac{dy}{dx}$.

(1) $y=f(x^2)$；　　(2) $y=f(\sin^2 x)+f(\cos^2 x)$.

3. 求 $y=\sqrt{x+\sqrt{x+\sqrt{x}}}$ 的导数.

4. 求函数 $y=f^n(\varphi^n(\sin x^n))$ 的导数，其中 f,φ 均可导.

5. 验证 $(\sqrt{x^2-a^2})'_x=\dfrac{x}{\sqrt{x^2-a^2}}$，$(\sqrt{a^2-x^2})'_x=\dfrac{-x}{\sqrt{a^2-x^2}}$ 并记住.

2.3 高阶导数

运动的加速度是速度对于时间的变化率. 如果以 $s=f(t)$ 记运动规律，那么 $f'(t)$ 是速度，加速度便是 $f'(t)$ 对于时间 t 的导数

$$a=\frac{dv}{dt}=\frac{d}{dt}\left(\frac{ds}{dt}\right)=(f'(t))',$$

从而，引出求导函数的导数问题.

一般地，函数 $y=f(x)$ 的导数 $y'=f'(x)$ 仍是 x 的函数，如果函数 $y'=f'(x)$ 的导数存在，这个导数就称为原来函数 $y=f(x)$ 的**二阶导数**(second derivative)，记作

$$y'', f''(x) \quad 或 \quad \frac{d^2y}{dx^2}=\frac{d}{dx}\left(\frac{dy}{dx}\right).$$

按照定义，函数 $y=f(x)$ 在点 x 的二阶导数就是下列极限

$$f''(x)=\lim_{\Delta x\to 0}\frac{f'(x+\Delta x)-f'(x)}{\Delta x}.$$

同样地，如果 $y''=f''(x)$ 的导数存在，其导数就称为 $y=f(x)$ 的**三阶导数**(third derivative)，记作

$$y''', f'''(x) \quad 或 \quad \frac{d^3y}{dx^3}.$$

一般地，如果 $y=f(x)$ 的 $n-1$ 阶导数 $y^{(n-1)}=f^{(n-1)}(x)$ 的导数存在，其导数就称为 $y=f(x)$ 的 ***n* 阶导数**(n-th derivative of the function $f(x)$)，记作

$$y^{(n)}, f^{(n)}(x) \quad 或 \quad \frac{d^ny}{dx^n}.$$

二阶及二阶以上的导数被称为**高阶导数**(higher order diravative)，$f'(x)$ 是一阶导数(first derivative)，$f(x)$ 被称为它自己的零阶导数(zero order derivative).

显然，求高阶导数只需进行一连串通常的求导数运算，不需要另外的方法.

例 1 求 n 次多项式 $y=a_0x^n+a_1x^{n-1}+\cdots+a_{n-1}x+a_n$ 的各阶导数.

解 $y'=na_0x^{n-1}+(n-1)a_1x^{n-2}+\cdots+a_{n-1}$,

$y''=n(n-1)a_0x^{n-2}+(n-1)(n-2)a_1x^{n-3}+\cdots+2a_{n-2}$.

可见经过一次求导运算，多项式的次数就降一次，继续求导下去，易知

$$y^{(n)}=n!\ a_0$$

是一个常数，由此

$$y^{(n+1)}=y^{(n+2)}=\cdots=0,$$

即 n 次多项式的一切高于 n 阶的导数都是零.

例 2 求 $y=e^{ax}$，$y=a^x$ 的 n 阶导数.

解 (1) $y=e^{ax}, y'=ae^{ax}, y''=a^2e^{ax}, \cdots, y^{(n)}=a^ne^{ax}$;

(2) $y=a^x, y'=(\ln a)a^x, y''=(\ln a)^2a^x, \cdots, y^{(n)}=(\ln a)^na^x$.

例 3 求 $y=\ln(1+x)$ 的 n 阶导数.

解 $y'=\dfrac{1}{1+x}, y''=-\dfrac{1}{(1+x)^2}, y'''=\dfrac{1\times 2}{(1+x)^3}, \cdots, y^{(n)}=(-1)^{n-1}\dfrac{(n-1)!}{(1+x)^n}$.

例 4 求 $y=\sin x$ 的 n 阶导数.

解

$$y'=\cos x=\sin\left(x+\frac{\pi}{2}\right),$$

$$y''=\cos\left(x+\frac{\pi}{2}\right)=\sin\left(x+2\cdot\frac{\pi}{2}\right),$$

$$\vdots$$

$$y^{(n)}=\sin\left(x+n\cdot\frac{\pi}{2}\right).$$

同理可得

$$(\cos x)^{(n)}=\cos\left(x+n\cdot\frac{\pi}{2}\right).$$

如果函数 $u(x)$,$v(x)$都具有 n 阶导数,则其代数和的 n 阶导数是它们的 n 阶导数的代数和

$$(u\pm v)^{(n)}=u^{(n)}\pm v^{(n)}.$$

至于它们乘积的 n 阶导数,现讨论如下.

应用乘积的求导法则,求出

$$(uv)'=u'v+uv',$$
$$(uv)''=u''v+2u'v'+uv'',$$
$$(uv)'''=u'''v+3u''v'+3u'v''+uv'''.$$

容易看出,它们右边的系数恰好与牛顿二项式的系数相同.可应用数学归纳法证明由此推广的一般公式

$$(uv)^{(n)}=u^{(n)}v+C_n^1u^{(n-1)}v'+\cdots+C_n^ku^{(n-k)}v^{(k)}+\cdots+uv^{(n)} \tag{2-2}$$

成立,其中 $C_n^k=\dfrac{n(n-1)\cdots(n-k+1)}{k!}$.

式(2-2)称为**莱布尼茨(Leibniz)公式**.

例 5 $y=x^2e^{2x}$,求 $y^{(20)}$.

解 设 $u=e^{2x}$,$v=x^2$,则

$$u'=2e^{2x},\quad u''=2^2e^{2x},\quad \cdots,\quad u^{(20)}=2^{20}e^{2x},$$
$$v'=2x,\quad v''=2,\quad v'''=0.$$

由莱布尼茨公式,有

$$\begin{aligned}y^{(20)}&=u^{(20)}v+C_{20}^1u^{(19)}v'+C_{20}^2u^{(18)}v''\\&=2^{20}\cdot e^{2x}\cdot x^2+20\cdot 2^{19}\cdot e^{2x}\cdot 2x+190\cdot 2^{18}\cdot e^{2x}\cdot 2\\&=2^{20}e^{2x}(x^2+20x+95).\end{aligned}$$

二维码 2.3

习题 2.3

1. 求下列函数的二阶导数:

(1) $y=2x^2+\ln x$;　　(2) $y=e^{2x-1}$;

(3) $y=x\cos x$;　　(4) $y=e^{-t}\sin t$;

(5) $y=\dfrac{x}{\sqrt{1-x^2}}$;　　(6) $y=(1+x^2)\arctan x$.

2. 设 $y=f[x\varphi(x)]$,其中 f,φ 具有二阶导数,求$\dfrac{d^2y}{dx^2}$.

3. 求下列函数的 n 阶导数:

(1) $y=\sin^2x$;　　(2) $y=x\ln x$;

(3) $y=\dfrac{1}{x^2-3x+2}$;　　(4) $y=xe^x$.

4. 求下列函数指定阶的导数：

(1) $y=x^2\sin 3x$，求 $y^{(50)}$；　　　　(2) $y=e^x\cos x$，求 $y^{(4)}$.

5. 设 $f(x)=(x-a)^3\varphi(x)$，其中 $\varphi(x)$ 有二阶连续导数，问 $f'''(a)$ 是否存在；若不存在，请说明理由；若存在，求出其值.

6. 问自然数 n 至少多大，才能使

$$f(x)=\begin{cases} x^n\sin\dfrac{1}{x}, & x\neq 0, \\ 0, & x=0 \end{cases}$$

在 $x=0$ 处二阶可导，并求 $f''(0)$.

提高题

1. 设 $f(x)=\sin^4 x+\cos^4 x$，求 $f^{(n)}(x)$.
2. 已知 $f'(x)=2f(x)$，$f(0)=1$，求 $f^{(n)}(0)$.
3. 已知 $f'(x)=e^{f(x)}$，$f(0)=1$，求 $f^{(n)}(0)$.
4. 设 y 的 $n-2$ 阶导数 $y^{(n-2)}=\dfrac{x}{\ln x}$，求 y 的 n 阶导数 $y^{(n)}$.
5. 设 $y=f(x^2+b)$，其中 b 为常数，f 存在二阶导数，求 y''.
6. 设函数 $y=\dfrac{1}{2x+3}$，求 $y^{(n)}(0)$.

2.4 隐函数与由参数方程所确定的函数的导数

2.4.1 隐函数的求导方法

函数 $y=f(x)$ 表示两个变量 y 与 x 之间的对应关系，这种对应关系可以用各种不同方式表达. 前面我们遇到的函数，如 $y=\sin x$，$y=\ln x+\sqrt{1-x^2}$ 等，这种函数表达方式的特点是：等号左端是因变量的符号，而右端是含有自变量的式子，当自变量取定义域内任一值时，由这式子确定对应的函数值. 这种方式表达的函数称为**显函数**. 有些函数的表达方式却不是这样，例如，方程

$$x+y^3-1=0$$

表示一个函数，因为当变量 x 在 $(-\infty,+\infty)$ 内取值时，变量 y 有确定的值与之对应. 这样的函数称为**隐函数**.

定义 1 设有非空数集 A. 若 $\forall x\in A$，由二元方程 $F(x,y)=0$ 确定唯一一个 $y\in\mathbf{R}$，则称此对应关系 f（或写为 $y=f(x)$）是二元方程 $F(x,y)=0$ 确定的**隐函数**.

把一个隐函数化成显函数称为**隐函数的显化**. 例如，从方程 $x+y^3-1=0$ 解出 $y=\sqrt[3]{1-x}$，就把隐函数化成了显函数. 隐函数的显化有时是很困难的，甚至是不可能的. 例如，方程

$$y^5+2y-x-3x^7=0 \tag{2-3}$$

对于区间 $(-\infty,+\infty)$ 内任意取定的 x 值，上式成为以 y 为未知数的五次方程. 由代数学知道，这个方程至少有一个实根，所以方程(2-3)在 $(-\infty,+\infty)$ 内确定了一个隐函数，但是这个函数很难用显式把它表达出来.

在实际问题中，有时需要计算隐函数的导数，因此我们希望有一种方法，不管函数能否显化，都能直接由方程算出它所确定的隐函数的导数. 下面通过具体例子来说明这种方法.

例 1 求方程 $xy+3x^2-5y-7=0$ 确定的函数 $y=f(x)$ 的导数.

解 方程两端对 x 求导数（注意 y 是 x 的函数），将 y 换成 $f(x)$，有

$$(xf(x)+3x^2-5f(x)-7)'=0,$$

$$f(x)+xf'(x)+6x-5f'(x)=0,$$

解得隐函数的导数

$$f'(x)=\frac{6x+f(x)}{5-x}, \quad 即 \quad y'=\frac{6x+y}{5-x}.$$

例 2 求过双曲线 $\frac{x^2}{a^2}-\frac{y^2}{b^2}=1$ 上一点 (x_0,y_0) 的切线方程（其中 $y_0\neq 0$）.

解 首先求过点 (x_0,y_0) 的切线斜率 k，即求方程 $\frac{x^2}{a^2}-\frac{y^2}{b^2}=1$ 确定的隐函数 $y=f(x)$ 的导数在点 (x_0,y_0) 的值

$$\left(\frac{x^2}{a^2}-\frac{y^2}{b^2}\right)'=(1)', \quad 即 \quad \frac{2x}{a^2}-\frac{2yy'}{b^2}=0.$$

解得 $y'=\frac{b^2x}{a^2y}$，所以 $k=y'\Big|_{\substack{x=x_0\\ y=y_0}}=\frac{b^2x_0}{a^2y_0}$. 从而，切线的方程是

$$y-y_0=\frac{b^2x_0}{a^2y_0}(x-x_0) \quad 或 \quad \frac{x_0x}{a^2}-\frac{y_0y}{b^2}=\frac{x_0^2}{a^2}-\frac{y_0^2}{b^2}.$$

因为点 (x_0,y_0) 在双曲线上，所以 $\frac{x_0^2}{a^2}-\frac{y_0^2}{b^2}=1$. 于是，所求的切线方程是

$$\frac{x_0x}{a^2}-\frac{y_0y}{b^2}=1.$$

例 3 求由方程 $x-y+\frac{1}{2}\sin y=0$ 所确定的隐函数 y 的二阶导数 $\frac{\mathrm{d}^2y}{\mathrm{d}x^2}$.

解 应用隐函数的求导方法，得

$$1-\frac{\mathrm{d}y}{\mathrm{d}x}+\frac{1}{2}\cos y\cdot\frac{\mathrm{d}y}{\mathrm{d}x}=0,$$

于是

$$\frac{\mathrm{d}y}{\mathrm{d}x}=\frac{2}{2-\cos y}.$$

上式两边再对 x 求导得

$$\frac{\mathrm{d}^2y}{\mathrm{d}x^2}=\frac{-2\sin y\,\frac{\mathrm{d}y}{\mathrm{d}x}}{(2-\cos y)^2}=\frac{-4\sin y}{(2-\cos y)^3}.$$

例 4 求由方程 $\mathrm{e}^y+xy-\mathrm{e}=0$ 所确定的隐函数 $y=f(x)$ 在 $x=0$ 处的二阶导数 $\frac{\mathrm{d}^2y}{\mathrm{d}x^2}\Big|_{x=0}$.

解 将 $x=0$ 代入方程 $e^y+xy-e=0$ 得 $y=1$，即当 $x=0$ 时 $y=1$.

方程两边对 x 求导数(注意 y 是 x 的函数)，有

$$\frac{d}{dx}(e^y+xy-e)=0,\quad 即\quad e^y\frac{dy}{dx}+y+x\frac{dy}{dx}=0,$$

解得隐函数的导数

$$\frac{dy}{dx}=-\frac{y}{x+e^y}(x+e^y\neq 0).$$

$$\left.\frac{dy}{dx}\right|_{x=0}=\left.\frac{dy}{dx}\right|_{\substack{x=0\\y=1}}=-\left.\frac{y}{x+e^y}\right|_{\substack{x=0\\y=1}}=-\frac{1}{e}.$$

即 $x=0$ 时，$y=1,y'=-\frac{1}{e}$.

求 $\left.\frac{d^2y}{dx^2}\right|_{x=0}$ 有两种方法.

方法一 对 $e^y\frac{dy}{dx}+y+x\frac{dy}{dx}=0$ 两边关于 x 求导得

$$e^y\frac{dy}{dx}\frac{dy}{dx}+e^y\frac{d^2y}{dx^2}+\frac{dy}{dx}+\frac{dy}{dx}+x\frac{d^2y}{dx^2}=0.$$

将 $x=0,y=1,\frac{dy}{dx}=-\frac{1}{e}$ 代入上式，得

$$e\left(-\frac{1}{e}\right)^2+e\left.\frac{d^2y}{dx^2}\right|_{x=0}+2\left(-\frac{1}{e}\right)=0,\quad 即\quad \left.\frac{d^2y}{dx^2}\right|_{x=0}=\frac{1}{e^2}.$$

方法二 $\frac{d^2y}{dx^2}=\frac{d}{dx}\left(\frac{dy}{dx}\right)=\frac{d}{dx}\left(-\frac{y}{x+e^y}\right)=-\frac{y'(x+e^y)-y(1+e^yy')}{(x+e^y)^2}$,

$$\left.\frac{d^2y}{dx^2}\right|_{x=0}=\left.\frac{d^2y}{dx^2}\right|_{\substack{x=0\\y=1\\y'=-\frac{1}{e}}}=-\left.\frac{y'(x+e^y)-y(1+e^yy')}{(x+e^y)^2}\right|_{\substack{x=0\\y=1\\y'=-\frac{1}{e}}}=\frac{1}{e^2}.$$

有时直接求某些显函数的导数比较烦琐，这时可将它化为隐函数，用隐函数求导法求其导数，比较简便. 将显函数化为隐函数常用的方法是等号两端取自然对数，称为**取对数求导法**.

例 5 设 $y=u(x)^{v(x)}$，$u(x)>0$，其中 $u(x)$，$v(x)$ 均可导，求 y'.

解 两边取对数得 $\ln y=v(x)\ln u(x)$. 两边对 x 求导，得

$$\frac{y'}{y}=v'(x)\ln u(x)+v(x)\frac{u'(x)}{u(x)},$$

于是

$$y'=u(x)^{v(x)}\left(v'(x)\ln u(x)+\frac{v(x)u'(x)}{u(x)}\right).$$

特别地，当 $u(x)=v(x)=x$ 时，$(x^x)'=x^x(1+\ln x)$.

例 6 求函数 $y=\sqrt{\frac{(x-1)(x-2)}{(x-3)(x-4)}}$ 的导数.

解 等号两端取对数，有

$$\ln|y|=\frac{1}{2}(\ln|x-1|+\ln|x-2|-\ln|x-3|-\ln|x-4|),$$

上式两端对 x 求导数,得

$$\frac{1}{y}y'=\frac{1}{2}\left(\frac{1}{x-1}+\frac{1}{x-2}-\frac{1}{x-3}-\frac{1}{x-4}\right),$$

于是

$$y'=\frac{1}{2}\sqrt{\frac{(x-1)(x-2)}{(x-3)(x-4)}}\left(\frac{1}{x-1}+\frac{1}{x-2}-\frac{1}{x-3}-\frac{1}{x-4}\right).$$

2.4.2 由参数方程所确定的函数的求导公式

参数方程的一般形式是

$$\begin{cases}x=\varphi(t),\\ y=\psi(t),\end{cases}\quad \alpha\leqslant t\leqslant\beta.$$

若 $x=\varphi(t)$ 与 $y=\psi(t)$ 都可导,且 $\varphi'(t)\neq 0$,则 $x=\varphi(t)$ 存在反函数 $t=\varphi^{-1}(x)$,于是 y 是 x 的复合函数,即

$$y=\psi(t),\quad t=\varphi^{-1}(x).$$

由复合函数与反函数的求导法则,有

$$\frac{\mathrm{d}y}{\mathrm{d}x}=\frac{\mathrm{d}y}{\mathrm{d}t}\frac{\mathrm{d}t}{\mathrm{d}x}=\psi'(t)[\varphi^{-1}(x)]'=\psi'(t)\frac{1}{\varphi'(t)}=\frac{\psi'(t)}{\varphi'(t)}.$$

这就是**参数方程的求导公式**.

注 当 y 和 x 的函数关系是以参数方程形式给出来时,$\frac{\mathrm{d}y}{\mathrm{d}x}$表现为参数 t 的函数.

若 $x=\varphi(t)$ 与 $y=\psi(t)$ 都是二阶可导的,且 $\varphi'(t)\neq 0$,则可求 y 对 x 的二阶导数$\frac{\mathrm{d}^2y}{\mathrm{d}x^2}$.

$$\begin{aligned}\frac{\mathrm{d}^2y}{\mathrm{d}x^2}&=\frac{\mathrm{d}}{\mathrm{d}x}\left(\frac{\mathrm{d}y}{\mathrm{d}x}\right)=\frac{\mathrm{d}}{\mathrm{d}x}\left(\frac{\psi'(t)}{\varphi'(t)}\right)=\frac{\mathrm{d}}{\mathrm{d}t}\left(\frac{\psi'(t)}{\varphi'(t)}\right)\cdot\frac{\mathrm{d}t}{\mathrm{d}x}\\&=\frac{\psi''(t)\varphi'(t)-\psi'(t)\varphi''(t)}{\varphi'^2(t)}\cdot\frac{1}{\varphi'(t)}=\frac{\psi''(t)\varphi'(t)-\psi'(t)\varphi''(t)}{\varphi'^3(t)}.\end{aligned}$$

这就是参数方程的二阶导数公式.

例 7 设$\begin{cases}x=a\cos^3t,\\ y=a\sin^3t,\end{cases}$求$\frac{\mathrm{d}y}{\mathrm{d}x},\frac{\mathrm{d}^2y}{\mathrm{d}x^2}$.

解 $\frac{\mathrm{d}y}{\mathrm{d}x}=\frac{(a\sin^3t)'_t}{(a\cos^3t)'_t}=\frac{3a\sin^2t\cos t}{3a\cos^2t(-\sin t)}=-\tan t\left(t\neq\frac{n\pi}{2},n\text{ 为整数}\right)$.

$\frac{\mathrm{d}y}{\mathrm{d}x}=-\tan t$ 是 t 的函数,要对$\frac{\mathrm{d}y}{\mathrm{d}x}$关于 x 求导,则

$$\frac{\mathrm{d}^2y}{\mathrm{d}x^2}=\frac{\mathrm{d}}{\mathrm{d}x}\left(\frac{\mathrm{d}y}{\mathrm{d}x}\right)=\frac{\mathrm{d}}{\mathrm{d}t}\left(\frac{\mathrm{d}y}{\mathrm{d}x}\right)\cdot\frac{\mathrm{d}t}{\mathrm{d}x}=\frac{\frac{\mathrm{d}}{\mathrm{d}t}\left(\frac{\mathrm{d}y}{\mathrm{d}x}\right)}{\frac{\mathrm{d}x}{\mathrm{d}t}}$$

$$=\frac{(-\tan t)'}{(a\cos^3 t)'}=\frac{-\sec^2 t}{3a\cos^2 t\cdot(-\sin t)}=\frac{1}{3a}\csc t\cdot\sec^4 t.$$

也可理解为参数方程$\begin{cases}\dfrac{dy}{dx}=-\tan t,\\ x=a\cos^3 t,\end{cases}$求$\dfrac{dy}{dx}$对 x 的导数,即

$$\frac{d^2y}{dx^2}=\frac{d}{dx}\left(\frac{dy}{dx}\right)=\frac{\dfrac{d}{dt}\left(\dfrac{dy}{dx}\right)}{\dfrac{dx}{dt}}=\frac{(-\tan t)'}{(a\cos^3 t)'}=\frac{1}{3a}\csc t\cdot\sec^4 t.$$

例 8 已知椭圆的参数方程为

$$\begin{cases}x=a\cos t,\\ y=b\sin t.\end{cases}$$

求椭圆在 $t=\frac{\pi}{4}$ 处的切线方程.

解 当 $t=\frac{\pi}{4}$ 时,椭圆上的相应点 M_0 的坐标是

$$x_0=a\cos\frac{\pi}{4}=\frac{a\sqrt{2}}{2},\quad y_0=b\sin\frac{\pi}{4}=\frac{b\sqrt{2}}{2},$$

曲线在点 M_0 的切线斜率为

$$\left.\frac{dy}{dx}\right|_{t=\frac{\pi}{4}}=\left.\frac{(b\sin t)'}{(a\cos t)'}\right|_{t=\frac{\pi}{4}}=\left.\frac{b\cos t}{-a\sin t}\right|_{t=\frac{\pi}{4}}=-\frac{b}{a}.$$

代入点斜式方程,即得椭圆在点 M_0 处的切线方程为

$$y-\frac{b\sqrt{2}}{2}=-\frac{b}{a}\left(x-\frac{a\sqrt{2}}{2}\right).$$

化简后得

$$bx+ay-\sqrt{2}ab=0.$$

二维码 2.4

习题 2.4

1. 求下列方程确定的隐函数的导数:

(1) $y^2+2xy+9=0$;　　(2) $x^3+y^3-3axy=0$;

(3) $xy=\sin(x+y)$;　　(4) $y=1-xe^y$.

2. 设 $\arctan\frac{y}{x}=\ln\sqrt{x^2+y^2}$,求$\frac{d^2y}{dx^2}$.

3. 设 $xy-\ln y=0$,求$\left.\frac{dy}{dx}\right|_{x=0}$,$\left.\frac{d^2y}{dx^2}\right|_{x=0}$.

4. 求下列函数的导数:

(1) $y=(1+x^2)^{\sin x}$;　　(2) $y=\left(\frac{x}{1+x}\right)^x$;

(3) $y=\dfrac{\sqrt{x+2}(3-x)^4}{(x+1)^5}$；　　　　(4) $y=\sqrt{x\sin x\sqrt{1-e^x}}$.

5. 求下列函数的导数：

(1) $\begin{cases}x=\sin t,\\ y=\cos 2t,\end{cases}$ 求 $\left.\dfrac{dy}{dx}\right|_{t=\frac{\pi}{4}}$；

(2) 设 $x=\alpha\ln\cot\theta, y=\tan\theta$，求 $\dfrac{dy}{dx}$ 与 $\dfrac{d^2y}{dx^2}$；

(3) 设 $x=f'(t), y=tf'(t)-f(t)$，又 $f''(t)$ 存在且不为零，求 $\dfrac{dy}{dx}$ 与 $\dfrac{d^2y}{dx^2}$.

提高题

1. 设函数 $y=y(x)$ 由参数方程 $\begin{cases}x=t+e^t,\\ y=\sin t\end{cases}$ 确定，则 $\left.\dfrac{d^2y}{dx^2}\right|_{t=0}=$________.

2. 设函数 $y=f(x)$ 由方程 $\cos(xy)+\ln y-x=1$ 确定，则 $\lim\limits_{n\to\infty}n\left[f\left(\dfrac{2}{n}\right)-1\right]=$________.

3. 曲线 L 的极坐标方程为 $r=\theta$，求 L 在点 $(r,\theta)=\left(\dfrac{\pi}{2},\dfrac{\pi}{2}\right)$ 处的切线方程.

4. 求 $\tan\left(x+y+\dfrac{\pi}{4}\right)=e^y$ 在 $(0,0)$ 处的切线方程.

5. 设函数 $y=y(x)$ 是由方程 $x^2+y=\tan(x-y)$ 所确定且满足 $y(0)=0$，求 $y''(0)$.

2.5 微分

2.5.1 微分概念

已知函数 $y=f(x)$ 在点 x_0 的函数值 $f(x_0)$，要求函数 $f(x)$ 在点 x_0 附近一点 $x_0+\Delta x$ 的函数值 $f(x_0+\Delta x)$，常常是很难求得其精确值. 在实际应用中，只要求出 $f(x_0+\Delta x)$ 的近似值也就够了. 为此讨论近似计算函数值 $f(x_0+\Delta x)$ 的方法.

因为 $\Delta y=f(x_0+\Delta x)-f(x_0)$ 或 $f(x_0+\Delta x)=f(x_0)+\Delta y$，所以只要能近似地算出 Δy 即可. 显然，Δy 是 Δx 的函数.

我们希望有一个关于 Δx 的简便的函数近似代替 Δy，并使其误差满足要求. 在所有关于 Δx 的函数中，一次函数最为简便. 用 Δx 的一次函数 $A\Delta x$（A 是常数）近似代替 Δy，所产生的误差是 $\Delta y-A\Delta x$. 如果 $\Delta y-A\Delta x=o(\Delta x)(\Delta x\to 0)$，那么一次函数 $A\Delta x$ 就有特殊的意义.

定义 1 若函数 $y=f(x)$ 在 x_0 的改变量 Δy 与自变量 x 的改变量 Δx 有下列关系

$$\Delta y=A\Delta x+o(\Delta x),\tag{2-4}$$

其中 A 是与 Δx 无关的常数，则称函数 $f(x)$ 在 x_0 **可微**(differentiable)，$A\Delta x$ 称为函数 $f(x)$ 在 x_0 处的**微分**(differential)，表示为

$$\left.dy\right|_{x=x_0}=A\Delta x \quad 或 \quad \left.df(x)\right|_{x=x_0}=A\Delta x.$$

$A\Delta x$ 也称为式(2-4)的**线性主要部分**. "线性"是因为 $A\Delta x$ 是 Δx 的一次函数. "主要"是

因为式(2-4)的右端 $A\Delta x$ 起主要作用,$o(\Delta x)$是 Δx 的高阶无穷小.

从式(2-4)看到,$\Delta y\approx A\Delta x$ 或 $\Delta y\approx \mathrm{d}y$,其误差是 $o(\Delta x)$.

例如,半径为 r 的圆面积 $Q=\pi r^2$.若半径 r 增大 Δr(自变量的改变量),则面积 Q 相应的改变量 ΔQ 就是以 r 与 $r+\Delta r$ 为半径的两个同心圆之间的圆环面积(参见图 2-5),即 $\Delta Q=\pi(r+\Delta r)^2-\pi r^2=2\pi r\Delta r+\pi(\Delta r)^2$.

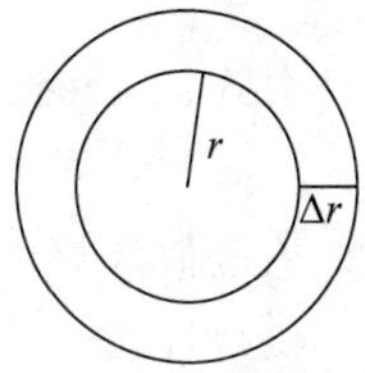

图 2-5 圆的半径变化时面积的改变量

显然,ΔQ 的线性主要部分是 $2\pi r\Delta r$,而 $\pi(\Delta r)^2$ 比 Δr 是高阶无穷小(当 $\Delta r\to 0$ 时),即$\pi(\Delta r)^2=o(\Delta r)$,从而有

$$\mathrm{d}Q=2\pi r\Delta r,\quad \Delta Q\approx \mathrm{d}Q.$$

它的几何意义是：圆环的面积近似等于以半径为 r 的圆周长为底,以 Δr 为高的矩形面积.

再例如,半径为 r 的球的体积 $V=\frac{4}{3}\pi r^3$.当半径 r 的改变量为 Δr 时,ΔV 是

$$\Delta V=\frac{4}{3}\pi(r+\Delta r)^3-\frac{4}{3}\pi r^3=4\pi r^2\Delta r+4\pi r(\Delta r)^2+\frac{4}{3}\pi(\Delta r)^3.$$

显然,Δr 的线性主要部分是 $4\pi r^2\Delta r$,而 $4\pi r(\Delta r)^2+\frac{4}{3}\pi(\Delta r)^3$ 是 Δr 的高阶无穷小(当 $\Delta r\to 0$ 时),即 $4\pi r(\Delta r)^2+\frac{4}{3}\pi(\Delta r)^3=o(\Delta r)$,从而有

$$\mathrm{d}V=4\pi r^2\Delta r,\quad \Delta V\approx \mathrm{d}V.$$

如果函数 $f(x)$在 x_0 可微,即 $\mathrm{d}y=A\Delta x$,那么常数 $A=?$.下面定理的必要性回答了这个问题.

定理 1 函数 $y=f(x)$在 x_0 可微$\Leftrightarrow$函数 $y=f(x)$在 x_0 可导,且 $A=f'(x_0)$.

证明 (必要性)设函数 $f(x)$在 x_0 可微,即

$$\Delta y=A\Delta x+o(\Delta x),$$

其中 A 是与 Δx 无关的常数.用 Δx 除之得

$$\frac{\Delta y}{\Delta x}=A+\frac{o(\Delta x)}{\Delta x},$$

故有

$$\lim_{\Delta x\to 0}\frac{\Delta y}{\Delta x}=A+\lim_{\Delta x\to 0}\frac{o(\Delta x)}{\Delta x}=A,$$

于是函数 $y=f(x)$在 x_0 可导,且 $A=f'(x_0)$.

(充分性)设函数 $y=f(x)$在 x_0 可导,即

$$\lim_{\Delta x\to 0}\frac{\Delta y}{\Delta x}=f'(x_0),$$

则

$$\frac{\Delta y}{\Delta x}=f'(x_0)+\alpha,\quad \alpha\to 0(\Delta x\to 0).$$

从而

$$\Delta y=f'(x_0)\Delta x+\alpha\Delta x=f'(x_0)\Delta x+o(\Delta x),$$

其中 $f'(x_0)$ 是与 Δx 无关的常数，$o(\Delta x)$ 是 Δx 的高阶无穷小，于是函数 $f(x)$ 在 x_0 可微.

定理1指出，函数 $f(x)$ 在 x_0 可微与可导是等价的，并且 $A=f'(x_0)$. 于是函数 $f(x)$ 在 x_0 的微分

$$dy=f'(x_0)\Delta x.$$

由式(2-4)有

$$\Delta y=dy+o(\Delta x)=f'(x_0)\Delta x+o(\Delta x).$$

从近似计算的角度来说，用 dy 近似代替 Δy 有两点好处：

(1) dy 是 Δx 的线性函数，这一点保证计算简便；

(2) $\Delta y-dy=o(\Delta x)$，这一点保证近似程度好，即误差是 Δx 的高阶无穷小.

例1 求 $y=e^{\arctan x}+3x$ 在 $x=0$ 处的微分.

解 $y'=e^{\arctan x}\dfrac{1}{1+x^2}+3$，$y|_{x=0}=e^0+3=4$，所以在 $x=0$ 处，$dy=4dx$.

2.5.2 微分的几何意义

如图2-6所示，从几何图形说，PM 是曲线 $y=f(x)$ 在点 $M(x_0,f(x_0))$ 处的切线. 已知切线 PM 的斜率 $\tan\alpha=f'(x_0)$.

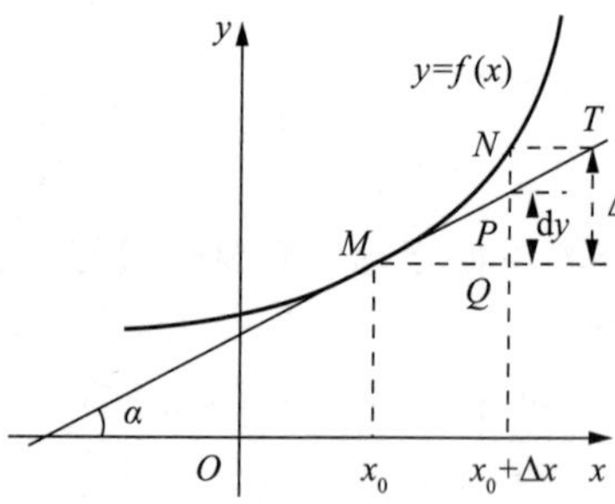

图2-6 微分的几何意义示意图

$$\Delta y=f(x_0+\Delta x)-f(x_0)=QN,$$

$$dy=f'(x_0)\Delta x=\tan\alpha\cdot\Delta x=\frac{PQ}{\Delta x}\Delta x=PQ.$$

由此可见，$dy=PQ$ 是曲线 $y=f(x)$ 在点 $M(x_0,y_0)$ 的切线 PM 的纵坐标的改变量. 因此，用 dy 近似代替 Δy，就是用在点 $M(x_0,y_0)$ 处切线的纵坐标的改变量 PQ 近似代替函数 $f(x)$ 的改变量 QN，$PN=QN-PQ=\Delta y-dy=o(\Delta x)$.

由微分的定义，自变量 x 本身的微分是

$$dx=(x)'\Delta x=\Delta x,$$

即自变量 x 的微分 dx 等于自变量 x 的改变量 Δx. 于是，当 x 是自变量时，可用 dx 代替 Δx. 函数 $y=f(x)$ 在 x 的微分 dy 又可写为

$$dy=f'(x)dx \quad 或 \quad f'(x)=\frac{dy}{dx},$$

即函数 $y=f(x)$ 的导数 $f'(x)$ 等于函数的微分 dy 与自变量的微分 dx 的商. 导数也称**微商**就源于此. 在没有引入微分概念之前，曾用 $\dfrac{dy}{dx}$ 表示导数，但是，那时 $\dfrac{dy}{dx}$ 是一个完整的符号，并不具有商的意义. 当引入微分概念之后，符号 $\dfrac{dy}{dx}$ 才具有商的意义.

2.5.3 微分的运算法则和公式

已知可微与可导是等价的，且 $dy=y'dx$. 由导数的运算法则和导数公式可相应地得到微分运算法则和微分公式.

1. 基本初等函数的微分公式

由基本初等函数的导数公式，可以直接写出基本初等函数的微分公式. 为了便于对照，列表如下(表 2-1).

表 2-1 基本初等函数的导数和微分

导数公式	微分公式
$(c)'=0$	$\mathrm{d}(c)=0$
$(x^{\alpha})'=\alpha x^{\alpha-1}$	$\mathrm{d}(x^{\alpha})=\alpha x^{\alpha-1}\mathrm{d}x$
$(\log_a x)'=\dfrac{1}{x\ln a}$	$\mathrm{d}(\log_a x)=\dfrac{1}{x\ln a}\mathrm{d}x$
$(\ln x)'=\dfrac{1}{x}$	$\mathrm{d}(\ln x)=\dfrac{1}{x}\mathrm{d}x$
$(a^x)'=a^x\ln a$	$\mathrm{d}(a^x)=a^x\ln a\,\mathrm{d}x$
$(\mathrm{e}^x)'=\mathrm{e}^x$	$\mathrm{d}(\mathrm{e}^x)=\mathrm{e}^x\,\mathrm{d}x$
$(\sin x)'=\cos x$	$\mathrm{d}(\sin x)=\cos x\,\mathrm{d}x$
$(\cos x)'=-\sin x$	$\mathrm{d}(\cos x)=-\sin x\,\mathrm{d}x$
$(\tan x)'=\sec^2 x$	$\mathrm{d}(\tan x)=\sec^2 x\,\mathrm{d}x$
$(\cot x)'=-\csc^2 x$	$\mathrm{d}(\cot x)=-\csc^2 x\,\mathrm{d}x$
$(\sec x)'=\sec x\cdot\tan x$	$\mathrm{d}(\sec x)=\sec x\cdot\tan x\,\mathrm{d}x$
$(\csc x)'=-\csc x\cdot\cot x$	$\mathrm{d}(\csc x)=-\csc x\cdot\cot x\,\mathrm{d}x$
$(\arcsin x)'=\dfrac{1}{\sqrt{1-x^2}}$	$\mathrm{d}(\arcsin x)=\dfrac{1}{\sqrt{1-x^2}}\mathrm{d}x$
$(\arccos x)'=-\dfrac{1}{\sqrt{1-x^2}}$	$\mathrm{d}(\arccos x)'=-\dfrac{1}{\sqrt{1-x^2}}\mathrm{d}x$
$(\arctan x)'=\dfrac{1}{1+x^2}$	$\mathrm{d}(\arctan x)=\dfrac{1}{1+x^2}\mathrm{d}x$
$(\operatorname{arccot} x)'=-\dfrac{1}{1+x^2}$	$\mathrm{d}(\operatorname{arccot} x)=-\dfrac{1}{1+x^2}\mathrm{d}x$

2. 函数和、差、积、商的微分法则

由函数和、差、积、商的求导法则，可推得相应的微分法则. 为了便于对照，列表如下(表 2-2，表中 $u=u(x)$，$v=v(x)$，c 为常数).

表 2-2 函数和、差、积、商的求导与微分法则

求导法则	微分法则
$(u\pm v)'=u'\pm v'$	$\mathrm{d}(u\pm v)=\mathrm{d}u\pm\mathrm{d}v$
$(cu)'=cu'$	$\mathrm{d}(cu)=c\,\mathrm{d}u$

续表

求导法则	微分法则
$(uv)'=u'v+uv'$	$\mathrm{d}(uv)=v\mathrm{d}u+u\mathrm{d}v$
$\left(\dfrac{u}{v}\right)=\dfrac{u'v-uv'}{v^2}$	$\mathrm{d}\left(\dfrac{u}{v}\right)=\dfrac{v\mathrm{d}u-u\mathrm{d}v}{v^2}$

现在我们以乘积的微分法则为例加以证明.

事实上,由微分的表达式及乘积的求导法则,有

$$\mathrm{d}(uv)=(uv)'\mathrm{d}x=(u'v+uv')\mathrm{d}x=v(u'\mathrm{d}x)+u(v'\mathrm{d}x)=v\mathrm{d}u+u\mathrm{d}v.$$

其他法则都可以用类似的方法证明.

3. 复合函数微分法则

设 $y=f(u)$,$u=\varphi(x)$,则复合函数 $y=f[\varphi(x)]$的微分为

$$\mathrm{d}y=y'_x\mathrm{d}x=f'(u)\varphi'(x)\mathrm{d}x.$$

由于 $\varphi'(x)\mathrm{d}x=\mathrm{d}\varphi(x)=\mathrm{d}u$,所以复合函数 $y=f[\varphi(x)]$的微分公式可以写成

$$\mathrm{d}y=f'(u)\mathrm{d}u \quad 或 \quad \mathrm{d}y=y'_u\mathrm{d}u.$$

由此可见,无论 u 是自变量还是另一个变量的函数,微分形式 $\mathrm{d}y=f'(u)\mathrm{d}u$ 保持不变.这一性质称为**一阶微分形式不变性**.

例 2 求下列函数的微分:

(1) $y=\sin(3x+1)$; (2) $y=\ln(1+\mathrm{e}^{x^2})$.

解 (1) $\mathrm{d}y=\mathrm{d}\sin(3x+1)=\cos(3x+1)\mathrm{d}(3x+1)=3\cos(3x+1)\mathrm{d}x$.

(2) $$\mathrm{d}y=\mathrm{d}\ln(1+\mathrm{e}^{x^2})=\frac{1}{1+\mathrm{e}^{x^2}}\mathrm{d}(1+\mathrm{e}^{x^2})=\frac{1}{1+\mathrm{e}^{x^2}}\cdot\mathrm{e}^{x^2}\mathrm{d}(x^2)$$

$$=\frac{1}{1+\mathrm{e}^{x^2}}\cdot\mathrm{e}^{x^2}\cdot 2x\mathrm{d}x=\frac{2x\mathrm{e}^{x^2}}{1+\mathrm{e}^{x^2}}\mathrm{d}x.$$

2.5.4 微分在近似计算中的应用

若函数 $y=f(x)$在 x_0 可微,则 $\Delta y=\mathrm{d}y+o(\Delta x)$.由

$$\Delta y=f(x_0+\Delta x)-f(x_0), \quad \mathrm{d}y=f'(x_0)\Delta x,$$

有

$$f(x_0+\Delta x)-f(x_0)=f'(x_0)\Delta x+o(\Delta x)$$

或

$$f(x_0+\Delta x)=f(x_0)+f'(x_0)\Delta x+o(\Delta x).$$

设 $x=x_0+\Delta x$,$\Delta x=x-x_0$,上式又可写成

$$f(x)=f(x_0)+f'(x_0)(x-x_0)+o(x-x_0)$$

或

$$f(x)\approx f(x_0)+f'(x_0)(x-x_0). \tag{2-5}$$

式(2-5)就是函数值 $f(x)$的近似计算公式.特别地,当 $x_0=0$,且$|x|$充分小时,式(2-5)就是

$$f(x)\approx f(0)+f'(0)x. \tag{2-6}$$

由式(2-6)可以推得几个常用的近似公式(当$|x|$充分小时):

(1) $\sin x\approx x$，　　(2) $\tan x\approx x$，　　(3) $\mathrm{e}^x\approx 1+x$，

(4) $\dfrac{1}{1+x}\approx 1-x$，　　(5) $\ln(1+x)\approx x$，　　(6) $\sqrt[n]{1\pm x}\approx 1\pm\dfrac{x}{n}$.

以上几个近似公式易证，这里只给出最后一个近似公式的证明.

设 $f(x)=\sqrt[n]{1\pm x}$，则

$$f(0)=1,\quad f'(x)=\pm\frac{1}{n}(1\pm x)^{\frac{1}{n}-1},\quad f'(0)=\pm\frac{1}{n}.$$

由式(2-6)，有

$$\sqrt[n]{1\pm x}\approx 1\pm\frac{x}{n}.$$

例 3　求 $\tan 31^\circ$ 的近似值.

解　设 $f(x)=\tan x$，$x_0=30^\circ=\dfrac{\pi}{6}$，$x=31^\circ=\dfrac{31\pi}{180}$，$x-x_0=1^\circ=\dfrac{\pi}{180}$，则

$$f'(x)=\sec^2 x,\quad f'\left(\frac{\pi}{6}\right)=\sec^2\frac{\pi}{6}=\frac{4}{3},\quad \tan\frac{\pi}{6}=\frac{1}{\sqrt{3}}.$$

由式(2-5)，有

$$\tan 31^\circ\approx\tan\frac{\pi}{6}+\sec^2\frac{\pi}{6}\cdot\frac{\pi}{180}=\frac{1}{\sqrt{3}}+\frac{4}{3}\frac{\pi}{180}\approx 0.57735+0.02327=0.60062.$$

$\tan 31^\circ$ 的准确值是 0.6008606….

例 4　求 $\sqrt[5]{34}$ 的近似值.

解　已知当 $|x|$ 很小时，有 $(1+x)^{\frac{1}{n}}\approx 1+\dfrac{x}{n}$. 所以有

$$\sqrt[5]{34}=\sqrt[5]{2^5+2}=\sqrt[5]{2^5\left(1+\frac{1}{2^4}\right)}=2\left(1+\frac{1}{2^4}\right)^{\frac{1}{5}}\approx 2\left(1+\frac{1}{5}\times\frac{1}{16}\right)=2+\frac{1}{40}=2.025.$$

习题 2.5

二维码 2.5

1. 求函数 $y=x^2$ 当 x 由 1 改变到 1.01 时的增量 Δy 与微分 $\mathrm{d}y$.
2. 求函数 $y=x^3$ 在 $x=2$ 处的微分.
3. 求下列函数的微分：

(1) $y=x^3\mathrm{e}^{2x}$；　　(2) $y=\dfrac{\sin x}{x}$；　　(3) $y=\sin(2x+1)$；

(4) $y=\ln(1+\mathrm{e}^{x^2})$；　　(5) $y=\ln(x+\sqrt{x^2+1})$；　　(6) $y=\dfrac{\mathrm{e}^{2x}}{x^2}$.

4. 在下列等式的括号中填入适当的函数，使等式成立：

(1) $\mathrm{d}(\quad)=\cos\omega t\,\mathrm{d}t$；　　(2) $\mathrm{d}(\sin x^2)=(\quad)\mathrm{d}(\sqrt{x})$.

5. 求由方程 $\mathrm{e}^{xy}=2x+y^3$ 所确定的隐函数 $y=f(x)$ 的微分 $\mathrm{d}y$.
6. 计算下列各式：

(1) $\dfrac{\mathrm{d}(\sin x^2)}{\mathrm{d}x}$；　　(2) $\dfrac{\mathrm{d}(\sin x^2)}{\mathrm{d}x^2}$.

7. 导出近似公式(当$|\Delta x|$远远小于$|x|$时)：$\sqrt[3]{x+\Delta x}\approx\sqrt[3]{x}+\dfrac{\Delta x}{3\sqrt[3]{x^2}}$，并按此公式求$\sqrt[3]{25}$的近似值，结果取小数点后四位.

8. 计算下列各数的近似值：

(1) $\sqrt[3]{998.5}$；　　(2) $e^{-0.03}$.

提高题

已知 $y=2^{\tan x}$，求 dy.

复习题2

1. 判断题

(1) $(x^2+1)'=2x+1$.　(　)

(2) 设函数 $f(x)$ 在 x 处可导，那么 $\lim\limits_{\Delta x\to 0}\dfrac{f(x)-f(x-\Delta x)}{\Delta x}=f'(x)$ 成立.　(　)

(3) 设函数 $y=e^x$，则 $y^{(n)}=ne^x$.　(　)

(4) $f''(100)=[f'(100)]'$.　(　)

(5) 若 $u(x),v(x),w(x)$ 都是 x 的可导函数，则 $(uvw)'=u'vw+uv'w+uvw'$.　(　)

(6) 若 $y=f(e^x)e^{f(x)}$，$f'(x)$ 存在，那么有 $y'_x=f'(e^x)e^{f(x)}+e^{f(x)}f'(x)f(e^x)$.　(　)

2. 填空题

(1) 曲线 $f(x)=\sqrt{x}+1$ 在(1,2)点处的切线的斜率是________.

(2) 曲线 $f(x)=e^x$ 在(0,1)点的切线方程是________.

(3) 已知 $f(x)=x^3+3^x$，则 $f'(3)=$________.

(4) 函数 $y=x^3-2$，当 $x=2,\Delta x=0.1$ 时，$\dfrac{\Delta y}{\Delta x}=$________.

(5) 若函数 $f(x)$ 可导及 n 为自然数，则 $\lim\limits_{n\to\infty}n\left[f\left(x+\dfrac{1}{n}\right)-f(x)\right]=$________.

(6) 曲线 $y=f(x)$ 在点 $M(x_0,f(x_0))$ 的法线斜率为________.

(7) 设函数 $y=y(x)$ 是由方程 $x^2+y^2=1$ 确定，则 $y'=$________.

(8) d________$=\sin 3x\,dx$.

3. 单项选择题

(1) 下列函数中，在 $x=0$ 处可导的是(　).

A. $y=|x|$　　B. $y=2\sqrt{x}$　　C. $y=x^3$　　D. $y=|\sin x|$

(2) 下列函数在 $x=0$ 处不可导的是(　).

A. $y=2\sqrt{x}$　　B. $y=\sin x$　　C. $y=\cos x$　　D. $y=x^3$

(3) 设函数 $y=\begin{cases}x^2, & x\leqslant 1,\\ ax+b, & x>1\end{cases}$ 在 $x=1$ 处连续且可导，则(　).

A. $a=1,b=2$　　B. $a=3,b=2$　　C. $a=-2,b=1$　　D. $a=2,b=-1$

(4) 设 $f(x)$在 x_0 处可导,则 $\lim\limits_{\Delta x\to 0}\dfrac{f(x_0-\Delta x)-f(x_0)}{\Delta x}=(\quad)$.

A. $-f'(x_0)$　　B. $f'(-x_0)$　　C. $f'(x_0)$　　D. $2f'(x_0)$

(5) 设 $f(x)$在 $x=x_0$ 处可导,当 $f'(x_0)=(\quad)$时,有$\lim\limits_{x\to 0}\dfrac{x}{f(x_0-2x)-f(x_0)}=\dfrac{1}{4}$.

A. 4　　B. -4　　C. 2　　D. -2

(6) 设 $f(x)$在 x_0 处不连续,则 $f(x)$在 x_0 处(　　).

A. 必不可导　　B. 一定可导　　C. 可能可导　　D. 无极限

(7) 若 $f(x)=\mathrm{e}^{-x}\cos x$,则 $f'(0)=(\quad)$.

A. 2　　B. 1　　C. -1　　D. -2

(8) 设 $y=f(x)$是可微函数,则 $\mathrm{d}f(\cos 2x)=(\quad)$.

A. $2f'(\cos 2x)\mathrm{d}x$　　B. $f'(\cos 2x)\sin 2x\,\mathrm{d}2x$

C. $2f'(\cos 2x)\sin 2x\,\mathrm{d}x$　　D. $-f'(\cos 2x)\sin 2x\,\mathrm{d}2x$

4. 计算下列各题:

(1) 设 $y=x^2\mathrm{e}^{\frac{1}{x}}$,求 y';　　(2) 设 $y=x\sqrt{x}+\ln\cos x$,求 y';

(3) $y=\ln\sqrt{x}+\sqrt{\ln x}$,求$\dfrac{\mathrm{d}y}{\mathrm{d}x}$;　　(4) $y=\ln(x-\sqrt{x^2-a^2})$,求$\dfrac{\mathrm{d}y}{\mathrm{d}x}$;

(5) $y=x^{\frac{1}{7}}+7^{\frac{1}{x}}+\sqrt[7]{7}$,求 y';　　(6) $y=f(\ln x)\mathrm{e}^{f(x)}$,$f(x)$可导,求 y';

(7) $y=\arcsin\sin x$,求 y';　　(8) $y=\ln\tan\dfrac{x}{2}-\cos x\cdot\ln\tan x$,求 y'.

5. 求等边双曲线 $y=\dfrac{1}{x}$在点$\left(\dfrac{1}{2},2\right)$处的切线的斜率,并写出在该点处的切线方程和法线方程.

6. 求曲线 $y=\sqrt{x}$ 在点(4,2)处的切线方程.

7. 已知 $f(x)=\begin{cases}\sin x, & x<0,\\ x, & x\geqslant 0,\end{cases}$求 $f'(x)$.

8. 已知 $y=x+x^x$,求 y'.

9. 求由方程 $xy+\ln y=1$ 所确定的函数 $y=f(x)$在点 $M(1,1)$处的切线方程.

10. 设 $y=y(x)$是由方程 $x^2+y^2-xy=4$ 确定的隐函数,求$\dfrac{\mathrm{d}y}{\mathrm{d}x}$,$\dfrac{\mathrm{d}^2y}{\mathrm{d}x^2}$.

11. 设 $\cos(x+y)+\mathrm{e}^y=1$,求$\dfrac{\mathrm{d}y}{\mathrm{d}x}$,$\dfrac{\mathrm{d}^2y}{\mathrm{d}x^2}$.

12. 设 $y=x+\ln y$,求$\dfrac{\mathrm{d}y}{\mathrm{d}x}$,$\dfrac{\mathrm{d}^2y}{\mathrm{d}x^2}$.

13. 设 $y=1+x\mathrm{e}^y$,求$\left.\dfrac{\mathrm{d}^2y}{\mathrm{d}x^2}\right|_{x=0}$.

14. 设 $xy-\sin(\pi y^2)=0$,求$\left.\dfrac{\mathrm{d}^2y}{\mathrm{d}x^2}\right|_{\substack{x=0\\y=-1}}$.

15. 求由方程 $xy-e^x+e^y=0$ 所确定的隐函数 y 的导数$\dfrac{dy}{dx},\left.\dfrac{d^2y}{dx^2}\right|_{x=0}$.

16. 若 $y^3-x^2y=2$,求$\dfrac{d^2y}{dx^2}$.

17. 已知$\begin{cases}x=2t-t^2,\\y=3t-t^3,\end{cases}$求$\left.\dfrac{d^2y}{dx^2}\right|_{t=0}$.

18. 设函数 $y=x^3e^{-x}$,求 $y^{(20)}(0)$.

19. 已知 $f(x)=\dfrac{x^2}{1-x^2}$,求 $f^{(n)}(0)$.

20. 求微分 dy:

(1) $y=\arcsin\sqrt{x}$; (2) $xy=e^{x+y}$;

(3) $y=f(e^x)$; (4) $y=a^x+\sqrt{1-a^{2x}}\arccos a^x$.

21. 设 $f(x)=\begin{cases}\dfrac{\ln(1+x)}{x}, & x>-1,x\neq 0,\\A, & x=0\end{cases}$在$(-1,+\infty)$内连续,求 A 值,并判定 $f'(x)$在 $x=0$ 处的连续性.

22. 设函数 $f(x)=\begin{cases}\dfrac{x\ln x}{1-x}, & x>0,x\neq 1,\\0, & x=0,\\-1, & x=1,\end{cases}$ 试证明 $f(x)$在$[0,+\infty)$内连续,并求 $f'(1)$.

23. 利用函数的微分代替函数的增量求$\sqrt[3]{1.02}$的近似值.

自测题2

1. 填空题

(1) $f(x)$在点 x_0 的左导数 $f'_-(x_0)$及右导数 $f'_+(x_0)$都存在且相等是 $f(x)$在点 x_0 可导的________条件;

(2) $f(x)$在点 x_0 可导是 $f(x)$在点 x_0 连续的________条件,$f(x)$在点 x_0 连续是 $f(x)$在点 x_0 可导的________条件;

(3) 设 $f'(3)=2$,则$\lim\limits_{h\to 0}\dfrac{f(3-h)-f(3)}{2h}=$________;

(4) 曲线 $y=ax^2+bx+c$ 与 x 轴相切,则 a,b,c 满足________;

(5) 利用微分可求得 cos149°的近似值为________.

2. 选择题

(1) 已知 $f'(x_0)=-1$,则$\lim\limits_{x\to 0}\dfrac{x}{f(x_0-2x)-f(x_0-x)}=$( );

A. -1 B. 0 C. 1 D. 2

(2) 设 $f(x)$是可导函数,且$\lim\limits_{x\to 0}\dfrac{f(1)-f(1-x)}{2x}=-1$,则曲线 $y=f(x)$在点$(1,f(1))$

处的切线斜率为(　　);

A. -1　　B. -2　　C. 0　　D. 1

(3) 设 $f(x)$ 可微,则 $\mathrm{d}f(\mathrm{e}^x)=$(　　);

A. $f'(x)\mathrm{e}^x\mathrm{d}x$　　B. $f'(\mathrm{e}^x)\mathrm{d}x$　　C. $f'(\mathrm{e}^x)\mathrm{e}^x\mathrm{d}x$　　D. $f'(\mathrm{e}^x)\mathrm{e}^x$

(4) 设 $f(x)=\varphi(a+bx)-\varphi(a-bx)$,其中 $\varphi(x)$ 在 $(-\infty,\infty)$ 内有定义,且在 $x=a$ 处可导,则 $f'(0)=$(　　);

A. $2a$　　B. $2b$　　C. $2b\varphi'(a)$　　D. $2\varphi'(a)$

(5) 已知 $y=\cos\dfrac{\arcsin x}{2}$,则 $y'\left(\dfrac{\sqrt{3}}{2}\right)=$(　　).

A. $-\dfrac{1}{2}$　　B. $-\dfrac{\sqrt{3}}{2}$　　C. $\dfrac{1}{2}$　　D. $\dfrac{\sqrt{3}}{2}$

3. 求下列函数的导数:

(1) $y=x^{\pi}+\pi^{x}+x^{x}$;(2) $y=(a^x+x^a)\sin x$.

4. 设 $f(x)=\begin{cases}\mathrm{e}^{-x}, & x\leqslant 0,\\ x^2+ax+b, & x>0,\end{cases}$ 试确定 a,b 的值,使 $f(x)$ 可导,并求 $f'(x)$.

5. 已知 $y=x^2f\left(\dfrac{1}{x}\right)$,求 $\dfrac{\mathrm{d}^2y}{\mathrm{d}x^2}$.

6. 设 $y=1+x\mathrm{e}^y$,求 $\left.\dfrac{\mathrm{d}^2y}{\mathrm{d}x^2}\right|_{x=0}$.

7. 设 $y=y(x)$ 由参数方程 $\begin{cases}x=t-\ln(1+t),\\ y=t^3+t^2\end{cases}$ 所确定,求 $\dfrac{\mathrm{d}^2y}{\mathrm{d}x^2}$.

第 3 章

微分中值定理与导数的应用

Mean Value Theorem of Differentials and Derivative's Applications

本章将利用函数的导数这一有效工具来研究函数自身具有的性质. 首先,介绍微分中值定理; 其次,运用微分中值定理,介绍一种求未定式极限的有效方法——洛必达法则; 最后,运用微分中值定理,通过导数来研究函数及其图形的某些性态(单调性、凹凸性等),并利用这些知识解决一些实际问题.

3.1 微分中值定理

中值定理揭示了函数在某区间的整体性质与该区间内部某一点的导数之间的关系,因而称为中值定理. 中值定理既是用微分学知识解决应用问题的理论基础,又是解决微分学自身发展的一种理论性模型,因而称为微分中值定理.

微分中值定理包括罗尔定理、拉格朗日中值定理、柯西中值定理.

3.1.1 罗尔定理

定理 1(罗尔定理) 若函数 $f(x)$满足:

(1) 在$[a,b]$上连续;

(2) 在(a,b)内可导;

(3) $f(a)=f(b)$,

则至少存在一点 $\xi\in(a,b)$,使得 $f'(\xi)=0$.

如图 3-1 中的 4 个子图所示,函数 $f(x)$在$[a,b]$上连续,表明函数 $y=f(x)(a\leqslant x\leqslant b)$的图形是一条**连续曲线**段 ACB; 函数 $f(x)$在(a,b)内可导,表明函数 $y=f(x)(a<x<b)$的图形上**每一点处都有不垂直于 x 轴的切线**; $f(a)=f(b)$表示**曲线两端点的连线 $\overline{AB}$ 平行于 x 轴**.

定理的结论表明,**在曲线上至少存在一点 C,在该点曲线具有水平切线**(平行于 $\overline{AB}$).

证明 因为 $f(x)$在$[a,b]$上连续,根据闭区间上连续函数的性质,$f(x)$在$[a,b]$上必取得最大值 M 和最小值 m.

(1) 如果 $M=m$,则在$[a,b]$上 $f(x)$恒等于常数,$f(x)\equiv k=M$,在(a,b)内 $f'(x)\equiv0$.

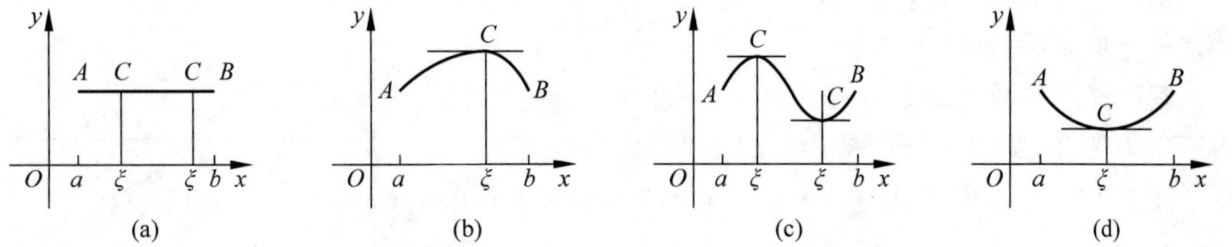

图 3-1 满足罗尔定理三个条件的几个函数的图像

因此，(a,b)内任一点都可作为ξ，满足 $f'(\xi)=0$.

(2) 当$M\neq m$，若$M>f(a)=f(b)$，则 $f(x)$在(a,b)内的某一点ξ处达到最大值，即存在$\xi\in(a,b)$，使得 $f(\xi)=M$. 下面证明 $f'(\xi)=0$.

因为$\xi\in(a,b)$，由定理中的条件(2)知 $f'(\xi)$存在，因而有

$$f'(\xi)=\lim_{\Delta x\to 0^+}\frac{f(\xi+\Delta x)-f(\xi)}{\Delta x}=\lim_{\Delta x\to 0^-}\frac{f(\xi+\Delta x)-f(\xi)}{\Delta x}.$$

又 $f(x)$在ξ达到最大值，所以无论Δx 是正的还是负的，只要$\xi+\Delta x\in(a,b)$，总有

$$f(\xi+\Delta x)-f(\xi)\leqslant 0.$$

当$\Delta x>0$ 时，有

$$\frac{f(\xi+\Delta x)-f(\xi)}{\Delta x}\leqslant 0,$$

根据极限的保号性及 $f'(\xi)$的存在性知

$$f'(\xi)=\lim_{\Delta x\to 0^+}\frac{f(\xi+\Delta x)-f(\xi)}{\Delta x}\leqslant 0,$$

当$\Delta x<0$ 时，有

$$\frac{f(\xi+\Delta x)-f(\xi)}{\Delta x}\geqslant 0,$$

于是

$$f'(\xi)=\lim_{\Delta x\to 0^-}\frac{f(\xi+\Delta x)-f(\xi)}{\Delta x}\geqslant 0.$$

从而必须有

$$f'(\xi)=0.$$

若 $m<f(a)=f(b)$，则 $f(x)$在(a,b)内的某一点ξ处达到最小值，即 $f(\xi)=m$. 证明 $f'(\xi)=0$ 的方法同上.

注 (1) 证明一个数等于 0 往往证其大于等于 0，又小于等于 0，或证明其等于它的相反数.

(2) 称导数为 0 的点为函数的**驻点**(或**稳定点**、**临界点**).

(3) 罗尔定理的三个条件缺少其中任何一个，定理的结论将不一定成立. 但也不能认为这些条件是必要的. 例如，$f(x)=\sin x\left(0\leqslant x\leqslant\frac{3}{2}\pi\right)$在区间$\left[0,\frac{3}{2}\pi\right]$上连续，在$\left(0,\frac{3}{2}\pi\right)$内可导，但 $0=f(0)\neq f\left(\frac{3}{2}\pi\right)=-1$，而此时仍存在$\xi=\frac{\pi}{2}\in\left(0,\frac{3}{2}\pi\right)$，使 $f'(\xi)=\cos\frac{\pi}{2}=0$(参见图 3-2).

例 1 验证罗尔定理对函数 $f(x)=\sin x$ 在区间 $[0,2\pi]$ 上的正确性.

解 显然函数 $f(x)=\sin x$ 在 $[0,2\pi]$ 上满足罗尔定理的三个条件,由罗尔定理的结论,在 $(0,2\pi)$ 内至少存在一点 ξ 使 $f'(\xi)=0$. 事实上 $f'(x)=\cos x$, $(0,2\pi)$ 内的点 $\xi_1=\dfrac{\pi}{2}$ 和 $\xi_2=\dfrac{3\pi}{2}$ 都可取作 ξ,满足 $f'(\xi)=\cos\xi=0$.

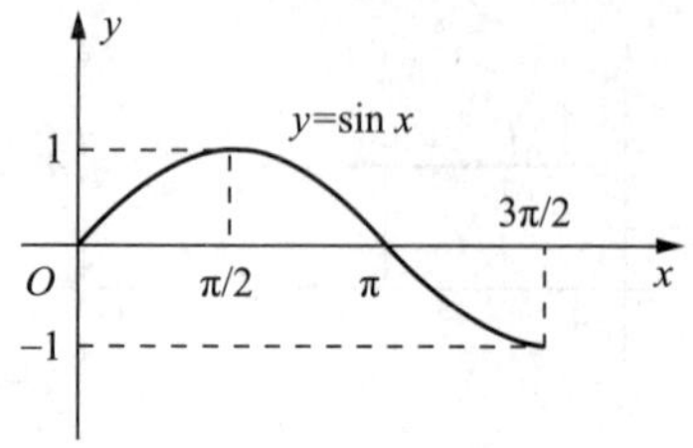

图 3-2 罗尔定理条件不满足情形的示意图

例 2 不用求出函数 $f(x)=(x-1)(x-2)(x-3)$ 的导数,说明方程 $f'(x)=0$ 有几个实根,并指出它们所在的区间.

解 $f(x)$ 在 $[1,2]$ 上连续,在 $(1,2)$ 内可导,且 $f(1)=f(2)=0$. 由罗尔定理,$\exists\xi_1\in(1,2)$,使得 $f'(\xi_1)=0$,即 ξ_1 是 $f'(x)=0$ 的一个实根.

$f(x)$ 在 $[2,3]$ 上连续,在 $(2,3)$ 内可导,且 $f(2)=f(3)=0$. 由罗尔定理,$\exists\xi_2\in(2,3)$,使得 $f'(\xi_2)=0$,即 ξ_2 是 $f'(x)=0$ 的一个实根.

又因为 $f'(x)$ 为二次多项式,最多只能有两个零点,故 $f'(x)=0$ 恰好有两个实根,分别在 $(1,2)$ 和 $(2,3)$ 内.

* **例 3** 设 $f(x)$ 在 $[0,1]$ 上可导,当 $0\leqslant x\leqslant 1$ 时,$0\leqslant f(x)\leqslant 1$,且对于 $(0,1)$ 内所有 x 有 $f'(x)\neq 1$,求证在 $[0,1]$ 上有且仅有一个 x_0,使 $f(x_0)=x_0$.

证明 令 $F(x)=f(x)-x$,则 $F(1)=f(1)-1\leqslant 0$, $F(0)=f(0)\geqslant 0$. 由零点存在定理知,至少存在一点 $x_0\in[0,1]$,使得 $F(x_0)=0$,即 $f(x_0)=x_0$. 以下证明在 $[0,1]$ 上仅有一点 x_0,使 $F(x_0)=0$.

假设另有一点 $x_1\in[0,1]$,使得 $F(x_1)=0$. 不妨设 $x_0<x_1$,则由罗尔定理可知在 (x_0,x_1) 内至少有一点 ξ,使 $F'(\xi)=0$,即 $f'(\xi)=1$,这与原题设矛盾. 这就证明了在 $[0,1]$ 上有且仅有一个 x_0,使 $f(x_0)=x_0$.

例 4 设函数 $f(x)$、$g(x)$ 在 $[a,b]$ 上连续,在 (a,b) 内可导,$f(a)=f(b)=0$. 证明:至少存在一点 $\xi\in(a,b)$,使得 $f'(\xi)g(\xi)+f(\xi)g'(\xi)=0$.

证明 令 $F(x)=f(x)g(x)$,则函数 $F(x)$ 在 $[a,b]$ 上连续,在 (a,b) 内可导,且 $F(a)=F(b)$,由罗尔定理,存在 $\xi\in(a,b)$,使得 $F'(\xi)=0$,即 $f'(\xi)g(\xi)+f(\xi)g'(\xi)=0$.

注 若 $g(x)=f(x)$,则结论为 $2f'(\xi)f(\xi)=0$ 或 $f'(\xi)f(\xi)=0$;

若 $g(x)=f'(x)$,则结论为 $[f'(\xi)]^2+f(\xi)f''(\xi)=0$;

若 $g(x)=x$,则结论为 $\xi f'(\xi)+f(\xi)=0$;

若 $g(x)=x^\alpha$,则结论为 $\xi f'(\xi)+\alpha f(\xi)=0$;

若 $g(x)=\mathrm{e}^{\alpha x}$,则结论为 $f'(\xi)+\alpha f(\xi)=0$;

若 $g(x)=\mathrm{e}^{h(x)}$,则结论为 $f'(\xi)+f(\xi)h'(\xi)=0$;

若 $g(x)=h^\alpha(x)$,则结论为 $f'(\xi)h(\xi)+\alpha f(\xi)h'(\xi)=0$.

罗尔定理中 $f(a)=f(b)$ 这个条件是相当特殊的,它使罗尔定理的应用受到限制. 拉格朗日在罗尔定理的基础上做了进一步的研究,取消了罗尔定理中 $f(a)=f(b)$ 这个条件的限制. 但仍保留了其余两个条件,得到了在微分学中具有重要地位的拉格朗日中值定理.

3.1.2 拉格朗日中值定理

去掉罗尔定理中的第三个条件 $f(a)=f(b)$，会得到什么结论呢(会不会在曲线上仍存在一点 C，曲线在 C 点的切线平行于 $\overline{AB}$)？由图 3-3 可以看出，连续曲线段 $\widehat{AB}$ 上至少有一点 C，曲线在这点的切线也平行于直线段 AB，但这时直线段 AB 并不平行于 x 轴.

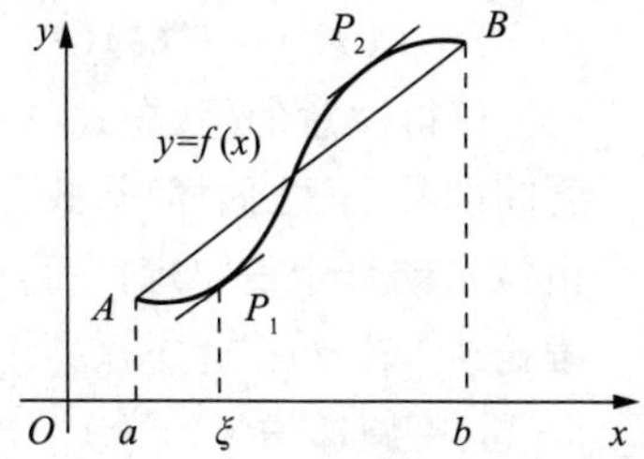

图 3-3 拉格朗日中值定理示意图

下面的拉格朗日中值定理反映了这个几何事实.

定理 2 若函数 $y=f(x)$满足：

(1) 在闭区间$[a,b]$上连续；

(2) 在开区间(a,b)内可导，

则至少存在一点 $\xi\in(a,b)$，使得

$$f'(\xi)=\frac{f(b)-f(a)}{b-a}. \tag{3-1}$$

式(3-1)称为**拉格朗日中值公式**.

证明 将式(3-1)改写为如下等价形式

$$\frac{\mathrm{d}}{\mathrm{d}x}\left[f(x)-\frac{f(b)-f(a)}{b-a}x\right]\bigg|_{x=\xi}=0.$$

将此式与罗尔定理中的结论相比较，可引入辅助函数

$$F(x)=f(x)-\frac{f(b)-f(a)}{b-a}x.$$

则 $F(x)$在$[a,b]$上连续，在(a,b)内可导，且

$$F(a)-F(b)=0,\quad 即\quad F(b)=F(a).$$

由罗尔定理知，至少存在一点 $\xi\in(a,b)$，使得 $F'(\xi)=0$，即

$$F'(\xi)=f'(\xi)-\frac{f(b)-f(a)}{b-a}=0,$$

因此得

$$f'(\xi)=\frac{f(b)-f(a)}{b-a}.$$

注 (1) 罗尔定理是拉格朗日中值定理 $f(a)=f(b)$时的特例.

(2) 拉格朗日中值公式反映了可导函数在$[a,b]$上整体平均变化率$\dfrac{f(b)-f(a)}{b-a}$与在(a,b)内某点 ξ 处函数的局部变化率 $f'(\xi)$的关系. 因此，拉格朗日中值定理是连接局部与整体的纽带.

(3) 此定理的证明使用了“根据待定结论构造辅助函数”的方法. 这对许多证明题都是很有效的方法. 后面我们还会用到这个方法. 另外，还可用斜率相等构造辅助函数.

(4) 拉格朗日中值定理的结论常称为**拉格朗日中值公式**，它有几种常用的等价形式，可根据不同问题的特点，在不同场合灵活运用：

$$f(b)-f(a)=f'(\xi)(b-a),\quad \xi\in(a,b), \tag{3-2}$$

$$f(b)-f(a)=f'[a+\theta(b-a)](b-a),\quad \theta\in(0,1), \tag{3-3}$$

$$f(a+h)-f(a)=f'(a+\theta h)h,\quad \theta\in(0,1), \tag{3-4}$$

$f(x)-f(x_0)=f'(\xi)(x-x_0)$,$\xi$ 介于 x 与 x_0 之间,$x,x_0\in(a,b)$.

(5) 值得注意的是,在式(3-2)中,无论 $a<b$ 或 $a>b$,公式总是成立的,其中 ξ 是介于 a 与 b 之间的某个数. 同样地,式(3-4)无论 $h>0$ 或者 $h<0$ 都是成立的.

由拉格朗日中值定理可得到在微分学中很有用的三个推论.

推论1 若 $f(x)$在$[a,b]$上连续,在(a,b)内可导,且 $x\in(a,b)$时,$f'(x)>0$,则 $f(x)$ 在$[a,b]$上单调递增.

证明 任取 $x_1,x_2\in[a,b]$,不妨设 $x_1<x_2$,则由式(3-2)可得

$$f(x_2)-f(x_1)=f'(\xi)(x_2-x_1),\quad x_1<\xi<x_2.$$

由于 $f'(x)>0,x\in(a,b)$,因此 $f'(\xi)>0$,从而

$$f(x_2)>f(x_1).$$

由 x_1,x_2 的任意性可知 $f(x)$在$[a,b]$上单调递增.

类似地可以证明:若 $f'(x)<0$,则 $f(x)$在$[a,b]$上单调递减.

推论2 如果 $f(x)$在$[a,b]$上连续,在(a,b)内可导,且 $f'(x)\equiv 0$,则在$[a,b]$上,$f(x)$ 恒为一个常数.

它的几何意义是:斜率处处为零的曲线一定是一条平行于 x 轴的直线.

证明 在$[a,b]$上任取两点 x_1,x_2,不妨设 $x_1<x_2$,显然 $f(x)$在$[x_1,x_2]$上满足拉格朗日中值定理的条件,于是

$$f(x_2)-f(x_1)=f'(\xi)(x_2-x_1),\quad x_1<\xi<x_2.$$

因为 $f'(x)\equiv 0$,所以 $f'(\xi)=0$,从而

$$f(x_2)=f(x_1).$$

这说明区间内任意两点的函数值相等,从而证明了在$[a,b]$上函数 $f(x)$是一个常数.

推论3 若 $f(x)$及 $g(x)$在$[a,b]$上连续,在(a,b)内可导,且对任意 $x\in(a,b)$,有 $f'(x)=g'(x)$,则在$[a,b]$上,$f(x)=g(x)+C$(C 为常数).

证明 因$[f(x)-g(x)]'=f'(x)-g'(x)=0$,由推论2,有 $f(x)-g(x)=C$,即 $f(x)=g(x)+C,x\in[a,b]$.

例5 证明不等式

$$\frac{x}{1+x}<\ln(1+x)<x$$

对一切 $x>0$ 成立.

证明 设 $f(t)=\ln(1+t)$,则 $f(t)$在$[0,+\infty)$上连续、可导,对任何 $x>0$,在$[0,x]$上应用拉格朗日中值公式(3-2)可得

$$f(x)-f(0)=f'(\xi)(x-0),\quad 0<\xi<x,$$

即

$$\ln(1+x)-0=\frac{1}{1+\xi}x,\quad 0<\xi<x.$$

由于

$$\frac{x}{1+x}<\frac{1}{1+\xi}x<x,$$

因此当 $x>0$ 时,有

$$\frac{x}{1+x}<\ln(1+x)<x.$$

注 以上不等式要当作公式记住,在以后的不等式证明中经常用到.

例 6 试证 $\arcsin x+\arccos x\equiv\frac{\pi}{2}(|x|\leqslant 1)$.

证明 设 $F(x)=\arcsin x+\arccos x(|x|\leqslant 1)$.

当 $|x|<1$ 时,有

$$F'(x)=\frac{1}{\sqrt{1-x^2}}-\frac{1}{\sqrt{1-x^2}}=0,$$

由推论 2 知,$F(x)$在$[-1,1]$上恒为常数,即 $F(x)\equiv C$,C 为常数,$x\in[-1,1]$.

将 $x=0$ 代入上式,得 $C=\frac{\pi}{2}$,因此,当$|x|\leqslant 1$ 时,有 $\arcsin x+\arccos x=\frac{\pi}{2}$.

同理可证

$$\arctan x+\operatorname{arccot} x\equiv\frac{\pi}{2},\quad x\in(-\infty,+\infty).$$

3.1.3 柯西中值定理

上面拉格朗日中值定理的几何解释: 如果一条连续曲线除端点外有处处不垂直于 x 轴的切线,那么在曲线上至少存在一点$(\xi,f(\xi))$,曲线在点$(\xi,f(\xi))$处的切线平行于曲线两端点的连线. 在拉格朗日中值定理中曲线的方程是以直角坐标的形式给出的,现在换一种方式,曲线的方程以参数方程的形式给出,又会得到什么样的结论呢?

设曲线的参数方程为$\begin{cases}x=g(t),\\ y=f(t),\end{cases}$曲线的两个端点分别对应参数 $t=a,b$(参见图 3-4),这样两个端点的坐标为$(g(a),f(a))$和$(g(b),f(b))$,因此端点连线的斜率为

$$k_{AB}=\frac{f(b)-f(a)}{g(b)-g(a)}$$

设切点对应的参数为 $t=\xi$,由导数的几何意义知,曲线在点 $g(\xi)$处的切线的斜率为$\frac{f'(\xi)}{g'(\xi)}$,从而有

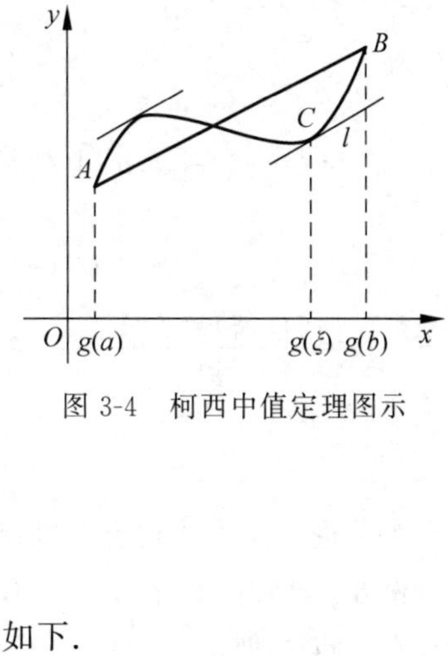

图 3-4 柯西中值定理图示

$$\frac{f(b)-f(a)}{g(b)-g(a)}=\frac{f'(\xi)}{g'(\xi)},$$

这就是柯西中值定理.

显然柯西中值定理是拉格朗日中值定理的推广,可叙述如下.

定理 3(柯西中值定理) 若函数 $f(x)$和 $g(x)$满足:

(1) 在闭区间$[a,b]$上连续;

(2) 在开区间(a,b)内可导,且 $g'(x)\neq 0$,

则在(a,b)内至少存在一点 ξ,使得

$$\frac{f(b)-f(a)}{g(b)-g(a)}=\frac{f'(\xi)}{g'(\xi)} \quad (a<\xi<b). \tag{3-5}$$

证明 首先明确 $g(a)\neq g(b)$. 若 $g(a)=g(b)$,则由罗尔定理,至少存在一点 $\xi_1\in(a,b)$,使 $g'(\xi_1)=0$,这与定理的假设矛盾. 故 $g(a)\neq g(b)$.

作辅助函数

$$F(x)=[f(b)-f(a)]g(x)-[g(b)-g(a)]f(x).$$

不难验证,$F(x)$满足罗尔定理的三个条件,于是在(a,b)内至少存在一点 ξ,使得

$$F'(\xi)=[f(b)-f(a)]g'(\xi)-[g(b)-g(a)]f'(\xi)=0,$$

从而有

$$\frac{f(b)-f(a)}{g(b)-g(a)}=\frac{f'(\xi)}{g'(\xi)}.$$

特别地,若取 $g(x)=x$,则 $g(b)-g(a)=b-a$,$g'(\xi)=1$,式(3-5)就成了式(3-1). 可见拉格朗日中值定理是柯西中值定理的特殊情形.

例 7 设 $0<a<b$,函数 $f(x)$在$[a,b]$上连续,在(a,b)内可导,试证:至少存在一点 $\xi\in(a,b)$,使得

$$f(\xi)-\xi f'(\xi)=\frac{bf(a)-af(b)}{b-a}.$$

证明 将待证等式右端恒等变形

$$\frac{bf(a)-af(b)}{b-a}=\frac{\dfrac{f(b)}{b}-\dfrac{f(a)}{a}}{\dfrac{1}{b}-\dfrac{1}{a}}.$$

由上式右端可见,若令

$$F(x)=\frac{f(x)}{x},\quad G(x)=\frac{1}{x},$$

则 $F(x)$与 $G(x)$在$[a,b]$上满足柯西中值定理的条件,因此,至少存在一点 $\xi\in(a,b)$,使得

$$\frac{F'(\xi)}{G'(\xi)}=\frac{F(b)-F(a)}{G(b)-G(a)}=\frac{bf(a)-af(b)}{b-a}.$$

将 $F'(\xi)=\dfrac{\xi f'(\xi)-f(\xi)}{\xi^2}$,$G'(\xi)=-\dfrac{1}{\xi^2}$代入上式,得

$$f(\xi)-\xi f'(\xi)=\frac{bf(a)-af(b)}{b-a}.$$

为了进一步说明构造辅助函数方法的有效性,下面再介绍两个例子.

例 8 已知函数 $f(x)$在$[0,1]$上连续,在$(0,1)$内可导,且 $f(1)=0$,试证:在$(0,1)$内至少存在一点 ξ,使得

$$f'(\xi)=-\frac{1}{\xi}f(\xi).$$

证明 将待证结论变形为

$$f(\xi)+\xi f'(\xi)=[xf(x)]'|_{x=\xi}=0,$$

可见若令 $F(x)=xf(x)$，则 $F(x)$ 在 $[0,1]$ 上满足罗尔定理的全部条件，则至少存在一点 $\xi\in(0,1)$，使 $F'(\xi)=f(\xi)+\xi f'(\xi)=0$，即

$$f'(\xi)=-\frac{1}{\xi}f(\xi).$$

例 9 已知函数 $f(x)$ 在 $[a,b]$ 上连续，在 (a,b) 内可导，且 $f(a)=f(b)=0$，试证：在 (a,b) 内至少存在一点 ξ，使得

$$\alpha f(\xi)+f'(\xi)=0,\quad \xi\in(a,b).$$

分析：构造辅助函数 $F(x)$. 将待证等式左端的 ξ 写为 x，得

$$\alpha f(x)+f'(x)=0.$$

但它不是某个函数的导数. 为了能证 $\alpha f(\xi)+f'(\xi)=0$，将此式两边同乘以一个函数 $\varphi(x)$，得

$$\alpha\varphi(x)f(x)+\varphi(x)f'(x)=0,$$

使得左边可写为 $(\varphi(x)f(x))'=0$，即

$$(\varphi(x)f(x))'=\varphi'(x)f(x)+\varphi(x)f'(x)=\alpha\varphi(x)f(x)+\varphi(x)f'(x).$$

由此可得 $\varphi'(x)=\alpha\varphi(x)$，故 $\varphi(x)=e^{\alpha x}$.

证明 令 $F(x)=f(x)e^{\alpha x}$，则 $F(x)$ 在 $[a,b]$ 上连续，在 (a,b) 内可导，且 $F(a)=F(b)=0$，由罗尔定理，至少存在一点 $\xi\in(0,1)$. 使

$$F'(\xi)=[\alpha f(\xi)+f'(\xi)]e^{\alpha\xi}=0.$$

因 $e^{\alpha\xi}>0$，故有

$$\alpha f(\xi)+f'(\xi)=0,\quad \xi\in(a,b).$$

习题 3.1

二维码 3.1

1. 验证函数 $f(x)=\ln\sin x$ 在 $\left[\frac{\pi}{6},\frac{5\pi}{6}\right]$ 上满足罗尔定理的条件，并求出相应的 ξ，使 $f'(\xi)=0$.

2. 下列函数在指定区间上是否满足罗尔定理的三个条件？有没有满足定理结论中的 ξ？

(1) $f(x)=e^{x^2}-1$，$[-1,1]$；

(2) $f(x)=|x-1|$，$[0,2]$；

(3) $f(x)=\begin{cases}\sin x, & 0<x\leqslant\pi,\\ 1, & x=0,\end{cases}$ $[0,\pi]$.

3. 若方程 $a_0x^n+a_1x^{n-1}+\cdots+a_{n-1}x=0$ 有一个正根 x_0，证明方程 $a_0nx^{n-1}+a_1(n-1)x^{n-2}+\cdots+a_{n-1}=0$ 必有一个小于 x_0 的正根.

4. 已知函数 $f(x)$ 在 $[a,b]$ 上连续，在 (a,b) 内可导，且 $f(a)=f(b)=0$，试证：在 (a,b)

内至少存在一点ξ,使得

$$f(\xi)+f'(\xi)=0,\quad \xi\in(a,b).$$

5. 设$f(x)$在$[0,1]$上可导,当$0\leqslant x\leqslant 1$时,$0\leqslant f(x)\leqslant 1$,且对于$(0,1)$内任何$x$有$f'(x)\neq 1$,求证在$[0,1]$上有且仅有一个$x_0$,使得$f(x_0)=x_0$.

6. 验证拉格朗日中值定理对函数$f(x)=x^3+2x$在区间$[0,1]$上的正确性,并求出满足条件的ξ值.

7. 试证明对函数$y=px^2+qx+r$应用拉格朗日中值定理时所求得的点ξ总位于区间的正中间.

8. 已知函数$f(x)$在$[a,b]$上连续,在(a,b)内可导,且$f(a)=f(b)$,试证:在(a,b)内至少存在一点ξ,使得

$$f(\xi)+\xi f'(\xi)=f(a),\quad \xi\in(a,b).$$

(提示:由$F(x)=xf(x)$,利用拉格朗日中值定理,或由$F(x)=xf(x)-xf(a)$,利用罗尔定理)

9. 证明下列不等式:

(1) $a>b>0,n>1$,证明$nb^{n-1}(a-b)<a^n-b^n<na^{n-1}(a-b)$;

(2) $a>b>0$,证明$\dfrac{a-b}{a}<\ln\dfrac{a}{b}<\dfrac{a-b}{b}$;

(3) 证明$|\arctan b-\arctan a|\leqslant|b-a|$.

10. 设函数$f(x)$在$[0,1]$上连续,在$(0,1)$内可导.试证明至少存在一点$\xi\in(0,1)$.使$f'(\xi)=2\xi[f(1)-f(0)]$.

$\left(\text{提示:问题转化为证}\dfrac{f(1)-f(0)}{1-0}=\dfrac{f'(\xi)}{2\xi}=\dfrac{f'(x)}{(x^2)'}\bigg|_{x=\xi}\right)$

提高题

1. 设函数$f(x)$在$[0,1]$上连续,在$(0,1)$内可导,且$f(0)=0,f(1)=1$.证明:

(1) 存在$\xi\in(0,1)$,使得$f(\xi)=1-\xi$;

(2) 存在两个不同的点$\eta,\tau\in(0,1)$,使得$f'(\eta)f'(\tau)=1$.

2. 已知函数$f(x),g(x)$在$[a,b]$上连续,在(a,b)内可导,且$f(a)=f(b)=0$,试证:在(a,b)内至少存在一点ξ,使得

$$f'(\xi)+f(\xi)g'(\xi)=0,\quad \xi\in(a,b).$$

3. 设函数$f(x),g(x)$在$[a,b]$上连续,在(a,b)内二阶可导且存在相等的最大值,又

$$f(a)=g(a),\quad f(b)=g(b).$$

证明:(1)存在$\eta\in(a,b)$,使得$f(\eta)=g(\eta)$;(2)存在$\xi\in(a,b)$,使得$f''(\xi)=g''(\xi)$.

4. 设函数$f(x)$在区间$[0,1]$上具有二阶导数,且$f(1)>0$,$\lim\limits_{x\to 0^+}\dfrac{f(x)}{x}<0$,证明:

(1) 方程$f(x)=0$在区间$(0,1)$内至少存在一个实根;

(2) 方程$f(x)f''(x)+(f'(x))^2=0$在区间$(0,1)$内至少存在两个不同的实根.

5. 设$f(x)$在$[0,1]$上连续,在$(0,1)$内可导且$f(0)=f(1)=0$,但当$x\in(0,1)$时,

$f(x)>0$,求证:$\exists\xi\in(0,1)$,使$\dfrac{2026\cdot f'(\xi)}{f(\xi)}=\dfrac{f'(1-\xi)}{f(1-\xi)}$.

6. 设函数 $f(x)$在$(-\infty,+\infty)$上可导,并且满足 $f(0)\leqslant 0,\lim\limits_{x\to\infty}f(x)=+\infty$. 试证:

(1) 存在 $\xi_1\in(-\infty,0)$和 $\xi_2\in(0,+\infty)$使得 $f(\xi_1)=2026=f(\xi_2)$;

(2) 存在 $\xi\in(\xi_1,\xi_2)$使得 $f(\xi)+f'(\xi)=2026$.

7. 设函数 $f(x)$在$[-2,2]$上二阶可导,且$|f(x)|\leqslant 1,f(-2)=f(0)=f(2)$. 又设$[f(0)]^2+[f'(0)]^2=4$. 试证:在$(-2,2)$内至少存在一点 ξ,使 $f(\xi)+f''(\xi)=0$.

3.2 洛必达法则

本节我们将利用微分中值定理来考虑某些重要类型的极限.

由第 2 章我们知道在某一极限过程中,$f(x)$和 $g(x)$都是无穷小量或都是无穷大量时,$\dfrac{f(x)}{g(x)}$的极限可能存在,也可能不存在. 通常称这种极限为**未定式**(或**待定型**),并分别简记为$\dfrac{0}{0}$或$\dfrac{\infty}{\infty}$. 对于这种未定式的计算,有一个重要且简便的方法,即本节要介绍的**洛必达**(L'Hospital)**法则**.

3.2.1 $\dfrac{0}{0}$型未定式

定理 1 若 $f(x),g(x)$满足:

(1) $\lim\limits_{x\to x_0}f(x)=0,\lim\limits_{x\to x_0}g(x)=0$;

(2) $f(x),g(x)$在 $\mathring{U}(x_0)$内可导,且 $g'(x)\neq 0$;

(3) $\lim\limits_{x\to x_0}\dfrac{f'(x)}{g'(x)}$存在(或为$\infty$),

则

$$\lim_{x\to x_0}\frac{f(x)}{g(x)}=\lim_{x\to x_0}\frac{f'(x)}{g'(x)}.$$

这就是说:当$\lim\limits_{x\to x_0}\dfrac{f'(x)}{g'(x)}$存在时,$\lim\limits_{x\to x_0}\dfrac{f(x)}{g(x)}$也存在且等于$\lim\limits_{x\to x_0}\dfrac{f'(x)}{g'(x)}$;

当$\lim\limits_{x\to x_0}\dfrac{f'(x)}{g'(x)}$为无穷大时,$\lim\limits_{x\to x_0}\dfrac{f(x)}{g(x)}$也为无穷大.

这种在一定条件下通过分子、分母分别求导再求极限来确定未定式的值的方法称为洛必达法则.

证明 由于函数在 x_0 点的极限与函数在该点的定义无关,由条件(1),不妨设 $f(x_0)=0$,$g(x_0)=0$. 由条件(1)和(2)知 $f(x)$与 $g(x)$在 $U(x_0)$内连续. 设 $x\in\mathring{U}(x_0)$,则 $f(x)$与 $g(x)$在$[x_0,x]$或$[x,x_0]$上满足柯西定理的条件,于是

$$\frac{f(x)}{g(x)}=\frac{f(x)-f(x_0)}{g(x)-g(x_0)}=\frac{f'(\xi)}{g'(\xi)}\quad(\xi \text{ 在 } x_0 \text{ 与 } x \text{ 之间}).$$

当 $x\to x_0$ 时，显然有 $\xi\to x_0$，由条件(3)得

$$\lim_{x\to x_0}\frac{f(x)}{g(x)}=\lim_{x\to x_0}\frac{f'(\xi)}{g'(\xi)}=\lim_{x\to x_0}\frac{f'(x)}{g'(x)}.$$

注 (1) 运用洛必达法则时，要验证定理的条件，当 $\lim\limits_{x\to x_0}\dfrac{f'(x)}{g'(x)}$ 既不存在也不为∞时，不能运用洛必达法则.

(2) 如果 $\lim\limits_{x\to x_0}\dfrac{f'(x)}{g'(x)}$ 仍为$\dfrac{0}{0}$型未定式，且 $f'(x)$，$g'(x)$满足定理条件，则可继续使用洛必达法则.

(3) 这个定理的结论对于 $x\to x_0^-$，$x\to x_0^+$，$x\to-\infty$，$x\to+\infty$，$x\to\infty$的情形都成立.

(4) 洛必达法则可与其他求极限的方法混合使用，达到简化计算的目的. 例如，**等价无穷小代换、将非零极限因子的极限分离出来**等.

例 1 求$\lim\limits_{x\to 0}\dfrac{x-\sin x}{x^3}$.

解 $\lim\limits_{x\to 0}\dfrac{x-\sin x}{x^3}\left(\dfrac{0}{0}\text{型}\right)=\lim\limits_{x\to 0}\dfrac{1-\cos x}{3x^2}\left(\dfrac{0}{0}\text{型}\right)\left(\text{也可以用 } 1-\cos x\sim\dfrac{1}{2}x^2 \text{ 代换}\right)$

$$=\lim_{x\to 0}\frac{\sin x}{6x}=\frac{1}{6}.$$

另法 $\lim\limits_{x\to 0}\dfrac{x-\sin x}{x^3}\left(\dfrac{0}{0}\text{型}\right)=\lim\limits_{x\to 0}\dfrac{1-\cos x}{3x^2}\left(\text{用 } 1-\cos x\sim\dfrac{1}{2}x^2(x\to 0)\text{代换}\right)$

$$=\lim_{x\to 0}\frac{\frac{1}{2}x^2}{3x^2}=\frac{1}{6}.$$

例 2 求$\lim\limits_{x\to 1}\dfrac{x^3-3x+2}{x^3-x^2-x+1}$.

解 本题可以对分子、分母分解因式，约去零公因子，但这需要技巧. 应用洛必达法则更为直接.

$$\lim_{x\to 1}\frac{x^3-3x+2}{x^3-x^2-x+1}\left(\frac{0}{0}\text{型}\right)=\lim_{x\to 1}\frac{3x^2-3}{3x^2-2x-1}\left(\frac{0}{0}\text{型}\right)$$

$$=\lim_{x\to 1}\frac{6x}{6x-2}=\frac{3}{2}.$$

注 (1) 在用洛必达法则之前首先判断类型，是$\dfrac{0}{0}$型可用洛必达法则.

(2) 用洛必达法则后要整理化简，仍为$\dfrac{0}{0}$型可继续用洛必达法则.

(3) 对于求极限，能用等价无穷小代换尽量用等价无穷小代换.

例 3 求$\lim\limits_{x\to 0}\dfrac{x-\tan x}{x-\sin x}$.

解 该极限属于$\dfrac{0}{0}$型未定式,故

$$\begin{aligned}\lim_{x\to 0}\frac{x-\tan x}{x-\sin x}&=\lim_{x\to 0}\frac{1-\sec^2 x}{1-\cos x}\\&=\lim_{x\to 0}\frac{-\tan^2 x}{\frac{1}{2}x^2}\left(\text{利用 } 1+\tan^2 x=\sec^2 x \text{ 及 } \tan x\sim x, 1-\cos x\sim\frac{1}{2}x^2(x\to 0)\right)\\&=-\lim_{x\to 0}\frac{x^2}{\frac{1}{2}x^2}=-2.\end{aligned}$$

例 4 求$\lim\limits_{x\to 0}\dfrac{\sin^2 x-x\sin x\cos x}{x^4}$.

解 该极限属于$\dfrac{0}{0}$型未定式,如果直接运用洛必达法则,分子的导数比较复杂,但如果利用极限运算法则进行适当化简,再用洛必达法则就简单多了.

$$\begin{aligned}\lim_{x\to 0}\frac{\sin^2 x-x\sin x\cos x}{x^4}&=\lim_{x\to 0}\frac{\sin x-x\cos x}{x^3}\cdot\lim_{x\to 0}\frac{\sin x}{x}\\&=\lim_{x\to 0}\frac{\sin x-x\cos x}{x^3}\\&=\lim_{x\to 0}\frac{\cos x-\cos x+x\sin x}{3x^2}\\&=\lim_{x\to 0}\frac{\sin x}{3x}=\frac{1}{3}.\end{aligned}$$

例 5 求$\lim\limits_{x\to 0}\dfrac{x^2\sin\frac{1}{x}}{\sin x}$.

解 该极限属于$\dfrac{0}{0}$型未定式,这时若对分子分母分别求导再求极限,得

$$\lim_{x\to 0}\frac{x^2\sin\frac{1}{x}}{\sin x}=\lim_{x\to 0}\frac{2x\sin\frac{1}{x}-\cos\frac{1}{x}}{\cos x}.$$

上式右端的极限不存在且不为∞,所以洛必达法则失效.事实上可以求得

$$\lim_{x\to 0}\frac{x^2\sin\frac{1}{x}}{\sin x}=\lim_{x\to 0}\left(\frac{x}{\sin x}\cdot x\sin\frac{1}{x}\right)=\lim_{x\to 0}\frac{x}{\sin x}\cdot\lim_{x\to 0}x\sin\frac{1}{x}=0.$$

注 (1) 上例说明洛必达法则并不是对所有$\dfrac{0}{0}$型未定式都适用.

(2) 当$\lim\dfrac{f'(x)}{g'(x)}$不存在时,$\lim\dfrac{f(x)}{g(x)}$仍可能存在.

例 6 求 $\lim\limits_{x\to+\infty}\dfrac{\dfrac{\pi}{2}-\arctan x}{\dfrac{1}{x}}$.

解 这是$\dfrac{0}{0}$型未定式，由洛必达法则，有

$$\lim_{x\to+\infty}\frac{\dfrac{\pi}{2}-\arctan x}{\dfrac{1}{x}}=\lim_{x\to+\infty}\frac{-\dfrac{1}{1+x^2}}{-\dfrac{1}{x^2}}=\lim_{x\to+\infty}\frac{x^2}{1+x^2}=1.$$

3.2.2 $\dfrac{\infty}{\infty}$型未定式

当 $x\to x_0$（或 $x\to\infty$）时，$f(x)$和 $g(x)$都是无穷大量，即$\dfrac{\infty}{\infty}$型未定式，它也有与$\dfrac{0}{0}$型未定式类似的方法，我们将其结果叙述如下，而将证明从略.

定理 2 若 $f(x)$，$g(x)$满足下列条件：

(1) $\lim\limits_{x\to x_0}f(x)=\infty$，$\lim\limits_{x\to x_0}g(x)=\infty$；

(2) $f(x)$和 $g(x)$在 $\mathring{U}(x_0)$内可导，且 $g'(x)\neq 0$；

(3) $\lim\limits_{x\to x_0}\dfrac{f'(x)}{g'(x)}$存在（或为$\infty$），

则

$$\lim_{x\to x_0}\frac{f(x)}{g(x)}=\lim_{x\to x_0}\frac{f'(x)}{g'(x)}.$$

注 上述定理及推论中的结果可分别推广到 $x\to x_0^-$，$x\to x_0^+$ 和 $x\to-\infty$，$x\to+\infty$及 $x\to\infty$的情形.

例 7 求 $\lim\limits_{x\to 0^+}\dfrac{\ln\cot x}{\ln x}$.

解 这是$\dfrac{\infty}{\infty}$型未定式，由洛必达法则，有

$$\lim_{x\to 0^+}\frac{\ln\cot x}{\ln x}=\lim_{x\to 0^+}\frac{\dfrac{1}{\cot x}\cdot(-\csc^2 x)}{\dfrac{1}{x}}=\lim_{x\to 0^+}\frac{-x}{\sin x\cdot\cos x}=-\lim_{x\to 0^+}\frac{1}{\cos x}\cdot\lim_{x\to 0^+}\frac{x}{\sin x}=-1.$$

例 8 求 $\lim\limits_{x\to+\infty}\dfrac{\ln x}{x^\alpha}(\alpha>0)$.

解 $\lim\limits_{x\to+\infty}\dfrac{\ln x}{x^\alpha}=\lim\limits_{x\to+\infty}\dfrac{\dfrac{1}{x}}{\alpha x^{\alpha-1}}=\lim\limits_{x\to+\infty}\dfrac{1}{\alpha x^\alpha}=0.$

例 9 求 $\lim\limits_{x\to+\infty}\dfrac{x^n}{e^{\lambda x}}$（$n$ 为正整数，$\lambda>0$）.

解 应用洛必达法则 n 次，得

$$\lim_{x\to+\infty}\frac{x^n}{e^{\lambda x}}=\lim_{x\to+\infty}\frac{nx^{n-1}}{\lambda e^{\lambda x}}=\lim_{x\to+\infty}\frac{n(n-1)x^{n-2}}{\lambda^2 e^{\lambda x}}\cdots=\lim_{x\to+\infty}\frac{n!}{\lambda^n\cdot e^{\lambda x}}=0.$$

事实上，当 n 为任意正实数时，以上结论也成立.

从例 8 和例 9 可以看出，对数函数 $(\ln x)^\beta$（$\beta>0$）、幂函数 x^α（$\alpha>0$）、指数函数 $e^{\lambda x}$（$\lambda>0$）均为无穷大时，这三个函数增大的“速度”很不一样，幂函数增大的“速度”比对数函数快得多，而指数函数增大的“速度”又比幂函数快得多. 即对数函数的变化速度小于幂函数的变化速度，幂函数的变化速度小于指数函数的变化速度.

利用这个结论我们可以直接得出一些函数的极限.

对于任意的 $\alpha>0$，当 $x\to0^+$ 时，x^α 趋于 0 的速度比 $\ln x$ 趋于无穷大的速度要快，从而整个函数 $x^\alpha\ln x$ 的变化趋势要随着 x 趋于 0 而趋于 0，即 $\lim\limits_{x\to0^+}x^\alpha\ln x=0$. 这正是所谓的“大势所趋”. 同理，对于任意的 $\lambda>0$，当 $x\to-\infty$ 时，x 趋于无穷大的速度比 $e^{\lambda x}$ 趋于 0 的速度要慢，从而整个函数 $xe^{\lambda x}$ 的变化趋势要随着 $e^{\lambda x}$ 趋于 0 而趋于 0. $e^{\lambda x}$ 趋于 0 是大势，即 $\lim\limits_{x\to-\infty}xe^{\lambda x}=0$.

例 10 求 $\lim\limits_{x\to0^+}\dfrac{e^{-\frac{1}{x}}}{x}$.

解 这是 $\dfrac{0}{0}$ 型未定式. 运用洛必达法则有

$$\lim_{x\to0^+}\frac{e^{-\frac{1}{x}}}{x}=\lim_{x\to0^+}\frac{e^{-\frac{1}{x}}\cdot\dfrac{1}{x^2}}{1}=\lim_{x\to0^+}\frac{e^{-\frac{1}{x}}}{x^2}=\lim_{x\to0^+}\frac{e^{-\frac{1}{x}}}{2x^3}\left(\frac{0}{0}\text{型}\right).$$

可见，这样做下去得不出结果，但此时我们可以采用下面的变换技巧来求得其极限.

令 $t=\dfrac{1}{x}$，有

$$\lim_{x\to0^+}\frac{e^{-\frac{1}{x}}}{x}=\lim_{x\to0^+}\frac{\dfrac{1}{x}}{e^{\frac{1}{x}}}=\lim_{t\to+\infty}\frac{t}{e^t}\left(\frac{\infty}{\infty}\text{型}\right)=\lim_{t\to+\infty}\frac{1}{e^t}=0.$$

例 11 求 $\lim\limits_{x\to+\infty}\dfrac{x^{2026}+2026}{e^{0.2026x}+0.2026}(\sin x+10^{2026})$.

解 首先分子、分母“抓大头”，再利用上面的“大势所趋”，有

$$\lim_{x\to+\infty}\frac{x^{2026}+2026}{e^{0.2026x}+0.2026}=\lim_{x\to+\infty}\frac{x^{2026}}{e^{0.2026x}}=0.$$

进一步，当 $x\to+\infty$ 时，$\dfrac{x^{2026}+2026}{e^{0.2026x}+0.2026}$ 是无穷小，而 $\sin x+10^{2026}$ 为有界函数，从而有

$$\lim_{x\to+\infty}\frac{x^{2026}+2026}{e^{0.2026x}+0.2026}(\sin x+10^{2026})=0.$$

例 12 求 $\lim\limits_{x\to0^+}\dfrac{\ln\sin3x}{\ln\sin2x}$.

解 $\lim\limits_{x\to0^+}\dfrac{\ln\sin3x}{\ln\sin2x}\left(\dfrac{\infty}{\infty}\text{型}\right)=\lim\limits_{x\to0^+}\dfrac{\dfrac{\cos3x}{\sin3x}\cdot3}{\dfrac{\cos2x}{\sin2x}\cdot2}\left(\dfrac{0}{0}\text{型}\right)$

$$=\lim_{x\to0^+}\frac{3\cos3x}{2\cos2x}\cdot\lim_{x\to0^+}\frac{\sin2x}{\sin3x}\left(\text{将非零极限因子}\lim_{x\to0^+}\frac{\cos3x}{\cos2x}\text{先求出}\right)$$

$$=\frac{3}{2}\lim_{x\to0^+}\frac{2x}{3x}(\text{等价无穷小代换})=1.$$

3.2.3 其他未定式

若对某极限过程有 $f(x)\to0^+$ 且 $g(x)\to\infty$,则称 $\lim[f(x)g(x)]$为 $0\cdot\infty$型未定式.
若对某极限过程有 $f(x)\to\infty$且 $g(x)\to\infty$,则称 $\lim[f(x)-g(x)]$为$\infty-\infty$型未定式.
若对某极限过程有 $f(x)\to0^+$ 且 $g(x)\to0$,则称 $\lim f(x)^{g(x)}$ 为 0^0 型未定式.
若对某极限过程有 $f(x)\to1$ 且 $g(x)\to\infty$,则称 $\lim f(x)^{g(x)}$ 为 1^∞ 型未定式.
若对某极限过程有 $f(x)\to+\infty$且 $g(x)\to0$,则称 $\lim f(x)^{g(x)}$ 为∞^0 型未定式.
注 对于 $\lim f(x)^{g(x)}$,首先必须变形为 $\lim f(x)^{g(x)}=e^{\lim g(x)\ln f(x)}$,再求极限.

上面这些未定式都可以经过简单的变换转化成$\dfrac{0}{0}$型或$\dfrac{\infty}{\infty}$型,因此常常可以用洛必达法则求出其极限.下面分别讨论这几种形式未定式的求解方法.

1. $0\cdot\infty$型:一般通过恒等变形、分子下移、倒代换等方法化成$\dfrac{0}{0}$型或$\dfrac{\infty}{\infty}$型.

例 13 求 $\lim\limits_{x\to1^-}[\ln x\cdot\ln(1-x)]$.

解 这是 $0\cdot\infty$型未定式.

$$\lim_{x\to1^-}[\ln x\cdot\ln(1-x)]=\lim_{x\to1^-}\frac{\ln(1-x)}{(\ln x)^{-1}}\left(\text{分子下移化成}\frac{\infty}{\infty}\text{型}\right)$$

$$=\lim_{x\to1^-}\frac{-\dfrac{1}{1-x}}{-\dfrac{1}{x\ln^2x}}=\lim_{x\to1^-}\frac{x\ln^2x}{1-x}$$

$$=\lim_{x\to1^-}x\cdot\lim_{x\to1^-}\frac{\ln^2x}{1-x}=\lim_{x\to1^-}\frac{(2\ln x)\cdot\dfrac{1}{x}}{-1}=0.$$

若用等价无穷小代换(当 $x\to1$ 时,$\ln x\sim x-1$)会简化计算.

$$\lim_{x\to1^-}[\ln x\cdot\ln(1-x)]=\lim_{x\to1^-}\frac{\ln(1-x)}{(\ln x)^{-1}}\left(\frac{\infty}{\infty}\text{型}\right)=\lim_{x\to1^-}\frac{\ln(1-x)}{(x-1)^{-1}}\left(\frac{\infty}{\infty}\text{型}\right)$$

$$=\lim_{x\to1^-}\frac{\dfrac{-1}{1-x}}{-(x-1)^{-2}}=\lim_{x\to1^-}(1-x)=0.$$

注 (1) 显然,先运用等价无穷小代换再用洛必达法则的方法要简单很多.

(2) 还可用“大势所趋”的结论:

$$\lim_{x\to1^-}\frac{\ln(1-x)}{(x-1)^{-1}}(\ln x\sim(x-1)(\text{当 }x\to1\text{ 时}))=\lim_{x\to1^-}(x-1)\ln(1-x)(\text{令 }1-x=t)$$
$$=-\lim_{t\to0^+}t\ln t=0.$$

2. $\infty-\infty$型未定式:通分化成$\frac{0}{0}$型或$\frac{\infty}{\infty}$型.如果无分可通,则创造分母(常用的方法有恒等变形、倒代换),再通分.注意在通分之前一定不要进行等价无穷小代换.

例 14 求 $\lim\limits_{x\to1^-}\left(\frac{x}{x-1}-\frac{1}{\ln x}\right)$.

解 这是$\infty-\infty$型未定式,通分后可转化成$\frac{0}{0}$型.

$$\lim_{x\to1}\left(\frac{x}{x-1}-\frac{1}{\ln x}\right)=\lim_{x\to1}\frac{x\ln x-x+1}{(x-1)\ln x}\left(\frac{0}{0}\text{型}\right)=\lim_{x\to1}\frac{\ln x}{\frac{x-1}{x}+\ln x}=\lim_{x\to1}\frac{\frac{1}{x}}{\frac{1}{x^2}+\frac{1}{x}}=\frac{1}{2}.$$

另法,先通分,之后用等价无穷小代换,用洛必达法则,再用等价无穷小代换.

$$\lim_{x\to1}\left(\frac{x}{x-1}-\frac{1}{\ln x}\right)=\lim_{x\to1}\frac{x\ln x-x+1}{(x-1)\ln x}\left(\frac{0}{0}\text{型}\right)=\lim_{x\to1}\frac{x\ln x-x+1}{(x-1)^2}\left(\frac{0}{0}\text{型}\right)$$
$$=\lim_{x\to1}\frac{\ln x+1-1}{2(x-1)}=\lim_{x\to1}\frac{x-1}{2(x-1)}=\frac{1}{2}.$$

3. 0^0 型、1^∞ 型、∞^0 型:这三种类型的未定式,都通过恒等变形 $\lim f(x)^{g(x)}=e^{\lim g(x)\ln f(x)}$ 化成 $0\cdot\infty$型.

例 15 求 $\lim\limits_{x\to0^+}x^{\sin x}$.

解 这是 0^0 型未定式,我们先运用对数恒等式 $x^{\sin x}=e^{\ln x^{\sin x}}=e^{\sin x\cdot\ln x}$,再求极限.

$$\lim_{x\to0^+}x^{\sin x}=\lim_{x\to0^+}e^{\sin x\cdot\ln x}=e^{\lim\limits_{x\to0^+}x\cdot\ln x}=e^{\lim\limits_{x\to0^+}\frac{\ln x}{\frac{1}{x}}}$$
$$=e^{\lim\limits_{x\to0^+}\frac{\frac{1}{x}}{-\frac{1}{x^2}}}=e^0=1.$$

另法,也可用“大势所趋”结论 $\lim\limits_{x\to0^+}x\ln x=0$,于是 $e^{\lim\limits_{x\to0^+}\sin x\cdot\ln x}=e^{\lim\limits_{x\to0^+}x\ln x}=e^0=1$.

例 16 求$\lim\limits_{x\to1}(2-x)^{\tan\frac{\pi}{2}x}$.

解 这是 1^∞ 型未定式.我们还是先运用对数恒等式$(2-x)^{\tan\frac{\pi}{2}x}=e^{\ln(2-x)^{\tan\frac{\pi}{2}x}}=e^{\tan\frac{\pi}{2}x\cdot\ln(2-x)}$,再求极限.

$$\lim_{x\to1}(2-x)^{\tan\frac{\pi}{2}x}=\lim_{x\to1}e^{\tan\frac{\pi}{2}x\cdot\ln(2-x)}=\lim_{x\to1}e^{\sin\frac{\pi}{2}x\frac{1-x}{\cos\frac{\pi}{2}x}}$$
$$=e^{\lim\limits_{x\to1}\sin\frac{\pi}{2}x\lim\limits_{x\to1}\frac{1-x}{\cos\frac{\pi}{2}x}}=e^{\lim\limits_{x\to1}\frac{-1}{-\frac{\pi}{2}\sin\frac{\pi}{2}x}}=e^{\frac{2}{\pi}}.$$

注　此例也可先用等价无穷小代换求得

$$\lim_{x\to 1}(2-x)^{\tan\frac{\pi}{2}x}=\mathrm{e}^{\lim\limits_{x\to 1}(1-x)\tan\frac{\pi}{2}x}=\mathrm{e}^{\lim\limits_{x\to 1}(1-x)/\cot\frac{\pi}{2}x}=\mathrm{e}^{\lim\limits_{x\to 1}(-1)/\left[\left(-\csc^2\frac{\pi}{2}x\right)\cdot\frac{\pi}{2}\right]}=\mathrm{e}^{\frac{2}{\pi}\lim\limits_{x\to 1}\sin^2\frac{\pi}{2}x}=\mathrm{e}^{\frac{2}{\pi}}.$$

例 17　求 $\lim\limits_{x\to 0^+}\left(1+\dfrac{1}{x}\right)^x$.

解　这是 ∞^0 型未定式，于是

$$\lim_{x\to 0^+}\left(1+\frac{1}{x}\right)^x=\lim_{x\to 0^+}\mathrm{e}^{x\ln\left(1+\frac{1}{x}\right)}=\mathrm{e}^{\lim\limits_{x\to 0^+}\frac{\ln\left(1+\frac{1}{x}\right)}{\frac{1}{x}}}=\mathrm{e}^{\lim\limits_{x\to 0^+}\frac{\left(1+\frac{1}{x}\right)^{-1}\cdot\left(-\frac{1}{x^2}\right)}{-\frac{1}{x^2}}}=\mathrm{e}^{\lim\limits_{x\to 0^+}\frac{x}{1+x}}=\mathrm{e}^0=1.$$

另法，可利用前面“大势所趋”的结论：$\lim\limits_{x\to 0^+}x\ln\left(1+\dfrac{1}{x}\right)=0$，于是

$$\lim_{x\to 0^+}\left(1+\frac{1}{x}\right)^x=\mathrm{e}^{\lim\limits_{x\to 0^+}x\ln\left(1+\frac{1}{x}\right)}=\mathrm{e}^0=1.$$

注　洛必达法则是求未定式的一种有效方法，但不是万能的. 我们要学会善于根据具体问题采取不同的方法求解，最好能与其他求极限的方法结合使用，主要有以下几种方法：

(1) 化简所求未定式；

(2) 尽量应用等价无穷小代换，这样可以简化计算；

(3) 将非零极限因子的极限分离出去并求出来.

例 18　求 $\lim\limits_{x\to 0}\dfrac{x-\tan x}{x^2\cdot\sin x}$.

解　若直接用洛必达法则，则分母的导函数较烦琐. 我们可先进行等价无穷小的代换. 由 $\sin x\sim x\ (x\to 0)$，则有

$$\lim_{x\to 0}\frac{x-\tan x}{x^2\cdot\sin x}=\lim_{x\to 0}\frac{x-\tan x}{x^3}=\lim_{x\to 0}\frac{1-\sec^2 x}{3x^2}=\lim_{x\to 0}\frac{-\tan^2 x}{3x^2}=-\lim_{x\to 0}\frac{x^2}{3x^2}=-\frac{1}{3}.$$

例 19　求 $\lim\limits_{x\to 0}\dfrac{x-\sin x}{(1-\cos x)\ln(1+2x)}$.

解　当 $x\to 0$ 时，$1-\cos x\sim\dfrac{1}{2}x^2$，$\ln(1+2x)\sim 2x$，$x-\sin x\sim\dfrac{1}{6}x^3$. 于是

$$\lim_{x\to 0}\frac{x-\sin x}{(1-\cos x)\ln(1+2x)}=\lim_{x\to 0}\frac{\frac{1}{6}x^3}{\frac{1}{2}x^2\cdot 2x}=\frac{1}{6}.$$

显然，适当用等价无穷小代换要比洛必达法则简便.

二维码 3.2

习题 3.2

1. 利用洛必达法则求下列极限：

(1) $\lim\limits_{x\to\pi}\dfrac{\sin 3x}{\tan 5x}$；　　(2) $\lim\limits_{x\to 0}\dfrac{\mathrm{e}^x-x-1}{x(\mathrm{e}^x-1)}$；

(3) $\lim\limits_{x\to 0}\dfrac{e^x-e^{-x}}{\sin x}$;

(4) $\lim\limits_{x\to\frac{\pi}{2}}\dfrac{\ln\sin x}{(\pi-2x)^2}$;

(5) $\lim\limits_{x\to a}\dfrac{x^m-a^m}{x^n-a^n}$;

(6) $\lim\limits_{x\to 0}\dfrac{\tan x-x}{x-\sin x}$;

(7) $\lim\limits_{x\to+\infty}\dfrac{\ln\left(1+\dfrac{1}{x}\right)}{\operatorname{arccot}x}$;

(8) $\lim\limits_{x\to\frac{\pi}{2}}\dfrac{\tan x}{\tan 3x}$;

(9) $\lim\limits_{x\to 0^+}\dfrac{\ln x}{\cot x}$;

(10) $\lim\limits_{x\to+\infty}\dfrac{x^{2026}+3e^x}{x^{2027}+2e^x}$;

(11) $\lim\limits_{x\to 0^+}\sin x\ln x$;

(12) $\lim\limits_{x\to 0^+}x^{0.2026}(\ln x)^{2026}$;

(13) $\lim\limits_{x\to 0}x^2e^{\frac{1}{x^2}}$;

(14) $\lim\limits_{x\to+\infty}x\ln\left(\dfrac{2}{\pi}\arctan x\right)$;

(15) $\lim\limits_{x\to-1}\left(\dfrac{1}{x+1}-\dfrac{3}{x^3+1}\right)$;

(16) $\lim\limits_{x\to 1}\left(\dfrac{1}{\ln x}-\dfrac{1}{x-1}\right)$;

(17) $\lim\limits_{x\to+\infty}(\sqrt[3]{x^3+x^2+x+1}-x)$;

(18) $\lim\limits_{x\to 0}\left(\dfrac{e^x}{x}-\dfrac{1}{e^x-1}\right)$;

(19) $\lim\limits_{x\to 0}(1+\sin x)^{\frac{1}{x}}$;

(20) $\lim\limits_{x\to+\infty}\left(\dfrac{2}{\pi}\arctan x\right)^x$;

(21) $\lim\limits_{x\to 0}\left(\dfrac{3-e^x}{2+x}\right)^{\csc x}$;

(22) $\lim\limits_{x\to 0}\left(\dfrac{\sin x}{x}\right)^{\frac{1}{1-\cos x}}$.

2. 设$\lim\limits_{x\to 1}\dfrac{x^2+mx+n}{x-1}=5$,求常数 m,n 的值.

3. 验证极限$\lim\limits_{x\to\infty}\dfrac{x+\sin x}{x}$存在,但不能由洛必达法则得出.

4. 设 $f(x)$具有连续的二阶导数,求$\lim\limits_{h\to 0}\dfrac{f(x+h)-2f(x)+f(x-h)}{h^2}$.

5. 设 $f(x)$具有二阶连续导数,且 $f(0)=0$,试证

$$g(x)=\begin{cases}\dfrac{f(x)}{x}, & x\neq 0,\\ f'(0), & x=0\end{cases}$$

可导,且导函数连续.

6. 讨论函数

$$f(x)=\begin{cases}\left[\dfrac{1}{e}(1+x)^{\frac{1}{x}}\right]^{\frac{1}{x}}, & x\neq 0,\\ e^{-\frac{1}{2}}, & x=0\end{cases}$$

在 $x=0$ 处的连续性.

提高题

1. 求下列极限：

(1) $\lim\limits_{x\to 0}\dfrac{(a+x)^x-a^x}{x^2}(a>0)$；　　(2) $\lim\limits_{x\to 0}\left(\dfrac{1+2^x}{2}\right)^{\frac{1}{x}}$；

(3) $\lim\limits_{x\to 0^+}(\cos\sqrt{x})^{\frac{2}{x}}$；　　(4) $\lim\limits_{x\to +\infty}(x^{\frac{1}{x}}-1)^{\frac{1}{\ln x}}$；

(5) $\lim\limits_{x\to 0}\dfrac{\arctan x-\sin x}{x-\sin x}$；　　(6) $\lim\limits_{x\to 0}\dfrac{\tan(\tan x)-\sin(\sin x)}{x-\sin x}$.

2. 设函数 $f(x)=x+a\ln(1+x)+bx\sin x$, $g(x)=kx^3$. 若 $f(x)$ 与 $g(x)$ 在 $x\to 0$ 时是等价无穷小，求 a,b,k 的值.

3. 已知 $f(x)$ 连续，且 $\lim\limits_{x\to 0}\dfrac{1-\cos[xf(x)]}{(e^{x^2}-1)f(x)}=1$，求 $f(0)$.

3.3 泰勒公式

对于一些比较复杂的函数，往往希望用一些简单的函数来近似表达. 多项式函数是最为简单的一类函数，它只要对自变量进行有限次的加、减、乘三种算术运算，就能求出其函数值，因此，多项式经常被用于近似地表达函数，这种近似表达在数学上常称为逼近. 英国数学家泰勒(Taylor)的研究结果表明：具有直到 $n+1$ 阶导数的函数在一个点的邻域内的值可以用函数在该点的函数值及各阶导数值组成的 n 次多项式近似表达. 本节我们将介绍泰勒公式及其简单应用.

3.3.1 泰勒中值定理

在微分应用中已知近似计算公式：$f(x)\approx f(x_0)+f'(x_0)(x-x_0)$，即用 x 的一次多项式 $p_1(x)=f(x_0)+f'(x_0)(x-x_0)$ 来近似计算 $f(x)$. 显然有

$$P_1(x_0)=f(x_0),\quad P_1'(x_0)=f'(x_0).$$

如何提高近似计算的精度？如何估计误差？

为此设函数 $f(x)$ 在含有 x_0 的开区间 (a,b) 内具有直到 $n+1$ 阶导数，找一个 n 次多项式

$$P_n(x)=a_0+a_1(x-x_0)+a_2(x-x_0)^2+\cdots+a_n(x-x_0)^n$$

使得 $f(x)\approx P_n(x)$，且当 $x\to x_0$ 时，误差 $R_n(x)=f(x)-P_n(x)=o[(x-x_0)^n]$，并给出误差估计的具体表达式.

令 $P_n(x_0)=f(x_0)$, $P_n'(x_0)=f'(x_0)$, $P_n''(x_0)=f''(x_0)$, $\cdots$, $P_n^{(n)}(x_0)=f^{(n)}(x_0)$，可求出多项式的系数：

$P_n(x_0)=a_0=f(x_0)$,

$P_n'(x)=a_1+2a_2(x-x_0)+\cdots+na_n(x-x_0)^{n-1}$,　$P_n'(x_0)=a_1=f'(x_0)$,

$P_n''(x)=2a_2+2\times 3a_3(x-x_0)^1+4\times 3(x-x_0)^2+\cdots+n(n-1)(x-x_0)^{n-2}$,

$P_n''(x_0)=2a_2=f''(x_0)$,

$P_n'''(x)=3\times 2\times 1a_3+4\times 3\times 2(x-x_0)+\cdots+n(n-1)(n-2)(x-x_0)^{n-3}$,

$P_n'''(x_0)=3!a_3=f'''(x_0)$,

$\vdots$

故 $P_n^{(n)}(x_0)=n!a_n=f^{(n)}(x_0)$,所以

$$a_0=f(x_0),\quad a_1=f'(x_0),\quad a_2=\frac{f''(x_0)}{2!},\quad a_3=\frac{f'''(x_0)}{3!},\quad \cdots,\quad a_n=\frac{f^{(n)}(x_0)}{n!}.$$

故

$$P_n(x)=f(x_0)+f'(x_0)(x-x_0)+\frac{f''(x_0)}{2!}(x-x_0)^2+\cdots+\frac{f^{(n)}(x_0)}{n!}(x-x_0)^n,$$

则 $f(x)=P_n(x)+R_n(x)$.

$R_n(x)$是什么样的函数呢?泰勒回答了这个问题.

定理 1(泰勒中值定理) 如果函数 $f(x)$在含有 x_0 的某个开区间(a,b)内具有直到 $n+1$ 阶的导数,则对任意 $x\in(a,b)$,$f(x)$可以表示为 $x-x_0$ 的一个 n 次多项式与一个余项$R_n(x)$之和

$$f(x)=f(x_0)+f'(x_0)(x-x_0)+\frac{f''(x_0)}{2!}(x-x_0)^2+\cdots+\frac{f^{(n)}(x_0)}{n!}(x-x_0)^n+R_n(x),\tag{3-6}$$

其中 $R_n(x)=\dfrac{f^{(n+1)}(\xi)}{(n+1)!}(x-x_0)^{n+1}$ 称为**拉格朗日型余项**,ξ 是介于 x_0 与 x 之间的某个值.

称式(3-6)右端为 $f(x)$按 $x-x_0$ 的幂展开的 ***n* 阶泰勒公式**,称 $P_n(x)$为 $f(x)$按 $x-x_0$ 的幂展开的 ***n* 次近似多项式**.

证明 因 $R_n(x)=f(x)-P_n(x)$,只需证

$$R_n(x)=\frac{f^{(n+1)}(\xi)}{(n+1)!}(x-x_0)^{n+1}\quad(\xi\text{ 在 }x_0\text{ 与 }x\text{ 之间}).$$

由已知 $R_n(x)$在(a,b)内也具有直到 $n+1$ 阶导数,且

$$R_n(x_0)=R_n'(x_0)=R_n''(x_0)=\cdots=R_n^{(n)}(x_0)=0.$$

因 $P_n(x)$及$(x-x_0)^{n+1}$ 在$[x_0,x]$上连续,在(x_0,x)内可导,且$[(x-x_0)^{n+1}]'$在(x_0,x)内均不为零,满足柯西定理条件,所以有

$$\frac{R_n(x)}{(x-x_0)^{n+1}}=\frac{R_n(x)-R_n(x_0)}{(x-x_0)^{n+1}-(x_0-x_0)^{n+1}}=\frac{R_n'(\xi_1)}{(\xi_1-x_0)^n\cdot(n+1)},\quad \xi_1\in(x_0,x).$$

同理,$R_n'(x)$及$(n+1)(x-x_0)^n$ 在$[x_0,\xi_1]$上连续,在(x_0,ξ_1)内可导,且$[(n+1)\cdot(x-x_0)^n]'$在$[x_0,\xi_1]$内处处不为 0,也有

$$\frac{R_n'(\xi_1)}{(n+1)(\xi_1-x_0)^n}=\frac{R_n'(\xi_1)-R_n'(x_0)}{(n+1)(\xi_1-x_0)^n-0}=\frac{R_n''(\xi_2)}{(n+1)\cdot n\cdot(\xi_2-x_0)^{n-1}},\quad \xi_2\in(x_0,\xi_1).$$

依次类推,经 $n+1$ 次后,得

$$\frac{R_n(x)}{(x-x_0)^{n+1}}=\frac{R_n^{(n+1)}(\xi)}{(n+1)!},\quad \xi\in(x_0,x),$$

$$R_n(x)=\frac{R_n^{(n+1)}(\xi)}{(n+1)!}(x-x_0)^{n+1},\quad \xi\in(x_0,x).$$

而 $R_n(x)=f(x)-P_n(x)$，$P_n(x)$ 为 n 次多项式，故 $[P_n(x)]^{(n+1)}=0$. 从而得

$$R_n^{(n+1)}(\xi)=f^{(n+1)}(\xi),$$

$$R_n(x)=\frac{f^{n+1}(\xi)}{(n+1)!}(x-x_0)^{n+1},\quad \xi\in(x_0,x).$$

而 $|R_n(x)|$ 为用多项式 $P_n(x)$ 近似代替 $f(x)$ 时的误差，如果对某个固定的 n，当 $x\in(a,b)$ 时，都有 $|f^{(n+1)}(x)|\leqslant M$（$M$ 为常数），则有估计式

$$|R_n(x)|=\left|\frac{f^{(n+1)}(\xi)}{(n+1)!}(x-x_0)^{n+1}\right|\leqslant\frac{M}{(n+1)!}|x-x_0|^{n+1},$$

以及 $\lim\limits_{x\to x_0}\dfrac{R_n(x)}{(x-x_0)^n}=0$. 所以当 $x\to x_0$ 时 $|R_n(x)|$ 是 $(x-x_0)^n$ 的高阶无穷小，即 $R_n(x)=o[(x-x_0)^n]$. 此式称为**佩亚诺（Peano）型余项**.

带有佩亚诺型余项的泰勒公式为

$$f(x)=f(x_0)+f'(x_0)(x-x_0)+\frac{f''(x_0)}{2!}(x-x_0)^2+\cdots+\frac{f^{(n)}(x_0)}{n!}(x-x_0)^n+R_n(x),$$

$$R_n(x)=o[(x-x_0)^n].$$

注 (1) 当 $n=0$ 时，泰勒公式为

$$f(x)=f(x_0)+f'(\xi)(x-x_0)\quad(\xi\text{ 介于 }x_0\text{ 与 }x\text{ 之间})$$

可记 $\xi=x_0+\theta(x-x_0)(0<\theta<1)$，故泰勒中值定理是拉格朗日中值定理的推广.

(2) 当 $n=1$ 时，泰勒公式变为

$$f(x)=f(x_0)+f'(x_0)(x-x_0)+\frac{f''(\xi)}{2!}(x-x_0)^2,$$

$f(x)\approx f(x_0)+f'(x_0)(x-x_0)$，误差 $R_1(x)=\dfrac{f''(\xi)}{2!}(x-x_0)^2$（$\xi$ 在 x_0 与 x 之间）.

(3) 当不需要余项的精确表达式时，n 阶泰勒公式可写成

$$f(x)=f(x_0)+f'(x_0)(x-x_0)+\cdots+\frac{f^{(n)}(x_0)}{n!}(x-x_0)^n+o[(x-x_0)^n].$$

3.3.2 麦克劳林公式

取 $x_0=0$，泰勒公式称为**麦克劳林（Maclaurin）公式**，即

$f(x)=f(0)+f'(0)x+\dfrac{f''(0)}{2!}x^2+\cdots+\dfrac{f^{(n)}(0)}{n!}x^n+\dfrac{f^{(n+1)}(\xi)}{(n+1)!}x^{n+1}$，$\xi$ 介于 0 与 x 之间，

$$f(x)=f(0)+f'(0)x+\frac{f''(0)}{2!}x^2+\cdots+\frac{f^{(n)}(0)}{n!}x^n+\frac{f^{(n+1)}(\theta x)}{(n+1)!}x^{n+1},\quad 0<\theta<1,$$

或记

$$f(x)=f(0)+f'(0)x+\frac{f''(0)}{2!}x^2+\cdots+\frac{f^{(n)}(0)}{n!}x^n+o(x^n),$$

可得近似公式

$$f(x)\approx f(0)+f'(0)x+\frac{f''(0)}{2!}x^2+\cdots+\frac{f^{(n)}(0)}{n!}x^n.$$

误差估计式

$$|R_n(x)|\leqslant\left|\frac{f^{(n+1)}(\xi)}{(n+1)!}x^{n+1}\right|\leqslant\frac{M}{(n+1)!}|x|^{n+1}.$$

3.3.3 函数的泰勒展开式举例

1. 直接法

例 1 写出函数 $f(x)=\mathrm{e}^x$ 的 n 阶麦克劳林公式,并利用三阶麦克劳林多项式计算$\sqrt{\mathrm{e}}$的近似值,并估计误差.

解 因为

$$f'(x)=\mathrm{e}^x,\quad f''(x)=\mathrm{e}^x,\quad f'''(x)=\mathrm{e}^x,\quad \cdots,\quad f^{(n)}(x)=\mathrm{e}^x,$$

故

$$f(0)=f'(0)=f''(0)=\cdots=f^{(n)}(0)=1,$$

且

$$R_n(x)=\frac{f^{(n+1)}(\theta x)}{(n+1)!}x^{n+1}=\frac{\mathrm{e}^{\theta x}}{(n+1)!}x^{n+1},\quad 0<\theta<1.$$

故 $f(x)=\mathrm{e}^x$ 的 n 阶麦克劳林公式为

$$\mathrm{e}^x=1+x+\frac{x^2}{2!}+\cdots+\frac{x^n}{n!}+\frac{\mathrm{e}^{\theta x}}{(n+1)!}x^{n+1},\quad 0<\theta<1.$$

(1) 讨论误差:用公式 $1+x+\frac{x^2}{2!}+\cdots+\frac{x^n}{n!}$代替 e^x,所产生的误差为

$$|R_n(x)|=\left|\frac{\mathrm{e}^{\theta x}}{(n+1)!}x^{n+1}\right|\leqslant\frac{\mathrm{e}^{|x|}}{(n+1)!}|x|^{n+1}.$$

(2) 当 $x=1$ 时,则

$$\mathrm{e}^x=\mathrm{e}\approx 1+1+\frac{1}{2!}+\cdots+\frac{1}{n!},\qquad |R_n|\leqslant\frac{\mathrm{e}}{(n+1)!}<\frac{3}{(n+1)!}.$$

当 $n=10$ 时,可算出 $\mathrm{e}\approx 2.718282$,其误差不超过 10^{-6}.

当 $x=\frac{1}{2}$,$n=3$,则

$$\sqrt{\mathrm{e}}\approx 1+\frac{1}{2}+\frac{1}{2!}\left(\frac{1}{2}\right)^2+\frac{1}{3!}\left(\frac{1}{2}\right)^3\approx 1.6458,$$

其误差

$$\left|R_3\left(\frac{1}{2}\right)\right|=\frac{\mathrm{e}^{\theta\cdot\frac{1}{2}}}{4!}\left(\frac{1}{2}\right)^4<\frac{\mathrm{e}^{\frac{1}{2}}}{4!}\left(\frac{1}{2}\right)^4<\frac{4^{\frac{1}{2}}}{4!}\left(\frac{1}{2}\right)^4<\frac{2}{4!}\left(\frac{1}{2^4}\right)\approx 0.0052=5.2\times 10^{-3}.$$

例 2 求 $f(x)=\sin x$ 的 n 阶麦克劳林公式.

解 $f'(x)=(\sin x)'=\cos x=\sin\left(x+\frac{\pi}{2}\right)$,

$$f''(x)=(\sin x)''=\left(\sin\left(x+\frac{\pi}{2}\right)\right)'=\sin\left(x+\frac{\pi}{2}+\frac{\pi}{2}\right)\left(x+\frac{\pi}{2}\right)'=\sin\left(x+2\cdot\frac{\pi}{2}\right),$$

$$\vdots$$

$$f^{(n)}(x)=(\sin x)^{(n)}=\sin\left(x+n\cdot\frac{\pi}{2}\right).$$

故

$$f(0)=0,\quad f'(0)=1,\quad f''(0)=0,\quad f'''(0)=-1,\quad f^{(4)}(0)=0,$$

于是

$$\begin{aligned}\sin x&=f(0)+f'(0)x+\frac{f''(0)}{2!}x^2+\cdots+\frac{f^{n}(0)}{n!}\cdot x^n+R_n(x)\\&=x-\frac{x^3}{3!}+\frac{x^5}{5!}+\cdots+(-1)^m\frac{x^{2m+1}}{(2m+1)!}+R_{2m}(x),\end{aligned}$$

其中，$R_{2m}(x)=\dfrac{\sin\left(\theta x+\dfrac{2m+1}{2}\pi\right)}{(2m+1)!}x^{2m+1}\ (0<\theta<1)$.

取 $m=1$，则 $\sin x\approx x$，误差 $|R_2(x)|=\left|\dfrac{\sin\left(\theta x+\dfrac{3}{2}\pi\right)}{3!}x^3\right|\leqslant\dfrac{|x|^3}{6}(0<\theta<1)$.

如果 m 分别取 2 和 3，则可得 $\sin x$ 的 3 次和 5 次近似多项式分别为

$$\sin x\approx x-\frac{1}{3!}x^3\quad 和\quad \sin x\approx x-\frac{1}{3!}x^3+\frac{1}{5!}x^5,$$

其误差的绝对值依次不超过 $\dfrac{1}{5!}|x^5|$ 和 $\dfrac{1}{7!}|x^7|$.

以上三个近似多项式及正弦函数的图形画在图 3-5 中，以便比较.

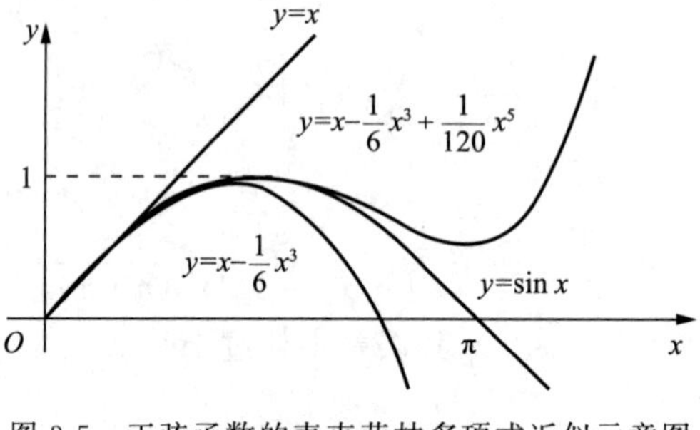

图 3-5 正弦函数的麦克劳林多项式近似示意图

类似地，当 $n=2m+1$ 时，$\cos x$ 的 n 阶麦克劳林展开式为

$$\cos x=1-\frac{x^2}{2!}+\frac{x^4}{4!}-\frac{x^6}{6!}+\cdots+(-1)^m\frac{x^{2m}}{(2m)!}+\frac{\cos[\theta x+(m+1)\pi]}{(2m+2)!}x^{2m+2},\quad 0<\theta<1.$$

例 3 求函数 $f(x)=(1+x)^\alpha$（α 为任意实数）在 $x=0$ 点的泰勒公式.

解 由于

$$\begin{gathered}f'(x)=\alpha(1+x)^{\alpha-1},\\f''(x)=\alpha(\alpha-1)(1+x)^{\alpha-2},\quad\cdots,\\f^{(n)}(x)=\alpha(\alpha-1)\cdots(\alpha-n+1)(1+x)^{\alpha-n}.\end{gathered}$$

于是有

$$f(0)=1,\quad f'(0)=\alpha,\quad f''(0)=\alpha(\alpha-1),\quad \cdots,$$
$$f^{(n)}(0)=\alpha(\alpha-1)\cdots(\alpha-n+1).$$

从而得 $f(x)=(1+x)^{\alpha}$ 在 $x=0$ 点的泰勒公式为

$$(1+x)^{\alpha}=1+\alpha x+\frac{\alpha(\alpha-1)}{2!}x^2+\cdots+\frac{\alpha(\alpha-1)\cdots(\alpha-n+1)}{n!}+o(x^n).$$

特别地,当 $\alpha=n$(正整数)时,有

$$(1+x)^n=1+nx+\frac{n(n-1)}{2!}x^2+\cdots+nx^{n-1}+x^n.$$

2. 间接法

例 4 求 e^{x^2} 及 xe^x 在 $x=0$ 点的泰勒公式.

解 由 $e^x=1+x+\frac{1}{2!}x^2+\frac{1}{3!}x^3+\cdots+\frac{1}{n!}x^n+o(x^n)$,直接代入可得.

$$e^{x^2}=1+x^2+\frac{1}{2!}x^4+\frac{1}{3!}x^6+\cdots+\frac{1}{n!}x^{2n}+o(x^{2n}).$$

因 $f(x)=xe^x$,则

$$\begin{aligned}f(x)&=x\left(1+x+\frac{x^2}{2!}+\cdots+\frac{x^{n-1}}{(n-1)!}+o(x^{n-1})\right)\\&=x+x^2+\frac{x^3}{2!}+\cdots+\frac{x^n}{(n-1)!}+o(x^n).\end{aligned}$$

3.3.4 常用初等函数的麦克劳林公式

$$e^x=1+x+\frac{x^2}{2!}+\cdots+\frac{x^n}{n!}+o(x^n);$$

$$\sin x=x-\frac{x^3}{3!}+\frac{x^5}{5!}-\cdots+(-1)^n\frac{x^{2n+1}}{(2n+1)!}+o(x^{2n+2});$$

$$\cos x=1-\frac{x^2}{2!}+\frac{x^4}{4!}-\frac{x^6}{6!}+\cdots+(-1)^n\frac{x^{2n}}{(2n)!}+o(x^{2n});$$

$$\ln(1+x)=x-\frac{x^2}{2}+\frac{x^3}{3}-\cdots+(-1)^n\frac{x^{n+1}}{n+1}+o(x^{n+1});$$

$$\frac{1}{1-x}=1+x+x^2+\cdots+x^n+o(x^n);$$

$$(1+x)^{\alpha}=1+\alpha x+\frac{\alpha(\alpha-1)}{2!}x^2+\cdots+\frac{\alpha(\alpha-1)\cdots(\alpha-n+1)}{n!}x^n+o(x^n).$$

*3.3.5 泰勒公式的应用

1. 近似计算

例 5 求 sin10°的近似值,并估计误差.

解 先将角度换算成弧度,$x=10°=\frac{\pi}{18}\approx 0.174533<0.2$,如果用一阶泰勒公式求 sin10°的近似值,则 $\sin x=\sin 10°=\sin(0.174533)\approx x=0.174533$.

误差估计为$|R_1(x)|=\left|\frac{1}{2}\sin\left(\xi+\frac{2\pi}{2}\right)\cdot(0.174533)^2\right|<\frac{1}{2}(0.2)^2=0.02.$

2. 求函数极限

例 6 设 $f(x)$在原点的邻域内二阶可导，且$\lim\limits_{x\to 0}\left(\frac{\sin 3x}{x^3}+\frac{f(x)}{x^2}\right)=0$，求 $f(0)$，$f'(0)$，$f''(0)$，并计算极限$\lim\limits_{x\to 0}\left(\frac{3}{x^2}+\frac{f(x)}{x^2}\right)$.

解
$$\begin{aligned}0&=\lim_{x\to 0}\left(\frac{\sin 3x}{x^3}+\frac{f(x)}{x^2}\right)\\&=\lim_{x\to 0}\left[\frac{3x-\frac{(3x)^3}{3!}+o(x^3)}{x^3}+\frac{f(0)+f'(0)x+f''(0)\frac{x^2}{2}+o(x^2)}{x^2}\right]\\&=\lim_{x\to 0}\frac{1}{x^3}\left[(3+f(0))x+f'(0)x^2+\left(\frac{f''(0)}{2}-\frac{9}{2}\right)x^3+o(x^3)\right].\end{aligned}$$
因为上式极限等于零，所以分子的最小次数大于分母的最小次数，因而有
$$3+f(0)=0,f'(0)=0,\frac{f''(0)}{2}-\frac{9}{2}=0,\quad 即\quad f(0)=-3,f'(0)=0,f''(0)=9.$$
从而
$$\begin{aligned}\lim_{x\to 0}\left(\frac{3}{x^2}+\frac{f(x)}{x^2}\right)&=\lim_{x\to 0}\frac{1}{x^2}\left[3+f(0)+f'(0)x+\frac{1}{2}f''(0)x^2+o(x^2)\right]\\&=\lim_{x\to 0}\frac{1}{x^2}\left[3-3+\frac{9x^2}{2}+o(x^2)\right]=\frac{9}{2}.\end{aligned}$$

例 7 利用带有佩亚诺型余项的麦克劳林公式，求$\lim\limits_{x\to 0}\frac{\sin x-x\cos x}{\sin^3 x}$.

解 由 $\sin x=x-\frac{x^3}{3!}+o(x^3)$，$x\cos x=x-\frac{x^3}{2!}+o(x^3)$，则 $\sin x-x\cos x=\frac{1}{3}x^3+o(x^3)$，故
$$\lim_{x\to 0}\frac{\sin x-x\cos x}{\sin^3 x}=\lim_{x\to 0}\frac{\frac{1}{3}x^3+o(x^3)}{x^3}=\frac{1}{3}.$$
注 两个比 x^3 高阶的无穷小的和仍记为 $o(x^3)$.

3. 用泰勒公式确定和比较无穷小的阶

设 $f(x)$在 $x=a$ 处 n 阶可导，且
$$f(x)=\frac{1}{n!}f^{(n)}(a)(x-a)^n+o((x-a)^n),\quad f^{(n)}(a)\neq 0,$$
或
$$f(x)=A_n(x-a)^n+o((x-a)^n),\quad A_n\neq 0,$$
则当 $x\to a$ 时，$f(x)$是 $x-a$ 的 n 阶无穷小.

例 8 用泰勒公式确定 $x\to 0$ 时 $\sqrt{1-2x}-\sqrt[3]{1-3x}$ 是 x 的几阶无穷小量.

解 因 $(1+t)^m=1+mt+\dfrac{m(m-1)}{2}t^2+o(t^2)(t\to 0)$，故有

$$\sqrt{1-2x}=1+\frac{1}{2}(-2x)-\frac{1}{8}\cdot(-2x)^2+o(x^2),$$

$$\sqrt[3]{1-3x}=1+\frac{1}{3}(-3x)-\frac{1}{9}(-3x)^2+o(x^2).$$

则

$$\sqrt{1-2x}-\sqrt[3]{1-3x}=\frac{x^2}{2}+o(x^2)-o(x^2)=\frac{x^2}{2}+o(x^2),$$

$$\lim_{x\to 0}\frac{\sqrt{1-2x}-\sqrt[3]{1-3x}}{x^2}=\lim_{x\to 0}\frac{\frac{x^2}{2}+o(x^2)}{x^2}=\frac{1}{2}\neq 0.$$

故 $\sqrt{1-2x}-\sqrt[3]{1-3x}$ 是 x 的 2 阶无穷小.

4. 用泰勒公式求 $f^{(n)}(x_0)$ 的值

若用间接法求得泰勒公式

$$f(x)=A_0+A_1(x-x_0)+A_2(x-x_0)^2+\cdots+A_n(x-x_0)^n+o((x-x_0)^n),\quad x\to x_0,$$

由泰勒公式的唯一性得 $f^{(n)}(x_0)=n!A_n$.

例 9 设 $f(x)=x^2\ln(1+x)$，求 $f^{(n)}(0)(n\geqslant 3)$.

解 直接由 $\ln(1+x)$ 的泰勒公式得

$$\begin{aligned}f(x)&=x^2\left[x-\frac{1}{2}x^2+\frac{1}{3}x^3-\cdots+(-1)^{n-3}\frac{1}{n-2}x^{n-2}+o(x^{n-2})\right]\\&=x^3-\frac{1}{2}x^4+\cdots+\frac{(-1)^{n-3}}{n-2}x^n+o(x^n),\quad x\to 0.\end{aligned}$$

比较 x^n 的系数得 $\dfrac{f^{(n)}(0)}{n!}=\dfrac{(-1)^{n-1}}{n-2}$，所以 $f^{(n)}(0)=n!\ \dfrac{(-1)^{n-3}}{n-2}$.

5. 证明不等式

例 10 设 $\lim\limits_{x\to 0}\dfrac{f(x)}{x}=1$，且 $f''(x)>0$，求证 $f(x)\geqslant x$.

证明 易知 $\lim\limits_{x\to 0}f(x)=0$，则 $f(0)=0$，所以 $\lim\limits_{x\to 0}\dfrac{f(x)-f(0)}{x-0}=f'(0)=1$.

由麦克劳林公式有

$$f(x)=f(0)+f'(0)x+\frac{f''(\xi)}{2!}x^2=x+\frac{f''(\xi)}{2!}x^2,$$

因 $f''(x)>0$，故 $f(x)\geqslant x$.

注 写泰勒公式时，余项中含有 $f^{(n+1)}(\xi)$，若 $f(x)$ 为复合函数或此函数可利用已学的 $e^x,\sin x,\cos x$ 的展开式时，则 $f(x)$ 展开式中的余项不等于分别余项再复合，必须是整个函数求余项.

二维码 3.3

习题 3.3

1. 求函数 $f(x)=e^x$ 在 $x=1$ 处的 n 阶泰勒公式.

2. 当 $x_0=-1$ 时,求函数 $f(x)=\dfrac{1}{x}$ 的 n 阶泰勒公式.

3. 按 $x-4$ 的幂展开多项式 $f(x)=x^4-5x^3+x^2-3x+4$.

4. 利用泰勒公式求下列极限:

(1) $\lim\limits_{x\to 0}\dfrac{x-\sin x}{x^3}$; (2) $\lim\limits_{x\to +\infty}\left[x-x^2\ln\left(1+\dfrac{1}{x}\right)\right]$.

提高题

1. 当 $x\to 0$ 时,$e^x-(ax^2+bx+1)$ 是比 x^2 高阶的无穷小,求 a,b.

2. 设 $f(x)$ 在 $[-1,1]$ 上具有三阶连续导数,且 $f(-1)=0,f(1)=1,f'(0)=0$. 证明:在 $(-1,1)$ 内至少存在一点 ξ,使得 $f'''(\xi)=3$.

3. 求 $\lim\limits_{x\to 0}\dfrac{\cos x-1-\ln(1+x^2)}{\sqrt{1+x}-1-\dfrac{1}{2}x}$.

4. 求 $\lim\limits_{x\to 0}\dfrac{e^{x^2}+2\cos x-3}{x^4}$.

5. 已知函数 $f(x)=\dfrac{1}{1+x^2}$,则 $f^{(3)}(0)=$________.

6. 设 $f(x)=x^2\sin x$,则 $f^{(2025)}(0)=$________.

7. 已知 $f(x)=x\arctan x$,则 $f^{(100)}(0)=$________.

3.4 函数的单调性与极值

3.4.1 函数的单调性

如果函数在定义域的某个区间内随着自变量的增加而增加(减少),则称函数在这一区间上是单调增加(减少)的. 函数的单调性在几何上表现为图形的升或降. 单调增加函数的图形在平面直角坐标系中是一条从左至右(自变量增加的方向)逐渐上升(函数值增加的方向)的曲线,曲线上各点处的切线(如果存在的话)与横轴正向所夹角度为锐角,即曲线切线的斜率为正,也即函数的导数为正,如图 3-6(a)所示. 类似地,单调减少函数的图形是平面直角坐标系中一条从左至右逐渐下降的曲线,其上任一点的切线(如果存在的话)的斜率为负,也即函数的导数为负. 如图 3-6(b)所示.

由此可见,函数的单调性与其导数的符号有着密切的关系. 事实上,有如下定理.

定理 1 设 $f(x)$ 在 $[a,b]$ 上连续,且在 (a,b) 内可导,

(1) 若对任意 $x\in(a,b)$,有 $f'(x)>0$,则 $f(x)$ 在 $[a,b]$ 上严格单调增加;

(2) 若对任意 $x\in(a,b)$,有 $f'(x)<0$,则 $f(x)$ 在 $[a,b]$ 上严格单调减少.

证明方法参见拉格朗日中值定理推论 1.

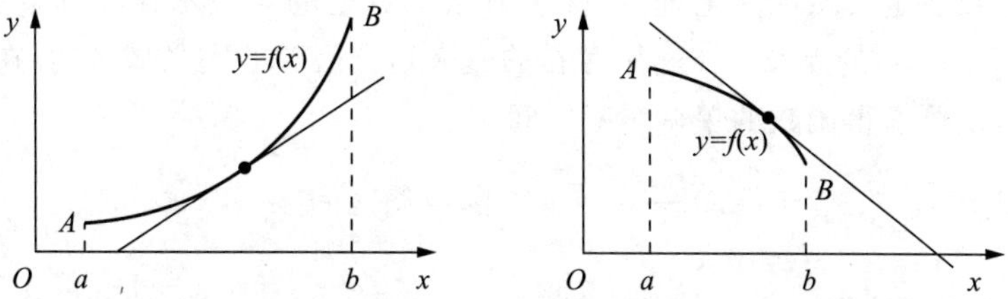

(a)函数图形上升时切线斜率非负　　(b)函数图形下降时切线斜率非正

图 3-6　可微函数的单调性与切线斜率间关系的示意图

注　定理中的闭区间若换成其他区间(如开的、闭的或无穷区间等),结论仍成立.

例 1　讨论 $y=x-\sin x$ 在$[0,\pi]$上的单调性.

解　因为对任意的 $x\in(0,\pi)$,有$(x-\sin x)'=1-\cos x>0$,所以 $y=x-\sin x$ 在$[0,\pi]$上单调增加.

注　定理 1 的条件可以适当放宽,若在(a,b)内的有限个点处,有 $f'(x)=0$,其余点处处满足定理 1 的条件,则定理 1 的结论仍然成立. 例如 $y=x^3$ 在 $x=0$ 处有 $f'(0)=0$,但它在$(-\infty,+\infty)$上单调增加,如图 3-7 所示.

例 2　求函数 $y=2x^2-\ln x$ 的单调区间.

解　函数的定义域为$(0,+\infty)$,函数在整个定义域内可导,且 $y'=4x-\dfrac{1}{x}$. 令 $y'=0$,解得 $x=\pm\dfrac{1}{2}$.

当 $0<x<\dfrac{1}{2}$时,$y'<0$,故函数在$\left(0,\dfrac{1}{2}\right]$内单调减少; 当 $x>\dfrac{1}{2}$时,$y'>0$,故函数在$\left(\dfrac{1}{2},+\infty\right)$内单调增加.

例 3　讨论函数 $y=\sqrt[3]{x^2}$ 的单调性.

解　函数的定义域为$(-\infty,+\infty)$,当 $x\neq 0$ 时,$y'=\dfrac{2}{3\sqrt[3]{x}}$;当 $x=0$ 时,函数 $y=\sqrt[3]{x^2}$ 有定义,但其导数不存在. 当 $x<0$ 时,$y'<0$,故函数在$(-\infty,0)$内单调减少; 当 $x>0$ 时,$y'>0$,函数在$(0,+\infty)$内单调增加. 如图 3-8 所示.

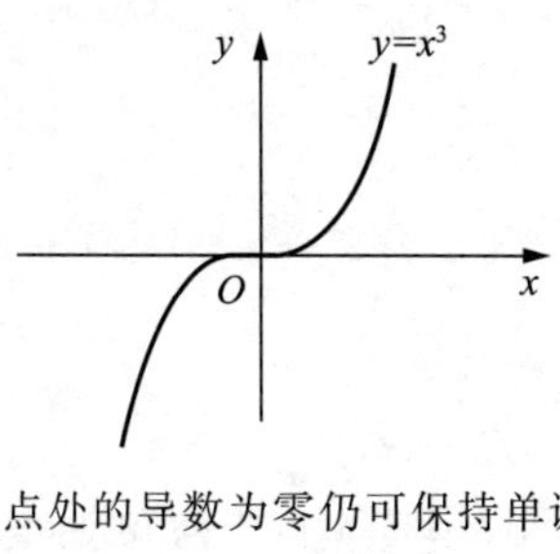

图 3-7　在一点处的导数为零仍可保持单调性的示意图

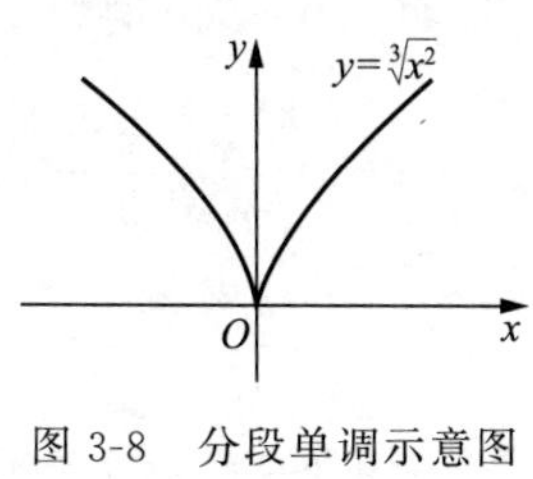

图 3-8　分段单调示意图

从例 2、例 3 可以看出,函数单调增减区间的分界点是导数为零的点或导数不存在的点.

一般地，如果函数在定义域区间上连续，除去有限个点处的导数不存在其余点导数都存在，那么只要用 $f'(x)=0$ 的点及 $f'(x)$ 不存在的点来划分函数的定义域区间，在每一区间上判别导数的符号，便可求得函数的单调增减区间.

例4 确定函数 $f(x)=\frac{3}{5}x^{\frac{5}{3}}-\frac{3}{2}x^{\frac{2}{3}}+5$ 的单调区间.

解 函数的定义域为 $(-\infty,+\infty)$，而 $f'(x)=x^{\frac{2}{3}}-x^{-\frac{1}{3}}=\frac{x-1}{\sqrt[3]{x}}$.

可见，$x_1=0$ 处导数不存在，$x_2=1$ 处导数为零. 以 x_1 和 x_2 为分点，将函数定义域 $(-\infty,+\infty)$ 分为三个区间，其讨论结果如表 3-1 所示.

表 3-1 单调区间

x	$(-\infty,0)$	$[0,1]$	$(1,+\infty)$
$f'(x)$	+	−	+
$f(x)$	↑	↓	↑

由表 3-1 可知，$f(x)$ 的单调增加区间为 $(-\infty,0)$ 和 $(1,+\infty)$，单调减少区间为 $[0,1]$.

***例5** 在经济学中，消费品的需求量 y 与消费者的收入 $x(x>0)$ 的关系常常简化为函数 $y=f(x)$，称为恩格尔(Engle)函数，它有多种形式. 例如有

$$f(x)=Ax^b,\quad A>0, b \text{ 为常数}.$$

将恩格尔函数求导得

$$f'(x)=Abx^{b-1}.$$

因为 $A>0$，故当 $b>0$ 时，有 $f'(x)>0$，$f(x)$ 为单调增函数；当 $b<0$ 时，$f'(x)<0$，$f(x)$ 为单调减函数. 恩格尔函数单调性的经济学解释为：收入越高，购买力越强，正常情况下，该商品的需求量也越多，即恩格尔函数为增函数，说明该商品为正常的；相反，若收入增加，对该商品的需求量反而减少，只能说明该商品是劣等的. 即因生活水平提高而放弃质量较低的商品转向购买高质量的商品. 因此，恩格尔函数 $f(x)=Ax^b$，当 $b>0$ 时，该商品为正常品；当 $b<0$ 时，为劣等品.

利用函数的单调性. 可以证明一些不等式. 例如，要证 $f(x)>0$ 在 $[a,b]$ 上成立，只要证明在 $[a,b]$ 上 $f(x)$ 严格单调增加(减少)且 $f(a)\geqslant 0$ ($f(b)\geqslant 0$) 即可.

例6 证明：当 $x>0$ 时，$1+\frac{1}{2}x>\sqrt{1+x}$.

证明 令 $f(x)=1+\frac{x}{2}-\sqrt{1+x}$，则

$$f'(x)=\frac{1}{2}-\frac{1}{2\sqrt{1+x}}.$$

由于当 $x>0$ 时，$f'(x)>0$，因此 $f(x)$ 在 $[0,+\infty)$ 上严格单调增加，即当 $x>0$ 时，$f(x)>f(0)$. 而 $f(0)=0$，所以当 $x>0$ 时有 $f(x)>0$，即 $1+\frac{1}{2}x>\sqrt{1+x}$.

例 7 证明:当 $0<x<\frac{\pi}{2}$ 时,$\sin x+\tan x>2x$.

证明 令 $f(x)=\sin x+\tan x-2x$,则

$$f'(x)=\cos x+\sec^2 x-2=\frac{\cos x+1-2\cos^2 x}{\cos^2 x}=\frac{(1+2\cos x)(1-\cos x)}{\cos^2 x}.$$

当 $0<x<\frac{\pi}{2}$ 时,$f'(x)>0$,从而 $f(x)$ 在 $\left[0,\frac{\pi}{2}\right)$ 上严格单调增加,即当 $0<x<\frac{\pi}{2}$ 时,有 $f(x)>f(0)=0$,也即

$$\sin x+\tan x>2x,\quad x\in\left(0,\frac{\pi}{2}\right).$$

3.4.2 函数的极值

函数的极值是一个局部性概念,其确切定义如下.

定义 1 设 $f(x)$ 在 x_0 的某邻域 $U(x_0)$ 内有定义.若对任意 $x\in\mathring{U}(x_0)$,有 $f(x)<f(x_0)$ ($f(x)>f(x_0)$),则称 $f(x)$ 在点 x_0 处取得**极大值**(maximum)(**极小值**(minimum)) $f(x_0)$,称 x_0 为**极大值点**(**极小值点**).

极大值和极小值统称为**极值**(extreme value),极大值点和极小值点统称为**极值点**.由定义可知,极值是在一点的邻域内比较函数值的大小而产生的.因此对于一个定义在 (a,b) 内的函数,极值往往可能有很多个,且某一点取得的极大值可能会比另一点取得的极小值还要小(图 3-9).从直观上看,图 3-9 中曲线所对应的函数在取极值的地方,其切线(如果存在)都是水平的,即该点处的导数为零.

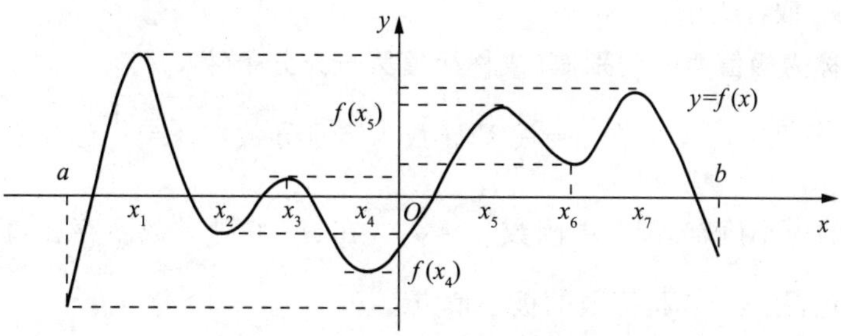

图 3-9 极值点对应的导数值的示意图

事实上,有下面的费马(Fermat)定理.

定理 2(费马定理) 设函数 $f(x)$ 在某区间 I 内有定义,若 $f(x)$ 在该区间内的点 x_0 处取得极值,且 $f'(x_0)$ 存在,则必有 $f'(x_0)=0$.

证明 不妨设 $f(x_0)$ 为极大值,则由定义,存在 $U(x_0)\subset I$ 使对任意 $x\in\mathring{U}(x_0)$ 有 $f(x)<f(x_0)$.从而当 $x<x_0$ 时,有 $\frac{f(x)-f(x_0)}{x-x_0}>0$,故

$$f'_-(x_0)=\lim_{x\to x_0^-}\frac{f(x)-f(x_0)}{x-x_0}\geqslant 0;$$

又当 $x>x_0$ 时,有 $\frac{f(x)-f(x_0)}{x-x_0}<0$,故

$$f'_+(x)=\lim\frac{f(x)-f(x_0)}{x-x_0}\leqslant 0.$$

因 $f'(x_0)$存在，故 $f'_+(x_0)=f'_-(x_0)=f'(x_0)$，从而 $f'(x_0)=0$.

通常称 $f'(x)=0$ 的根为函数 $f(x)$的**驻点**. 定理 2 告诉我们：可导函数的极值点一定是驻点. 但其逆命题不成立. 例如，$x=0$ 是 $f(x)=x^3$ 的驻点但不是 $f(x)$的极值点. 事实上 $f(x)=x^3$ 在$(-\infty,+\infty)$上是单调增加函数. 另外，连续函数在导数不存在的点处也可能取得极值，例如，$y=|x|$在 $x=0$ 处取极小值，而函数在 $x=0$ 处不可导. 因此，对于连续函数来说，驻点和导数不存在的点均有可能成为极值点. 那么，如何判别它们是否为极值点呢？我们有以下的判别准则.

定理 3　设 $f(x)$在点 x_0 连续，在$\mathring{U}(x_0,\delta)$内可导，$f'(x_0)=0$ 或 $f'(x_0)$不存在.

(1) 若对任意 $x\in(x_0-\delta,x_0)$，$f'(x)>0$；对任意 $x\in(x_0,x_0+\delta)$，$f'(x)<0$，则 $f(x)$在 x_0 取得极大值.

(2) 若对任意 $x\in(x_0-\delta,x_0)$，$f'(x)<0$；对任意 $x\in(x_0,x_0+\delta)$，$f'(x)>0$，则 $f(x)$在 x_0 取得极小值.

(3) 若在$\mathring{U}(x_0,\delta)$内 $f'(x)$符号保持不变，则 $f(x)$在 x_0 取不到极值.

证明　只证(1). 当 $x\in(x_0-\delta,x_0)$时，因为 $f'(x)>0$，所以 $f(x)$严格单调增加，因而

$$f(x)<f(x_0),\quad x\in(x_0-\delta,x_0).$$

当 $x\in(x_0,x_0+\delta)$时，因为 $f'(x)<0$，所以 $f(x)$严格单调减少，因而同样有 $f(x)<f(x_0)$，$x\in(x_0,x_0+\delta)$.

故 $f(x)$在 x_0 取极大值.

常将定理 3 称为**极值第一判别法**(或称**极值第一充分条件**).

例 2 中函数 $y=2x^2-\ln x$ 在 $x=\frac{1}{2}$处导数为零且导数在 $x=\frac{1}{2}$的左右两边由负变正，故 $x=\frac{1}{2}$是函数的极小值点. 例 3 中函数 $y=\sqrt[3]{x^2}$ 在 $x=0$ 处导数不存在，但其导数在该点左右两边由负变正，故 $x=0$ 是函数的极小值点.

例 8　求函数 $f(x)=\frac{1}{\sqrt{2\pi}}\mathrm{e}^{-\frac{x^2}{2}}$的极值.

解　$f'(x)=-\frac{x}{\sqrt{2\pi}}\mathrm{e}^{-\frac{x^2}{2}}$. 由 $f'(x)=0$，解得 $x=0$. 由于 $x<0$ 时，$f'(x)>0$，而 $x>0$ 时，$f'(x)<0$，因此 $x=0$ 是 $f(x)$的极大值点，极大值 $f(0)=\frac{1}{\sqrt{2\pi}}$.

由于极值点是单调区间的分界点，所以，极值第一判别法和函数单调性判别法有紧密联系. 此判别法在几何上也是很直观的，如图 3-10 所示.

有时候，对于驻点是否为极值点利用下面定理判别更简便.

定理 4　设 $f(x)$在 $U(x_0)$具有二阶导数且 $f'(x_0)=0$，$f''(x_0)\neq 0$，则：

(1) 当 $f''(x_0)<0$ 时，$f(x)$在 x_0 取得极大值；

(2) 当 $f''(x_0)>0$ 时，$f(x)$在 x_0 取得极小值.

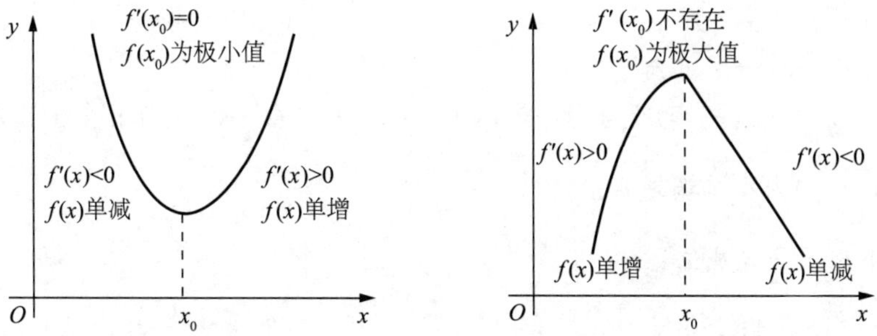

(a) 极小值　　(b) 极大值

图 3-10　极值第一判别法示意图

证明　将 $f(x)$在 x_0 处展开为二阶泰勒公式，并注意到 $f'(x_0)=0$，得

$$f(x)-f(x_0)=\frac{f''(x_0)}{2!}(x-x_0)^2+o((x-x_0)^2),$$

因 $x\to x_0$ 时，$o((x-x_0)^2)$是比$(x-x_0)^2$ 高阶的无穷小，所以存在 $\mathring{U}(x_0,\delta)\subset U(x_0)$，使得当 $x\in\mathring{U}(x_0,\delta)$时上式右端的正负取决于第一项，故当 $f''(x_0)>0$ 时，对任意 $x\in\mathring{U}(x_0,\delta)$，有 $f(x)>f(x_0)$，即 $f(x_0)$为极小值；当 $f''(x_0)<0$ 时，对任意 $x\in\mathring{U}(x_0,\delta)$，有 $f(x)<f(x_0)$，即 $f(x_0)$为极大值.

定理 4 常称为**极值第二判别法**(或称**极值第二充分条件**).

例 9　求 $f(x)=x^3-3x^2-9x+5$ 的极值.

解　$f'(x)=3x^2-6x-9$，$f''(x)=6x-6$.

令 $f'(x)=0$，得 $x_1=-1$，$x_2=3$. 而 $f''(-1)=-12<0$，$f''(3)=12>0$，所以 $f(x)$在 $x_1=-1$ 处取得极大值 $f(-1)=10$，$f(x)$在 $x_2=3$ 处取得极小值 $f(3)=-22$.

注　如果在驻点 x_0 处 $f''(x_0)=0$，那么利用定理 4 不能判别 $f(x)$在 x_0 处是否取极值. 例如 $f(x)=x^3$，不仅 $f'(0)=0$，而且 $f''(0)=0$，此时我们可运用定理 3 来判别，也可用如下的推论来判别.

推论　若 $f'(x_0)=f''(x_0)=\cdots=f^{(n-1)}(x_0)=0$，而 $f^{(n)}(x_0)\neq 0$，则当 n 为偶数时，$f(x)$在 x_0 取得极值：$f^{(n)}(x_0)>0$ 时，$f(x)$在 x_0 取得极小值，$f^{(n)}(x_0)<0$ 时，$f(x)$在 x_0 取得极大值；当 n 为奇数时，$f(x)$在 x_0 取不到极值.

习题 3.4

二维码 3.4

1. 求下列函数的单调区间与极值：

(1) $f(x)=2x^3-6x^2-18x-7$；　(2) $f(x)=x-\ln x$；

(3) $f(x)=1-(x-2)^{\frac{2}{3}}$；　(4) $f(x)=|x|(x-4)$.

2. 求下列函数的极值：

(1) $f(x)=x^3-3x^2+7$；　(2) $f(x)=\dfrac{2x}{1+x^2}$；

(3) $f(x)=\sqrt{2+x-x^2}$； (4) $f(x)=x^2\mathrm{e}^{-x}$.

3. 试证方程 $\sin x=x$ 只有一个根.

4. 已知 $f(x)$在$[0,+\infty)$上连续，若 $f(0)=0$，$f'(x)$在$[0,+\infty)$上存在且单调增加，证明$\dfrac{f(x)}{x}$在$(0,+\infty)$内也单调增加.

5. 证明下列不等式成立：

(1) $2^x>x^2,x>4$； (2) $x-\dfrac{x^2}{2}<\ln(1+x),x>0$；

(3) $\mathrm{e}^x>\mathrm{e}x,x>1$； (4) $\sin x>\dfrac{2}{\pi}x,0<x<\dfrac{\pi}{2}$.

6. 试问 a 为何值时，$f(x)=a\sin x+\dfrac{1}{3}\sin 3x$ 在 $x=\dfrac{\pi}{3}$处取得极值？是极大值还是极小值？并求出此极值.

提高题

1. 证明 $x>0$ 时：(1) $(x^2-1)\ln x\geqslant(x-1)^2$；(2) $(1+x)\ln^2(1+x)<x^2$.

2. 设 $x>0$ 时，方程 $kx+\dfrac{1}{x^2}=1$ 有且仅有一个实根，求 k 的取值范围.

3. 证明方程 $1-x+\dfrac{x^2}{2}-\dfrac{x^3}{3}+\dfrac{x^4}{4}=0$ 无实根.

4. 已知方程$\dfrac{1}{\ln(1+x)}-\dfrac{1}{x}=k$ 在区间$(0,1)$内有实根，确定常数 k 的取值范围.

5. 设函数 $f(x)$在$[0,+\infty)$上可导，且 $f(0)=0$，$f'(x)$单调增加. 证明$\dfrac{f(x)}{x}$在$(0,+\infty)$内单调增加.

6. 已知函数 $y=y(x)$满足关系式 $x^2+y^2y'=1-y'$，且 $y(2)=0$，求 $y(x)$的极大值和极小值.

7. 设 $f(x)$是二次可微的函数，满足 $f(0)=-1$，$f'(0)=0$，且对任意的 $x\geqslant0$，有 $f''(x)-3f'(x)+2f(x)\geqslant0$，证明：对每个 $x\geqslant0$，都有 $f(x)\geqslant\mathrm{e}^{2x}-2\mathrm{e}^x$.

8. 设函数 $y=y(x)$由方程 $2y^3-2y^2+2xy-x^2=1$ 所确定，试求 $y=y(x)$的驻点，并判断是否为极值点.

3.5 数学建模——最优化问题

在许多实际问题中，经常提出诸如用料最省、成本最低、效益最大等问题，这就是所谓的最优化问题. 这类问题在数学上常归结为求一个函数(称为目标函数)的最大值或最小值问题.

3.5.1 最大值与最小值

1. 闭区间上连续函数的最大值、最小值

若 $f(x)$在$[a,b]$上连续，且在(a,b)内只有有限个驻点或导数不存在点，设其为 x_1，

$x_2,\cdots,x_n$，由闭区间上连续函数的最值定理知 $f(x)$ 在 $[a,b]$ 上必取得最大值和最小值. 若最值在区间内部取得，则最值一定也是极值，而极值点只能是驻点或导数不存在的点. 最值也可能在区间端点 $x=a$ 或 $x=b$ 处取得，所以 $f(x)$ 在 $[a,b]$ 上的最大值为

$$\max_{x\in[a,b]} f(x)=\max\{f(a),f(x_1),\cdots,f(x_n),f(b)\},$$

最小值为

$$\min_{x\in[a,b]} f(x)=\min\{f(a),f(x_1),\cdots,f(x_n),f(b)\}.$$

因此，求 $f(x)$ 在闭区间 I 上的最大(小)值的步骤：

(1) 求 $f(x)$ 在区间 I 上的所有驻点和不可导点；

(2) 求驻点和不可导点以及区间端点的函数值并比较大小.

例 1 求 $f(x)=x^4-8x^2+2$ 在 $[-1,3]$ 上的最大值和最小值.

解 $f'(x)=4x(x-2)(x+2)$.

令 $f'(x)=0$，得驻点 $x_3=0,x_2=2,x_3=-2$(舍去). 而

$$f(-1)=-5,\quad f(0)=2,\quad f(2)=-14,\quad f(3)=11.$$

故有

$$\max_{x\in[-1,3]} f(x)=f(3)=11,\qquad \min_{x\in[-1,3]} f(x)=f(2)=-14.$$

例 2 求 $f(x)=xe^x$ 在定义域上的最大值和最小值.

解 $f(x)$ 在定义域 $(-\infty,+\infty)$ 上连续可导，且 $f'(x)=(x+1)e^x$.

令 $f'(x)=0$，得驻点 $x=-1$.

当 $x<-1$ 时，$f'(x)<0$；当 $x>-1$ 时，$f'(x)>0$. 故 $f(x)$ 在 $x=-1$ 处取得极小值. 又 $\lim\limits_{x\to-\infty} f(x)=0$，$\lim\limits_{x\to+\infty} f(x)=+\infty$，从而 $f(x)$ 的最小值为 $f(-1)=-e^{-1}$，$f(x)$ 无最大值. 此函数的图像参见图 3-11.

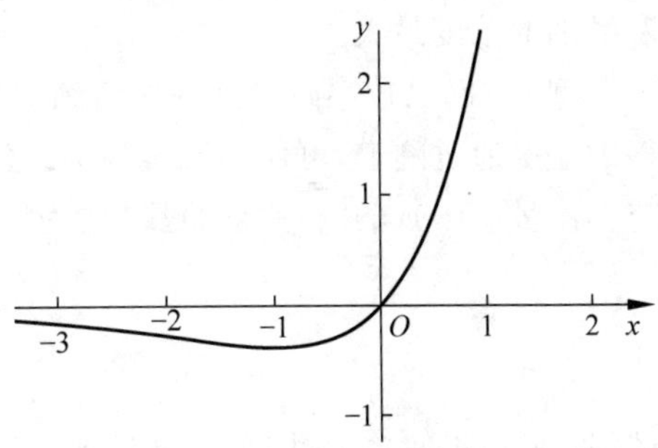

图 3-11 函数的图像

2. 应用问题的最值

下面两个结论在解应用问题时特别有用.

(1) 若 $f(x)$ 在区间 $[a,b]$ 上连续，且在 (a,b) 内有唯一的极大值点 x_0，则 $f(x_0)$ 为 $f(x)$ 在 $[a,b]$ 上的最大值；若 $f(x_0)$ 为 $f(x)$ 在 (a,b) 内唯一的极小值，则 $f(x_0)$ 就是 $f(x)$ 在 $[a,b]$ 上的最小值.

(2) 若 $f(x)$ 在 $[a,b]$ 上严格单调增加，则 $f(a)$ 为最小值，$f(b)$ 为最大值；若 $f(x)$ 在 $[a,b]$ 上严格单调减少，则 $f(a)$ 为最大值，$f(b)$ 为最小值.

例 3 铁路线上 AB 段的距离为 100km，工厂 C 距 A 处为 20km，$AC\perp AB$，为运输需要，要在 AB 段上选定一点 D 向工厂修筑一条公路. 已知铁路运费与公路运费之比为 3∶5，为使货物从供应站 B 运到工厂 C 的运费最省，问 D 点应选在何处？

解 设 $AD=x$(km)，则 $DB=100-x$. 单位铁路运费为 $3k$，单位公路运费为 $5k$，则总

运费

$$y=3k(100-x)+5k\sqrt{20^2+x^2}\quad(0\leqslant x\leqslant 100),$$

于是 $y'=-3k+\dfrac{5kx}{\sqrt{400+x^2}}$.

因 $y'=0$ 时，$x=15\text{km}$，比较

$$y|_{x=15}=380k,\quad y|_{x=0}=400k,\quad y|_{x=100}=500k\sqrt{1+\frac{1}{5^2}},$$

所以当 $AD=15\text{km}$ 时，总费用最省.

例 4 注入人体血液的麻醉药浓度随注入时间的长短而变. 据临床观测，某麻醉药在某人血液中的浓度 C 与时间 t 的函数关系为

$$C(t)=0.29483t+0.04253t^2-0.00035t^3,$$

其中 C 的单位是毫克(mg)，t 的单位是秒(s). 现问：医生为给这位患者做手术，这种麻醉药从注入人体开始，过多长时间其血液含该麻醉药的浓度最大？

解 我们的问题是要求出函数 $C(t)$ 当 $t>0$ 时的最大值. 为此令

$$C'(t)=0.29483+0.08506t-0.00105t^2=0,\quad 得\ t_0=84.34(负值已舍).$$

又因为 $C''(t_0)=0.08506-0.17711<0$，所以当该麻醉药注入患者体内 84.34s 时，其血液里麻醉剂的浓度最大.

例 5 巴巴拉小姐得到一份纽约市隧道管理局工作，她的第一项任务是决定每辆汽车以多大速度通过隧道，可使车流量最大. 经观测，她找到了一个很好的描述平均车速 v(km/h) 与车流量 $f(v)$(辆/s)关系的数学模型

$$f(v)=\frac{35v}{1.6v+\dfrac{v^2}{22}+31.1}.$$

试问：平均车速多大时，车流量最大？最大车流量是多少？

解 令 $f'(v)=\dfrac{35\times 31.1-\dfrac{35}{22}v^2}{\left(1.6v+\dfrac{v^2}{22}+31.1\right)^2}=0$，得唯一驻点 $v=26.15\text{km/h}$. 由于这是一个实际问题，所以函数的最大值必存在. 从而可知，当车速 $v=26.15\text{km/h}$ 时，车流量最大，且最大车流量为 $f(26.15)=8.8$ 辆/秒.

3.5.2 利用最值证明不等式

若证明在某区间 I 上 $f(x)\geqslant a$，只需证 $f(x)$ 在区间 I 上的最小值大于等于 a；若证明在某区间 I 上 $f(x)<a$，只需证 $f(x)$ 在区间 I 上的最大值小于 a.

例 6 证明：当 $x>-1$ 时，$\ln(1+x)\geqslant 1-\dfrac{1}{x+1}$.

证明 令 $f(x)=\ln(1+x)-1+\dfrac{1}{x+1}$，则 $f'(x)=\dfrac{1}{1+x}-\dfrac{1}{(x+1)^2}=\dfrac{x}{(1+x)^2}$.

当$-1<x<0$时，$f'(x)<0$，故$f(x)$在$(-1,0]$上单调减少；当$x>0$时，$f'(x)>0$，故$f(x)$在$[0,+\infty)$上单调增加，故$f(0)=0$为$f(x)=\ln(1+x)-1+\dfrac{1}{x+1}$在$(-1,+\infty)$上的最小值，因此当$x>-1$时，$f(x)\geqslant f(0)=0$，即

$$\ln(1+x)\geqslant 1-\frac{1}{x+1}.$$

习题 3.5

二维码 3.5

1. 求下列函数的最大值和最小值：

(1) $f(x)=2x^3-3x^2, x\in[-1,4]$；

(2) $f(x)=x+\sqrt{1-x}, x\leqslant\in[-5,1]$；

(3) $f(x)=x^4-2x^2+5, x\in[-2,2]$.

2. 求函数$y=x^2-\dfrac{54}{x}(x<0)$在何处取得最小值？

3. 某车间靠墙壁要盖一间长方形小屋，现有存砖只够砌 20m 长的墙壁，问应围成怎样的长方形才能使这间小屋的面积最大？

4. 要造一个圆柱形的储油罐，体积为V，问底半径r和高h等于多少时，才能使表面积最小？这时底直径与高的比是多少？

5. 一房地产公司有 50 套公寓要出租，当月租金定为 1000 元时，公寓会全部租出去. 当月租金每月增加 50 元时，就会多一套公寓租不出去，而租出去的公寓每月需花费 100 元维修费. 试问房租定为多少时可获得最大收入.

6. 用一块半径为R的圆形铁皮，剪去一圆心角为α的扇形后，做成一个漏斗形容器，问α为何值时，容器的容积最大？

提高题

求内接于椭圆$\dfrac{x^2}{a^2}+\dfrac{y^2}{b^2}=1$而面积最大的矩形各边之长.

3.6 导数与微分在经济中的简单应用

3.6.1 边际与边际分析

边际概念是经济学中的一个重要概念，通常指经济变量的变化率，即经济函数的导数称为边际. 而利用导数研究经济变量的边际变化的方法，就是边际分析方法.

1. 函数的变化率——边际函数

设函数$y=f(x)$可导，导函数$f'(x)$也称为$f(x)$的**边际函数**. $\dfrac{\Delta y}{\Delta x}=\dfrac{f(x_0+\Delta x)-f(x_0)}{\Delta x}$称为$f(x)$在$(x_0,x_0+\Delta x)$内的平均变化率，它表示$f(x)$在$(x_0,x_0+\Delta x)$内的平均变化速度.

$f(x)$在点 $x=x_0$ 的导数 $f'(x_0)$称为函数 $f(x)$在点 $x=x_0$ 的变化率,也称为 $f(x)$在点 $x=x_0$ 的**边际函数值**.它表示 $f(x)$在点 $x=x_0$ 处的变化速度.

在点 $x=x_0$ 处,x 从 x_0 改变一个单位,y 相应改变的真值应为 $\Delta y\Big|_{\substack{x=x_0\\ \Delta x=1}}$.但当 x 改变的"单位"很小,或 x 的"一个单位"很小时,则有

$$\Delta y\Big|_{\substack{x=x_0\\ \Delta x=1}}\approx \mathrm{d}y\Big|_{\substack{x=x_0\\ \mathrm{d}x=1}}=f'(x)\mathrm{d}x\Big|_{\substack{x=x_0\\ \mathrm{d}x=1}}=f'(x_0).$$

这说明在点 $x=x_0$ 处,当 x 产生一个单位的改变时,y 近似改变 $f'(x_0)$个单位.在应用问题中解释边际函数值的具体意义时略去"近似"二字.

例 1 函数 $y=x^2$,$y'=2x$,在点 $x=10$ 处的边际函数值 $y'(10)=20$,它表示当 $x=10$ 时,x 改变一个单位,y(近似)改变 20 个单位.

2. 总成本、平均成本、边际成本

总成本是生产一定量的产品所需要的成本总额,通常由固定成本和可变成本两部分构成,用 $C(Q)$表示,其中 Q 表示产品的产量,$C(Q)$表示当产量为 Q 时的总成本.

不生产时,$Q=0$,这时 $C(Q)=C(0)$,记为 C_0,C_0 就是固定成本.

称 $\overline{C}(Q)=C(Q)/Q$ 为**平均成本函数**,表示在产量为 Q 时平均每单位产品的成本.

定义 1 设总成本函数 $C(Q)$为一可导函数,称

$$C'(Q_0)=\lim_{\Delta Q\to 0}\frac{C(Q_0+\Delta Q)-C(Q_0)}{\Delta Q}$$

为产量是 Q_0 时的**边际成本**.

其经济意义是:$C'(Q_0)$近似地等于产量为 Q_0 时再增加(减少)一个单位产品所增加(减少)的总成本.

若成本函数 $C(Q)$在区间 I 内可导,则 $C'(Q)$为 $C(Q)$在区间 I 内的边际成本函数,产量为 Q_0 时的边际 $C'(Q_0)$是边际成本函数 $C'(Q)$在 Q_0 处的函数值.

$\overline{C}'(Q)=\dfrac{QC'(Q)-C(Q)}{Q^2}$,令 $\overline{C}'(Q)=0$,得 $C'(Q)=\dfrac{C(Q)}{Q}=\overline{C}(Q)$.

当边际成本等于平均成本时,平均成本达到最小.

例 2 已知某商品的成本函数为

$$C(Q)=100+\frac{1}{4}Q^2(Q\text{ 表示产量}).$$

求:(1) 当 $Q=10$ 时的平均成本及 Q 为多少时平均成本最小?

(2) $Q=10$ 时的边际成本并解释其经济意义.

解 (1) 由 $C(Q)=100+\dfrac{1}{4}Q^2$ 得平均成本函数为

$$\overline{C}(Q)=\frac{C(Q)}{Q}=\frac{100+\frac{1}{4}Q^2}{Q}=\frac{100}{Q}+\frac{1}{4}Q.$$

进而 $\overline{C}'(Q)=-\dfrac{100}{Q^2}+\dfrac{1}{4}$,$\overline{C}''(Q)=\dfrac{200}{Q^3}$.令 $\overline{C}'(Q)=0$,得 $Q=20$,而

$$\overline{C}''(20)=\frac{200}{(20)^3}=\frac{1}{40}>0,$$

所以当 $Q=20$ 时，平均成本最小.

当 $Q=10$ 时，有

$$\bar{C}(10)=\left.\frac{C(Q)}{Q}\right|_{Q=10}=\frac{100}{10}+\frac{1}{4}\times 10=12.5.$$

(2) 由 $C(Q)=100+\frac{1}{4}Q^2$ 得边际成本函数为

$$C'(Q)=\frac{1}{2}Q,\quad C'(Q)|_{Q=10}=\frac{1}{2}\times 10=5,$$

则当产量 $Q=10$ 时的边际成本为 5，其经济意义为：当产量为 10 时，若再增加(减少)一个单位产品.总成本将近似地增加(减少)5 个单位.

3. 总收益、平均收益、边际收益

总收益是生产者出售一定量产品所得的全部收入，表示为 $R(x)$，其中 x 表示销售量(在以下的讨论中，我们总是假设销售量、产量、需求量均相等).

平均收益函数为 $R(x)/x$，表示销售量为 x 时单位销售量的平均收益.

在经济学中，边际收益指生产者每多(少)销售一个单位产品所增加(减少)的销售总收入.

按照如上边际成本的讨论，可得如下定义.

定义 2 若总收益函数 $R(x)$ 可导，称

$$R'(x_0)=\lim_{\Delta x\to 0}\frac{R(x_0+\Delta x)-R(x_0)}{\Delta x}$$

为销售量为 x_0 时该产品的**边际收益**.

其经济意义是：在销售量为 x_0 时，再增加(减少)一个单位的销售量，总收益将近似地增加(减少)$R'(x_0)$个单位.

$R'(x)$称为边际收益函数，且 $R'(x_0)=R'(x)|_{x=x_0}$.

4. 总利润、平均利润、边际利润

总利润是指销售 x 个单位的产品所获得的净收入，即总收益与总成本之差. 记 $L(x)$ 为总利润，则

$$L(x)=R(x)-C(x),$$

其中 x 表示销售量，$\bar{L}(x)=L(x)/x$ 称为平均利润函数.

定义 3 若总利润函数 $L(x)$ 为可导函数，称

$$L'(x_0)=\lim_{\Delta x\to 0}\frac{L(x_0+\Delta x)-L(x_0)}{\Delta x}$$

为 $L(x)$ 在 x_0 处的**边际利润**.

其经济意义是：在销售量为 x_0 时，再多(少)销售一个单位产品所增加(减少)的利润.

由定义

$$L(x)=R(x)-C(x),\qquad L'(x)=R'(x)-C'(x).$$

令 $L'(x)=0$，则 $R'(x)=C'(x)$. 从而得如下结论.

结论 1 函数取得最大利润的必要条件是边际收益等于边际成本.

又由 $L(x)$ 取得最大值的充分条件：

$$L'(x)=0 \quad 且 \quad L''(x)<0,$$

可得 $R''(x)<C''(x)$. 进一步得如下结论.

结论 2 函数取得最大利润的充分条件是：边际收益等于边际成本且边际收益的变化率小于边际成本的变化率. 即 $R'(x)=C'(x)$ 且 $R''(x)<C''(x)$.

结论 1 与结论 2 称为最大利润原则.

例 3 某工厂生产某种产品，固定成本 20000 元，每生产一单位产品，成本增加 100 元，已知总收益 R 为年产量 Q 的函数，且

$$R=R(Q)=\begin{cases}400Q-\dfrac{1}{2}Q^2, & 0\leqslant Q\leqslant 400,\\ 80000, & Q>400.\end{cases}$$

问每年生产多少产品时，总利润最大？此时总利润是多少？

解 由题意总成本函数为

$$C=C(Q)=20000+100Q,$$

从而可得利润函数为

$$L=L(Q)=R(Q)-C(Q)=\begin{cases}300Q-\dfrac{1}{2}Q^2-20000, & 0\leqslant Q\leqslant 400,\\ 60000-100Q, & Q>400.\end{cases}$$

令 $L'(Q)=0$ 得 $Q=300$，而

$$L''(Q)\big|_{Q=300}=-1<0,$$

所以 $Q=300$ 时总利润最大，此时 $L(300)=25000$. 即当年产量为 300 个单位时，总利润最大，此时总利润为 25000 元.

若已知某产品的需求函数为 $P=P(Q)$，P 为单位产品售价，Q 为产品需求量，则需求与收益之间的关系为

$$R(Q)=QP(Q).$$

这时 $R'(Q)=P(Q)+QP'(Q)$，其中 $P'(Q)$ 为边际需求，表示当需求量为 Q 时，再增加一个单位的需求量，产品价格近似地增加 $P'(Q)$ 个单位. 关于其他经济变量的边际，这里不再赘述. 我们以一道例题结束边际的讨论.

例 4 设某产品的需求函数为 $Q=100-5P$，其中 P 为价格，Q 为需求量，求边际收入函数以及 $Q=20,50$ 和 70 时的边际收入，并解释所得结果的经济意义.

解 由题设有 $P=\dfrac{1}{5}(100-Q)$，于是，总收入函数为

$$R(Q)=QP=Q\cdot\frac{1}{5}(100-Q)=20Q-\frac{1}{5}Q^2.$$

于是边际收入函数为

$$R'(Q)=20-\frac{2}{5}Q=\frac{1}{5}(100-2Q),$$

$$R'(20)=12,\quad R'(50)=0,\quad R'(70)=-8.$$

当销售量(即需求量)为 20 个单位时，再增加销售可使总收入增加，多销售一个单位产品，总收入约增加 12 个单位；当销售量为 50 个单位时，总收入的变化率为零，这时总收入达到最大值，增加一个单位的销售量，总收入基本不变；当销售量为 70 个单位时，再多销售一

个单位产品，反而使总收入约减少 8 个单位，或者说，再少销售一个单位产品，将使总收入少损失约 8 个单位.

*3.6.2 弹性与弹性分析

弹性概念是经济学中的另一个重要概念，用来定量地描述一个经济变量对另一个经济变量变化的反映程度.

1. 问题的提出

设某商品的需求函数为 $Q=Q(P)$，其中 P 为价格. 当价格 P 获得一个增量 ΔP 时，相应的需求量获得增量 ΔQ，比值 $\frac{\Delta Q}{\Delta P}$ 表示 Q 对 P 的平均变化率，但这个比值是一个与度量单位有关的量.

比如，假定该商品价格增加 1 元，引起需求量降低 10 个单位，则 $\frac{\Delta Q}{\Delta P}=\frac{-10}{1}=-10$；若以分为单位，即价格增加 100 分(1 元)，引起需求量降低 10 个单位，则 $\frac{\Delta Q}{\Delta P}=\frac{-10}{100}=-\frac{1}{10}$. 由此可见，当价格的计算单位不同时，会引起比值 $\frac{\Delta Q}{\Delta P}$ 的变化. 为了弥补这一缺点，采用价格与需求量的相对增量 $\Delta P/P$ 及 $\Delta Q/Q$，它们分别表示价格和需求量的相对改变量，这时无论价格和需求量的计算单位怎样变化，比值 $\frac{\Delta Q}{Q}\bigg/\frac{\Delta P}{P}$ 都不会发生变化，它表示 Q 对 P 的平均相对变化率，反映了需求变化对价格变化的反映程度.

2. 弹性的定义

定义 4 设函数 $y=f(x)$ 在点 $x_0(x_0\neq 0)$ 的某邻域内有定义，且 $f(x_0)\neq 0$，如果极限

$$\lim_{\Delta x\to 0}\frac{\Delta y/f(x_0)}{\Delta x/x_0}=\lim_{\Delta x\to 0}\frac{[f(x_0+\Delta x)-f(x_0)]/f(x_0)}{\Delta x/x_0}$$

存在，则称此极限值为函数 $y=f(x)$ 在点 x_0 处的**点弹性**，记作 $\left.\frac{Ey}{Ex}\right|_{x=x_0}$；称比值

$$\frac{\Delta y/f(x_0)}{\Delta x/x_0}=\frac{[f(x_0+\Delta x)-f(x_0)]/f(x_0)}{\Delta x/x_0}$$

为函数 $y=f(x)$ 在 x_0 与 $x_0+\Delta x$ 之间的平均相对变化率，经济上也称为点 x_0 与 $x_0+\Delta x$ 之间的**弧弹性**.

由定义可知 $\left.\frac{Ey}{Ex}\right|_{x=x_0}=\left.\frac{x_0}{f(x_0)}\frac{\mathrm{d}y}{\mathrm{d}x}\right|_{x=x_0}$，且当 $|\Delta x|\ll 1$ 时，有

$$\left.\frac{Ey}{Ex}\right|_{x=x_0}\approx\frac{\Delta y/f(x_0)}{\Delta x/x_0},$$

即点弹性近似地等于弧弹性.

如果函数 $y=f(x)$ 在区间 (a,b) 内可导，且 $f(x)\neq 0$，则称 $\frac{Ey}{Ex}=\frac{x}{f(x)}f'(x)$ 为函数 $y=f(x)$ 在区间 (a,b) 内的点弹性函数，简称为**弹性函数**.

函数 $y=f(x)$ 在点 x_0 处的点弹性与 $f(x)$ 在 x_0 与 $x_0+\Delta x$ 之间的弧弹性的数值可以是正数，也可以是负数，取决于变量 y 与变量 x 是同方向变化（正数）还是反方向变化（负数）. 弹性数值绝对值的大小表示变量变化程度的大小，且弹性数值与变量的度量单位无关. 下面给出证明.

设 $y=f(x)$ 为一经济函数，变量 x 与 y 的度量单位发生变化后，自变量由 x 变为 x^*，函数值由 y 变为 y^*，且 $x^*=\lambda x, y^*=\mu y$，则 $\dfrac{Ey^*}{Ex^*}=\dfrac{Ey}{Ex}$.

证明 $\dfrac{Ey^*}{Ex^*}=\dfrac{x^*}{y^*}\cdot\dfrac{\mathrm{d}y^*}{\mathrm{d}x^*}=\dfrac{\lambda x}{\mu y}\cdot\dfrac{\mathrm{d}(\mu y)}{\mathrm{d}(\lambda x)}=\dfrac{\lambda}{\mu}\cdot\dfrac{\mu}{\lambda}\cdot\dfrac{x}{y}\cdot\dfrac{\mathrm{d}y}{\mathrm{d}x}=\dfrac{x}{y}\dfrac{\mathrm{d}y}{\mathrm{d}x}=\dfrac{Ey}{Ex}$.

即弹性不变.

由此可见，函数的弹性（点弹性与弧弹性）与量纲无关，即与各有关变量所用的计量单位无关. 这使得弹性概念在经济学中得到广泛应用，因为经济中各种商品的计算单位是不尽相同的，比较不同商品的弹性时，可不受计量单位的限制.

下面介绍几个常用的经济函数的弹性.

3. 需求的价格弹性

需求指在一定价格条件下，消费者愿意购买并且有支付能力购买的商品量. 消费者对某种商品的需求受多种因素影响，如价格、个人收入、预测价格、消费嗜好等，而价格是主要因素. 因此在这里我们假设除价格以外的因素不变，讨论需求对价格的弹性.

定义 5 设某商品的市场需求量为 Q，价格为 P，需求函数 $Q=Q(P)$ 可导，则称

$$\frac{EQ}{EP}=\frac{P}{Q}\cdot\frac{\mathrm{d}Q}{\mathrm{d}P}$$

为该商品的需求价格弹性，简称为**需求弹性**，通常记作 ε_P.

需求弹性 ε_P 表示商品需求量 Q 对价格 P 变动的反映强度. 由于需求量与价格 P 反方向变动，即需求函数为价格的减函数，故需求弹性为负值，即 $\varepsilon_P<0$. 因此需求价格弹性表明当商品的价格上涨（下降）1%时，其需求量将减少（增加）约 $|\varepsilon_P|$%.

在经济学中，为了便于比较需求弹性的大小，通常取 ε_P 的绝对值 $|\varepsilon_P|$，并根据 $|\varepsilon_P|$ 的大小，将需求弹性划分为以下几个范围：

(1) 当 $|\varepsilon_P|=1$（即 $\varepsilon_P=-1$）时，称为**单位弹性**，这时当商品价格增加（减少）1%时，需求量相应地减少（增加）1%，即需求量与价格变动的百分比相等.

(2) 当 $|\varepsilon_P|>1$（即 $\varepsilon_P<-1$）时，称为**高弹性**（或**富于弹性**），这时当商品的价格变动 1% 时，需求量变动的百分比大于 1%，价格的变动对需求量的影响较大.

(3) 当 $|\varepsilon_P|<1$（即 $-1<\varepsilon_P<0$）时，称为**低弹性**（或**缺乏弹性**），这时当商品的价格变动 1%时，需求量变动的百分比小于 1%，价格的变动对需求量的影响不大.

(4) 当 $|\varepsilon_P|=0$（即 $\varepsilon_P=0$）时，称为需求**完全缺乏弹性**，这时，无论价格如何变动，需求量固定不变. 即需求函数的形式为 $Q=k$（k 为任何既定常数）. 如果以纵坐标表示价格，横坐标表示需求量，则需求曲线是垂直于横坐标轴的一条直线（图 3-12(a)）.

(5) 当 $|\varepsilon_P|=\infty$（即 $\varepsilon_P=-\infty$）时，称为需求**完全富于弹性**. 表示在既定价格下，需求量可以任意变动. 即需求函数的形式是 $P=k$（k 为任何既定常数），这时需求曲线是与横轴平行的一条直线（图 3-12(b)）.

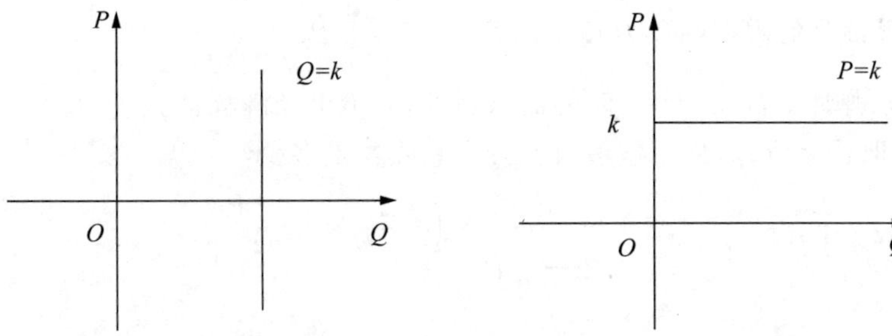

(a) $\varepsilon_P=0$，完全缺乏弹性　　(b) $\varepsilon_P=-\infty$，完全富于弹性

图 3-12 弹性函数示意图

在商品经济中,商品经营者关心的是提价($\Delta P>0$)或降价($\Delta P<0$)对总收益的影响.下面利用弹性的概念,来分析需求的价格弹性与销售者的收益之间的关系.

事实上,由于

$$\varepsilon_P=\frac{P}{Q}\cdot\frac{\mathrm{d}Q}{\mathrm{d}P}\quad 或\quad P\mathrm{d}Q=\varepsilon_P Q\mathrm{d}P,$$

可见,由价格 P 的微小变化($|\Delta P|$很小时)而引起的销售收益 $R=PQ$ 的改变量为

$$\Delta R\approx \mathrm{d}R=\mathrm{d}(PQ)=Q\mathrm{d}P+P\mathrm{d}Q=Q\mathrm{d}P+\varepsilon_P Q\mathrm{d}P=(1+\varepsilon_P)Q\mathrm{d}P.$$

由 $\varepsilon_P<0$ 可知,$\varepsilon_P=-|\varepsilon_P|$,于是

$$\Delta R\approx(1-|\varepsilon_P|)Q\mathrm{d}P.$$

当$|\varepsilon_P|=1$时(单位弹性)收益的改变量 ΔR 是较价格改变量 ΔP 的高阶无穷小,价格的变动对收益没有明显的影响.

当$|\varepsilon_P|>1$时(高弹性),需求量增加的幅度百分比大于价格下降(上浮)的百分比,降低价格($\Delta P<0$)需求量增加即购买商品的支出增加,即销售者总收益增加($\Delta R>0$),可以采取薄利多销多收益的经济策略;提高价格($\Delta P>0$)会使消费者用于购买商品的支出减少,即销售收益减少($\Delta R<0$).

当$|\varepsilon_P|<1$时(低弹性),需求量增加(减少)的百分比低于价格下降(上浮)的百分比,降低价格($\Delta P<0$)会使消费者用于购买商品的支出减少,即销售收益减少($\Delta R<0$);提高价格会使总收益增加($\Delta R>0$).

综上所述,总收益的变化受需求弹性的制约,随着需求弹性的变化而变化,其关系如图 3-13 所示.

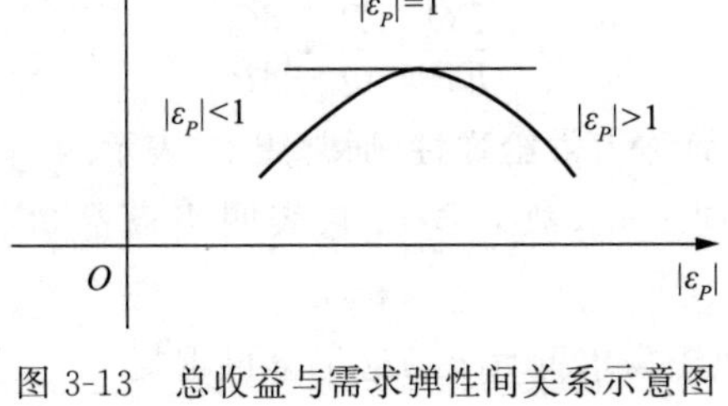

图 3-13 总收益与需求弹性间关系示意图

例5 设某商品的需求函数为 $Q=f(P)=12-\frac{1}{2}P$.

(1) 求需求弹性函数及 $P=6$ 时的需求弹性,并给出经济解释.

(2) 当 P 取什么值时,总收益最大?最大总收益是多少?

解 (1) $\varepsilon_P=\frac{EQ}{EP}=\frac{P}{Q}\cdot\frac{\mathrm{d}Q}{\mathrm{d}P}=\frac{P}{12-\frac{1}{2}P}\cdot\left(-\frac{1}{2}\right)=-\frac{P}{24-P}$,

$$\varepsilon(6)=-\frac{6}{24-6}=-\frac{1}{3}.$$

$|\varepsilon(6)|=\frac{1}{3}<1$,低弹性.经济意义为当价格 $P=6$ 时,若价格增加 1%,则需求量下降 0.33%,而总收益增加($\Delta R>0$).

(2) $R=PQ=P\left(12-\frac{1}{2}P\right)$,故 $R'=12-P$.

令 $R'=0$,则 $P=12$,$R(12)=72$,且当 $P=12$ 时,$R''<0$.故当价格 $P=12$ 时,总收益最大,最大总收益为 72.

例6 已知在某企业某种产品的需求弹性为 1.3~2.1,如果该企业准备明年将价格降低 10%,问这种商品的需求量预期会增加多少?总收益预期会增加多少?

解 由前面的分析可知

$$\frac{\Delta Q}{Q}\approx\varepsilon_P\frac{\Delta P}{P},\quad \text{由 } P\mathrm{d}Q=\varepsilon_P Q\mathrm{d}P,\Delta Q\approx\mathrm{d}Q.$$

$$\frac{\Delta R}{R}\approx(1-|\varepsilon_P|)\frac{\Delta P}{P},\quad \text{由 } \Delta R\approx(1-|\varepsilon_P|)Q\Delta P.$$

于是,当 $|\varepsilon_P|=1.3$ 时,有

$$\frac{\Delta Q}{Q}\approx(-1.3)\times(-0.1)=13\%,\qquad \frac{\Delta R}{R}\approx(1-1.3)\times(-0.1)=3\%.$$

当 $|\varepsilon_P|=2.1$ 时,有

$$\frac{\Delta Q}{Q}\approx(-2.1)\times(-0.1)=21\%,\qquad \frac{\Delta R}{R}\approx(1-2.1)\times(-0.1)=11\%.$$

可见,明年降价 10% 时,企业销售量预期将增加为 13%~21%;总收益预期将增加为 3%~11%.

4. 供给的价格弹性

定义6 设某商品供给函数 $Q=Q(P)$ 可导(其中 P 表示价格,Q 表示供给量),则称

$$\frac{EQ}{EP}=\frac{P}{Q}\cdot\frac{\mathrm{d}Q}{\mathrm{d}P}$$

为该商品的**供给价格弹性**,简称为**供给弹性**,通常用 ε_s 表示.

由于 ΔP 和 ΔQ 同方向变化,故 $\varepsilon_s>0$.它表明当商品价格上涨 1% 时,供给量将增加 ε_s%.

对 ε_s 的讨论,完全类似于需求弹性 ε_P,这里不再重复.

至于其他经济变量的弹性,读者可根据上面介绍的需求弹性与供给弹性,进行类似的

讨论.

*3.6.3 库存问题

库存是商品生产与销售过程中不可缺少的一个环节，为了保证正常的生产与销售，必须有适当的库存量，库存量过大，会造成库存费用高、流动资金积压等额外的经济损失；库存量过小，又会造成订货费用增加或生产准备费用增高，甚至造成停工待料的更大损失.因此控制库存量，使库存总费用降至最低水平是管理中的一个重要问题.下面以一个简单模型为例来讨论这一问题.

假定计划期内货物的总需求为 R，考虑分 n 次均匀进货且不允许缺货的进货模型.设计划期为 T 天，待求的进货次数为 n，那么每次进货的批量为 $q=\frac{R}{n}$，进货周期为 $t=\frac{T}{n}$；再设每件物品储存一天的费用为 c_1，每次进货的费用为 c_2，则在计划期(T 天)内总费用 E 由两部分组成(图 3-14)：

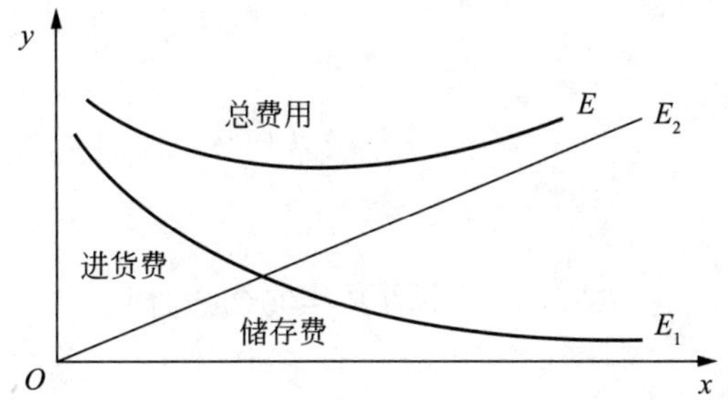

图 3-14 进货费、储存费与总费用间关系示意图

(1) 进货费 $E_1=c_2n=\frac{c_2R}{q}$.

(2) 储存费 $E_2=\frac{q}{2}c_1T$.

于是总费用 E 可表示为批量 q 的函数

$$E=E_1+E_2=\frac{c_2R}{q}+\frac{q}{2}c_1T,$$

最优批量 q^* 应使一元函数 $E=f(q)$ 达到极小值，因而 q^* 满足

$$\frac{\mathrm{d}E}{\mathrm{d}q}=-\frac{c_2R}{q^2}+\frac{1}{2}c_1T=0,$$

由此即可求得最优批量 q^* 为

$$q^*=\sqrt{\frac{2c_2R}{c_1T}},$$

从而求出最优进货次数为

$$n^*=\frac{R}{q^*}=\sqrt{\frac{c_1TR}{2c_2}},$$

最优进货周期为

$$t^*=\frac{T}{n^*}=\sqrt{\frac{2c_2T}{c_1R}},$$

最小总费用为

$$E^*=c_2R\sqrt{\frac{c_1T}{2c_2R}}+\frac{1}{2}c_1T\sqrt{\frac{2c_2R}{c_1T}}=\sqrt{2c_1c_2TR}.$$

例 7 某厂每月需要某种产品 100 件,每批产品进货费用 5 元,每件产品每月保管费用(储存费)为 0.4 元.求最优订购批量 q^*,最优批次 n^*,最优进货周期 t^*,最小总费用 E^*.

解 按已知条件知,$R=100,T=1,c_1=0.4,c_2=5$,因此可得最优批量为

$$q^*=\sqrt{\frac{2c_2R}{c_1T}}=\sqrt{\frac{2\times5\times100}{0.4\times1}}=50(\text{件}),$$

最优批次为

$$n^*=\frac{R}{q^*}=\frac{100}{50}=2(\text{批}),$$

最优进货周期为

$$t^*=\frac{T}{n^*}=\frac{1}{2}(\text{月}),$$

最小总费用为

$$E^*=\sqrt{2c_1c_2TR}=20(\text{元/月}).$$

*3.6.4 复利问题

第 2 章讨论了连续复利问题,即若期初有一笔钱 A 存入银行,年利率为 r,按连续复利计息,则 t 年末本利和为 Ae^{rt}.现在反过来看,若 t 年末本利和为 A,则期初本金为 Ae^{-rt}.下面以一个例子说明极值在连续复利问题中的应用.

例 8 设林场的林木价值是时间 t 的增函数 $V=2^{\sqrt{t}}$,又设在树木生长期间保养费用为零,试求最佳伐木出售的时间.

解 乍一看来,林场的树木越长越大,价值越来越高,若保养费用为零,则应是越晚砍伐获利越大,因此本例的最值不存在.

但是,如果考虑到资金的时间因素,晚砍伐所得收益与早砍伐所得收益不能简单相比,而应折成现值.设年利率为 r,则在时刻 t 伐木所得收益 $V(t)=2^{\sqrt{t}}$ 的现值,按连续复利计算应为

$$A(t)=V(t)e^{-rt}=2^{\sqrt{t}}e^{-rt},$$

$$A'(t)=2^{\sqrt{t}}\ln2\cdot\frac{e^{-rt}}{2\sqrt{t}}-r2^{\sqrt{t}}e^{-rt}=2^{\sqrt{t}}e^{-rt}\left(\frac{\ln2}{2\sqrt{t}}-r\right)=A(t)\left(\frac{\ln2}{2\sqrt{t}}-r\right).$$

令 $A'(t)=0$,得驻点 $t=\left(\frac{\ln2}{2r}\right)^2$.又

$$A''(t)=\left[A(t)\left(\frac{\ln2}{2\sqrt{t}}-r\right)\right]'=A'(t)\left(\frac{\ln2}{2\sqrt{t}}-r\right)+A(t)\left(\frac{\ln2}{2\sqrt{t}}-r\right)',$$

在驻点处，$A'(t)=0$，从而 $A''(t)=A(t)\left(\frac{-\ln 2}{4\sqrt{t^3}}\right)<0$，故当 $t=\left(\frac{\ln 2}{2r}\right)^2$ 时，将树木砍伐出售最为有利.

习题 3.6

二维码 3.6

1. 某产品的成本函数为 $C(Q)=15Q-6Q^2+Q^3$.

(1) 生产数量为多少时，可使平均成本最小？

(2) 求出边际成本，并验证边际成本等于平均成本时平均成本最小.

2. 已知某厂生产 Q 件产品的成本为

$$C=25000+2000Q+\frac{1}{40}Q^2\text{（元）}.$$

问：(1) 要使平均成本最小，应生产多少件产品？

(2) 若产品以每件 5000 元售出，要使利润最大，应生产多少件产品？

3. 设某商品的需求函数和成本函数分别为

$$P+0.1x=80,\qquad C(x)=5000+20x,$$

其中 x 为销售量（产量），P 为价格. 求边际利润函数，并计算 $x=150$ 和 $x=400$ 时的边际利润，解释所得结果的经济意义.

4. 某厂每批生产 x 单位产品的费用为 $C(x)=5x+200$，得到的收益是 $R(x)=10x-0.01x^2$，问每批生产多少单位时才能获得最大利润？

5. 某工厂生产某种产品，日总成本为 C 元，其中固定成本为 200 元，每多生产一个单位产品，成本增加 10 元，该商品的需求函数为 $Q=50-2P$，求 Q 为多少时，工厂日总利润最大？

6. 设某种商品的销售额 Q 是价格 P（单位：元）的函数，$Q=f(P)=300P-2P^2$. 分别求价格 $P=50$ 元及 $P=120$ 元时，销售额对价格 P 的弹性，并说明其经济意义.

提高题

1. 设某商品的收益函数为 $R(P)$，收益弹性为 $1+P^3$，其中 P 为价格，且 $R(1)=1$，求 $R(P)$.

2. 设某商品的最大需求量为 1200 件，该商品的需求函数 $Q=Q(P)$，需求弹性 $\eta=\frac{P}{120-P}(\eta>0)$，$P$ 为单价（万元）.

(1) 求需求函数的表达式；

(2) 求 $P=100$ 万元时的边际效益，并说明其经济意义.

3. 设生产某产品的平均成本 $\overline{C}(Q)=1+\mathrm{e}^{-Q}$，其中产量为 Q，求边际成本.

4. 某个体户以每条 10 元的价格购进一批牛仔裤，设此批牛仔裤的需求函数为 $Q=40-2P$，问该个体户应将销售价定为多少时，才能获得最大利润？

5. 设 $f(x)=cx^{\alpha}(c>0,0<\alpha<1)$ 为一生产函数，其中 c 为效率因子，x 为投入量，产品的价格 P 与原料价格 Q 均为常量，问：投入量为多少时可使利润最大？

6. 设某商品的需求弹性在 1.5～2.0，现打算明年将该商品的价格下调 12%，那么明年该商品的需求量和总收益将如何变化？变化多少？

3.7 曲线的凹凸性、拐点、渐近线及函数绘图

3.7.1 曲线的凹凸性、拐点

考虑两个函数 $y=x^2$ 和 $y=\sqrt{x}$，它们在 $(0,+\infty)$ 上都是单调递增的(参见图3-15)，但它们的增长方式不同，$y=x^2$ 的增加速度是增加的，增加速度先慢后快，即 $(x^2)'>0$，$(x^2)''>0$；而 $y=\sqrt{x}$ 的增加速度是减小的，增加速度先快后慢，即 $(\sqrt{x})'>0$，$(\sqrt{x})''<0$. 它们的增长方式从几何表现上来说，两条曲线弯曲方向不同，$y=x^2$ 的图形向上凹，其切线的斜率逐渐增加；而 $y=\sqrt{x}$ 的图形向上凸，其切线的斜率逐渐减少. 我们把函数图形向上凹或向上凸的性质称为曲线的凹凸性. 对于向上凹的曲线来说，其上任意两点间的弧段总位于连接两点的弦的下方(参见图3-16(a))，向上凸的曲线(参见图3-16(b))，弦总在曲线下方，即曲线总在弦的上方. 由于是任取的两点，只需比较它们的中点处曲线与弦的相对位置即可(因弦的中点的值容易计算，就是两端函数值的平均值).

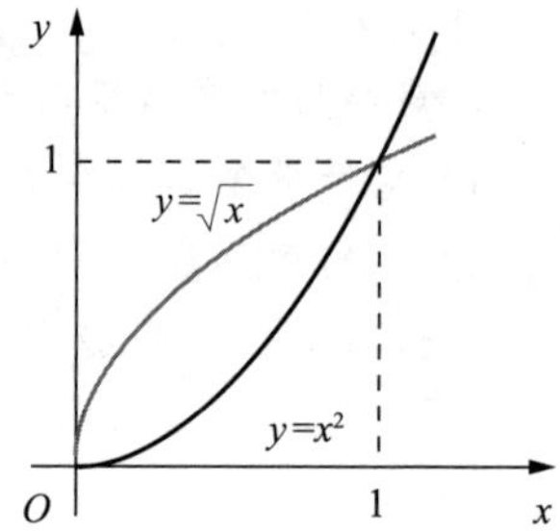

图3-15 两种不同的单调增函数

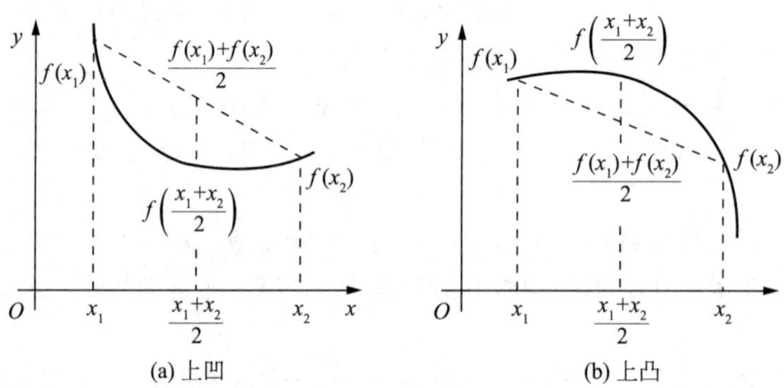

(a) 上凹　(b) 上凸

图3-16 凹凸函数示意图

由前面关于曲线凹凸性的直观描述(弧与弦的位置关系)，我们可给出如下关于函数图形凹凸性的分析定义.

定义1 设 $f(x)$ 在区间 I 上连续，对任意 $x_1,x_2\in I$，若有

$$f\left(\frac{x_1+x_2}{2}\right)\leqslant\frac{f(x_1)+f(x_2)}{2}, \tag{3-7}$$

则称曲线 $y=f(x)$ 在 I 上是向**上凹的**，简称**凹的**；若有

$$f\left(\frac{x_1+x_2}{2}\right)\geqslant\frac{f(x_1)+f(x_2)}{2}, \tag{3-8}$$

则称曲线 $y=f(x)$ 在 I 上是向**上凸的**，简称**凸的**.

直接利用定义来判断函数图形的凹凸性是比较困难的. 下面仍以图3-16所示两函数的

图形为考察对象，不难发现：在上凸曲线 $y=\sqrt{x}$ 上任一点处($x=0$ 除外)的切线总在曲线的上方，且切线的斜率随 x 增大而减小，即 $f''(x)<0$；而在上凹函数 $y=x^2$ 图形上任一点处的切线总在曲线的下方，且切线斜率是不断增加的，即 $f''(x)>0$. 因此可以利用二阶导数的符号来研究曲线的凹凸性. 有如下定理.

定理 1 设 $f(x)$在$[a,b]$上连续，且在(a,b)内 $f(x)$具有二阶导数，那么：

(1) 若在(a,b)内 $f''(x)>0$，则曲线 $y=f(x)$在$[a,b]$上是上凹的；

(2) 若在(a,b)内 $f''(x)<0$，则曲线 $y=f(x)$在$[a,b]$上是上凸的.

定理的证明从略.

注 (1) 定理中的闭区间可以换成其他类型的区间.

(2) 若在(a,b)内除有限个点处有 $f''(x)=0$ 外，其余点处均满足定理的条件，则此定理的结论仍然成立. 例如，$y=x^4$ 在 $x=0$ 处有 $f''(x)=0$，但它在$(-\infty,+\infty)$上是上凹的.

例 1 曲线 $y=\mathrm{e}^x$ 是上凹的，曲线 $y=\ln x$ 是上凸的.

解 事实上，当 $x\in(-\infty,+\infty)$时，由 $y=\mathrm{e}^x$ 得 $y''=\mathrm{e}^x>0$；当 $x\in(0,+\infty)$时，由 $y=\ln x$ 得 $y''=-\dfrac{1}{x^2}<0$. 故结论成立.

例 2 讨论曲线 $y=x^3$ 的凹凸性.

解 由 $y''=6x$ 知，当 $x\in(-\infty,0)$时 $y''<0$，故曲线 $y=x^3$ 在$(-\infty,0)$上是上凸的；当 $x\in(0,+\infty)$时 $y''>0$，故曲线 $y=x^3$ 在$(0,+\infty)$上是上凹的.

可见在$(0,0)$两侧，曲线 $y=x^3$ 的凹凸性不同，也就是$(0,0)$是曲线 $y=x^3$ 的凹弧与凸弧的分界点.

定义 2 设 $f(x)$在 x_0 的某邻域 $U(x_0)$内连续，若曲线 $y=f(x)$在点$(x_0,f(x_0))$的左右两侧的凹凸性相反，则称点$(x_0,f(x_0))$为曲线的**拐点**.

由于函数图形的凹凸性可由函数的二阶导数的符号来判断，故对于二阶可导函数 $y=f(x)$来说，先求出方程 $f''(x)=0$ 的根，再判别 $f''(x)$在这些点左、右两侧的符号是否改变，便可求出拐点.

例 3 讨论曲线 $y=3x^4-4x^3+1$ 的凹凸性，并求拐点.

解 $y'=12x^3-12x^2$，$y''=36x^2-24x=36x\left(x-\dfrac{2}{3}\right)$.

令 $y''=0$ 得 $x_1=0$，$x_2=\dfrac{2}{3}$，这两个点将定义域$(-\infty,+\infty)$分成三个部分区间.

列表考察各部分区间上二阶导数的符号，确定出曲线的凹凸性及拐点(表 3-2 中“$\cup$”表示上凹，“$\cap$”表示上凸).

表 3-2 函数 $y=3x^4-4x^3+1$

x	$(-\infty,0)$	0	$\left(0,\dfrac{2}{3}\right)$	$\dfrac{2}{3}$	$\left(\dfrac{2}{3},+\infty\right)$
y''	+	0	−	0	+
y	$\cup$	1	$\cap$	$\dfrac{11}{27}$	$\cup$

可见,曲线在$(-\infty,0)$及$\left(\frac{2}{3},+\infty\right)$上是上凹的,在$\left(0,\frac{2}{3}\right)$上是上凸的,拐点为$(0,1)$及$\left(\frac{2}{3},\frac{11}{27}\right)$.

例 4 讨论曲线 $y=\sqrt[3]{x}$ 的凹凸性,并求拐点.

解 函数的定义域为$(-\infty,+\infty)$. 当 $x\neq 0$ 时,$y'=\frac{1}{3\sqrt[3]{x^2}}$,$y''=-\frac{2}{9x\sqrt[3]{x^5}}$.

方程 $y''=0$ 无实根. 在 $x=0$ 处,y''不存在. 当 $x<0$ 时,$y''>0$,故曲线在$(-\infty,0)$内为上凹的;当 $x>0$ 时 $y''<0$,曲线在$(0,+\infty)$内为上凸的.

又函数 $y=\sqrt[3]{x}$ 在 $x=0$ 处连续,故$(0,0)$是曲线的拐点.

由例3、例4可以看出,若$(x_0,f(x_0))$是曲线 $y=f(x)$ 的拐点,则 $f''(x_0)=0$ 或 $f''(x_0)$不存在,但要注意的是 $f''(x_0)=0$ 的根或 $f''(x)$不存在的点处不一定都是曲线的拐点. 例如 $f(x)=x^4$,由 $f''(x)=12x^2=0$ 得 $x=0$,但在 $x=0$ 的两侧二阶导数 $f''(x)$的符号不变,即曲线的凹凸性不变,故$(0,0)$不是拐点. 又如函数 $f(x)=\sqrt[3]{x^2}$,它在 $x=0$ 处不可导,但$(0,0)$也不是该曲线的拐点(详细讨论请读者完成).

由曲线凹凸性的定义可知,利用函数图形的凹凸性,可以证明一些不等式.

例 5 设 n 为大于1的正整数. 证明当 $x_1>0,x_2>0$ 且 $x_1\neq x_2$ 时有不等式

$$\left(\frac{x_1+x_2}{2}\right)^n<\frac{1}{2}(x_1^n+x_2^n).$$

证明 令 $f(x)=x^n,x>0$,则 $f''(x)=n(n-1)x^{n-2}>0$.

因此曲线 $y=f(x)$在 $x>0$ 时是上凹的,由定义1有

$$f\left(\frac{x_1+x_2}{2}\right)<\frac{f(x_1)+f(x_2)}{2},\quad 即\quad \left(\frac{x_1+x_2}{2}\right)^n<\frac{1}{2}(x_1^n+x_2^n).$$

3.7.2 曲线的渐近线

在中学,我们已学习过双曲线的渐近线的概念,下面对曲线的渐近线作进一步的讨论.

当 $x\to x_0$ 或 $x\to\infty$时,有些函数的图形会与某条直线无限接近.

例如,函数 $y=\frac{1}{x}$(参见图3-17),当 $x\to\infty$时,曲线上的点无限接近于直线 $y=0$;当 $x\to 0$ 时,曲线上的点无限接近于直线 $x=0$,数学上称直线 $y=0$ 为曲线 $y=\frac{1}{x}$的水平渐近线,称 $x=0$ 为曲线 $y=\frac{1}{x}$的垂直(铅直)渐近线. 下面给出一般定义.

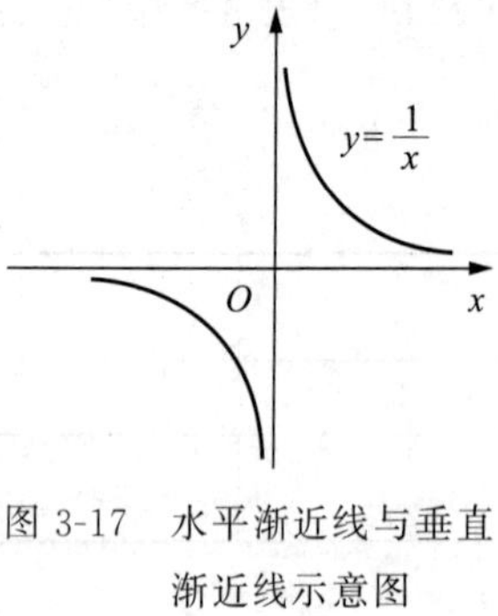

图3-17 水平渐近线与垂直渐近线示意图

1. 水平渐近线

定义 3 设函数 $y=f(x)$的定义域为无限区间,如果 $\lim\limits_{x\to+\infty}f(x)=A$ 或 $\lim\limits_{x\to-\infty}f(x)=A$($A$ 为常数),则称直线 $y=A$ 为曲线 $y=f(x)$的**水平渐近线**.

例 6 求曲线 $y=\frac{x^2-1}{x^2+1}$的水平渐近线.

解 因为 $\lim\limits_{x\to-\infty}\dfrac{x^2-1}{x^2+1}=\lim\limits_{x\to+\infty}\dfrac{x^2-1}{x^2+1}=1$，所以直线 $y=1$ 为曲线 $y=\dfrac{x^2-1}{x^2+1}$ 的水平渐近线(参见图 3-18).

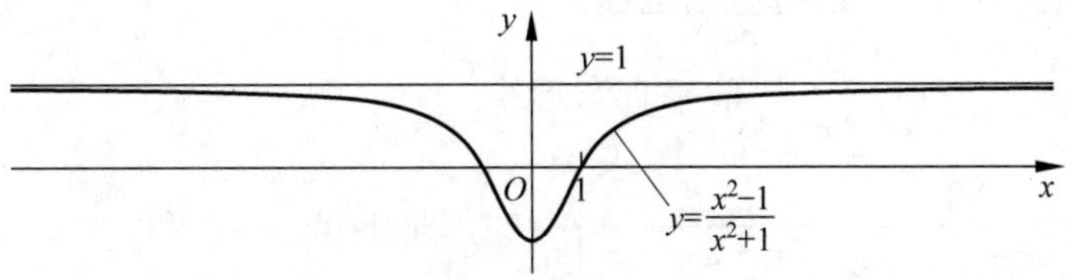

图 3-18　曲线及其水平渐近线

例 7　求曲线 $y=\arctan x$ 的水平渐近线.

解　因为 $\lim\limits_{x\to+\infty}\arctan x=\dfrac{\pi}{2}$，$\lim\limits_{x\to-\infty}\arctan x=-\dfrac{\pi}{2}$，所以 $y=\dfrac{\pi}{2}$ 和 $y=-\dfrac{\pi}{2}$ 均为曲线 $y=\arctan x$ 的水平渐近线(参见图 3-19).

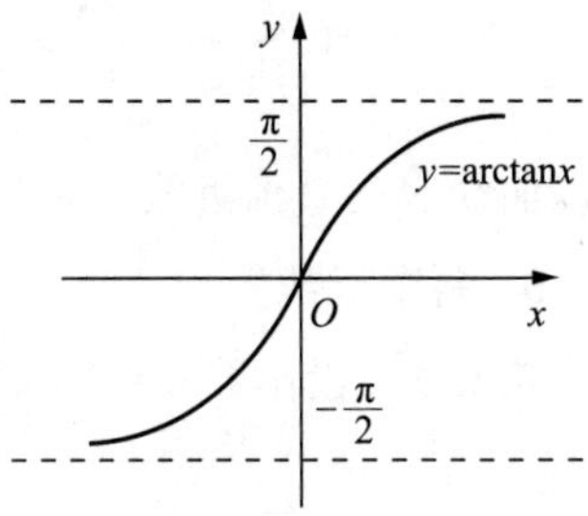

图 3-19　反正切函数的水平渐近线图示

例 8　求曲线 $y=\dfrac{\sqrt{2x^2-1}}{3x-5}$ 的水平渐近线.

解　因为 $\lim\limits_{x\to-\infty}\dfrac{\sqrt{2x^2-1}}{3x-5}=-\dfrac{\sqrt{2}}{3}$，$\lim\limits_{x\to+\infty}\dfrac{\sqrt{2x^2-1}}{3x-5}=\dfrac{\sqrt{2}}{3}$，所以直线 $y=-\dfrac{\sqrt{2}}{3}$，$y=\dfrac{\sqrt{2}}{3}$ 均为曲线 $y=\dfrac{\sqrt{2x^2-1}}{3x-5}$ 的水平渐近线(参见图 3-20).

例 9　求曲线 $y=\dfrac{e^x-x}{2e^x+x}$ 的水平渐近线.

解　因为 $\lim\limits_{x\to-\infty}\dfrac{e^x-x}{2e^x+x}=-1$，$\lim\limits_{x\to+\infty}\dfrac{e^x-x}{2e^x+x}=\dfrac{1}{2}$，所以直线 $y=-1$，$y=\dfrac{1}{2}$ 均为曲线 $y=\dfrac{e^x-x}{2e^x+x}$ 的水平渐近线(参见图 3-21).

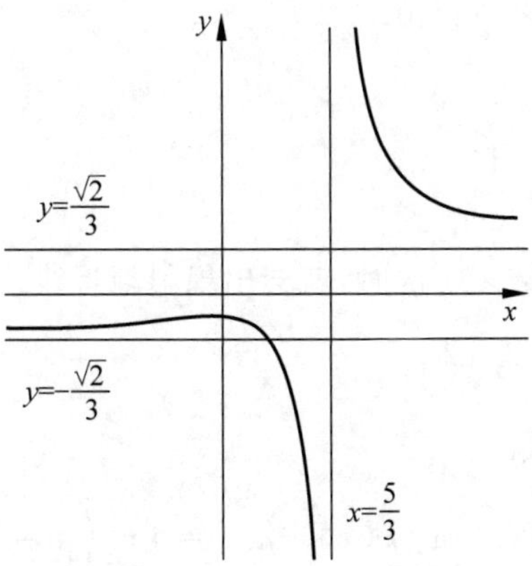

图 3-20　函数及其渐近线的图像(一)

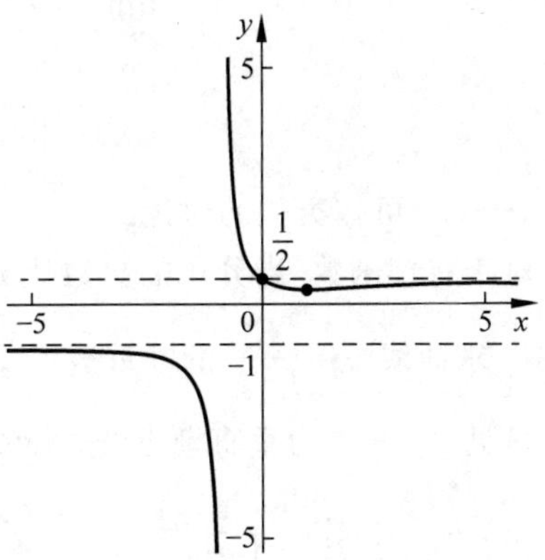

图 3-21　函数及其渐近线的图像(二)

2. 垂直渐近线

定义 4 设函数 $y=f(x)$在点 x_0 处间断,如果 $\lim\limits_{x\to x_0^-} f(x)=\infty$或 $\lim\limits_{x\to x_0^+} f(x)=\infty$,则称直线 $x=x_0$ 为曲线 $y=f(x)$的**垂直渐近线**.

例 10 求曲线 $y=\dfrac{2}{x^2-2x-3}$的垂直渐近线.

解 因为 $y=\dfrac{2}{x^2-2x-3}=\dfrac{2}{(x-3)(x+1)}$有两个间断点 $x=3$ 和 $x=-1$,而

$$\lim_{x\to 3}y=\lim_{x\to 3}\frac{2}{(x-3)(x+1)}=\infty,$$

$$\lim_{x\to -1}y=\lim_{x\to -1}\frac{2}{(x-3)(x+1)}=\infty,$$

所以曲线有垂直渐近线 $x=3$ 和 $x=-1$.

3. 斜渐近线

定义 5 设函数 $y=f(x)$的定义域为无限区间,且它与直线 $y=ax+b$ 有如下关系:

$$\lim_{x\to+\infty}[f(x)-(ax+b)]=0 \tag{3-9}$$

或

$$\lim_{x\to-\infty}[f(x)-(ax+b)]=0, \tag{3-10}$$

则称直线 $y=ax+b$ 为曲线 $y=f(x)$的**斜渐近线**.

要求斜渐近线 $y=ax+b$,关键在于确定常数 a 和 b,下面介绍求 a,b 的方法.

由式(3-9)得 $\lim\limits_{x\to+\infty}\left[\dfrac{f(x)}{x}-a+\dfrac{b}{x}\right]x=0$,由于左边两式之积的极限存在,且当 $x\to+\infty$时,因子 x 是无穷大量,从而因子$\dfrac{f(x)}{x}-a+\dfrac{b}{x}$必是无穷小量.所以

$$a=\lim_{x\to+\infty}\frac{f(x)}{x},$$

将求出的 a 代入式(3-9)得

$$\lim_{x\to+\infty}[(f(x)-ax)-b]=0,$$

所以

$$b=\lim_{x\to+\infty}[f(x)-ax].$$

对 $x\to-\infty$,可作类似的讨论.

注 对于有理函数,当分子的次数比分母的次数多 1 次时,就会出现斜渐近线.

例 11 求曲线 $y=\dfrac{x^2}{1+x}$的渐近线.

解 显见 $x=-1$ 为垂直渐近线,无水平渐近线.

因为 $\lim\limits_{x\to\infty}\dfrac{f(x)}{x}=\lim\limits_{x\to\infty}\dfrac{x}{1+x}=1$,所以 $a=1$.又因为 $\lim\limits_{x\to\infty}[f(x)-ax]=\lim\limits_{x\to\infty}\left(\dfrac{x^2}{1+x}-x\right)=-1$,所以 $b=-1$,故曲线有斜渐近线 $y=x-1$.

3.7.3 函数图形的描绘

我们借助于函数的一阶、二阶导数讨论了函数的单调性、极值、凸性及曲线的拐点等，利用函数的这些性态，可以比较准确地描绘函数的图形，现将描绘图形的一般步骤概括如下：

(1) 确定函数 $y=f(x)$的定义域；

(2) 讨论此函数的奇偶性、周期性等；

(3) 求出方程 $f'(x)=0, f''(x)=0$ 的根及使 $f'(x), f''(x)$不存在的点，这些点把函数的定义域分成几个部分区间；

(4) 列表确定函数的单调区间、极值及曲线的凹凸区间和拐点；

(5) 确定曲线的渐近线；

(6) 算出方程 $f'(x)=0, f''(x)=0$ 的根所对应的函数值，定出图形上的相应点(有时需添加一些辅助点以便把曲线描绘得更精确)；

(7) 作图.

例 12 作函数 $y=3x-x^3$ 的图形.

解 (1) 定义域为$(-\infty,+\infty)$；

(2) 函数是奇函数，所以函数的图形关于原点对称；

(3) 令 $y'=3-3x^2=3(1-x)(1+x)=0$，得驻点 $x_1=1, x_2=-1$，令 $y''=-6x=0$，得 $x_3=0$；

(4) 列表讨论，见表 3-3. 由于对称性，可以只列$(0,+\infty)$上的点；

表 3-3 函数 $y=3x-x^3$

x	0	$(0,1)$	1	$(1,+\infty)$
y'	+	+	0	−
y''	0	−	−	−
y	拐点$(0,0)$	↗	极大值 $y=2$	↘

(5) 无渐近线；

(6) 已知点$(0,0)$，$(1,2)$，辅助点$(\sqrt{3},0)$，$(2,-2)$，再利用函数的图形关于原点的对称性，找出对称点$(-1,-2)$，$(-\sqrt{3},0)$，$(-2,2)$；

(7) 描点作图(图 3-22).

注 表 3-3 中记号"↘"表示下降上凸曲线；"↘"表示下降上凹曲线；"↗"表示上升上凹曲线；"↗"表示上升上凸曲线.

例 13 描绘 $y=f(x)=\dfrac{1}{\sqrt{2\pi}}e^{-\frac{x^2}{2}}$ 的图形.

解 (1) 函数的定义域为$(-\infty,+\infty)$，且 $f(x)$在$(-\infty,+\infty)$上连续.

(2) $y=\dfrac{1}{\sqrt{2\pi}}e^{-\frac{x^2}{2}}$为偶函数，因此曲线 $y=\dfrac{1}{\sqrt{2\pi}}e^{-\frac{x^2}{2}}$关于 y 轴对称，可以只讨论$(0,+\infty)$上该

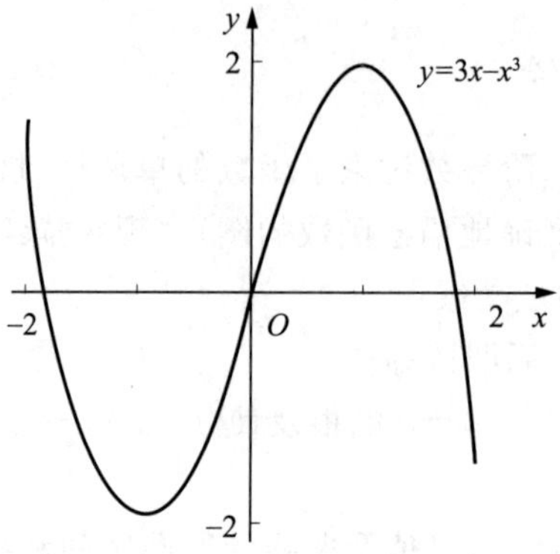

图 3-22 函数图像

函数的图形. 又对任意 $x\in(-\infty,+\infty)$有 $f(x)>0$,所以 $y=f(x)$的图形位于 x 轴的上方.

(3) $y'=-\dfrac{x}{\sqrt{2\pi}}e^{-\frac{x^2}{2}}$,令 $f'(x)=0$ 得 $x=0$; $y''=\dfrac{1}{\sqrt{2\pi}}e^{-\frac{x^2}{2}}(x^2-1)$,令 $f''(x)=0$ 得 $x=\pm1$.

(4) 列表如下(表 3-4).

表 3-4 函数 $f(x)=\dfrac{1}{\sqrt{2\pi}}e^{-\frac{x^2}{2}}$

x	0	$(0,1)$	1	$(1,+\infty)$
y'	0	$-$	$-$	$-$
y''	$-$	$-$	0	$+$
y	极大值$\dfrac{1}{\sqrt{2\pi}}$	↘	拐点$\left(1,\dfrac{1}{\sqrt{2\pi e}}\right)$	↘

(5) 因 $\lim\limits_{x\to+\infty}\dfrac{1}{\sqrt{2\pi}}e^{-\frac{x^2}{2}}=0$,故有水平渐近线 $y=0$.

(6) $f(0)=\dfrac{1}{\sqrt{2\pi}}$, $f(1)=\dfrac{1}{\sqrt{2\pi e}}$, $f(\sqrt{2})=\dfrac{1}{\sqrt{2\pi}\,e}$,取辅助点$\left(0,\dfrac{1}{\sqrt{2\pi}}\right)$,$\left(1,\dfrac{1}{\sqrt{2\pi e}}\right)$,$\left(\sqrt{2},\dfrac{1}{\sqrt{2\pi}\,e}\right)$,画出函数在$[0,+\infty)$上的图形,再利用对称性便得到函数在$(-\infty,0]$上的图形(图 3-23).

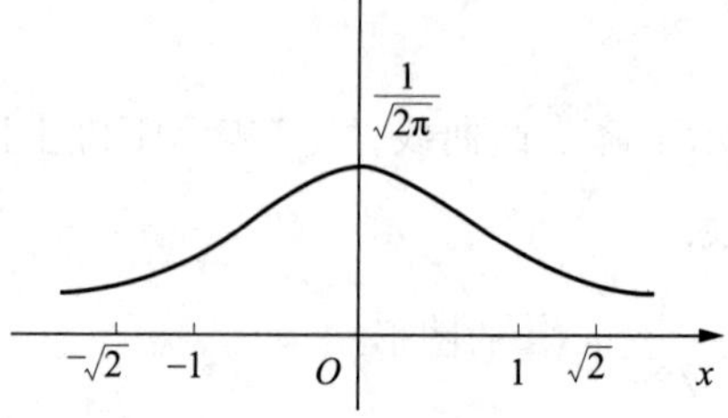

图 3-23 函数图像

例 13 中的函数是概率论与数理统计中用到的标准正态分布的密度函数.

二维码 3.7

习题 3.7

1. 讨论下列函数的凹凸性，并求曲线的拐点：

(1) $y=x^2-x^3$；　　(2) $y=\ln(1+x^2)$；

(3) $y=x\mathrm{e}^x$；　　(4) $y=(x+1)^4$；

(5) $y=\dfrac{x}{(x+3)^2}$；　　(6) $y=\mathrm{e}^{\arctan x}$.

2. 利用函数的凹凸性证明下列不等式：

(1) $\dfrac{\mathrm{e}^x+\mathrm{e}^y}{2}>\mathrm{e}^{\frac{x+y}{2}}$，$x\neq y$；

(2) $x\ln x+y\ln y>(x+y)\ln\dfrac{x+y}{2}$，$x>0$，$y>0$，$x\neq y$.

3. 点(1,3)为曲线 $y=ax^3+bx^2$ 的拐点，求 a，b 的值.

4. 求下列曲线的渐近线：

(1) $y=\ln x$；　　(2) $y=x+x^2\sin\dfrac{1}{x^2+1}$；

(3) $y=\dfrac{x}{3-x^2}$；　　(4) $y=\dfrac{x^2}{2x-1}$.

5. 作出下列函数的图形：

(1) $y=\dfrac{x}{1+x^2}$；　　(2) $y=x-2\arctan x$；

(3) $y=2x\mathrm{e}^{-x}$，$x\in(0,+\infty)$；　　(4) $y=\dfrac{2x^2}{x^2-1}$.

提高题

1. 设函数 $f(x)$ 在 $(-\infty,+\infty)$ 内连续，其中二阶导数 $f''(x)$ 的图形如图 3-24 所示，则曲线 $y=f(x)$ 的拐点的个数为(　　).

A. 0　　B. 1　　C. 2　　D. 3

2. 设函数 $y=f(x)$ 在 $(-\infty,+\infty)$ 内连续，其导函数的图形如图 3-25 所示，则(　　).

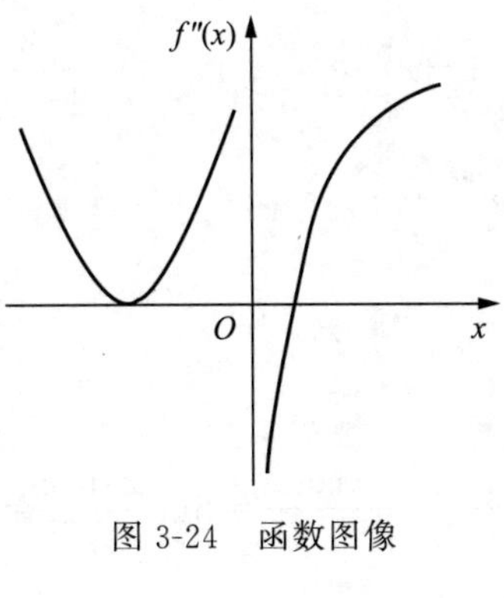

图 3-24　函数图像

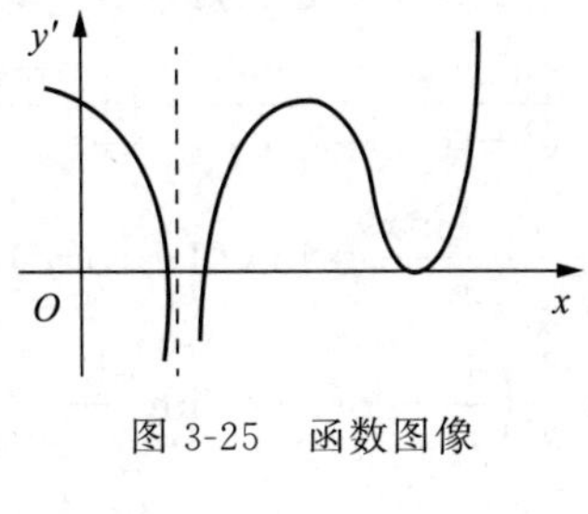

图 3-25　函数图像

A. 函数 $f(x)$ 有 2 个极值点，曲线 $y=f(x)$ 有 2 个拐点

B. 函数 $f(x)$ 有 2 个极值点，曲线 $y=f(x)$ 有 3 个拐点

C. 函数 $f(x)$ 有 3 个极值点，曲线 $y=f(x)$ 有 1 个拐点

D. 函数 $f(x)$ 有 3 个极值点，曲线 $y=f(x)$ 有 2 个拐点

3. 设函数 $f(x)$ 满足关系 $f''(x)=x-(f'(x))^2$，且 $f'(0)=0$，证明：点 $(0,f(0))$ 是曲线 $y=f(x)$ 的拐点.

4. 求曲线 $y=x\left(1+\arcsin\dfrac{2}{x}\right)$ 的斜渐近线方程.

5. 求曲线 $y=\dfrac{x^3}{1+x^2}+\arctan(1+x^2)$ 的斜渐近线方程.

6. 求曲线 $\begin{cases} x=\dfrac{3t}{1+t^3}, \\ y=\dfrac{3t^2}{1+t^3} \end{cases}$ 的渐近线方程.

复习题 3

1. 填空题

(1) 设 $f(x)=x^2$，则在 $x, x+\Delta x$ 之间满足拉格朗日中值定理结论的 $\xi=$________.

(2) 设函数 $g(x)$ 在 $[a,b]$ 上连续，(a,b) 内可导，则至少存在一点 $\xi\in(a,b)$，使 $e^{g(b)}-e^{g(a)}=$________成立.

(3) $f(x)=x^n e^{-x}$ $(n>0, x\geqslant 0)$ 的单增区间是________，单减区间是________.

(4) 若点 $\left(1,\dfrac{4}{3}\right)$ 为曲线 $y=ax^3-x^2+b$ 的拐点，则 $a=$________，$b=$________.

(5) 曲线 $y=\sqrt{\dfrac{x-1}{x+1}}$ 的水平渐近线为________，垂直渐近线为________.

2. 选择题

(1) 在 $[-1,1]$ 上满足罗尔定理的条件的函数是(　　).

A. $\ln|x|$　　B. e^x　　C. $1-x^2$　　D. $\dfrac{2}{1-x^2}$

(2) 正确应用洛必达法则求极限的式子是(　　).

A. $\lim\limits_{x\to 0}\dfrac{\sin x}{e^x-1}=\lim\limits_{x\to 0}\dfrac{\cos x}{e^x}=\lim\limits_{x\to 0}\dfrac{-\sin x}{e^x}=0$

B. $\lim\limits_{x\to\infty}\dfrac{x+\sin x}{x}=\lim\limits_{x\to\infty}(1+\cos x)$ 不存在

C. $\lim\limits_{x\to 0}\dfrac{1}{x}\left(\dfrac{1}{x}-\cot x\right)=\lim\limits_{x\to 0}\dfrac{\sin x-x\cos x}{x^2\sin x}=\lim\limits_{x\to 0}\dfrac{\sin x-x\cos x}{x^3}=\lim\limits_{x\to 0}\dfrac{x\sin x}{3x^2}=\dfrac{1}{3}$

D. $\lim\limits_{x\to\infty}\dfrac{e^x-e^{-x}}{e^x+e^{-x}}=\lim\limits_{x\to\infty}\dfrac{e^{-x}(e^{2x}-1)}{e^{-x}(e^{2x}+1)}=\lim\limits_{x\to\infty}\dfrac{e^{2x}-1}{e^{2x}+1}=\lim\limits_{x\to\infty}\dfrac{2e^{2x}}{2e^{2x}}=1$

(3) 方程 $e^x - x - 1 = 0$(　　).

A. 没有实根　　B. 有且仅有一个实根

C. 有且仅有两个实根　　D. 有三个不同实根

(4) 函数 $y=f(x)$具有下列特征：$f(0)=1, f'(0)=0$，当 $x \neq 0$ 时，

$$f'(x)>0, \quad f''(x)\begin{cases}<0, & x<0,\\ >0, & x>0,\end{cases}$$

则其图形为(　　).

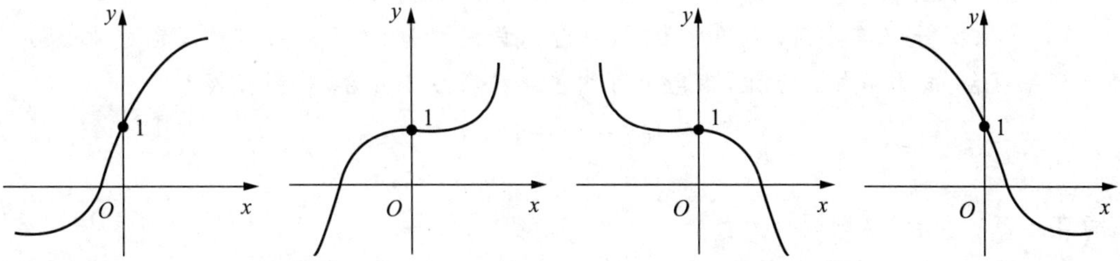

A.　　B.　　C.　　D.

(5) 设 $f(x)$在$[a,b]$上连续，$f(a)=f(b)$，且 $f(x)$不恒为常数，则在(a,b)内(　　).

A. 必有最大值或最小值　　B. 既有极大值又有极小值

C. 既有最大值又有最小值　　D. 至少存在一点 ξ，使 $f'(\xi)=0$

3. 求下列极限：

(1) $\lim\limits_{x\to 0}\dfrac{x-\ln(1+x)}{x^2}$；

(2) $\lim\limits_{x\to 0}\dfrac{e^x-(1+2x)^{\frac{1}{2}}}{\ln(1+x^2)}$；

(3) $\lim\limits_{x\to \frac{\pi}{6}}\dfrac{1-2\sin x}{\cos 3x}$；

(4) $\lim\limits_{x\to +\infty}(\pi-2\arctan x)\ln x$；

(5) $\lim\limits_{x\to 0}\left(\dfrac{1}{\ln(1+x)}-\dfrac{1}{x}\right)$；

(6) $\lim\limits_{x\to 0}\left(\dfrac{1}{x}-\dfrac{1}{e^{2x}-1}\right)$；

(7) $\lim\limits_{x\to 0}(1+x^2)^{\frac{1}{x}}$；

(8) $\lim\limits_{x\to 0}\dfrac{\cos x-e^{-\frac{x^2}{2}}}{x^4}$.

4. 证明：(1) 当 $0<x<\dfrac{\pi}{2}$ 时，有 $\tan x+2\sin x>3x$ 成立；

(2) 若 $x>0$，则 $e^x>1+x$；

(3) 设 $x>0$，则 $x-\dfrac{x^2}{2}<\ln(1+x)<x$.

5. 求函数 $y=(x-1)\sqrt[3]{x^2}$ 的极值与单调区间.

6. 求函数 $y=x^3-3x^2-9x+14$ 的单调区间.

7. 求函数 $y=\dfrac{\ln^2 x}{x}$ 的单调区间与极值.

8. 求函数 $y=2e^x+e^{-x}$ 的极值.

9. 函数 $y=ax^3+bx^2+cx+d(a>0)$ 的系数满足什么关系时，这个函数没有极值.

10. 求函数 $y=x\ln x$ 在$(0,\mathrm{e}]$上的最大值与最小值.

11. 求 $y=x^4-2x^3+1$ 的凹凸区间及拐点.

12. 试决定 $y=k(x^2-3)^2$ 中的 k 值，使曲线的拐点处的法线通过原点.

13. 判断函数 $y=\dfrac{x}{1+x}$ 的单调性，并证明 $\dfrac{|a+b|}{1+|a+b|}\leqslant\dfrac{|a|}{1+|a|}+\dfrac{|b|}{1+|b|}(a,b\in\mathbf{R})$.

14. 判断 e^{π} 及 π^{e} 哪个大.

15. 在半径为 R 的球内，求体积最大的内接圆柱体的高.

16. 某工厂生产某产品，年产量为 x(百台)，总成本为 c(万元)，其中固定成本 2 万元，每生产一百台，成本增加 2 万元，市场上可销售此种商品 3 百台，其销售收入

$$R(x)=\begin{cases}6x-x^2+1, & 0\leqslant x\leqslant 3,\\ 10, & x>3,\end{cases}$$

问每年生产多少台，总利润最大？

17. 某商品的需求函数为 $Q=80-P^2$，其中 P 为该商品的价格.

(1) 求 $P=4$ 时的需求弹性，并说明其经济意义；

(2) 当 $P=4$ 时的价格上涨 1%时，总收益将变化百分之几？是增加还是减少？

18. 求下列函数曲线的渐近线：

(1) $y=\dfrac{x}{1-x^2}$；　　(2) $y=x\mathrm{e}^{\frac{1}{x^2}}$；

(3) $y=\dfrac{x^2}{(1-x)^2}$；　　(4) $y=\dfrac{x^3}{(1-x)^2}$.

自测题 3

1. 选择题

(1) 下列函数中在$[1,\mathrm{e}]$上满足拉格朗日定理条件的是(　　).

A. $\ln(\ln x)$　　B. $\ln x$　　C. $\dfrac{1}{\ln x}$　　D. $\ln(2-x)$

(2) 若 $f(x)$为可导函数，ξ 为开区间(a,b)内一定点，满足 $f(\xi)>0$，对任意 $x\in(a,b)$，有$(x-\xi)f'(x)\geqslant 0$，则在闭区间$[a,b]$上必有(　　).

A. $f(x)<0$　　B. $f(x)\leqslant 0$　　C. $f(x)\geqslant 0$　　D. $f(x)>0$

(3) 设 $\lim\limits_{x\to x_0}\dfrac{f(x)}{g(x)}$ 为未定式，则 $\lim\limits_{x\to x_0}\dfrac{f'(x)}{g'(x)}$ 存在是 $\lim\limits_{x\to x_0}\dfrac{f(x)}{g(x)}$ 也存在的(　　).

A. 必要条件　　B. 充分条件

C. 充分必要条件　　D. 既非充分也非必要条件

(4) 已知 $f(x)$在$[a,b]$上连续，在(a,b)内可导，且当 $x\in(a,b)$时，有 $f'(x)>0$. 又已知 $f(a)<0$，则(　　).

A. $f(x)$在$[a,b]$上单调增加，且 $f(b)>0$

B. $f(x)$在$[a,b]$上单调减少，且 $f(b)<0$

C. $f(x)$在$[a,b]$上单调增加，且 $f(b)<0$

D. $f(x)$在$[a,b]$上单调增加，但 $f(b)$的正负号无法确定

(5) 若在区间(a,b)内，函数 $f(x)$的一阶导数 $f'(x)>0$，二阶导数 $f''(x)<0$，则函数 $f(x)$在此区间内是(　　).

A. 单调减少，曲线上凹　　B. 单调增加，曲线上凹

C. 单调减少，曲线上凸　　D. 单调增加，曲线上凸

2. 填空题

(1) 方程 $x^5-5x+1=0$ 在$(-1,1)$内根的个数是________；

(2) 函数 $f(x)=xe^{-x}$ 在区间$[1,2]$上的最大值为________；

(3) 设曲线 $y=ax^3+bx^2+cx+d$ 经过$(-2,44)$，$x=-2$ 为驻点，$(1,-10)$为拐点，则 a,b,c,d 分别为________；

(4) 极限 $\lim\limits_{x\to+\infty}\dfrac{\ln\left(1+\dfrac{1}{x}\right)}{\arctan x}=$________；

(5) 某商品的单价 P 与需求量 Q 的关系为 $P=10-\dfrac{Q}{5}$，则需求量为 15 时的边际收入为________.

3. 求下列极限：

(1) $\lim\limits_{x\to0}\dfrac{\arctan x-x}{x-\sin x}$；　(2) $\lim\limits_{x\to0^+}\dfrac{\ln\tan5x}{\ln\tan3x}$；　(3) $\lim\limits_{x\to0^+}\sqrt{x}\ln^2x$；

(4) $\lim\limits_{x\to0}\left(\dfrac{1}{x}-\dfrac{1}{e^x-1}\right)$；　(5) $\lim\limits_{x\to0^+}x^x$；　(6) $\lim\limits_{x\to+\infty}(x^2+2^x)^{\frac{1}{x}}$.

4. 证明下列各题：

(1) 试证：当 $a+b+1>0$ 时，$f(x)=\dfrac{x^2+ax+b}{x-1}$取得极值；

(2) 设 $f(x)$在$[a,b]$上连续，在(a,b)内二阶可导且 $f(a)=f(b)=0$，又存在点 $c\in(a,b)$，使得 $f(c)>0$，试证至少存在一点 $\xi\in(a,b)$，使得 $f''(\xi)<0$；

(3) 证明：当 $0<x<\dfrac{\pi}{2}$时，$\tan x>x+\dfrac{1}{3}x^3$.

5. 讨论函数 $y=2x^3-6x^2-18x+7$ 的单调性、凹凸性，并求极值与拐点.

6. 某工厂生产某种商品的固定成本 200 万元，每生产一个单位商品，成本增加 5 万元，且已知需求函数 $Q=100-2P$，P 为价格，Q 为产量，这种商品在市场上是畅销的.

(1) 试分别求出该商品的总成本函数 $C(P)$和总收益函数 $R(P)$的表达式；

(2) 求出使该商品的总利润最大的产量.

第 4 章

不定积分

Indefinite Integral

前面已经介绍了微分学的基本问题，即已知函数求其导数的问题. 但在科学技术及应用领域中，往往会遇到相反的问题——已知导数求其函数，即求一个未知函数，使其导数恰好是某一已知函数. 这种由导数或微分求原来函数的逆运算称为不定积分. 本章将介绍不定积分的概念、性质及其计算方法.

4.1 不定积分的概念与性质

4.1.1 原函数的概念

定义 1 设 $f(x)$是定义在区间 I 上的函数，若存在函数 $F(x)$使得对任意 $x\in I$，都有 $F'(x)=f(x)$或 $\mathrm{d}F(x)=f(x)\mathrm{d}x$，则 $F(x)$称为 $f(x)$的一个**原函数**(primitive function).

例如，因为在$(-\infty,+\infty)$上，$(\sin x)'=\cos x$，所以，$\sin x$ 是 $\cos x$ 的一个原函数，显然 $\sin x+1$，$\sin x-2$，$\sin x+C$(C 为任意常数)等都是 $\cos x$ 的原函数，由此看出，$\cos x$ 的任意两个原函数之间只相差一个常数. 于是有如下定理.

定理 1 设在区间 I 上，函数 $F(x)$，$\Phi(x)$都是 $f(x)$的原函数，则

$$\Phi(x)=F(x)+C.$$

证明 设 $g(x)=\Phi(x)-F(x)$，因为函数 $F(x)$，$\Phi(x)$都是 $f(x)$的原函数，所以 $F'(x)=f(x)$，$\Phi'(x)=f(x)$，因此

$$g'(x)=\Phi'(x)-F'(x)=f(x)-f(x)=0,\quad x\in I,$$

所以在区间 I 上 $g(x)=C$(C 为任意常数)，即 $\Phi(x)=F(x)+C$.

定理 1 可以说明，若函数 $F(x)$为 $f(x)$在区间 I 上的一个原函数，则 $f(x)$的全体原函数为 $F(x)+C$(C 为任意常数).

定理 2 若函数 $f(x)$在区间 I 上连续，则 $f(x)$在区间 I 上一定有原函数.

一切初等函数在其定义域区间上连续，所以初等函数在其定义域区间上一定存在原函数.

4.1.2 不定积分的概念

定义 2 函数 $f(x)$在区间 I 上的全体原函数称为 $f(x)$在区间 I 上的**不定积分**

(indefinite integral)，记作 $\int f(x)\mathrm{d}x$，即

$$\int f(x)\mathrm{d}x = F(x) + C,$$

其中，符号 $\int$ 称为**积分号**；$f(x)$ 称为**被积函数**；$f(x)\mathrm{d}x$ 称为**被积表达式**；x 称为**积分变量**；$F(x)$ 为 $f(x)$ 在区间 I 上的一个原函数；C 为任意常数.

由不积分的定义知，求一个函数的不定积分只需求这个函数的一个原函数即可.

例 1 求下列不定积分：

(1) $\int x^2\mathrm{d}x$； (2) $\int \sin x\,\mathrm{d}x$； (3) $\int \frac{1}{1+x^2}\mathrm{d}x$； (4) $\int \frac{1}{\cos^2 x}\mathrm{d}x$.

解 (1) 因为 $\left(\frac{x^3}{3}\right)' = x^2$，所以 $\frac{x^3}{3}$ 是 x^2 的一个原函数，从而

$$\int x^2\mathrm{d}x = \frac{x^3}{3} + C, \quad C\text{ 为任意常数}.$$

(2) 因为 $(-\cos x)' = \sin x$，所以 $-\cos x$ 是 $\sin x$ 的一个原函数，从而

$$\int \sin x\,\mathrm{d}x = -\cos x + C, \quad C\text{ 为任意常数}.$$

(3) 因为 $(\arctan x)' = \frac{1}{1+x^2}$，所以 $\arctan x$ 是 $\frac{1}{1+x^2}$ 的一个原函数，从而

$$\int \frac{1}{1+x^2}\mathrm{d}x = \arctan x + C, \quad C\text{ 为任意常数}.$$

(4) 因为 $(\tan x)' = \frac{1}{\cos^2 x}$，所以 $\tan x$ 是 $\frac{1}{\cos^2 x}$ 的一个原函数，从而

$$\int \frac{1}{\cos^2 x}\mathrm{d}x = \tan x + C, \quad C\text{ 为任意常数}.$$

4.1.3 不定积分的几何意义

若 $F(x)$ 为 $f(x)$ 的一个原函数，则称曲线 $y=F(x)$ 为 $f(x)$ 的一条**积分曲线**(integral curve)，称 $y=F(x)+C$ 为 $f(x)$ 的**积分曲线族**. 显然，族中的任意一条积分曲线可由另一条积分曲线沿 y 轴方向平移而得到，且族中各条曲线在横坐标相同的点 x_0 处的切线平行(参见图 4-1).

例 2 已知曲线 $y=f(x)$ 在其上任意一点 $(x, f(x))$ 处的切线斜率为 $2x$，且曲线通过点 $(1,2)$，求此曲线的方程.

解 根据题意知 $f'(x) = 2x$，即 $f(x)$ 是 $2x$ 的一个原函数，从而 $f(x) = \int 2x\,\mathrm{d}x = x^2 + C$. 又由曲线通过点 $(1,2)$ 得

$$2 = 1^2 + C, \quad \text{于是 } C = 1,$$

故所求曲线方程为 $y = x^2 + 1$.

积分曲线 $y=x^2+1$ 由另一条积分曲线抛物线 $y=x^2$ 沿 y 轴方向向上平移 1 个单位得到(参见图 4-2).

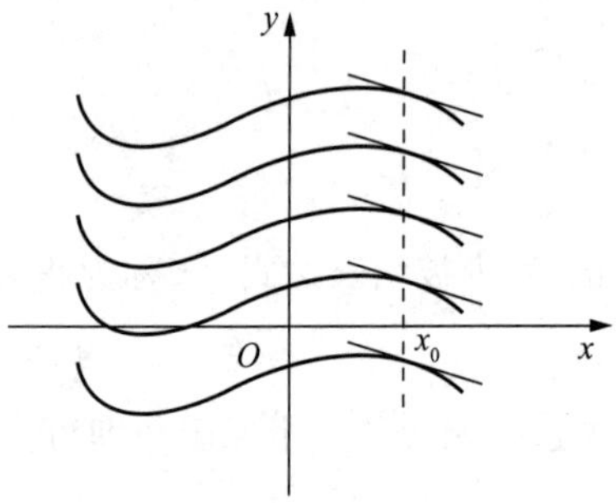

图 4-1 积分曲线族示意图

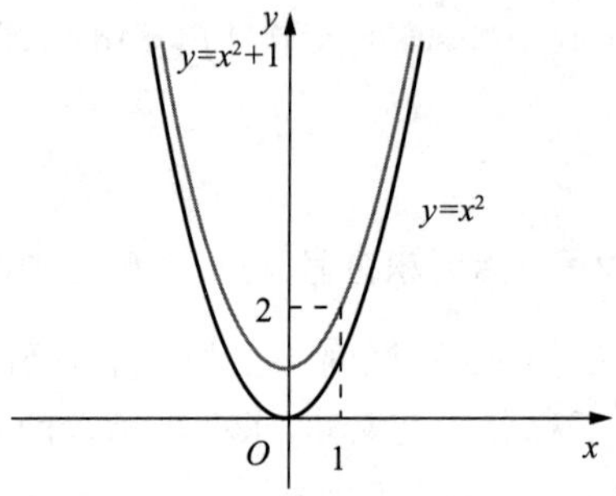

图 4-2 积分曲线及过定点的积分曲线

4.1.4 基本积分表

根据不定积分的定义，由导数或微分基本公式，即可得到不定积分的基本公式. 这里列出基本积分表，请读者务必熟记. 因为许多不定积分最终将归结为这些基本积分公式.

(1) $\int k\,\mathrm{d}x = kx + C$（$k$ 为常数）；

(2) $\int x^{\mu}\,\mathrm{d}x = \dfrac{x^{\mu+1}}{\mu+1} + C(\mu \neq -1)$；

(3) $\int \dfrac{\mathrm{d}x}{x} = \ln|x| + C$；

(4) $\int \dfrac{1}{1+x^2}\mathrm{d}x = \arctan x + C$；

(5) $\int \dfrac{1}{\sqrt{1-x^2}}\mathrm{d}x = \arcsin x + C$；

(6) $\int a^x\,\mathrm{d}x = \dfrac{a^x}{\ln a} + C(a > 0$，且 $a \neq 1)$；

(7) $\int \mathrm{e}^x\,\mathrm{d}x = \mathrm{e}^x + C$；

(8) $\int \cos x\,\mathrm{d}x = \sin x + C$；

(9) $\int \sin x\,\mathrm{d}x = -\cos x + C$；

(10) $\int \sec^2 x\,\mathrm{d}x = \tan x + C$；

(11) $\int \csc^2 x\,\mathrm{d}x = -\cot x + C$；

(12) $\int \sec x \cdot \tan x\,\mathrm{d}x = \sec x + C$；

(13) $\int \csc x \cdot \cot x\,\mathrm{d}x = -\csc x + C$.

4.1.5 不定积分的性质

设$\int f(x)\mathrm{d}x = F(x) + C$，由不定积分的定义，$F(x)$ 是 $f(x)$ 的原函数，即 $F'(x) = f(x)$，所以不定积分有如下性质.

性质 1 $\dfrac{\mathrm{d}}{\mathrm{d}x}\left[\int f(x)\mathrm{d}x\right] = f(x)$ 或 $\mathrm{d}\left[\int f(x)\mathrm{d}x\right] = f(x)\mathrm{d}x$.

又由于 $F(x)$是 $F'(x)$的原函数，故有下面的结论.

性质 2 $\int F'(x)\mathrm{d}x = F(x) + C$ 或$\int \mathrm{d}F(x) = F(x) + C$.

注 由此可见微分运算与积分运算是可逆的. 两个运算连在一起时，$\mathrm{d}\int$ 完全抵消，$\int \mathrm{d}$ 抵消后相差一常数.

利用微分运算法则和不定积分的定义,可得下列运算性质.

性质3 两个函数代数和的不定积分,等于它们各自不定积分的代数和,即

$$\int [f(x) \pm g(x)]\,dx = \int f(x)\,dx \pm \int g(x)\,dx.$$

证明 $\left[\int f(x)\,dx \pm \int g(x)\,dx\right]' = \left[\int f(x)\,dx\right]' \pm \left[\int g(x)\,dx\right]'$

$$= f(x) \pm g(x) = \left\{\int [f(x) \pm g(x)]\,dx\right\}'.$$

注 此性质可推广到有限多个函数之和的情形.

性质4 求不定积分时,非零常数因子可提到积分号前面,即

$$\int kf(x)\,dx = k\int f(x)\,dx, \quad k \neq 0.$$

证明 $\left[k\int f(x)\,dx\right]' = k\left[\int f(x)\,dx\right]' = kf(x) = \left[\int kf(x)\,dx\right]'.$

运用不定积分的性质和基本公式可以直接求一些简单函数的不定积分,有时需将被积函数经过适当的恒等变形后,再利用不定积分的性质和基本公式求出结果.这种积分法称为**直接积分法**.

例3 计算 $\int \frac{(x-\sqrt{x})^2}{x^3}dx$.

解 $\int \frac{(x-\sqrt{x})^2}{x^3}dx = \int \frac{x^2 - 2x^{\frac{3}{2}} + x}{x^3}dx = \int\left(\frac{1}{x} - 2x^{-\frac{3}{2}} + \frac{1}{x^2}\right)dx$

$$= \ln|x| - 2\times(-2)x^{-\frac{1}{2}} - \frac{1}{x} + C$$

$$= \ln|x| + \frac{4}{\sqrt{x}} - \frac{1}{x} + C.$$

例4 求 $\int (3^x e^x - 5\sin x)\,dx$.

解 $\int (3^x e^x - 5\sin x)\,dx = \int (3e)^x\,dx - \int 5\sin x\,dx$

$$= \frac{(3e)^x}{\ln(3e)} + 5\cos x + C = \frac{3^x e^x}{1+\ln 3} + 5\cos x + C.$$

例5 求 $\int \frac{1+x+x^2}{x(1+x^2)}dx$.

解 $\int \frac{1+x+x^2}{x(1+x^2)}dx = \int \frac{x+(1+x^2)}{x(1+x^2)}dx = \int\left(\frac{1}{1+x^2} + \frac{1}{x}\right)dx = \int \frac{1}{1+x^2}dx + \int \frac{1}{x}dx$

$$= \arctan x + \ln|x| + C.$$

例6 求 $\int \tan^2 x\,dx$.

解 $\int \tan^2 x\,dx = \int (\sec^2 x - 1)\,dx = \int \sec^2 x\,dx - \int 1\,dx = \tan x - x + C.$

二维码 4.1

习题 4.1

1. 设 $f(x)=(2x+1)\mathrm{e}^{-x^2}$，则 $\int f'(x)\mathrm{d}x=$________.

2. 设 $\sin x$ 是 $f(x)$ 的一个原函数，则 $\int f(x)\mathrm{d}x=$________.

3. 求下列不定积分：

(1) $\int\left(1-\sqrt[3]{x^2}\right)^2\mathrm{d}x$；

(2) $\int\left(\frac{x}{2}-\frac{1}{x}+\frac{4}{x^3}\right)\mathrm{d}x$；

(3) $\int\left(2^x+x^2+\frac{3}{x}\right)\mathrm{d}x$；

(4) $\int\left(\frac{1}{x}-\frac{3}{\sqrt{1-x^2}}\right)\mathrm{d}x$；

(5) $\int\frac{\mathrm{d}x}{x^2(1+x^2)}$；

(6) $\int\frac{1+2x^2}{x^2(1+x^2)}\mathrm{d}x$；

(7) $\int 2^x\mathrm{e}^{-x}\mathrm{d}x$；

(8) $\int\frac{\mathrm{e}^{2x}-1}{\mathrm{e}^x-1}\mathrm{d}x$；

(9) $\int\cot^2x\,\mathrm{d}x$；

(10) $\int\frac{2\cdot 3^x-5\cdot 2^x}{3^x}\mathrm{d}x$；

(11) $\int\sin^2\frac{x}{2}\mathrm{d}x$；

(12) $\int\frac{\cos 2x}{\cos x-\sin x}\mathrm{d}x$；

(13) $\int\frac{\mathrm{d}x}{1+\cos 2x}$；

(14) $\int\frac{1+\cos^2x}{1+\cos 2x}\mathrm{d}x$.

4. 一曲线通过点 $(\mathrm{e}^2,3)$，且在任一点处的切线的斜率等于该点横坐标的倒数，求该曲线的方程.

5. 对任意 $x\in\mathbf{R}$，$f'(\sin^2x)=\cos^2x$ 且 $f(1)=1$，求 $f(x)$.

提高题

1. $y=y(x)$ 在任何点 x 处的增量 $\Delta y=\frac{2x}{1+x^2}\Delta x+o(\Delta x)$，且 $y(0)=0$，则 $y(1)=$________.

2. 若 $f'(\mathrm{e}^x)=1+\mathrm{e}^{2x}$，且 $f(0)=1$，求 $f(x)$.

3. 设某商品的收益函数为 $R(P)$，收益弹性为 $1+P^3$，其中 P 为价格，且 $R(1)=1$，求 $R(P)$.

4. 设某商品的最大需求量为 1200 件，该商品的需求函数 $Q=Q(P)$，需求弹性 $\eta=\frac{P}{120-P}(\eta>0)$，$P$ 为单价(万元).

(1) 求需求函数的表达式；

(2) 求 $P=100$ 万元时的边际效益，并说明其经济意义.

4.2 不定积分的换元积分法

能直接或通过适当的变形后利用积分基本公式计算的不定积分是十分有限的.将复合函数的求导法则反过来用于不定积分，通过适当的变量替换(换元)，把某些不定积分化为基本积分公式表中所列的形式，再计算出所求的不定积分——这就是本节介绍的**换元积分法**(integration by substitution).

4.2.1 第一类换元积分法(凑微分法)

定理 1(第一类换元积分法) 设 $F(u)$ 是 $f(u)$ 的原函数，且 $u=\varphi(x)$ 可导，则有换元公式

$$\int f[\varphi(x)]\varphi'(x)\mathrm{d}x=\int f(u)\mathrm{d}u=F(u)\big|_{u=\varphi(x)}+C=F[\varphi(x)]+C.$$

证明 因为 $F(u)$ 是 $f(u)$ 的原函数，所以 $F'(u)=f(u)$. 根据复合函数的求导法则有

$$[F(\varphi(x))]'=F'(u)\varphi'(x)=f(u)\varphi'(x)=f[\varphi(x)]\varphi'(x).$$

再根据不定积分的定义有

$$\int f[\varphi(x)]\varphi'(x)\mathrm{d}x=F[\varphi(x)]+C.$$

注 (1) 在第一类换元积分法中，通过选择新的积分变量 $u=\varphi(x)$，把被积表达式分成两部分，一部分是关于 u 的函数 $f(u)$，另一部分是凑成关于 u 的微分 $\mathrm{d}u$，因而转化成比较容易计算的关于 u 的函数 $f(u)$ 的积分，因而也把第一类换元积分法称为**凑微分法**.

(2) 若 $\int f(u)\mathrm{d}u=F(u)+C$，则有 $\int f(x)\mathrm{d}x=F(x)+C$.

而对于任意函数 $u=\varphi(x)$，也有

$$\int f[\varphi(x)]\mathrm{d}\varphi(x)=F[\varphi(x)]+C.$$

也就是对于 $\int f(u)\mathrm{d}u=F(u)+C$，无论 u 是自变量 x 还是中间变量 $\varphi(x)$，这个公式都成立. 我们把这一性质称为积分形式的不变性. 这样我们可把基本初等函数的积分公式中的 x 换成函数 $\varphi(x)$. 例如

$$\int x^{\alpha}\mathrm{d}x=\frac{x^{\alpha+1}}{\alpha+1}+C\longrightarrow\int\varphi^{\alpha}(x)\mathrm{d}\varphi(x)=\frac{\varphi^{\alpha+1}(x)}{\alpha+1}+C;$$

$$\int\mathrm{e}^{x}\mathrm{d}x=\mathrm{e}^{x}+C\longrightarrow\int\mathrm{e}^{\varphi(x)}\mathrm{d}\varphi(x)=\mathrm{e}^{\varphi(x)}+C.$$

其他公式，请读者自己尝试写出.

例 1 求 $\int\cos 2x\,\mathrm{d}x$.

解 $\int\cos\underline{\underline{x}}\,\mathrm{d}\underline{\underline{x}}=\sin\underline{\underline{x}}+C$，而本题中是 $\int\cos\underline{\underline{2x}}\,\mathrm{d}\underline{\underline{x}}$，为了使画线两部分一样，设 $u=2x$，则 $\mathrm{d}u=2\mathrm{d}x$，于是

$$\int\cos 2x\,\mathrm{d}x=\frac{1}{2}\int\cos 2x\cdot 2\mathrm{d}x=\frac{1}{2}\int\cos u\cdot\mathrm{d}u=\frac{1}{2}\sin u+C=\frac{1}{2}\sin 2x+C.$$

例 2 求 $\int\frac{1}{2+3x}\mathrm{d}x$.

解 设 $u=2+3x$，则 $\mathrm{d}u=3\mathrm{d}x$，于是

$$\int\frac{1}{2+3x}\mathrm{d}x=\frac{1}{3}\int\frac{1}{2+3x}\cdot 3\mathrm{d}x=\frac{1}{3}\int\frac{1}{u}\mathrm{d}u=\frac{1}{3}\ln|u|+C=\frac{1}{3}\ln|2+3x|+C.$$

注 一般情形：$\int f(ax+b)\mathrm{d}x\xlongequal[\mathrm{d}u=a\mathrm{d}x]{u=ax+b}\frac{1}{a}\int f(u)\mathrm{d}u=\frac{1}{a}\int f(ax+b)\mathrm{d}(ax+b)$.

若 $\int f(x)\mathrm{d}x=F(x)+C$，则 $\int f(ax+b)\mathrm{d}x=\frac{1}{a}F(ax+b)+C$.

例 3 求 $\int x\mathrm{e}^{x^2}\mathrm{d}x$.

解 $\int x\mathrm{e}^{x^2}\mathrm{d}x=\frac{1}{2}\int\mathrm{e}^{x^2}2x\mathrm{d}x=\frac{1}{2}\int\mathrm{e}^{x^2}\mathrm{d}(x^2)=\frac{1}{2}\mathrm{e}^{x^2}+C$.

注 一般情形：$\int x^{n-1}f(x^n)\mathrm{d}x\xlongequal[\mathrm{d}u=nx^{n-1}\mathrm{d}x]{u=x^n}\frac{1}{n}\int f(u)\mathrm{d}u=\frac{1}{n}\int f(x^n)\mathrm{d}x^n$.

若 $\int f(x)\mathrm{d}x=F(x)+C$，则 $\int x^{n-1}f(x^n)\mathrm{d}x=\frac{1}{n}F(x^n)+C$.

例 4 求 $\int\tan x\mathrm{d}x$.

解 $\int\tan x\mathrm{d}x=\int\frac{\sin x}{\cos x}\mathrm{d}x=-\int\frac{\mathrm{d}\cos x}{\cos x}=-\ln|\cos x|+C$.

类似地可求得

$$\int\cot x\mathrm{d}x=\ln|\sin x|+C.$$

例 5 求 $\int\frac{1}{x(1+3\ln x)}\mathrm{d}x$.

解 $\int\frac{1}{x(1+3\ln x)}\mathrm{d}x=\frac{1}{3}\int\frac{1}{1+3\ln x}\mathrm{d}(1+3\ln x)=\frac{1}{3}\ln|1+3\ln x|+C$.

注 一般情形：$\int f(\ln x)\frac{1}{x}\mathrm{d}x=\int f(\ln x)\mathrm{d}(\ln x)$.

例 6 求 $\int\frac{1}{\sqrt{a^2-x^2}}\mathrm{d}x\ (a>0)$.

解 $\int\frac{1}{\sqrt{a^2-x^2}}\mathrm{d}x=\int\frac{1}{a}\cdot\frac{1}{\sqrt{1-\left(\frac{x}{a}\right)^2}}\mathrm{d}x=\int\frac{1}{\sqrt{1-\left(\frac{x}{a}\right)^2}}\mathrm{d}\left(\frac{x}{a}\right)=\arcsin\frac{x}{a}+C$.

例 7 求下列不定积分：

(1) $\int\frac{1}{a^2+x^2}\mathrm{d}x$； (2) $\int\frac{1}{x^2-6x+13}\mathrm{d}x$.

解 (1) $\int\frac{1}{a^2+x^2}\mathrm{d}x=\int\frac{1}{a^2}\cdot\frac{1}{1+\left(\frac{x}{a}\right)^2}\mathrm{d}x=\frac{1}{a}\int\frac{1}{1+\left(\frac{x}{a}\right)^2}\mathrm{d}\left(\frac{x}{a}\right)=\frac{1}{a}\arctan\frac{x}{a}+C$；

(2) $\int\frac{1}{x^2-6x+13}\mathrm{d}x=\int\frac{1}{(x-3)^2+4}\mathrm{d}x=\int\frac{1}{(x-3)^2+4}\mathrm{d}(x-3)$

$$=\frac{1}{2}\arctan\frac{x-3}{2}+C.$$

例 8 求 $\int\frac{1}{x^2-a^2}\mathrm{d}x$.

解 由于 $\frac{1}{x^2-a^2}=\frac{1}{2a}\left(\frac{1}{x-a}-\frac{1}{x+a}\right)$,所以

$$\begin{aligned}\int\frac{1}{x^2-a^2}\mathrm{d}x&=\frac{1}{2a}\int\left(\frac{1}{x-a}-\frac{1}{x+a}\right)\mathrm{d}x=\frac{1}{2a}\left(\int\frac{1}{x-a}\mathrm{d}x-\int\frac{1}{x+a}\mathrm{d}x\right)\\&=\frac{1}{2a}\left[\int\frac{1}{x-a}\mathrm{d}(x-a)-\int\frac{1}{x+a}\mathrm{d}(x+a)\right]\\&=\frac{1}{2a}(\ln|x-a|-\ln|x+a|)+C=\frac{1}{2a}\ln\left|\frac{x-a}{x+a}\right|+C.\end{aligned}$$

例 9 求下列不定积分:

(1) $\int\csc x\,\mathrm{d}x$; (2) $\int\sec x\,\mathrm{d}x$.

解 (1) $\int\csc x\,\mathrm{d}x=\int\frac{\mathrm{d}x}{\sin x}=\int\frac{\sin x}{\sin^2x}\mathrm{d}x=\int\frac{1}{\cos^2x-1}\mathrm{d}\cos x$

$$\begin{aligned}&=\frac{1}{2}\ln\left|\frac{\cos x-1}{\cos x+1}\right|+C=\ln\left|\frac{1-\cos x}{\sin x}\right|+C\\&=\ln|\csc x-\cot x|+C;\end{aligned}$$

(2) $\int\sec x\,\mathrm{d}x=\int\frac{\mathrm{d}x}{\cos x}=\int\frac{\mathrm{d}\left(x+\frac{\pi}{2}\right)}{\sin\left(x+\frac{\pi}{2}\right)}=\ln\left|\csc\left(x+\frac{\pi}{2}\right)-\cot\left(x+\frac{\pi}{2}\right)\right|+C$

$$=\ln|\sec x+\tan x|+C.$$

例 10 求下列不定积分:

(1) $\int\sin^3x\,\mathrm{d}x$; (2) $\int\sin^2x\cdot\cos^5x\,\mathrm{d}x$.

解 (1) $\int\sin^3x\,\mathrm{d}x=\int\sin^2x\sin x\,\mathrm{d}x=-\int(1-\cos^2x)\mathrm{d}(\cos x)$

$$\begin{aligned}&=-\int\mathrm{d}(\cos x)+\int\cos^2x\,\mathrm{d}(\cos x)\\&=-\cos x+\frac{1}{3}\cos^3x+C;\end{aligned}$$

(2) $\int\sin^2x\cdot\cos^5x\,\mathrm{d}x=\int\sin^2x\cdot\cos^4x\,\mathrm{d}(\sin x)=\int\sin^2x\cdot(1-\sin^2x)^2\mathrm{d}(\sin x)$

$$=\frac{1}{3}\sin^3x-\frac{2}{5}\sin^5x+\frac{1}{7}\sin^7x+C.$$

注 当被积函数是三角函数的奇数次幂时,拆开奇次项去凑微分.

例 11 求下列不定积分:

(1) $\int\cos^2x\,\mathrm{d}x$; (2) $\int\cos^4x\,\mathrm{d}x$.

解 (1) $\int\cos^2 x\,dx=\int\frac{1+\cos 2x}{2}dx=\frac{1}{2}\left(\int dx+\int\cos 2x\,dx\right)$

$$=\frac{1}{2}\int dx+\frac{1}{4}\int\cos 2x\,d(2x)=\frac{x}{2}+\frac{\sin 2x}{4}+C;$$

(2) 因为 $\cos^4 x=(\cos^2 x)^2=\left(\frac{1+\cos 2x}{2}\right)^2=\frac{1}{4}(1+2\cos 2x+\cos^2 2x)$

$$=\frac{1}{4}\left(1+2\cos 2x+\frac{1+\cos 4x}{2}\right)=\frac{1}{8}(3+4\cos 2x+\cos 4x),$$

所以

$$\int\cos^4 x\,dx=\frac{1}{8}\int(3+4\cos 2x+\cos 4x)dx=\frac{1}{8}\left(\int 3dx+\int 4\cos 2x\,dx+\int\cos 4x\,dx\right)$$

$$=\frac{1}{8}\left[3x+2\int\cos 2x\,d(2x)+\frac{1}{4}\int\cos 4x\,d(4x)\right]$$

$$=\frac{3}{8}x+\frac{1}{4}\sin 2x+\frac{1}{32}\sin 4x+C.$$

注 当被积函数是三角函数的偶数次幂时，常用半角公式降低幂次后再计算.

例 12 求 $\int\sec^6 x\,dx$.

解 $\int\sec^6 x\,dx=\int(\sec^2 x)^2\sec^2 x\,dx=\int(1+\tan^2 x)^2 d(\tan x)$

$$=\int(1+2\tan^2 x+\tan^4 x)d(\tan x)$$

$$=\tan x+\frac{2}{3}\tan^3 x+\frac{1}{5}\tan^5 x+C.$$

例 13 求 $\int\sin 4x\cos 3x\,dx$.

解 由 $\sin A\cos B=\frac{1}{2}[\sin(A+B)+\sin(A-B)]$，得

$$\sin 4x\cos 3x=\frac{1}{2}(\sin 7x+\sin x).$$

所以

$$\int\sin 4x\cos 3x\,dx=\frac{1}{2}\int(\sin 7x+\sin x)dx=\frac{1}{2}\left[\frac{1}{7}\int\sin 7x\,d(7x)+\int\sin x\,dx\right]$$

$$=-\frac{1}{14}\cos 7x-\frac{1}{2}\cos x+C.$$

常用的凑微分形式如下：

(1) $\int f(ax+b)dx=\frac{1}{a}\int f(ax+b)d(ax+b)\ (a\neq 0)$；

(2) $\int f(x^\mu)x^{\mu-1}dx=\frac{1}{\mu}\int f(x^\mu)d(x^\mu)\ (\mu\neq 0)$；

(3) $\int f(\ln x)\frac{1}{x}dx=\int f(\ln x)d(\ln x)$；

(4) $\int f(e^x)e^x dx=\int f(e^x)d(e^x)$；

(5) $\int f(a^x)a^x dx=\frac{1}{\ln a}\int f(a^x)d(a^x)$；

(6) $\int f(\sin x)\cos x dx=\int f(\sin x)d(\sin x)$；

(7) $\int f(\cos x)\sin x dx=-\int f(\cos x)d(\cos x)$；

(8) $\int f(\tan x)\sec^2 x dx=\int f(\tan x)d(\tan x)$；

(9) $\int f(\cot x)\csc^2 x dx=-\int f(\cot x)d(\cot x)$；

(10) $\int f(\arctan x)\frac{1}{1+x^2}dx=\int f(\arctan x)d(\arctan x)$；

(11) $\int f(\arcsin x)\frac{1}{\sqrt{1-x^2}}dx=\int f(\arcsin x)d(\arcsin x)$.

4.2.2 第二类换元积分法

有些积分的被积表达式要凑成某函数的微分是很困难的，但可以通过适当的变量代换 $x=\varphi(t)$，将积分 $\int f(x)dx$ 化为 $\int f[\varphi(t)]\varphi'(t)dt$，而求 $\int f[\varphi(t)]\varphi'(t)dt$ 很容易积出，由此有如下定理.

定理 2(第二类换元积分法) 设 $x=\varphi(t)$是单调、可导的函数，并且 $\varphi'(t)\neq 0$. 又设 $F(t)$是 $f[\varphi(t)]\varphi'(t)$的一个原函数，则有换元公式

$$\int f(x)dx=\int f[\varphi(t)]\varphi'(t)dt=F(t)+C=F[\psi(x)]+C,$$

其中 $t=\psi(x)$是 $x=\varphi(t)$的反函数.

证明 因为 $F(t)$是 $f[\varphi(t)]\varphi'(t)$的一个原函数，所以

$$\frac{dF(t)}{dt}=f[\varphi(t)]\varphi'(t).$$

于是

$$\frac{dF[\psi(x)]}{dx}=\frac{dF(t)}{dt}\cdot\frac{dt}{dx}=f[\varphi(t)]\varphi'(t)\cdot\frac{1}{\varphi'(t)}=f[\varphi(t)]=f(x).$$

所以

$$\int f(x)dx=F[\psi(t)]+C.$$

例 14 求 $\int\sqrt{a^2-x^2}dx\ (a>0)$.

解 令 $x=a\sin t$，则 $dx=a\cos t dt$，$t\in\left[-\frac{\pi}{2},\frac{\pi}{2}\right]$，

$$\sqrt{a^2-x^2}=\sqrt{a^2-a^2\sin^2 t}=a\cos t.$$

于是

$$\int \sqrt{a^2-x^2}\,dx = \int a\cos t \cdot a\cos t\,dt = a^2\int \cos^2 t\,dt = a^2\int \frac{1+\cos 2t}{2}dt$$
$$= \frac{a^2}{2}\left[t+\frac{1}{2}\sin 2t\right]+C = \frac{a^2}{2}[t+\sin t\cdot\cos t]+C.$$

由 $x=a\sin t$，即 $\sin t=\frac{x}{a}$，如图 4-3 所示作直角三角形，由图可得 $\cos t=\frac{\sqrt{a^2-x^2}}{a}$. 因此

$$\int \sqrt{a^2-x^2}\,dx = \frac{a^2}{2}\left[\arcsin\frac{x}{a}+\frac{x}{a}\sqrt{1-\left(\frac{x}{a}\right)^2}\right]+C$$
$$= \frac{a^2}{2}\arcsin\frac{x}{a}+\frac{x}{2}\sqrt{a^2-x^2}+C.$$

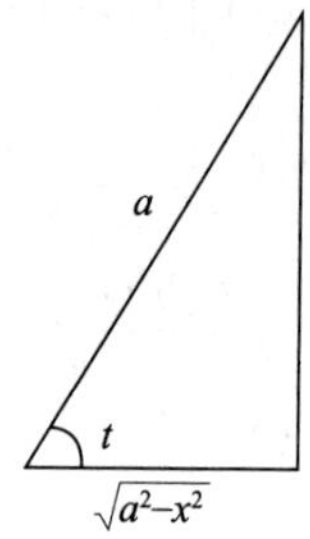

图 4-3 积分变换示意图

例 15 求 $\int \frac{1}{\sqrt{x^2+a^2}}dx\ (a>0)$.

解 令 $x=a\tan t$，其中 $t\in\left(-\frac{\pi}{2},\frac{\pi}{2}\right)$，则 $dx=a\sec^2 t\,dt$，于是

$$\int \frac{1}{\sqrt{x^2+a^2}}dx = \int \frac{1}{a\sec t}\cdot a\sec^2 t\,dt = \int \sec t\,dt$$
$$= \ln|\sec t+\tan t|+C_1.$$

由 $x=a\tan t$，即 $\tan t=\frac{x}{a}$，如图 4-4 所示作直角三角形，由图可得

$\sec t=\frac{\sqrt{x^2+a^2}}{a}$，因此

$$\int \frac{1}{\sqrt{x^2+a^2}}dx = \ln\left|\frac{x}{a}+\frac{\sqrt{x^2+a^2}}{a}\right|+C_1 = \ln|x+\sqrt{x^2+a^2}|+C,$$

其中，$C=C_1-\ln a$.

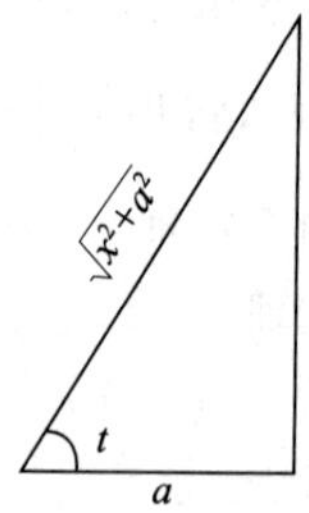

图 4-4 积分变换示意图

例 16 求 $\int \frac{1}{\sqrt{5+2x+x^2}}dx$.

解 利用例 15 的结果，得

$$\int \frac{1}{\sqrt{5+2x+x^2}}dx = \int \frac{1}{\sqrt{(x+1)^2+4}}d(x+1)$$
$$= \ln|x+1+\sqrt{(x+1)^2+4}|+C$$
$$= \ln|x+1+\sqrt{5+2x+x^2}|+C.$$

例 17 求 $\int \frac{1}{\sqrt{x^2-a^2}}dx\ (a>0)$.

解 令 $x=a\sec t$，则 $dx=a\sec t\cdot\tan t\,dt$，其中 $t\in\left(0,\frac{\pi}{2}\right)$. 于是

$$\int \frac{1}{\sqrt{x^2-a^2}}dx = \int \frac{a\sec t\cdot\tan t}{a\tan t}dt = \int \sec t\,dt$$
$$= \ln|\sec t+\tan t|+C_1.$$

由 $x=a\sec t$，即 $\sec t=\dfrac{x}{a}$，如图 4-5 所示作直角三角形，由图可得 $\tan t=\dfrac{\sqrt{x^2-a^2}}{a}$，因此

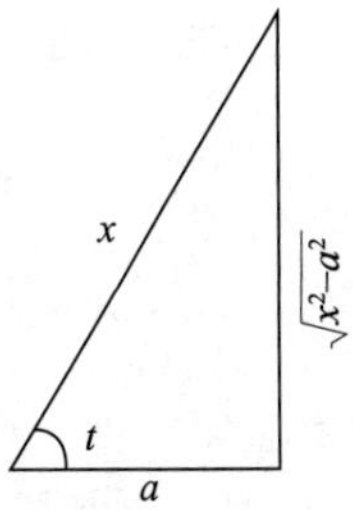

图 4-5 积分变换示意图

$$\int\frac{1}{\sqrt{x^2-a^2}}\mathrm{d}x=\ln\left|\frac{x}{a}+\frac{\sqrt{x^2-a^2}}{a}\right|+C_1=\ln|x+\sqrt{x^2-a^2}|+C,$$

其中，$C=C_1-\ln a$.

注 以上几例所使用的均为三角代换，三角代换的目的是化掉根式，其一般规律如下：若当被积函数中含有

(1) $\sqrt{a^2-x^2}$，可令 $x=a\sin t$；

(2) $\sqrt{a^2+x^2}$，可令 $x=a\tan t$；

(3) $\sqrt{x^2-a^2}$，可令 $x=a\sec t$.

例 18 求 $\displaystyle\int\frac{1}{x(x^7+2)}\mathrm{d}x$.

解 令 $x=\dfrac{1}{t}$，则 $\mathrm{d}x=-\dfrac{1}{t^2}\mathrm{d}t$，于是

$$\int\frac{1}{x(x^7+2)}\mathrm{d}x=\int\frac{t}{\left(\frac{1}{t}\right)^7+2}\cdot\left(-\frac{1}{t^2}\right)\mathrm{d}t=-\int\frac{t^6}{1+2t^7}\mathrm{d}t$$

$$=-\frac{1}{14}\ln|1+2t^7|+C=-\frac{1}{14}\ln|2+x^7|+\frac{1}{2}\ln|x|+C.$$

注 代换 $x=\dfrac{1}{t}$ 称为**倒代换**，当有理分式函数中分母的次数较高时常使用.

在本节的例题中，有几个结果也可以当作公式使用. 这样常用的积分公式，除基本积分表中的公式外，再添加下面几个公式：

$\displaystyle\int\tan x\,\mathrm{d}x=-\ln|\cos x|+C$；　　$\displaystyle\int\cot x\,\mathrm{d}x=\ln|\sin x|+C$；

$\displaystyle\int\csc x\,\mathrm{d}x=\ln|\csc x-\cot x|+C$；　　$\displaystyle\int\sec x\,\mathrm{d}x=\ln|\sec x+\tan x|+C$；

$\displaystyle\int\frac{1}{a^2+x^2}\mathrm{d}x=\frac{1}{a}\arctan\frac{x}{a}+C$；　　$\displaystyle\int\frac{1}{x^2-a^2}\mathrm{d}x=\frac{1}{2a}\ln\left|\frac{x-a}{x+a}\right|+C$；

$$\int\frac{1}{\sqrt{a^2-x^2}}\mathrm{d}x=\arcsin\frac{x}{a}+C;$$

$$\int\frac{1}{\sqrt{x^2+a^2}}\mathrm{d}x=\ln|x+\sqrt{x^2+a^2}|+C;$$

$$\int\frac{1}{\sqrt{x^2-a^2}}\mathrm{d}x=\ln|x+\sqrt{x^2-a^2}|+C.$$

注 以上公式中的 x 可以换成 $\varphi(x)$，例如

$$\int \tan\varphi(x)\mathrm{d}\varphi(x) = -\ln|\cos\varphi(x)| + C.$$

二维码 4.2

习题 4.2

1. 填空题.

(1) $\mathrm{d}x=$________ $\mathrm{d}(5x+2)$；

(2) $\cos 3x\,\mathrm{d}x=$________ $\mathrm{d}\sin 3x$；

(3) $x^9\mathrm{d}x=$________ $\mathrm{d}(2x^{10}-5)$；

(4) $\mathrm{e}^{3x}\mathrm{d}x=$________ $\mathrm{d}\mathrm{e}^{3x}$；

(5) $\dfrac{1}{2x+1}\mathrm{d}x=$________ $\mathrm{d}[7\ln(2x+1)]$；

(6) $\dfrac{1}{x^2}\mathrm{d}x=$________ $\mathrm{d}\left(\dfrac{2}{x}\right)$；

(7) $\dfrac{1}{\sqrt{1-9x^2}}\mathrm{d}x=$________ $\mathrm{d}(\arcsin 3x)$；

(8) $\dfrac{\mathrm{d}x}{\cos^2 2x}=$________ $\mathrm{d}(\tan 2x)$；

(9) $\dfrac{\mathrm{d}x}{1+9x^2}=$________ $\mathrm{d}(\arctan 3x)$.

2. 求下列不定积分：

(1) $\int(3-2x)^{10}\mathrm{d}x$；　(2) $\int\dfrac{\mathrm{d}x}{\sqrt[3]{2-3x}}$；　(3) $\int \mathrm{e}^{3x-1}\mathrm{d}x$；

(4) $\int x\cos(x^2)\mathrm{d}x$；　(5) $\int\dfrac{x\,\mathrm{d}x}{\sqrt{2-3x^2}}$；　(6) $\int\dfrac{\sin\sqrt{t}}{\sqrt{t}}\mathrm{d}t$；

(7) $\int\dfrac{1}{x^2}\mathrm{e}^{-\frac{1}{x}}\mathrm{d}x$；　(8) $\int\dfrac{\sin x}{\cos^3 x}\mathrm{d}x$；　(9) $\int\dfrac{1}{1-5x}\mathrm{d}x$；

(10) $\int\dfrac{3x^3}{1-x^4}\mathrm{d}x$；　(11) $\int\dfrac{x\,\mathrm{d}x}{x^2+a^2}$；　(12) $\int\dfrac{\mathrm{d}x}{x(2+5\ln x)}$；

(13) $\int\dfrac{\mathrm{d}x}{x\ln x\ln\ln x}$；　(14) $\int\dfrac{\arccos^2 x}{\sqrt{1-x^2}}\mathrm{d}x$；　(15) $\int\dfrac{1-\tan x}{1+\tan x}\mathrm{d}x$；

(16) $\int\dfrac{10^{\arctan x}}{1+x^2}\mathrm{d}x$；　(17) $\int\dfrac{6^x}{4^x+9^x}\mathrm{d}x$；　(18) $\int\dfrac{\mathrm{d}x}{\mathrm{e}^x+\mathrm{e}^{-x}}$；

(19) $\int\dfrac{\mathrm{d}x}{(\arcsin x)^2\sqrt{1-x^2}}$；　(20) $\int\dfrac{1+\ln x}{(x\ln x)^2}\mathrm{d}x$；　(21) $\int\dfrac{x+1}{\sqrt{2-x-x^2}}\mathrm{d}x$；

(22) $\int\cos^3 x\,\mathrm{d}x$；　(23) $\int\dfrac{1}{1+\mathrm{e}^x}\mathrm{d}x$；　(24) $\int\dfrac{\sin x\cos x}{1+\sin^4 x}\mathrm{d}x$；

(25) $\int\dfrac{x^2\mathrm{d}x}{(x-1)^{100}}$.

3. 求下列不定积分：

(1) $\int\dfrac{\mathrm{d}x}{1+\sqrt{1-x^2}}$；　(2) $\int\dfrac{\sqrt{x^2-9}}{x}\mathrm{d}x$；　(3) $\int\dfrac{\mathrm{d}x}{x^2\sqrt{x^2+1}}$；

(4) $\int\dfrac{\sqrt{a^2-x^2}}{x^2}\mathrm{d}x$；　(5) $\int\dfrac{\mathrm{d}x}{(x^2+a^2)^{3/2}}$；　(6) $\int\sqrt{5-4x-x^2}\,\mathrm{d}x$.

4. 已知 $F'(x)=\frac{\cos 2x}{\sin^2 2x}$ 且 $F\left(\frac{\pi}{4}\right)=-1$，求 $F(x)$.

提高题

1. $\int \frac{3\cos x+\sin x}{2\sin x+\cos x}dx=$________.

2. 若 $\int f(x)dx=x^2+C$，求 $\int xf(1-x^2)dx$.

3. $\int xf(x^2)f'(x^2)dx=$________.

4. 已知 $f(x)=e^{-x}$，求 $\int \frac{f'(\ln x)}{x}dx$.

5. 已知 $f'(\cos x)=\sin x$，求 $f(\cos x)$.

4.3 分部积分法

前面利用复合函数微分法则的逆运算得到了换元积分法. 下面利用微分乘积法则的逆运算，推导出求不定积分的另一种非常重要的方法——**分部积分法**(integration by parts).

设函数 $u=u(x)$，$v=v(x)$ 都有连续导数，则

$$d(uv)=vdu+udv,$$

移项得

$$udv=d(uv)-vdu,$$

对上式两边求不定积分得

$$\int udv=uv-\int vdu,\quad 或\quad \int uv'dx=\int udv=uv-\int u'vdx. \tag{4-1}$$

式(4-1)称为**分部积分公式**.

利用分部积分公式应注意以下两点：①v 要容易求出；② $\int vdu$ 要比 $\int udv$ 容易计算. 适当地选择被积表达式中的 u 和 dv 是利用分部积分公式解题的关键.

例 1 求 $\int x\cos x dx$.

解 如果令 $u=\cos x$，$dv=xdx=d\left(\frac{x^2}{2}\right)$，则

$$\int x\cos x dx=\int \cos x d\left(\frac{x^2}{2}\right)=\frac{x^2}{2}\cos x+\int \frac{x^2}{2}\sin x dx.$$

显然，$\int vdu$ 要比 $\int udv$ 更难，这说明 u，dv 选择不当.

于是，令 $u=x$，$dv=\cos x dx=d\sin x$，得

$$\int x\cos x dx=\int x d\sin x=x\sin x-\int \sin x dx=x\sin x+\cos x+C.$$

例 2 求 $\int xe^{-x}dx$.

解 令 $u=x$，$dv=e^{-x}dx=d(-e^{-x})$，则

$$\begin{aligned}\int xe^{-x}dx&=\int xd(-e^{-x})=-xe^{-x}+\int e^{-x}dx\\&=-xe^{-x}-e^{-x}+C.\end{aligned}$$

注 若被积函数是幂函数(指数为正整数)与指数函数或正(余)弦函数的乘积,可设幂函数为 u,而将其余部分凑微分,使得应用分部积分公式后,幂函数的幂次降低一次.

例3 求 $\int x^2 \ln x \mathrm{d}x$.

解 令 $u=\ln x, \mathrm{d}v = x^2\mathrm{d}x = \mathrm{d}\left(\frac{x^3}{3}\right)$,则

$$\int x^2 \ln x \mathrm{d}x = \int \ln x \mathrm{d}\left(\frac{x^3}{3}\right) = \frac{1}{3}x^3\ln x - \frac{1}{3}\int x^2\mathrm{d}x = \frac{1}{3}x^3\ln x - \frac{1}{9}x^3 + C.$$

例4 求 $\int \arcsin x \mathrm{d}x$.

解 令 $u=\arcsin x, \mathrm{d}v=\mathrm{d}x$,则

$$\begin{aligned}\int \arcsin x \mathrm{d}x &= x\arcsin x - \int x\mathrm{d}(\arcsin x) = x\arcsin x - \int x\cdot\frac{1}{\sqrt{1-x^2}}\mathrm{d}x \\ &= x\arcsin x + \frac{1}{2}\int\frac{1}{\sqrt{1-x^2}}\mathrm{d}(1-x^2) = x\arcsin x + \sqrt{1-x^2} + C.\end{aligned}$$

例5 求 $\int x\arctan x \mathrm{d}x$.

解 令 $u=\arctan x, \mathrm{d}v = x\mathrm{d}x = \mathrm{d}\left(\frac{x^2}{2}\right)$,则

$$\begin{aligned}\int x\arctan x \mathrm{d}x &= \int \arctan x \mathrm{d}\left(\frac{x^2}{2}\right) = \frac{x^2}{2}\arctan x - \int\frac{x^2}{2}\mathrm{d}(\arctan x) \\ &= \frac{x^2}{2}\arctan x - \int\frac{x^2}{2}\cdot\frac{1}{1+x^2}\mathrm{d}x = \frac{x^2}{2}\arctan x - \int\frac{1}{2}\left(1-\frac{1}{1+x^2}\right)\mathrm{d}x \\ &= \frac{x^2}{2}\arctan x - \frac{1}{2}(x-\arctan x) + C.\end{aligned}$$

注 若被积函数是幂函数与对数函数或反三角函数的乘积,可设对数函数或反三角函数为 u,而将幂函数凑微分进入微分号,使得应用分部积分公式后,对数函数或反三角函数消失.

例6 求 $\int \mathrm{e}^x\cos x \mathrm{d}x$.

解
$$\begin{aligned}\int \mathrm{e}^x\cos x\mathrm{d}x &= \int\mathrm{e}^x\mathrm{d}(\sin x) = \mathrm{e}^x\sin x - \int\mathrm{e}^x\sin x\mathrm{d}x = \mathrm{e}^x\sin x - \int\mathrm{e}^x\mathrm{d}(-\cos x) \\ &= \mathrm{e}^x\sin x + \mathrm{e}^x\cos x - \int\mathrm{e}^x\cos x\mathrm{d}x.\end{aligned}$$

从而可得

$$\int\mathrm{e}^x\cos x\mathrm{d}x = \frac{\mathrm{e}^x}{2}(\sin x + \cos x) + C.$$

注 若被积函数是指数函数与正(余)弦函数的乘积,u,$\mathrm{d}v$ 可随意选取,但在两次分部积分中,必须选用同类型的函数为 u,以便经过两次分部积分后产生循环式,从而解出所求积分.

例 7 求 $\int \sec^3 x\,\mathrm{d}x$.

解 $\int \sec^3 x\,\mathrm{d}x = \int \sec x\,\mathrm{d}\tan x = \sec x\tan x - \int \sec x\tan^2 x\,\mathrm{d}x$

$$= \sec x\tan x - \int \sec x(\sec^2 x - 1)\mathrm{d}x$$

$$= \sec x\tan x - \int \sec^3 x\,\mathrm{d}x + \int \sec x\,\mathrm{d}x$$

$$= \sec x\tan x + \ln|\sec x + \tan x| - \int \sec^3 x\,\mathrm{d}x.$$

由于上式右端的第三项就是所求的积分 $\int \sec^3 x\,\mathrm{d}x$，把它移到等号左端，两端各除以2，得

$$\int \sec^3 x\,\mathrm{d}x = \frac{1}{2}(\sec x\tan x + \ln|\sec x + \tan x|) + C.$$

例 8 求 $I_n = \int \frac{\mathrm{d}x}{(x^2+a^2)^n}$，其中 n 为正整数.

解 用分部积分法，当 $n>1$ 时有

$$I_{n-1} = \int \frac{\mathrm{d}x}{(x^2+a^2)^{n-1}} = \frac{x}{(x^2+a^2)^{n-1}} + 2(n-1)\int \frac{x^2}{(x^2+a^2)^n}\mathrm{d}x$$

$$= \frac{x}{(x^2+a^2)^{n-1}} + 2(n-1)\int \left[\frac{1}{(x^2+a^2)^{n-1}} - \frac{a^2}{(x^2+a^2)^n}\right]\mathrm{d}x,$$

即

$$I_{n-1} = \frac{x}{(x^2+a^2)^{n-1}} + 2(n-1)(I_{n-1} - a^2 I_n).$$

于是

$$I_n = \frac{1}{2a^2(n-1)}\left[\frac{x}{(x^2+a^2)^{n-1}} + (2n-3)I_{n-1}\right].$$

以此作递推公式，并由 $I_1 = \frac{1}{a}\arctan\frac{x}{a} + C$，即可得 I_n.

例 9 求 $\int \mathrm{e}^{\sqrt{x}}\,\mathrm{d}x$.

解 令 $t = \sqrt{x}$，则 $x = t^2$，$\mathrm{d}x = 2t\,\mathrm{d}t$，于是

$$\int \mathrm{e}^{\sqrt{x}}\,\mathrm{d}x = 2\int \mathrm{e}^t t\,\mathrm{d}t = 2\int t\,\mathrm{d}\mathrm{e}^t = 2t\mathrm{e}^t - 2\int \mathrm{e}^t\,\mathrm{d}t$$

$$= 2t\mathrm{e}^t - 2\mathrm{e}^t + C = 2\mathrm{e}^t(t-1) + C = 2\mathrm{e}^{\sqrt{x}}(\sqrt{x}-1) + C.$$

分部积分法实质上就是求两函数乘积的导数(或微分)的逆运算. 一般地，对下列类型的被积函数求不定积分时常考虑应用分部积分法(其中 m,n 都是正整数).

$$x^n\sin mx,\quad x^n\cos mx,\quad \mathrm{e}^{nx}\sin mx,\quad \mathrm{e}^{nx}\cos mx,\quad x^n\mathrm{e}^{mx},\quad x^n\ln x,$$

$$x^n\arcsin mx,\quad x^n\arccos mx,\quad x^n\arctan mx \text{ 等}.$$

二维码 4.3

习题 4.3

1. 求下列不定积分：

(1) $\int x\cos 2x\,\mathrm{d}x$； (2) $\int x\mathrm{e}^{-x}\,\mathrm{d}x$； (3) $\int \ln(x^2+1)\,\mathrm{d}x$；

(4) $\int \arccos x\,\mathrm{d}x$； (5) $\int \arctan x\,\mathrm{d}x$； (6) $\int \ln^2 x\,\mathrm{d}x$；

(7) $\int x\cos^2 x\,\mathrm{d}x$； (8) $\int x\ln(x-1)\,\mathrm{d}x$； (9) $\int \cos\ln x\,\mathrm{d}x$；

(10) $\int \mathrm{e}^{\sqrt{2x+1}}\,\mathrm{d}x$； (11) $\int \mathrm{e}^x\sin^2 x\,\mathrm{d}x$； (12) $\int (\arcsin x)^2\,\mathrm{d}x$；

(13) $\int \frac{\ln\sin x}{\sin^2 x}\mathrm{d}x$； (14) $\int \frac{\ln(1+x)}{(2-x)^2}\mathrm{d}x$； (15) $\int \frac{x\arcsin x}{\sqrt{1-x^2}}\mathrm{d}x$.

2. 设函数 $f(x)$有连续的导函数，且$\int f(x)\mathrm{d}x=\mathrm{e}^x\sin x+C$，求$\int xf'(x)\mathrm{d}x$.

3. 设 $f(x)$的一个原函数为 $\frac{\sin x}{x}$，求$\int xf'(x)\mathrm{d}x$.

提高题

1. 已知 $f'(\mathrm{e}^x)=1+x$，求 $f(x)$.

2. $\int \mathrm{e}^{2x}(\tan x+1)^2\mathrm{d}x=$________.

3. 设函数 $f(x)$的一个原函数为$\frac{\sin x}{x}$，求 $\int xf'(2x)\mathrm{d}x$.

4. 利用分部积分计算 $\int \sqrt{a^2-x^2}\,\mathrm{d}x$.

4.4 有理函数的积分

前面我们学习了求不定积分的换元积分法和分部积分法这两种最基本的积分方法.本节还将讨论一些比较简单的特殊类型函数的不定积分，包括有理函数的积分以及可化为有理函数的积分，如简单无理函数的积分、三角有理函数的积分等.

4.4.1 有理函数的积分

两个多项式函数的商称为**有理函数(式)**，即

$$R(x)=\frac{P(x)}{Q(x)}=\frac{a_0x^n+a_1x^{n-1}+\cdots+a_n}{b_0x^m+b_1x^{m-1}+\cdots+b_m}$$

为有理函数，其中，m,n 是非负整数，$a_0,a_1,\cdots,a_n,b_0,b_1,\cdots,b_m$ 是常数，且 $a_0\neq 0,b_0\neq 0$.

当 $m\leqslant n$ 时，$R(x)$称为有理函数假分式；当 $m>n$ 时，$R(x)$称为有理函数真分式.

例如，$\frac{x^3+1}{x^2+1}$是假分式，而

$$\frac{x^3+1}{x^2+1}=\frac{(x^3+x)-(x-1)}{x^2+1}=x-\frac{x-1}{x^2+1}.$$

上例说明,任何一个有理假分式都可以化为多项式与有理真分式的和.又因为多项式的积分很容易,所以,可以将有理函数的不定积分转化为有理真分式的积分问题.

1. 真分式的分解

理论上已证明,任何真分式总能分解为部分分式和.所谓部分分式是指如下4种"最简真分式":

(1) $\dfrac{A}{x-a}$;

(2) $\dfrac{A}{(x-a)^n},n=2,3,\cdots$;

(3) $\dfrac{Ax+B}{x^2+px+q},p^2-4q<0$;

(4) $\dfrac{Ax+B}{(x^2+px+q)^n},p^2-4q<0,n=2,3,\cdots$.

如何将一个真分式分解为部分分式之和?这里不作一般性讨论,只通过举例说明如何将真分式分解为部分分式之和的一种常用方法——待定系数法.

例 1 将真分式$\dfrac{3x+1}{x^2+3x-10}$分解为部分分式之和.

解 因为分母$Q(x)=x^2+3x-10=(x-2)(x+5)$,故设

$$\frac{3x+1}{x^2+3x-10}=\frac{A}{x-2}+\frac{B}{x+5}=\frac{A(x+5)+B(x-2)}{(x-2)(x+5)},$$

其中A,B为待定系数.比较上面等式两端,根据分子相等有

$$3x+1=A(x+5)+B(x-2)=(A+B)x+(5A-2B).$$

再由$A+B=3,5A-2B=1$,解得$A=1,B=2$.故得

$$\frac{3x+1}{x^2+3x-10}=\frac{1}{x-2}+\frac{2}{x+5}.$$

例 2 将$\dfrac{3x}{1-x^3}$分解为部分分式之和.

解 因为分母$1-x^3=(1-x)(1+x+x^2)$,故设

$$\frac{3x}{1-x^3}=\frac{3x}{(1-x)(1+x+x^2)}=\frac{A}{1-x}+\frac{Bx+C}{1+x+x^2}=\frac{A(1+x+x^2)+(Bx+C)(1-x)}{(1-x)(1+x+x^2)},$$

其中A,B,C为待定系数,将上式右端通分并令分子相等得

$$\begin{aligned}3x&=A(1+x+x^2)+(1-x)(Bx+C)\\&=(A-B)x^2+(A+B-C)x+(A+C).\end{aligned}$$

比较上式两端x的同次幂的系数,可得

$$A-B=0,\quad A+B-C=3,\quad A+C=0.$$

解此线性方程组,可得$A=B=1,C=-1$,于是分解式为

$$\frac{3x}{1-x^3}=\frac{1}{1-x}+\frac{x-1}{1+x+x^2}.$$

例 3 将$\dfrac{1}{x(x-1)^2}$分解为部分分式之和.

解 因为分母为 $x(x-1)^2$,故设

$$\frac{1}{x(x-1)^2}=\frac{A}{x}+\frac{B}{x-1}+\frac{C}{(x-1)^2},$$

其中 A,B,C 为待定系数,两端比较,得

$$1=A(x-1)^2+Bx(x-1)+Cx,$$

令 $x=0$ 得 $A=1$; 令 $x=1$ 得 $C=1$; 令 $x=2$,得 $B=-1$,即

$$\frac{1}{x(x-1)^2}=\frac{1}{x}-\frac{1}{x-1}+\frac{1}{(x-1)^2}.$$

例 4 将$\dfrac{2x^3+x-1}{(x^2+1)^2}$分解为部分分式之和.

解 设$\dfrac{2x^3+x-1}{(x^2+1)^2}=\dfrac{Ax+B}{x^2+1}+\dfrac{Cx+D}{(x^2+1)^2}$,消去分母,得

$$2x^3+x-1=(Ax+B)(x^2+1)+(Cx+D)=Ax^3+Bx^2+(A+C)x+(B+D).$$

比较同类项系数,可得

$$A=2,\quad B=0,\quad A+C=1,\quad B+D=-1.$$

解得

$$A=2,\quad B=0,\quad C=-1,\quad D=-1.$$

因此,分解式为

$$\frac{2x^3+x-1}{(x^2+1)^2}=\frac{2x}{x^2+1}-\frac{x+1}{(x^2+1)^2}.$$

2. 部分分式之和的积分

例 5 求$\displaystyle\int\frac{3x+1}{x^2+3x-10}\mathrm{d}x$.

解 因为$\dfrac{3x+1}{x^2+3x-10}=\dfrac{1}{x-2}+\dfrac{2}{x+5}$,所以

$$\begin{aligned}\int\frac{3x+1}{x^2+3x-10}\mathrm{d}x&=\int\left(\frac{1}{x-2}+\frac{2}{x+5}\right)\mathrm{d}x=\ln|x-2|+2\ln|x+5|+C\\&=\ln|(x-2)(x+5)^2|+C.\end{aligned}$$

例 6 求$\displaystyle\int\frac{3x}{1-x^3}\mathrm{d}x$.

解 因为$\dfrac{3x}{1-x^3}=\dfrac{1}{1-x}+\dfrac{x-1}{1+x+x^2}$,所以

$$\begin{aligned}\int\frac{3x}{1-x^3}\mathrm{d}x&=\int\frac{1}{1-x}\mathrm{d}x+\int\frac{x-1}{1+x+x^2}\mathrm{d}x\\&=\int\frac{1}{1-x}\mathrm{d}x+\frac{1}{2}\int\frac{2x+1}{1+x+x^2}\mathrm{d}x-\frac{3}{2}\int\frac{1}{1+x+x^2}\mathrm{d}x\\&=-\int\frac{1}{1-x}\mathrm{d}(1-x)+\frac{1}{2}\int\frac{1}{1+x+x^2}\mathrm{d}(1+x+x^2)-\\&\quad\frac{3}{2}\int\frac{1}{\left(\frac{\sqrt{3}}{2}\right)^2+\left(x+\frac{1}{2}\right)^2}\mathrm{d}\left(x+\frac{1}{2}\right)\end{aligned}$$

$$=-\ln|1-x|+\frac{1}{2}\ln(1+x+x^2)-\sqrt{3}\arctan\frac{x+\frac{1}{2}}{\frac{\sqrt{3}}{2}}+C.$$

注 对于 $\int\frac{x}{x^2+px+q}\mathrm{d}x\ (p^2-4q<0)$，要分成两部分，第一部分的分子凑成分母的导数. 于是

$$\begin{aligned}\int\frac{x}{x^2+px+q}\mathrm{d}x&=\frac{1}{2}\int\frac{2x+p}{x^2+px+q}\mathrm{d}x-\frac{1}{2}\int\frac{p}{x^2+px+q}\mathrm{d}x\\&=\frac{1}{2}\int\frac{1}{x^2+px+q}\mathrm{d}(x^2+px+q)-\frac{p}{2}\int\frac{1}{\left(x+\frac{p}{2}\right)^2+\frac{4q-p^2}{4}}\mathrm{d}\left(x+\frac{p}{2}\right)\\&=\frac{1}{2}\ln(x^2+px+q)-\frac{p}{\sqrt{4q-p^2}}\arctan\frac{x+\frac{p}{2}}{\frac{\sqrt{4q-p^2}}{2}}+C.\end{aligned}$$

例 7 求 $\int\frac{1}{x(x-1)^2}\mathrm{d}x$.

解 因为 $\frac{1}{x(x-1)^2}=\frac{1}{x}-\frac{1}{x-1}+\frac{1}{(x-1)^2}$，所以

$$\int\frac{1}{x(x-1)^2}\mathrm{d}x=\int\left(\frac{1}{x}-\frac{1}{x-1}+\frac{1}{(x-1)^2}\right)\mathrm{d}x=\ln|x|-\ln|x-1|-\frac{1}{x-1}+C.$$

例 8 求 $\int\frac{5}{(1+2x)(1+x^2)}\mathrm{d}x$.

解 设 $\frac{5}{(1+2x)(1+x^2)}=\frac{A}{1+2x}+\frac{Bx+C}{1+x^2}$，于是有

$$5=A(1+x^2)+(Bx+C)(1+2x),$$

整理得

$$5=(A+2B)x^2+(B+2C)x+C+A,$$

即

$$A+2B=0,\quad B+2C=0,\quad A+C=5,$$

解得

$$A=4,\quad B=-2,\quad C=1,$$

即

$$\frac{5}{(1+2x)(1+x^2)}=\frac{4}{1+2x}+\frac{-2x+1}{1+x^2}.$$

所以

$$\int\frac{5}{(1+2x)(1+x^2)}\mathrm{d}x=\int\left(\frac{4}{1+2x}+\frac{-2x+1}{1+x^2}\right)\mathrm{d}x$$

$$=\int\frac{4}{1+2x}dx-\int\frac{2x}{1+x^2}dx+\int\frac{1}{1+x^2}dx$$

$$=2\int\frac{1}{1+2x}d(1+2x)-\int\frac{1}{1+x^2}d(1+x^2)+\int\frac{1}{1+x^2}dx$$

$$=2\ln|1+2x|-\ln(1+x^2)+\arctan x+C.$$

4.4.2 可化为有理函数的积分

1. 简单无理函数的积分

对简单无理函数的积分,其基本思想是利用适当的变换将其有理化,转化为有理函数的积分.下面通过例子来说明.

例9 求 $\int\frac{4x}{\sqrt[3]{2x+1}}dx$.

解 令 $\sqrt[3]{2x+1}=t$,则 $x=\frac{t^3-1}{2}$,$dx=\frac{3t^2}{2}dt$,从而

$$\int\frac{4x}{\sqrt[3]{2x+1}}dx=\int\frac{4\cdot\frac{t^3-1}{2}}{t}\cdot\frac{3t^2}{2}dt=3\int(t^4-t)dt$$

$$=3\left(\frac{t^5}{5}-\frac{t^2}{2}\right)+C=\frac{3}{5}(2x+1)^{5/3}-\frac{3}{2}(2x+1)^{2/3}+C.$$

例10 求 $\int\frac{1}{\sqrt{x}+\sqrt[3]{x}}dx$.

解 令 $\sqrt[6]{x}=t$,则 $x=t^6$,所以 $dx=6t^5dt$,从而

$$\int\frac{1}{\sqrt{x}+\sqrt[3]{x}}dx=\int\frac{6t^5}{t^3+t^2}dt=\int\frac{6t^3}{t+1}dt=6\int\frac{t^3+1-1}{t+1}dt$$

$$=6\int\left(t^2-t+1-\frac{1}{t+1}\right)dt=6\left(\frac{t^3}{3}-\frac{t^2}{2}+t-\ln|t+1|\right)+C$$

$$=6\left(\frac{\sqrt{x}}{3}-\frac{\sqrt[3]{x}}{2}+\sqrt[6]{x}-\ln|\sqrt[6]{x}+1|\right)+C.$$

例11 求 $\int\frac{1}{\sqrt{1+e^x}}dx$.

解 令 $t=\sqrt{1+e^x}$,则 $e^x=t^2-1$,$x=\ln(t^2-1)$,$dx=\frac{2t\,dt}{t^2-1}$,所以

$$\int\frac{1}{\sqrt{1+e^x}}dx=\int\frac{2}{t^2-1}dt=\int\left(\frac{1}{t-1}-\frac{1}{t+1}\right)dt=\ln\left|\frac{t-1}{t+1}\right|+C$$

$$=2\ln(\sqrt{1+e^x}-1)-x+C.$$

*2. 三角函数有理式的积分

由 $\sin x$,$\cos x$ 和常数经过有限次四则运算构成的函数称为三角有理函数,记作 $R(\sin x,\cos x)$.被积函数是三角有理函数时,可通过变换 $u=\tan\frac{x}{2}$,则

$$\sin x=\frac{2\tan\dfrac{x}{2}}{1+\tan^2\dfrac{x}{2}}=\frac{2u}{1+u^2},\quad \cos x=\frac{1-\tan^2\dfrac{x}{2}}{1+\tan^2\dfrac{x}{2}}=\frac{1-u^2}{1+u^2},$$

并由

$$x=2\arctan u,\quad 得\quad \mathrm{d}x=\frac{2}{1+u^2}\mathrm{d}u.$$

将上面三式代入积分表达式，就可得到关于 u 的有理函数的积分.

例 12 求 $\displaystyle\int\frac{\mathrm{d}x}{2+3\cos x}$.

解 令 $\tan\dfrac{x}{2}=t$，于是 $\sin x=\dfrac{2t}{1+t^2}$，$\cos x=\dfrac{1-t^2}{1+t^2}$，$\mathrm{d}x=\dfrac{2\mathrm{d}t}{1+t^2}$，代入可得

$$\begin{aligned}\int\frac{\mathrm{d}x}{2+3\cos x}&=\int\frac{2\mathrm{d}t}{2(1+t^2)+3(1-t^2)}=\int\frac{2\mathrm{d}t}{5-t^2}\\&=\frac{1}{\sqrt5}\ln\left|\frac{\sqrt5+t}{\sqrt5-t}\right|+C=\frac{1}{\sqrt5}\ln\left|\frac{\sqrt5+\tan\dfrac{x}{2}}{\sqrt5-\tan\dfrac{x}{2}}\right|+C.\end{aligned}$$

在三角有理函数积分中，并非一定要设 $\tan\dfrac{x}{2}=t$，根据具体问题，有时会设 $t=\sin x$，$t=\cos x$，或 $t=\tan x$，从而化为有理函数的积分.

本章介绍了求不定积分的方法，从各类方法的使用中我们看到，求函数的不定积分与求函数的导数不同.求一个函数的导数总可以循着一定的规则和方法去做，而求一个函数的不定积分却无统一的规则可循，需要具体问题具体分析.灵活运用各类积分方法和技巧.

最后还要指出：对于初等函数，在其定义区间内，它的原函数一定存在，但并非都能用初等函数表示出来，如以下函数：

$$\int e^{-x^2}\mathrm{d}x,\quad \int\frac{\sin x}{x}\mathrm{d}x,\quad \int\frac{\mathrm{d}x}{\ln x},\quad \int\frac{\mathrm{d}x}{\sqrt{1+x^4}}.$$

习题 4.4

二维码 4.4

1. 求下列不定积分：

(1) $\displaystyle\int\frac{6x+5}{x^2+4}\mathrm{d}x$； (2) $\displaystyle\int\frac{2x+3}{x^2+8x+16}\mathrm{d}x$； (3) $\displaystyle\int\frac{x\,\mathrm{d}x}{(x+2)(x+3)^2}$；

(4) $\displaystyle\int\frac{x\,\mathrm{d}x}{(x+1)(x+2)(x+3)}$； (5) $\displaystyle\int\frac{\mathrm{d}x}{x^3-8}$； (6) $\displaystyle\int\frac{1}{x(x^2+1)}\mathrm{d}x$；

(7) $\displaystyle\int\frac{2x^2-3x+1}{(x^2+1)(x^2+x)}\mathrm{d}x$； (8) $\displaystyle\int\frac{\mathrm{d}x}{x(x^6+4)}$； (9) $\displaystyle\int\frac{\mathrm{d}x}{x^8(1-x^2)}$.

2. 求下列不定积分：

(1) $\displaystyle\int\frac{\sqrt{x+2}}{x+3}\mathrm{d}x$； (2) $\displaystyle\int\frac{1}{x^2}\sqrt[5]{\left(\frac{x}{x+1}\right)^3}\mathrm{d}x$； (3) $\displaystyle\int\frac{\mathrm{d}x}{\sqrt{x}+\sqrt[4]{x}}$；

(4) $\int \sqrt{\frac{a+x}{a-x}}\mathrm{d}x$； (5) $\int \frac{\sqrt{x+1}-1}{\sqrt{x+1}+1}\mathrm{d}x$； (6) $\int \frac{\mathrm{d}x}{\sqrt[4]{(x-2)^3(x+1)^5}}$.

提高题

1. 求下列不定积分：

(1) $\int \frac{1}{1+\tan x}\mathrm{d}x$； (2) $\int \sin(\ln x)\mathrm{d}x$；

(3) $\int \frac{x+1}{x^2\sqrt{x^2-1}}\mathrm{d}x$； (4) $\int \frac{1}{(1+5x^2)\sqrt{1+x^2}}\mathrm{d}x$.

2. 设 $f(\sin^2 x)=\frac{x}{\sin x}$，求 $\int \frac{\sqrt{x}}{\sqrt{1-x}}f(x)\mathrm{d}x$.

复习题 4

1. 填空题

(1) 已知 $\varphi(x)=2x+\mathrm{e}^{-x}$ 是 $f(x)$ 的原函数，是 $g(x)$ 的导函数，且 $g(0)=1$，则 $f(x)=$________，$g(x)=$________.

(2) 若 $f''(x)$ 连续，则 $\int xf''(x)\mathrm{d}x=$________.

(3) 若 $\mathrm{d}(\cos x)=f(x)\mathrm{d}x$，则 $\int xf(x)\mathrm{d}x=$________.

(4) 若 $f(x)$ 可导，则 $\int f(x)\mathrm{d}x$ 一定________.

(5) 若 $f(x)$ 的某个原函数为常数，则 $f(x)=$________.

2. 选择题

(1) 若 $\int f(x)\mathrm{d}x=x^2\mathrm{e}^{2x}+C$，则 $f(x)=$（ ）.

A. $2x\mathrm{e}^{2x}$ B. $2x^2\mathrm{e}^{2x}$ C. $4x\mathrm{e}^{2x}$ D. $2x\mathrm{e}^{2x}(1+x)$

(2) 若 $f(x)$ 的一个原函数是 $\frac{\ln x}{x}$，则 $\int f'(x)\mathrm{d}x=$（ ）.

A. $\frac{\ln x}{x}+C$ B. $\frac{1}{2}\ln^2 x+C$ C. $\ln|\ln x|+C$ D. $\frac{1-\ln x}{x^2}+C$

(3) 原函数族 $f(x)+C$ 可写成（ ）形式.

A. $\int f'(x)\mathrm{d}x$ B. $\left[\int f(x)\mathrm{d}x\right]'$ C. $\mathrm{d}\int f(x)\mathrm{d}x$ D. $\int F'(x)\mathrm{d}x$

(4) 若 $f'(x^2)=\frac{1}{x}(x>0)$，则 $f(x)=$（ ）.

A. $2x+C$ B. $\ln|x|+C$ C. $2\sqrt{x}+C$ D. $\frac{1}{\sqrt{x}}+C$.

(5) 若 $F'(x)=\frac{1}{\sqrt{1-x^2}}$，$F(1)=\frac{3}{2}\pi$，则 $F(x)=$（ ）.

A. $\arcsin x$ B. $\arcsin x+\dfrac{\pi}{2}$ C. $\arccos x=\pi$ D. $\arcsin x+\pi$

3. 若$\int f'(e^x)dx=e^{2x}+C$，求 $f(x)$.

4. 设 $\int xf(x)dx=\arcsin x+C$，求$\int\dfrac{dx}{f(x)}$.

5. 设 $f(x^2-1)=\ln\dfrac{x^2}{x^2-2}$，且 $f[\varphi(x)]=\ln x$，求 $\int\varphi(x)dx$.

6. 求 $\int\left[\dfrac{f(x)}{f'(x)}-\dfrac{f^2(x)f''(x)}{f'^3(x)}\right]dx$.

7. 设 $f(\ln x)=\dfrac{\ln(x+1)}{x}$，求 $\int f(x)dx$.

8. 求下列不定积分：

(1) $\int\dfrac{x+\arccos x}{\sqrt{1-x^2}}dx$； (2) $\int\dfrac{x^2}{4+9x^2}dx$； (3) $\int x(1+x)^{100}dx$；

(4) $\int\dfrac{e^{-1/x^2}}{x^3}dx$； (5) $\int\dfrac{2}{e^x+e^{-x}}dx$； (6) $\int\dfrac{x}{\sqrt{x^2+1}-x}dx$；

(7) $\int\dfrac{2^x3^x}{9^x-4^x}dx$； (8) $\int\dfrac{dx}{x(2+x^{10})}$； (9) $\int\dfrac{7\cos x-3\sin x}{5\cos x+2\sin x}dx$；

(10) $\int\dfrac{dx}{x\sqrt{4-x^2}}$； (11) $\int\dfrac{\sqrt{x^2-4}}{x}dx$； (12) $\int\dfrac{dx}{x\sqrt{1+x^4}}$.

9. 求下列不定积分：

(1) $\int\dfrac{\ln(1+x^2)}{x^3}dx$； (2) $\int\dfrac{x^2}{1+x^2}\arctan x\,dx$； (3) $\int\dfrac{\ln\ln x}{x}dx$；

(4) $\int\ln(x+\sqrt{1+x^2})dx$； (5) $\int\dfrac{xe^x}{\sqrt{e^x-3}}dx$； (6) $\int\dfrac{e^x(1+\sin x)}{1+\cos x}dx$.

10. 设 $I_n=\int\tan^n x\,dx$，求证：$I_n=\dfrac{1}{n-1}\tan^{n-1}x-I_{n-2}$，并求$\int\tan^5x\,dx$.

11. 求下列不定积分：

(1) $\int\dfrac{3x-1}{x^2-4x+8}dx$； (2) $\int\dfrac{x^{11}dx}{x^8+3x^4+2}$； (3) $\int\dfrac{1-x^8}{x(1+x^8)}dx$；

(4) $\int\dfrac{x}{(x^2+1)(x^2+4)}dx$； (5) $\int\dfrac{dx}{(x^2+1)(x^2+x+1)}$；

(6) $\int\dfrac{\sqrt{x(x+1)}}{\sqrt{x}+\sqrt{x+1}}dx$； (7) $\int\dfrac{1}{(x-1)\sqrt{x^2-2}}dx$； (8) $\int\cos\sqrt{3x+2}\,dx$；

(9) $\int\dfrac{\sqrt{x}}{\sqrt[4]{x^3}+1}dx$； (10) $\int\dfrac{\sqrt{1+\ln x}}{x\ln x}dx$.

12. 求$\int\dfrac{\arcsin\sqrt{x}+\ln x}{\sqrt{x}}dx$.

13. 设 $f(x)$ 的一个原函数 $F(x)>0$，且 $F(0)=1$，当 $x\geqslant 0$ 时，$f(x)F(x)=\sin^2 2x$，求 $f(x)$.

自测题 4

1. 填空题

(1) 如果 e^{-x} 是函数 $f(x)$ 的一个原函数，则 $\int f(x)\mathrm{d}x=$________.

(2) 若 $\int f(x)\mathrm{d}x=2\cos\frac{x}{2}+C$，则 $f(x)=$________.

(3) 设 $f(x)=\frac{1}{x}$，则 $\int f'(x)\mathrm{d}x=$________.

(4) $\int f(x)\mathrm{d}f(x)=$________.

(5) $\int \sin x\cos x\,\mathrm{d}x=$________.

2. 选择题

(1) 设 $\int f(x)\mathrm{d}x=\frac{3}{4}\ln\sin 4x+C$，则 $f(x)=($　　$)$.

A. $\cot 4x$　　B. $-\cot 4x$　　C. $3\cos 4x$　　D. $3\cot 4x$

(2) $\int\frac{\ln x}{x}\mathrm{d}x=($　　$)$.

A. $\frac{1}{2}x\ln^2 x+C$　　B. $\frac{1}{2}\ln^2 x+C$　　C. $\frac{\ln x}{x}+C$　　D. $\frac{1}{x^2}-\frac{\ln x}{x^2}+C$

(3) 若 $f(x)$ 为可导、可积函数，则(　　).

A. $\left[\int f(x)\mathrm{d}x\right]'=f(x)$　　B. $\mathrm{d}\left[\int f(x)\mathrm{d}x\right]=f(x)$

C. $\int f'(x)\mathrm{d}x=f(x)$　　D. $\int \mathrm{d}f(x)=f(x)$

(4) 下列凑微分式中(　　)是正确的.

A. $\sin 2x\,\mathrm{d}x=\mathrm{d}(\sin^2 x)$　　B. $\frac{\mathrm{d}x}{\sqrt{x}}=\mathrm{d}(\sqrt{x})$

C. $\ln|x|\mathrm{d}x=\mathrm{d}\left(\frac{1}{x}\right)$　　D. $\arctan x\,\mathrm{d}x=\mathrm{d}\left(\frac{1}{1+x^2}\right)$

(5) 若 $\int f(x)\mathrm{d}x=x^2+C$，则 $\int xf(1-x^2)\mathrm{d}x=($　　$)$.

A. $2(1+x^2)^2+C$　　B. $-2(1-x^2)^2+C$

C. $\frac{1}{2}(1+x^2)^2+C$　　D. $-\frac{1}{2}(1-x^2)^2+C$

3. 计算题

(1) $\int\frac{x^2-1}{x^2+1}\mathrm{d}x$；　　(2) $\int\frac{1}{9-4x^2}\mathrm{d}x$；　　(3) $\int\frac{1}{\sqrt{x}+\sqrt[3]{x}}\mathrm{d}x$；

(4) $\int \frac{\sqrt{x^2-4}}{x}\mathrm{d}x$； (5) $\int \frac{x+\arctan x}{1+x^2}\mathrm{d}x$； (6) $\int x\sec^2 x\,\mathrm{d}x$.

4. 综合题

(1) 已知曲线在任一点 x 处的切线斜率为 $x+\mathrm{e}^x$，且过点(0,2). 求该曲线的方程.

(2) 已知某公司的总收入 $R(x)$是产品销售数量 x 的函数，边防收入 $R'(x)=100-10x$. 试求该公司的总收入函数，并求出其价格函数 $P(x)$.

第 5 章

定积分及其应用

Definite Integral and Its Applications

积分有两个基本问题：不定积分和定积分.不定积分是一元函数微分的逆运算，同时也是计算定积分的工具.本章主要介绍定积分的定义、性质、计算方法和定积分的应用.

5.1 定积分的概念

5.1.1 引例

1. 曲边梯形的面积

在初等数学中，我们学会了求三角形、矩形、梯形及圆等一些规则图形的面积.但如果将梯形中的一底边换为曲线，那么图形的面积(即曲边梯形的面积)该如何求？

设函数 $f(x)$在$[a,b]$上连续，且 $f(x)\geqslant 0$，称由曲线 $y=f(x)$，直线 $x=a$，$x=b(b>a)$和 $y=0$ 围成的平面图形为**曲边梯形**(curvilinear trapezoid)(参见图 5-1(a)).

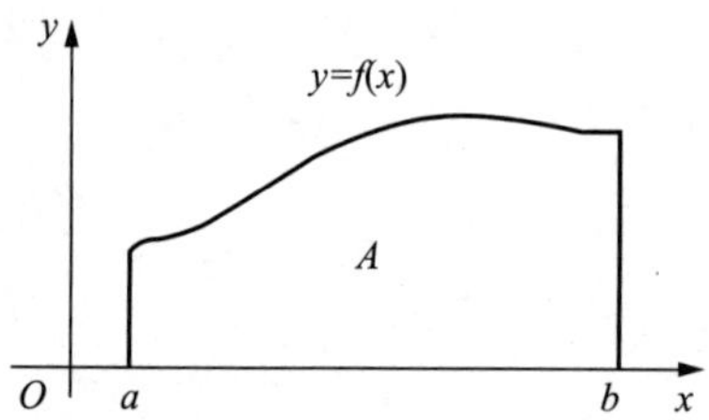

(a) 曲边梯形

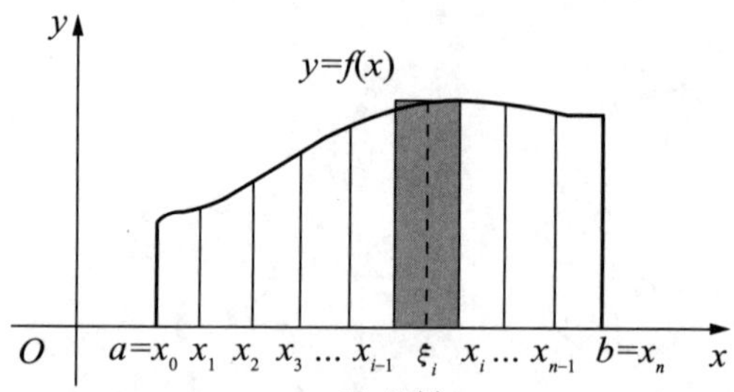

(b) 分割

图 5-1　求曲边梯形的面积示意图

如何求曲边梯形的面积？具体思想是：将曲边梯形分成许多小竖条(参见图 5-1(b))，即小曲边梯形，每一小曲边梯形的面积用相应的矩形的面积来代替，把这些矩形的面积加起来就得到曲边梯形面积 A 的近似值.当小竖条分得越细时，近似程度就越好.具体方法如下：

(1) 分割：在$[a,b]$中任意插入 $n-1$ 个分点

$$a=x_0<x_1<x_2<\cdots<x_{i-1}<x_i<\cdots<x_{n-1}<x_n=b$$

把区间$[a,b]$分割成 n 个小区间

$$[x_0,x_1],[x_1,x_2],\cdots,[x_{i-1},x_i],\cdots,[x_{n-1},x_n],$$

各小区间的长度依次为

$$\Delta x_1=x_1-x_0,\quad \Delta x_2=x_2-x_1,\quad \cdots,\quad \Delta x_i=x_i-x_{i-1},\quad \cdots,\quad \Delta x_n=x_n-x_{n-1}.$$

(2) 近似代替：过每一个分点作平行于 y 轴的直线段，把曲边梯形分成 n 个窄的小曲边梯形，设它们的面积依次为 $\Delta A_i\ (i=1,2,\cdots,n)$，在第 i 个小区间$[x_{i-1},x_i]$上任取一点 $\xi_i\in[x_{i-1},x_i]\ (i=1,2,\cdots,n)$，用以 Δx_i 为底，$f(\xi_i)$为高的矩形的面积 $f(\xi_i)\Delta x_i$ 近似代替第 i 个小曲边梯形的面积 ΔA_i，即 $\Delta A_i\approx f(\xi_i)\Delta x_i\ (i=1,2,\cdots,n)$.

(3) 求和：把这些矩形的面积 $f(\xi_i)\Delta x_i\ (i=1,2,\cdots,n)$相加，用其和近似地表示曲边梯形的面积 A，即

$$A=\sum_{i=1}^{n}\Delta A_i\approx\sum_{i=1}^{n}f(\xi_i)\Delta x_i.$$

(4) 求极限：由于划分越细，用矩形的面积 $\sum\limits_{i=1}^{n}f(\xi_i)\Delta x_i$ 代替曲边梯形的面积 A 就越精确，记 $\lambda=\max\{\Delta x_1,\Delta x_2,\cdots,\Delta x_n\}$，当 $\lambda\to 0$(这时分段数无限增多)，即 $n\to\infty$时，上式右端取极限，其极限值就是曲边梯形的面积 A，即

$$A=\lim_{\lambda\to 0}\sum_{i=1}^{n}f(\xi_i)\Delta x_i.$$

2. 变速直线运动的路程

设某物体做直线运动，已知速度 $v(t)$是时间间隔$[T_1,T_2]$上的一个连续函数，且 $v(t)\geqslant 0$，求物体在这段时间$[T_1,T_2]$内所经过的路程.

总体思路：把整段时间分割成若干小段，在每小段上速度看作不变，求出各小段的路程再相加，便得到路程的近似值，最后通过对时间的无限细分求得路程的精确值. 具体方法如下：

(1) 分割：在$[T_1,T_2]$中任意插入 $n-1$ 个分点

$$T_1=t_0<t_1<t_2<\cdots<t_{i-1}<t_i<\cdots<t_{n-1}<t_n=T_2,$$

把区间$[T_1,T_2]$分割成 n 个小区间

$$[t_0,t_1],[t_1,t_2],\cdots,[t_{i-1},t_i],\cdots,[t_{n-1},t_n].$$

各小区间的长度依次为

$$\Delta t_1=t_1-t_0,\quad \Delta t_2=t_2-t_1,\quad \cdots,\quad \Delta t_i=t_i-t_{i-1},\quad \cdots,\quad \Delta t_n=t_n-t_{n-1}.$$

(2) 近似代替：在第 i 个小时间间隔$[t_{i-1},t_i]$上任取一点 $\tau_i\in[t_{i-1},t_i]\ (i=1,2,\cdots,n)$，以 τ_i 点的速度 $v(\tau_i)$作为平均速度，用 $v(\tau_i)$与第 i 个小时间间隔 Δt_i 的乘积 $v(\tau_i)\Delta t_i$ 近似代替第 i 个小时间间隔内物体走过的路程 Δs_i，即

$$\Delta s_i\approx v(\tau_i)\Delta t_i,\quad i=1,2,\cdots,n.$$

(3) 求和：把这些小时间间隔内走过的路程 $\Delta s_i\ (i=1,2,\cdots,n)$相加，用其和近似地表示物体在时间$[T_1,T_2]$内所经过的路程 s，即

$$s=\sum_{i=1}^{n}\Delta s_i\approx\sum_{i=1}^{n}v(\tau_i)\Delta t_i.$$

(4) 取极限：由于时间间隔分得越细，用 $\sum_{i=1}^{n} v(\tau_i)\Delta t_i$ 代替物体在时间$[T_1, T_2]$内所经过的路程 s 就越精确，记 $\lambda=\max\{\Delta t_1, \Delta t_2, \cdots, \Delta t_n\}$，当 $\lambda \to 0$（这时分段数无限增多），即 $n \to \infty$时，上式右端取极限，其极限值就是物体在时间间隔$[T_1, T_2]$内所经过的路程 s 的精确值，即

$$s=\lim_{\lambda \to 0}\sum_{i=1}^{n} v(\tau_i)\Delta t_i .$$

上面的两个例子从表面上看一个是几何问题，一个是物理问题，是两个不同的实际问题，但是解决的方法是相同的，都是对一个函数在一个区间上分割、近似代替、求和、取极限的过程，而且最后得到的和式的极限结构一样，因此抽象出定积分的定义.

5.1.2 定积分的定义

定义 1 设 $f(x)$在$[a,b]$上有界，在$[a,b]$中任意插入 $n-1$ 个分点

$$a=x_0<x_1<x_2<\cdots<x_{i-1}<x_i<\cdots<x_{n-1}<x_n=b,$$

把区间$[a,b]$分割成 n 个小区间$[x_0,x_1]$，$[x_1,x_2]$，…，$[x_{i-1},x_i]$，…，$[x_{n-1},x_n]$，各小区间的长度依次为 $\Delta x_1=x_1-x_0$，$\Delta x_2=x_2-x_1$，…，$\Delta x_i=x_i-x_{i-1}$，…，$\Delta x_n=x_n-x_{n-1}$，在每个小区间$[x_{i-1},x_i]$上任取一点 $\xi_i(x_{i-1}\leqslant\xi_i\leqslant x_i)$，作函数值 $f(\xi_i)$与小区间长度 Δx_i 的乘积 $f(\xi_i)\Delta x_i(i=1,2,\cdots,n)$，并作和式

$$S_n=\sum_{i=1}^{n} f(\xi_i)\Delta x_i .$$

记 $\lambda=\max\{\Delta x_1, \Delta x_2, \cdots, \Delta x_n\}$，如果无论对$[a,b]$怎样的分法，也无论在小区间$[x_{i-1},x_i]$上点 ξ_i 怎样取法，只要当 $\lambda\to 0$ 时，和 S_n 总趋于确定的常数 I，我们就称这个常数 I 为函数 $f(x)$在区间$[a,b]$上的**定积分**(definite integral)，记作 $\int_a^b f(x)\mathrm{d}x$，即

$$\int_a^b f(x)\mathrm{d}x=I=\lim_{\lambda \to 0}\sum_{i=1}^{n} f(\xi_i)\Delta x_i ,$$

其中 $f(x)$称为**被积函数**，$f(x)\mathrm{d}x$ 称为**被积表达式**，x 称为**积分变量**，a 称为**积分下限**(lower limit)，b 称为**积分上限**(upper limit)，$[a,b]$称为**积分区间**.

前两个例子就可以用定积分表示为

$$A=\int_a^b f(x)\mathrm{d}x=I \quad (\text{曲边梯形的面积}),$$

$$s=\int_{T_1}^{T_2} v(t)\mathrm{d}t \quad (\text{变速直线运动的路程}).$$

注 (1) $\lim\limits_{\lambda \to 0}\sum_{i=1}^{n} f(\xi_i)\Delta x_i$ 存在时，积分 $\int_a^b f(x)\mathrm{d}x$ 是一数值，且该数值与区间$[a,b]$的分法及 ξ_i 的取法无关，仅与被积函数及积分区间有关，而与积分变量用什么字母表示无关，即

$$\int_a^b f(x)\mathrm{d}x=\int_a^b f(t)\mathrm{d}t=\int_a^b f(u)\mathrm{d}u .$$

(2) 规定：当 $a=b$ 时，$\int_a^b f(x)\mathrm{d}x=0$；当 $a>b$ 时，$\int_a^b f(x)\mathrm{d}x=-\int_b^a f(x)\mathrm{d}x$.

5.1.3 可积的条件

在定积分的概念中，和 $\sum\limits_{i=1}^{n} f(\xi_i)\Delta x_i$ 称为 $f(x)$的积分和. 如果 $f(x)$在区间$[a,b]$上的定积分存在，则称 $f(x)$在区间$[a,b]$上可积，否则称 $f(x)$在区间$[a,b]$上不可积. 对于一个定积分来说，有这样一个问题：函数 $f(x)$在区间$[a,b]$上满足怎样的条件时，它在区间$[a,b]$上可积？对此问题，我们不作证明，只给出结论.

定理 1 若 $f(x)$在区间$[a,b]$上连续，则 $f(x)$在区间$[a,b]$上可积.

定理 2 若 $f(x)$在区间$[a,b]$上有界，且只有有限个间断点，则 $f(x)$在区间$[a,b]$上可积.

例 1 利用定积分的定义计算 $\int_0^1 x^2 \mathrm{d}x$.

解 因函数 $f(x)=x^2$ 在$[0,1]$上连续，故可积. 从而定积分的值与区间$[0,1]$的分法及 ξ_i 的取法无关. 为便于计算，将$[0,1]$$n$ 等分：

$$\left[0,\frac{1}{n}\right],\left[\frac{1}{n},\frac{2}{n}\right],\cdots,\left[\frac{i-1}{n},\frac{i}{n}\right],\cdots,\left[\frac{n-1}{n},\frac{n}{n}\right].$$

取每个小区间的右端点为 ξ_i，即 $\xi_i=\frac{i}{n}(i=1,2,\cdots,n)$，则

$$\lim_{\lambda\to 0}\sum_{i=1}^{n} f(\xi_i)\Delta x_i=\lim_{\lambda\to 0}\sum_{i=1}^{n}\xi_i^2\Delta x_i=\lim_{n\to\infty}\sum_{i=1}^{n}\left(\frac{i}{n}\right)^2\cdot\frac{1}{n}=\lim_{n\to\infty}\frac{1}{n^3}\sum_{i=1}^{n} i^2,$$

且 $\lambda=\Delta x_i=\frac{1}{n}$. 于是当 $\lambda\to 0$，即 $n\to\infty$时，有

$$\begin{aligned}\int_0^1 x^2\mathrm{d}x&=\lim_{\lambda\to 0}\sum_{i=1}^{n} f(\xi_i)\Delta x_i=\lim_{n\to\infty}\frac{1}{n^3}\sum_{i=1}^{n} i^2=\lim_{n\to\infty}\frac{1}{n^3}(1^2+2^2+3^2+\cdots+n^2)\\&=\lim_{n\to\infty}\frac{1}{n^3}\cdot\frac{n(n+1)(2n+1)}{6}=\lim_{n\to\infty}\frac{1}{6}\left(1+\frac{1}{n}\right)\left(2+\frac{1}{n}\right)=\frac{1}{3}.\end{aligned}$$

5.1.4 定积分的几何意义

当被积函数 $f(x)\geqslant 0$ 时，定积分 $\int_a^b f(x)\mathrm{d}x$ 表示曲线 $y=f(x)$，直线 $x=a,x=b$ $(b>a)$和 x 轴围成的平面图形的面积；

当被积函数 $f(x)\leqslant 0$ 时，定积分 $\int_a^b f(x)\mathrm{d}x$ 表示曲线 $y=f(x)$，直线 $x=a,x=b$ $(b>a)$和 x 轴围成的平面图形的面积的负值.

本节例 1 定积分 $\int_0^1 x^2\mathrm{d}x$ 表示抛物线 $y=x^2$，直线 $x=1$ 和 x 轴围成的平面图形的面积.

例 2 利用定积分的几何意义，计算下列定积分：

(1) $\int_0^a \sqrt{a^2-x^2}\,\mathrm{d}x\,(a>0)$；　　(2) $\int_1^2 (1-2x)\mathrm{d}x$.

解 (1) $\int_0^a \sqrt{a^2-x^2}\,dx$ 表示上半个圆周 $y=\sqrt{a^2-x^2}$ 与两坐标轴围成的图形在第一象限部分的面积,即 $\int_0^a \sqrt{a^2-x^2}\,dx=\frac{\pi a^2}{4}$;

(2) 因为当 $x\in[1,2]$时,$y=1-2x<0$,$\int_1^2(1-2x)dx$ 表示由直线 $y=1-2x$ 与 $x=1,x=2$ 以及 x 轴围成的梯形的面积的负值. 于是

$$\int_1^2(1-2x)dx=-\frac{1}{2}(3+1)\times 1=-2.$$

二维码 5.1

习题 5.1

1. 利用定积分的定义,试求下列定积分:

(1) $\int_0^1 2x\,dx$; (2) $\int_0^1 e^x\,dx$.

2. 利用定积分的几何意义,计算下列定积分:

(1) $\int_1^2 2x\,dx$; (2) $\int_{\frac{\sqrt{2}}{2}}^1 \sqrt{1-x^2}\,dx$.

3. 利用定积分表示下列极限:

(1) $\lim\limits_{\lambda\to 0}\sum\limits_{i=1}^{n}(\xi_i^2-3\xi_i)\Delta x_i$,$\lambda$ 是$[-3,5]$上的分割;

(2) $\lim\limits_{\lambda\to 0}\sum\limits_{i=1}^{n}\sqrt{4-\xi_i^2}\,\Delta x_i$,$\lambda$ 是$[0,2]$上的分割;

(3) $\lim\limits_{n\to\infty}\frac{1}{n}\left[\sin\frac{\pi}{n}+\sin\frac{2\pi}{n}+\cdots+\sin\frac{(n-1)\pi}{n}\right]$;

(4) $\lim\limits_{n\to\infty}\frac{1}{n}\left[\ln\left(1+\frac{1}{n}\right)+\ln\left(1+\frac{2}{n}\right)+\cdots+\ln\left(1+\frac{n-1}{n}\right)\right]$.

提高题

1. 利用定积分表示下列极限:

(1) $\lim\limits_{n\to\infty}\sum\limits_{i=1}^{\infty}\frac{1}{n+\frac{i^2+1}{n}}$; (2) $\lim\limits_{n\to\infty}\sum\limits_{k=1}^{n}\frac{k}{n^2}\ln\left(1+\frac{k}{n}\right)$;

(3) 设 $a_n=\sqrt[n^2]{\left(1+\frac{1}{n}\right)\left(1+\frac{2}{n}\right)^2\cdots\left(1+\frac{n}{n}\right)^n}$,求 $\lim\limits_{n\to\infty}a_n$;

(4) 求 $\lim\limits_{n\to\infty}\frac{1}{n^3}\ln(f(1)f(2)\cdot\cdots\cdot f(n))$,其中 $f(x)=3^{x^2}$.

2. 甲、乙两人赛跑,计时开始时,甲在乙前方 10m 处,如图 5-2 所示,实线表示甲的速度曲线 $v=v_1(t)$m/s,虚线表示乙的速度曲线 $v=v_2(t)$,三块阴影部分的面积分别为 10m^2,20m^2,3m^2,计时开始后乙追上甲的时刻为 t_0,则(　　).

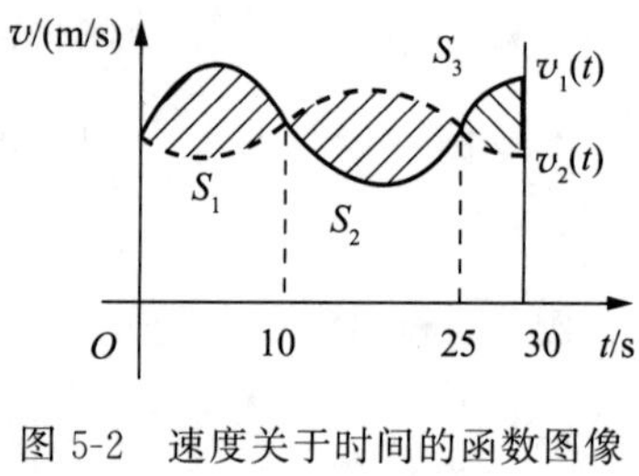

图 5-2 速度关于时间的函数图像

A. $t_0=10$　　B. $15<t_0<20$　　C. $t_0=25$　　D. $t_0>25$

3. 设二阶可导函数 $f(x)$ 满足 $f(1)=f(-1)=1, f(0)=-1$，且 $f''(x)>0$，则(　　).

A. $\int_{-1}^{1} f(x)\mathrm{d}x > 0$　　B. $\int_{-1}^{1} f(x)\mathrm{d}x < 0$

C. $\int_{-1}^{0} f(x)\mathrm{d}x > \int_{0}^{1} f(x)\mathrm{d}x$　　D. $\int_{-1}^{0} f(x)\mathrm{d}x < \int_{0}^{1} f(x)\mathrm{d}x$

5.2 定积分的性质

直接用定积分的定义，即求积分和的极限的方法来计算定积分是很不方便的，在很多情况下是难以求出的. 为了更进一步讨论定积分的理论与计算，本节介绍定积分的性质. 下列性质中，均假设所讨论的定积分是存在的，并且对积分上下限的相对大小不加限制.

性质 1　函数的和(差)的定积分等于它们的定积分的和(差)，即

$$\int_a^b [f(x) \pm g(x)]\mathrm{d}x = \int_a^b f(x)\mathrm{d}x \pm \int_a^b g(x)\mathrm{d}x.$$

证明　$$\begin{aligned}\int_a^b [f(x) \pm g(x)]\mathrm{d}x &= \lim_{\lambda\to 0}\sum_{i=1}^{n}[f(\xi_i) \pm g(\xi_i)]\Delta x_i \\ &= \lim_{\lambda\to 0}\sum_{i=1}^{n} f(\xi_i)\Delta x_i \pm \lim_{\lambda\to 0}\sum_{i=1}^{n} g(\xi_i)\Delta x_i \\ &= \int_a^b f(x)\mathrm{d}x \pm \int_a^b g(x)\mathrm{d}x.\end{aligned}$$

性质 1 可推广到有限个函数代数和的积分.

性质 2　被积函数的常数因子可以提到积分号的外面，即

$$\int_a^b kf(x)\mathrm{d}x = k\int_a^b f(x)\mathrm{d}x,\quad k \text{ 为常数}.$$

证明　$\int_a^b kf(x)\mathrm{d}x = \lim_{\lambda\to 0}\sum_{i=1}^{n} kf(\xi_i)\Delta x_i = k\lim_{\lambda\to 0}\sum_{i=1}^{n} f(\xi_i)\Delta x_i = k\int_a^b f(x)\mathrm{d}x.$

性质 3　$\int_a^b f(x)\mathrm{d}x = \int_a^c f(x)\mathrm{d}x + \int_c^b f(x)\mathrm{d}x.$

证明　当 $a<c<b$ 时，因为函数 $f(x)$ 在区间 $[a,b]$ 上可积，所以无论 $[a,b]$ 怎样分，积分和的极限总是不变的，因此，在划分区间时，可以使 c 始终作为一个分点，那么，$[a,b]$ 上的积分和等于 $[a,c]$ 上的积分和加上 $[c,b]$ 上的积分和，即

$$\sum_{[a,b]} f(\xi_i)\Delta x_i = \sum_{[a,c]} f(\xi_i)\Delta x_i + \sum_{[c,b]} f(\xi_i)\Delta x_i.$$

令 $\lambda\to 0$，上式两端同时取极限得

$$\int_a^b f(x)\mathrm{d}x = \int_a^c f(x)\mathrm{d}x + \int_c^b f(x)\mathrm{d}x.$$

若 c 在区间 $[a,b]$ 之外，不妨设 $a<b<c$，则由上面已证的结论有

$$\int_a^c f(x)\mathrm{d}x = \int_a^b f(x)\mathrm{d}x + \int_b^c f(x)\mathrm{d}x.$$

故

$$\int_a^b f(x)\mathrm{d}x=\int_a^c f(x)\mathrm{d}x-\int_b^c f(x)\mathrm{d}x=\int_a^c f(x)\mathrm{d}x+\int_c^b f(x)\mathrm{d}x.$$

注 性质3表明定积分对积分区间具有**可加性**.

性质4 如果在$[a,b]$上$f(x)\equiv 1$,则$\int_a^b f(x)\mathrm{d}x=\int_a^b 1\cdot\mathrm{d}x=\int_a^b \mathrm{d}x=b-a$.

由定积分的几何意义可知,定积分$\int_a^b \mathrm{d}x$表示直线$y=1,x=a,x=b$以及x轴围成的面积,即底为$b-a$,高为1的矩形的面积.

性质5 若函数$f(x)$在区间$[a,b]$上可积,且$f(x)\geqslant 0$,则$\int_a^b f(x)\mathrm{d}x\geqslant 0$.

证明 因为$f(x)\geqslant 0$,所以$f(\xi_i)\geqslant 0$,而$\Delta x_i>0$,于是$\sum\limits_{i=1}^{n} f(\xi_i)\Delta x_i\geqslant 0$,再由极限的保号性得

$$\lim_{\lambda\to 0}\sum_{i=1}^{n} f(\xi_i)\Delta x_i\geqslant 0,\quad 即\quad \int_a^b f(x)\mathrm{d}x\geqslant 0.$$

推论1 若在区间$[a,b]$上有$f(x)\leqslant g(x)$,则$\int_a^b f(x)\mathrm{d}x\leqslant\int_a^b g(x)\mathrm{d}x$.

证明 设$h(x)=g(x)-f(x)$.因为在区间$[a,b]$上有$f(x)\leqslant g(x)$,所以$h(x)\geqslant 0$.再由性质5有

$$\int_a^b h(x)\mathrm{d}x=\int_a^b [g(x)-f(x)]\mathrm{d}x\geqslant 0,\quad 即\quad \int_a^b f(x)\mathrm{d}x\leqslant\int_a^b g(x)\mathrm{d}x.$$

例1 比较积分值$\int_3^4 \ln x\,\mathrm{d}x$和$\int_3^4 \ln^2 x\,\mathrm{d}x$的大小.

解 当$x\in[3,4]$时,$\ln x\geqslant\ln 3>\ln \mathrm{e}=1$,故当$x\in[3,4]$时,有$\ln x<\ln^2 x$.于是有

$$\int_3^4 \ln x\,\mathrm{d}x\leqslant\int_3^4 \ln^2 x\,\mathrm{d}x.$$

推论2 $\left|\int_a^b f(x)\mathrm{d}x\right|\leqslant\int_a^b |f(x)|\mathrm{d}x\ (a<b)$.

证明 因为在区间$[a,b]$上,$-|f(x)|\leqslant f(x)\leqslant|f(x)|$,所以由推论1得

$$-\int_a^b |f(x)|\mathrm{d}x\leqslant\int_a^b f(x)\mathrm{d}x\leqslant\int_a^b |f(x)|\mathrm{d}x,$$

即

$$\left|\int_a^b f(x)\mathrm{d}x\right|\leqslant\int_a^b |f(x)|\mathrm{d}x.$$

性质6 设M及m分别是函数$f(x)$在区间$[a,b]$上的最大值和最小值,则

$$m(b-a)\leqslant\int_a^b f(x)\mathrm{d}x\leqslant M(b-a).$$

证明 因为M及m分别是函数$f(x)$在区间$[a,b]$上的最大值和最小值,即$m\leqslant f(x)\leqslant M$,再由推论1得

$$m\int_a^b \mathrm{d}x\leqslant\int_a^b f(x)\mathrm{d}x\leqslant M\int_a^b \mathrm{d}x,$$

即

$$m(b-a)\leqslant\int_a^b f(x)\mathrm{d}x\leqslant M(b-a).$$

注 性质6说明根据被积函数在积分区间上的最大值和最小值,可以估计积分值的大

致范围,故性质 6 也称为**积分估值定理**.

例 2 估计 $\int_0^1 e^{-x^2}dx$ 的范围.

解 因为 $f(x)=e^{-x^2}$ 在区间 $[0,1]$ 上单调递减,故 $f(x)=e^{-x^2}$ 在 $[0,1]$ 上的最小值为 $f(1)=e^{-1}$, 最大值为 $f(0)=1$,即

$$e^{-1}\leqslant e^{-x^2}\leqslant 1,\quad x\in[0,1]$$

所以

$$e^{-1}\leqslant\int_0^1 e^{-x^2}dx\leqslant 1.$$

性质 7(积分中值定理) 如果函数 $f(x)$ 在闭区间 $[a,b]$ 上连续,则在 $[a,b]$ 上至少存在一个点 ξ,使

$$\int_a^b f(x)dx=f(\xi)(b-a).$$

通常称 $f(\xi)=\dfrac{\int_a^b f(x)dx}{b-a}$ 为函数 $f(x)$ 在区间 $[a,b]$ 上的**平均值**.

证明 因为函数 $f(x)$ 在闭区间 $[a,b]$ 上连续,所以 $f(x)$ 在区间 $[a,b]$ 上存在最大值 M 和最小值 m,根据性质 6 得

$$m(b-a)\leqslant\int_a^b f(x)dx\leqslant M(b-a),\quad 即\quad m\leqslant\frac{\int_a^b f(x)dx}{b-a}\leqslant M.$$

又函数 $f(x)$ 在闭区间 $[a,b]$ 上连续,由介值性定理可知,在 $[a,b]$ 上至少存在一个点 ξ,使

$$\frac{\int_a^b f(x)dx}{b-a}=f(\xi),\quad 即\quad \int_a^b f(x)dx=f(\xi)(b-a).$$

注 性质 7 表明,当 $f(x)\geqslant 0$ 时,积分中值定理具有简单的几何意义,即总存在一个高为 $f(\xi)$,底为 $b-a$ 的矩形,使得该矩形的面积等于 $\int_a^b f(x)dx$ 所表示的曲边梯形的面积(参见图 5-3).

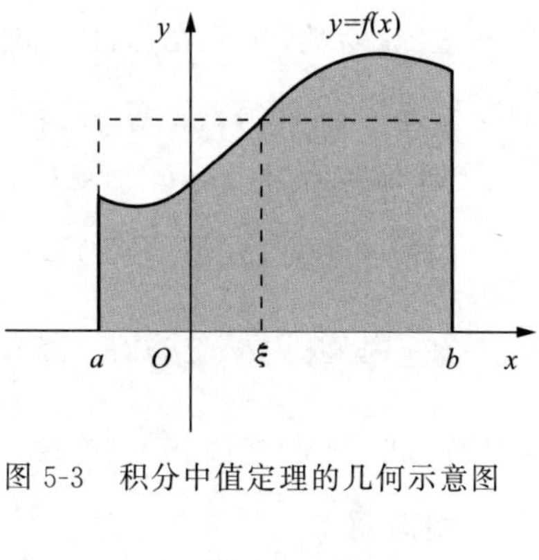

图 5-3 积分中值定理的几何示意图

例 3 设 $f(x)$ 在 $[0,1]$ 上可微,且满足 $f(1)=2\int_0^{\frac{1}{2}}xf(x)dx$,证明存在 $\xi\in(0,1)$,使得

$$f(\xi)+\xi f'(\xi)=0.$$

证明 设 $F(x)=xf(x)$,则由积分中值定理可知,存在 $\eta\in\left[0,\frac{1}{2}\right]$,使得 $2\int_0^{\frac{1}{2}}xf(x)dx=2\times\frac{1}{2}\eta f(\eta)=\eta f(\eta)=F(\eta)$, 因此 $F(1)=f(1)=F(\eta)$.

$F(x)$ 在 $[\eta,1]$ 上连续,在 $(\eta,1)$ 内可导,且 $F(\eta)=F(1)$,由罗尔定理可知,存在 $\xi\in(\eta,1)\subset(0,1)$,使 $F'(\xi)=0$,即 $f(\xi)+\xi f'(\xi)=0$.

例4 已知 $f(x)$ 在 $[0,2]$ 上连续，且 $\int_0^2 f(x)\mathrm{d}x=8$，求 $f(x)$ 在 $[0,2]$ 上的平均值.

解 平均值 $=\dfrac{\int_0^2 f(x)\mathrm{d}x}{2-0}=\dfrac{8}{2}=4$.

二维码 5.2

习题 5.2

1. 设 $f(x)$ 在 $[0,4]$ 上连续，而且 $\int_0^3 f(x)\mathrm{d}x=4$，$\int_0^4 f(x)\mathrm{d}x=7$，求下列各值：

(1) $\int_3^4 f(x)\mathrm{d}x$；　　(2) $\int_4^3 f(x)\mathrm{d}x$.

2. 比较下列定积分的大小：

(1) $\int_0^1 x^2\mathrm{d}x$ 与 $\int_0^1 x^3\mathrm{d}x$；　　(2) $\int_3^4 (\ln x)^2\mathrm{d}x$ 与 $\int_3^4 (\ln x)^3\mathrm{d}x$；

(3) $\int_0^1 \mathrm{e}^x\mathrm{d}x$ 与 $\int_0^1 \mathrm{e}^{x^2}\mathrm{d}x$；　　(4) $\int_0^{\frac{\pi}{2}} x\mathrm{d}x$ 与 $\int_0^{\frac{\pi}{2}} \sin x\mathrm{d}x$.

3. 估计下列定积分的值：

(1) $\int_1^4 (x^2+1)\mathrm{d}x$；　　(2) $\int_0^{\pi} (1+\sin x)\mathrm{d}x$；

(3) $\int_0^2 \mathrm{e}^{x^2-x}\mathrm{d}x$；　　(4) $\int_0^1 \dfrac{x^2+3}{x^2+2}\mathrm{d}x$；

(5) $\int_0^1 \sqrt{2x-x^2}\,\mathrm{d}x$；　　(6) $\int_0^{\pi} \dfrac{1}{3+\sin^3 x}\mathrm{d}x$.

4. 证明：$\lim\limits_{n\to\infty}\int_0^{\frac{1}{2}} \dfrac{x^n}{1+x}\mathrm{d}x=0$.

5. 设函数 $f(x)$ 在 $[0,1]$ 上连续，在 $(0,1)$ 内可导，且 $k\int_{1-\frac{1}{k}}^1 f(x)\mathrm{d}x=f(0)$，$k>1$. 证明：存在 $\xi\in(0,1)$，使得 $f'(\xi)=0$.

6. 设 $f(x)$ 在 $[a,b]$ 上连续，证明：

(1) 若在 $[a,b]$ 上，$f(x)\geqslant 0$，且 $\int_a^b f(x)\mathrm{d}x=0$，则在 $[a,b]$ 上 $f(x)\equiv 0$；

(2) 若在 $[a,b]$ 上，$f(x)\geqslant 0$，且 $f(x)$ 不恒等于零，则 $\int_a^b f(x)\mathrm{d}x>0$.

7. 若 $f(x)$ 在 $[2,6]$ 上连续，且 $f(x)$ 在 $[2,6]$ 上的平均值为 4，求 $\int_2^6 f(x)\mathrm{d}x$.

提高题

设函数 $f(x)$ 在 $[0,3]$ 上连续，在 $(0,3)$ 内存在二阶导数，且 $2f(0)=\int_0^2 f(x)\mathrm{d}x=f(2)+f(3)$. 证明：

(1) 存在 $\eta\in(0,2)$ 使 $f(\eta)=f(0)$；(2) 存在 $\xi\in(0,3)$，使 $f''(\xi)=0$.

5.3 微积分基本公式

5.1 节已经定义了定积分,但如果按定积分的定义来计算定积分,那将是十分困难的.因此寻求一种计算定积分的有效方法便成为积分学发展的关键.不定积分作为原函数的概念与定积分作为积分和的极限的概念是完全不相干的两个概念.但是,牛顿和莱布尼茨不仅发现而且找到了这两个概念之间存在的深刻的内在联系.即所谓的"微积分基本定理",并由此巧妙地开辟了求定积分的新途径——牛顿-莱布尼茨公式.从而使积分学与微分学一起构成变量数学的基础学科——微积分学.牛顿和莱布尼茨也因此作为微积分学的奠基人而被载入史册.

5.3.1 变速直线运动中位置函数与速度函数之间的联系

有一物体在一直线上运动,在这条直线上取定原点、正方向及长度单位,使它成为一数轴.设时刻 t 时物体所在位置为 $s(t)$,速度为 $v(t)$.(为了讨论方便,可以设 $v(t)\geqslant 0$)

由 5.1 节知道:物体在时间间隔$[T_1,T_2]$内经过路程可以用速度函数 $v(t)$在$[T_1,T_2]$上的积分

$$\int_{T_1}^{T_2} v(t)\mathrm{d}t$$

来表示;另一方面,这段路程又可以通过位移函数 $s(t)$在区间$[T_1,T_2]$上的增量 $s(T_2)-s(T_1)$来表示.由此可见,位移函数 $s(t)$与速度函数 $v(t)$之间有如下关系:

$$\int_{T_1}^{T_2} v(t)\mathrm{d}t = s(T_2) - s(T_1). \tag{5-1}$$

因为 $s'(t)=v(t)$,即位移函数 $s(t)$是速度函数 $v(t)$的原函数,所以式(5-1)表示,速度函数 $v(t)$在区间$[T_1,T_2]$上的定积分等于 $v(t)$的原函数 $s(t)$在区间$[T_1,T_2]$上的增量

$$s(T_2)-s(T_1).$$

上述从变速直线运动的路程这个特殊问题中得出来的关系,在一定条件下具有普遍性.事实上,如果函数 $f(x)$在区间$[a,b]$上连续,那么 $f(x)$在区间$[a,b]$上的定积分就等于 $f(x)$的原函数(设为 $F(x)$)在区间$[a,b]$上的增量 $F(b)-F(a)$,即

$$\int_a^b f(x)\mathrm{d}x = F(b) - F(a).$$

5.3.2 积分上限函数及其导数

设函数 $f(t)$在区间$[a,b]$上连续,并且设 x 为$[a,b]$上的一点,现在来考察 $f(t)$在区间$[a,x]$上的定积分

$$\int_a^x f(t)\mathrm{d}t.$$

当上限 x 在区间$[a,b]$上任意变动时,对于每一个取定的 x 值,定积分有一个对应值,所以,它在$[a,b]$上定义了一个函数,记作 $\Phi(x)$,即

$$\Phi(x) = \int_a^x f(t)\mathrm{d}t,\quad a\leqslant x\leqslant b,$$

称该函数为**积分上限函数**(functions with upper limit of integral)或**变上限函数**.

由此得到的函数 $\Phi(x)$ 具有如下重要性质.

定理 1 如果函数 $f(x)$ 在区间 $[a,b]$ 上连续,则积分上限函数

$$\Phi(x)=\int_a^x f(t)\mathrm{d}t$$

在 $[a,b]$ 上可导,且导数为

$$\Phi'(x)=\frac{\mathrm{d}}{\mathrm{d}x}\int_a^x f(t)\mathrm{d}t=f(x),\quad a\leqslant x\leqslant b.$$

证明 若 $x\in(a,b)$,设 x 获得增量 Δx,其绝对值足够小,使得 $x+\Delta x\in(a,b)$,则 $\Phi(x)$(图 5-4 中 $\Delta x>0$)在 $x+\Delta x$ 处的函数值为

$$\Phi(x+\Delta x)=\int_a^{x+\Delta x} f(t)\mathrm{d}t,$$

由此得函数的增量

$$\begin{aligned}\Delta\Phi&=\Phi(x+\Delta x)-\Phi(x)=\int_a^{x+\Delta x} f(t)\mathrm{d}t-\int_a^x f(t)\mathrm{d}t\\&=\int_a^x f(t)\mathrm{d}t+\int_x^{x+\Delta x} f(t)\mathrm{d}t-\int_a^x f(t)\mathrm{d}t=\int_x^{x+\Delta x} f(t)\mathrm{d}t.\end{aligned}$$

再应用积分中值定理,即有等式 $\Delta\Phi=f(\xi)\Delta x$,这里,$\xi$ 介于 x 与 $x+\Delta x$ 之间. 在等式 $\Delta\Phi=f(\xi)\Delta x$ 两端同时除以 Δx,得函数增量与自变量增量的比值

$$\frac{\Delta\Phi}{\Delta x}=f(\xi). \tag{5-2}$$

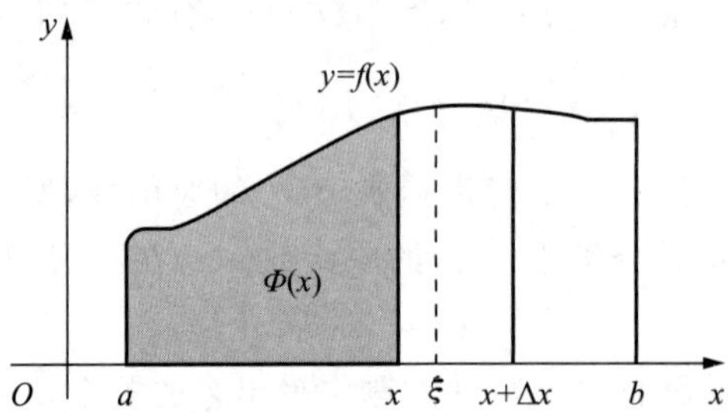

图 5-4 $f(x)$ 的积分上限函数与 $f(x)$ 的关系示意图

由于假设 $f(x)$ 在 $[a,b]$ 上连续,而 $\Delta x\to 0$ 时,$\xi\to x$,所以

$$\lim_{\Delta x\to 0} f(\xi)=f(x).$$

则

$$\Phi'(x)=\lim_{\Delta x\to 0}\frac{\Delta\Phi}{\Delta x}=\lim_{\Delta x\to 0} f(\xi)=f(x).$$

若 $x=a$,取 $\Delta x>0$,则同理可证 $\Phi'_+(a)=f(a)$; 若 $x=b$,取 $\Delta x<0$,则同理可证 $\Phi'_-(b)=f(b)$.

这个定理指出了一个重要结论: 对连续函数 $f(x)$ 取变上限 x 的定积分然后求导,其结果还原为 $f(x)$ 本身. 联想到原函数的定义,就可以从定理 1 推知 $\Phi(x)$ 是连续函数 $f(x)$ 的一个原函数,于是,引出如下的原函数的存在定理.

定理 2 如果函数 $f(x)$ 在区间 $[a,b]$ 上连续,则函数

$$\Phi(x)=\int_a^x f(t)\mathrm{d}t$$

是 $f(x)$在$[a,b]$上的一个原函数.

例 1 求下列函数的导数.

(1) $\int_0^x \frac{t\sin t}{1+\cos^2 t}\mathrm{d}t$; (2) $\int_0^{\sqrt{x}} \cos t^2 \mathrm{d}t$;

(3) $\int_{2x}^1 \sin(1+t^2)\mathrm{d}t$; (4) $\int_{x^2}^{x^3} \frac{\mathrm{d}t}{\sqrt{1+t^2}}$.

解 (1) $\frac{\mathrm{d}}{\mathrm{d}x}\int_0^x \frac{t\sin t}{1+\cos^2 t}\mathrm{d}t=\frac{x\sin x}{1+\cos^2 x}$.

(2) 设 $u=\sqrt{x}$,则 $F(u)=\int_0^u \cos t^2 \mathrm{d}t$,即$\int_0^{\sqrt{x}} \cos t^2 \mathrm{d}t$ 可以看成关于u为中间变量的复合函数,根据复合函数的求导法则,有

$$\frac{\mathrm{d}}{\mathrm{d}x}\int_0^{\sqrt{x}} \cos t^2 \mathrm{d}t=\frac{\mathrm{d}}{\mathrm{d}u}\int_0^u \cos t^2 \mathrm{d}t \cdot \frac{\mathrm{d}u}{\mathrm{d}x}=\cos u^2 \cdot \frac{1}{2\sqrt{x}}=\frac{\cos x}{2\sqrt{x}}.$$

(3) 因为$\int_{2x}^1 \sin(1+t^2)\mathrm{d}t=-\int_1^{2x} \sin(1+t^2)\mathrm{d}t$,所以

$$\begin{aligned}\frac{\mathrm{d}}{\mathrm{d}x}\int_{2x}^1 \sin(1+t^2)\mathrm{d}t&=-\frac{\mathrm{d}}{\mathrm{d}x}\int_1^{2x} \sin(1+t^2)\mathrm{d}t=-\sin(1+4x^2)\cdot 2\\&=-2\sin(1+4x^2).\end{aligned}$$

(4) 因为$\int_{x^2}^{x^3} \frac{\mathrm{d}t}{\sqrt{1+t^2}}=\int_a^{x^3} \frac{\mathrm{d}t}{\sqrt{1+t^2}}-\int_a^{x^2} \frac{\mathrm{d}t}{\sqrt{1+t^2}}$,所以

$$\frac{\mathrm{d}}{\mathrm{d}x}\int_{x^2}^{x^3} \frac{\mathrm{d}t}{\sqrt{1+t^2}}=\frac{3x^2}{\sqrt{1+x^6}}-\frac{2x}{\sqrt{1+x^4}}.$$

利用复合函数的求导法则及定积分区间的可加性可以得到如下公式:

(1) $\left(\int_a^{v(x)} f(t)\mathrm{d}t\right)'=f[v(x)]v'(x)$;

(2) $\left(\int_{u(x)}^b f(t)\mathrm{d}t\right)'=-f[u(x)]u'(x)$;

(3) $\left(\int_{u(x)}^{v(x)} f(t)\mathrm{d}t\right)'=f[v(x)]v'(x)-f[u(x)]u'(x)$.

例 2 求 $\lim\limits_{x\to 0}\frac{\int_0^{x^2}\ln(1+2t)\mathrm{d}t}{x^4}$.

解 $\lim\limits_{x\to 0}\frac{\int_0^{x^2}\ln(1+2t)\mathrm{d}t}{x^4}=\lim\limits_{x\to 0}\frac{2x\cdot\ln(1+2x^2)}{4x^3}=\lim\limits_{x\to 0}\frac{2x\cdot 2x^2}{4x^3}=1$.

例 3 求函数 $f(x)=\int_0^x t\mathrm{e}^{-t^2}\mathrm{d}t$ 的极值.

解 $f'(x)=x\mathrm{e}^{-x^2}$, $f''(x)=(1-2x^2)\mathrm{e}^{-x^2}$.

令 $f'(x)=0$,得唯一驻点 $x=0$,且 $f''(0)=1>0$,故 $f(x)$在 $x=0$ 处取得极小值 $f(0)=0$.

5.3.3 牛顿-莱布尼茨公式

定理 2 的重要意义是:一方面肯定了连续函数的原函数是存在的,另一方面初步地揭

示了积分学中的定积分与原函数之间的联系.因此,通过原函数来计算定积分成为可能.

定理3 若函数 $F(x)$ 是连续函数 $f(x)$ 在区间 $[a,b]$ 上的一个原函数,则

$$\int_a^b f(x)\mathrm{d}x = F(b) - F(a). \tag{5-3}$$

式(5-3)称为**牛顿-莱布尼茨**(Newton-Leibniz)**公式**.

证明 已知函数 $F(x)$ 是连续函数 $f(x)$ 的一个原函数,又根据定理2知道,积分上限函数 $\Phi(x)=\int_a^x f(t)\mathrm{d}t$ 也是 $f(x)$ 的一个原函数.于是这两个原函数之差 $\Phi(x)-F(x)$ 在 $[a,b]$ 上必定是某一个常数 C,即

$$\Phi(x)-F(x)=C,\quad a\leqslant x\leqslant b$$

或

$$\int_a^x f(t)\mathrm{d}t = F(x) + C.$$

令 $x=a$,得 $\int_a^a f(t)\mathrm{d}t = F(a) + C$,即 $0=F(a)+C$,故 $C=-F(a)$,因此

$$\int_a^x f(t)\mathrm{d}t = F(x) - F(a).$$

令 $x=b$,得 $\int_a^b f(t)\mathrm{d}t = F(b) - F(a)$.

将上式积分变量 t 改为 x 得式(5-3),于是定理得证.

为了方便,以后把 $F(b)-F(a)$ 记成 $F(x)\Big|_a^b$,于是式(5-3)又可写成

$$\int_a^b f(x)\mathrm{d}x = F(x)\Big|_a^b.$$

式(5-3)进一步揭示了定积分与被积函数的原函数或不定积分之间的联系.它表明:一个连续函数在区间 $[a,b]$ 上的定积分等于它的任一原函数在区间 $[a,b]$ 上的增量.这就给定积分提供了一个有效而简便的计算方法,大大简化了定积分的计算.

通常,式(5-3)也称为**微积分基本式**.下面我们举几个应用式(5-3)来计算定积分的简单例子.

例4 求下列定积分:

(1) $\int_{-1}^1 \frac{\mathrm{d}x}{1+x^2}$; (2) $\int_0^\pi \sin x\,\mathrm{d}x$;

(3) $\int_1^4 \frac{1}{x}\mathrm{d}x$; (4) $\int_0^{\frac{\pi}{4}} \frac{\mathrm{d}x}{\cos^2 x}$.

解 (1) $\int_{-1}^1 \frac{\mathrm{d}x}{1+x^2} = \arctan x\Big|_{-1}^1 = \arctan 1 - \arctan(-1) = \frac{\pi}{4} - \left(-\frac{\pi}{4}\right) = \frac{\pi}{2}$.

(2) $\int_0^\pi \sin x\,\mathrm{d}x = (-\cos x)\Big|_0^\pi = -[\cos\pi - \cos 0] = 1-(-1) = 2$.

(3) $\int_1^4 \frac{1}{x}\mathrm{d}x = \ln x\Big|_1^4 = \ln 4 - 0 = 2\ln 2$.

(4) $\int_0^{\frac{\pi}{4}} \frac{\mathrm{d}x}{\cos^2 x} = \tan x\Big|_0^{\frac{\pi}{4}} = \tan\frac{\pi}{4} - \tan 0 = 1 - 0 = 1$.

例 5 求 $\int_0^2 |x-1|\mathrm{d}x$.

解 因为

$$|x-1|=\begin{cases}1-x, & x\leqslant 1,\\ x-1, & x>1,\end{cases}$$

所以

$$\int_0^2 |x-1|\mathrm{d}x=\int_0^1(1-x)\mathrm{d}x+\int_1^2(x-1)\mathrm{d}x=\left(x-\frac{x^2}{2}\right)\Big|_0^1+\left(\frac{x^2}{2}-x\right)\Big|_1^2=1.$$

例 6 求 $\int_0^{\pi}\sqrt{1+\cos 2x}\,\mathrm{d}x$.

解
$$\begin{aligned}\int_0^{\pi}\sqrt{1+\cos 2x}\,\mathrm{d}x&=\int_0^{\pi}\sqrt{2\cos^2 x}\,\mathrm{d}x=\sqrt{2}\int_0^{\pi}|\cos x|\mathrm{d}x\\&=\sqrt{2}\left(\int_0^{\frac{\pi}{2}}\cos x\,\mathrm{d}x-\int_{\frac{\pi}{2}}^{\pi}\cos x\,\mathrm{d}x\right)=\sqrt{2}\left(\sin x\Big|_0^{\frac{\pi}{2}}-\sin x\Big|_{\frac{\pi}{2}}^{\pi}\right)=2\sqrt{2}.\end{aligned}$$

习题 5.3

二维码 5.3

1. 求下列函数的导数：

(1) $\int_0^x \sin e^t\,\mathrm{d}t$； (2) $\int_0^{x^2} e^{-t^2}\,\mathrm{d}t$；

(3) $\int_{\sin x}^{\cos x}\cos(\pi t^2)\,\mathrm{d}t$； (4) $\int_0^x xf(t)\,\mathrm{d}t$.

2. 求由 $\int_0^y e^t\,\mathrm{d}t+\int_0^x \cos t\,\mathrm{d}t=0$ 所决定的隐函数对 x 的导数 $\frac{\mathrm{d}y}{\mathrm{d}x}$.

3. 求由参数表达式 $x=\int_0^t \sin u\,\mathrm{d}u$，$y=\int_0^t \cos u\,\mathrm{d}u$ 所给定的函数 y 对 x 的导数 $\frac{\mathrm{d}y}{\mathrm{d}x}$.

4. 求下列极限：

(1) $\lim\limits_{x\to 0}\dfrac{\int_0^x \arctan t\,\mathrm{d}t}{x\sin x}$； (2) $\lim\limits_{x\to 0}\dfrac{\int_{\cos x}^1 e^{-t^2}\,\mathrm{d}t}{\ln(x^2+1)}$；

(3) $\lim\limits_{x\to 0}\dfrac{\int_0^{\sin x}\sin t\,\mathrm{d}t}{x^2}$； (4) $\lim\limits_{x\to+\infty}\dfrac{\int_0^x(\arctan t)^2\,\mathrm{d}t}{\sqrt{1+x^2}}$.

5. 求下列函数的定积分：

(1) $\int_1^8\left(\sqrt[3]{x}+\frac{1}{x^2}\right)\mathrm{d}x$； (2) $\int_{\frac{1}{\sqrt{3}}}^{\sqrt{3}}\frac{1}{1+x^2}\mathrm{d}x$；

(3) $\int_{-\frac{1}{2}}^{\frac{1}{2}}\frac{\mathrm{d}x}{\sqrt{1-x^2}}$； (4) $\int_0^1|2x-1|\mathrm{d}x$；

(5) $\int_0^{2\pi}|\sin x|\mathrm{d}x$； (6) $\int_0^{\frac{\pi}{4}}\tan^2 x\,\mathrm{d}x$.

6. 设 $f(x)=\begin{cases}x+1, & x\leqslant 1,\\ \dfrac{1}{2}x^2, & x>1,\end{cases}$ 求 $\int_0^2 f(x)\mathrm{d}x$.

7. 设 $f(x)=\begin{cases}x^2, & 0\leqslant x\leqslant 1,\\ 2-x, & 1<x\leqslant 2,\end{cases}$ 求 $\Phi(x)=\int_0^x f(t)\mathrm{d}t(0\leqslant x\leqslant 2)$.

8. 设 $f(x)$连续,且 $f(x)=x+2\int_0^1 f(t)\mathrm{d}t$,求 $f(x)$.

9. 设 $f(x)=\begin{cases}x+1, & x<0,\\ x & x\geqslant 0,\end{cases}$ $F(x)=\int_{-1}^x f(t)\mathrm{d}t$,讨论 $F(x)$在 $x=0$ 处的连续性与可导性.

10. 设 $f(x)$在$[a,b]$上连续且 $f(x)>0$,$F(x)=\int_a^x f(t)\mathrm{d}t+\int_b^x \dfrac{1}{f(t)}\mathrm{d}t$,证明:

(1) $F'(x)\geqslant 2$;

(2) 方程 $F(x)=0$ 在(a,b)内有且只有一个根.

提高题

1. 已知两曲线 $y=f(x)$与 $y=\int_0^{\arctan x}\mathrm{e}^{-t^2}\mathrm{d}t$ 在点$(0,0)$处的切线相同.则

$$\lim_{n\to\infty}\frac{n^2}{n+1}\cdot f\left(\frac{2}{n}\right)=\_\_\_\_\_\_.$$

2. $\lim\limits_{x\to 0}\dfrac{\int_0^x (x-t)\sin t^2\mathrm{d}t}{x^2(1-\sqrt{1-x^2})}=$______.

3. 已知函数 $f(x)$在$(-\infty,+\infty)$上连续,且 $f(x)=(x+1)^2+2\int_0^x f(t)\mathrm{d}t$,则当 $n\geqslant 2$ 时,$f^{(n)}(0)=$______.

4. 设函数 $f(x)$在$[0,1]$上可积,且满足关系式 $f(x)=\dfrac{1}{1+x^2}+x^3\int_0^1 f(x)\mathrm{d}x$,$f(x)$的表达式为 $f(x)=$______.

5. 设 $\alpha(x)=\int_0^x(\mathrm{e}^{t^2}-1)\mathrm{d}t$,$\beta(x)=\sqrt{1+\tan x}-\sqrt{1+\sin x}$,当 $x\to 0$ 时,$\alpha(x)$是$\beta(x)$的______阶无穷小.

6. 把 $x\to 0^+$ 时的无穷小量 $\alpha=\int_0^x\cos t^2\mathrm{d}t$,$\beta=\int_0^{x^2}\tan\sqrt{t}\,\mathrm{d}t$,$\gamma=\int_0^{\sqrt{x}}\sin t^3\mathrm{d}t$ 排队,使排在后面的是前一个的高阶无穷小,则正确的排列次序是( ).

A. α,β,γ B. α,γ,β C. β,α,γ D. β,γ,α

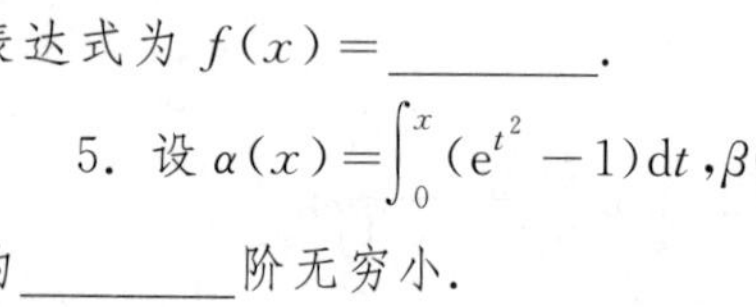

图 5-5 函数图像

7. 如图 5-5 所示,连续函数 $y=f(x)$在区间$[-3,-2]$,$[2,3]$上的图形分别是直径为 1 的上、下半圆周,在区间$[-2,0]$,$[0,2]$的图形分别是直径为 2 的上、下半圆周,设 $F(x)=\int_0^x f(t)\mathrm{d}t$. 则下列结论正确的是( ).

A. $F(3)=-\frac{3}{4}F(-2)$　　　　B. $F(3)=\frac{5}{4}F(2)$

C. $F(3)=\frac{3}{4}F(2)$　　　　D. $F(3)=-\frac{5}{4}F(-2)$

8. 设 $f(x)=\begin{cases}\dfrac{2\sin^2 ax+4x^2}{e^{x^2}-1}, & x<0,\\ 6, & x=0,\\ \dfrac{6\int_0^x \sin at^2\,dt}{x-\tan x}, & x>0.\end{cases}$

(1) a 取何值时，$f(x)$在 $x=0$ 处连续；(2) a 取何值时，$x=0$ 是 $f(x)$的可去间断点.

9. 设可导函数 $y=y(x)$由方程 $\int_0^{x+y} e^{-t^2}\,dt=\int_0^x x\sin t^2\,dt$ 确定，则 $\left.\frac{dy}{dx}\right|_{x=0}=$________.

10. 设函数 $f(x)=\int_0^1 |t^2-x^2|\,dt\,(x>0)$，求 $f'(x)$ 及 $f(x)$ 的最小值.

11. 设函数 $f(x)=\int_0^1 t\,|t-x|\,dt$，求 $f(x)$ 在$[0,1]$上的最大值与最小值.

5.4 换元积分法和分部积分法

根据微积分学的基本公式，求定积分 $\int_a^b f(x)dx$ 的问题可以转化为求被积函数 $f(x)$的一个原函数 $F(x)$在区间$[a,b]$上的增量 $F(b)-F(a)$问题，其关键是求被积函数 $f(x)$在区间$[a,b]$上的一个原函数 $F(x)$. 而在求不定积分时，可以应用换元积分法和分部积分法求原函数 $F(x)$，所以求定积分也有相应的换元积分法和分部积分法. 下面介绍这两种方法.

5.4.1 换元积分法

定理 1 设函数 $f(x)$在闭区间$[a,b]$上连续，函数 $x=\varphi(t)$满足条件：

(1) $\varphi(\alpha)=a$，$\varphi(\beta)=b$ 且 $a\leqslant\varphi(t)\leqslant b$；

(2) $\varphi(t)$在$[\alpha,\beta]$(或$[\beta,\alpha]$)上具有连续导数，则有

$$\int_a^b f(x)dx=\int_\alpha^\beta f[\varphi(t)]\varphi'(t)dt, \tag{5-4}$$

式(5-4)称为**定积分的换元公式**.

证明 由假设知，上式两边的被积函数都是连续的. 因此，不仅上式两边的定积分都存在，而且由 5.3 节的定理 2 知，被积函数的原函数也都存在. 所以，式(5-4)两边的定积分都可应用牛顿-莱布尼茨公式. 假设 $F(x)$是 $f(x)$的一个原函数，则

$$\int_a^b f(x)dx=F(b)-F(a).$$

另一方面，$\Phi(t)=F[\varphi(t)]$可看作由 $F(x)$与 $x=\varphi(t)$复合而成的一个原函数. 因此由复合函数求导法则，得

$$\Phi'(t)=\frac{dF}{dx}\frac{dx}{dt}=f(x)\varphi'(t)=f[\varphi(t)]\varphi'(t),$$

这表明 $\Phi(t)$ 是 $f[\varphi(t)]\varphi'(t)$ 的一个原函数，因此有

$$\int_{\alpha}^{\beta} f[\varphi(t)]\varphi'(t)\mathrm{d}t=\Phi(\beta)-\Phi(\alpha).$$

又由 $\Phi(t)=F[\varphi(t)]$ 及 $\varphi(\alpha)=a,\varphi(\beta)=b$ 可知

$$\Phi(\beta)-\Phi(\alpha)=F[\varphi(\beta)]-F[\varphi(\alpha)]=F(b)-F(a).$$

注 定积分的换元公式与不定积分的换元公式很类似.但是，在应用定积分的换元公式时应注意以下两点：

(1) 用 $x=\varphi(t)$ 把变量 x 换成新变量 t 时，积分限也要换成相应于新变量 t 的积分限，且上限对应于上限，下限对应于下限(即换元必换限)；

(2) 求出 $f[\varphi(t)]\varphi'(t)$ 的一个原函数 $\Phi(t)$ 后，不必像计算不定积分那样再把 $\Phi(t)$ 变换成原变量 x 的函数，而只要把新变量 t 的上、下限分别代入 $\Phi(t)$ 然后相减就行了.

例 1 求 $\int_0^a \sqrt{a^2-x^2}\,\mathrm{d}x\,(a>0)$.

解 令 $x=a\sin t$，则 $\mathrm{d}x=a\cos t\,\mathrm{d}t$. 当 $x=0$ 时，$t=0$；当 $x=a$ 时，$t=\dfrac{\pi}{2}$. 由换元积分公式得

$$\begin{aligned}\int_0^a \sqrt{a^2-x^2}\,\mathrm{d}x&=a^2\int_0^{\frac{\pi}{2}}\cos^2 t\,\mathrm{d}t=a^2\int_0^{\frac{\pi}{2}}\frac{1+\cos 2t}{2}\mathrm{d}t\\&=\frac{a^2}{2}\int_0^{\frac{\pi}{2}}(1+\cos 2t)\mathrm{d}t=\frac{a^2}{2}\left(t+\frac{1}{2}\sin 2t\right)\Big|_0^{\frac{\pi}{2}}=\frac{\pi a^2}{4}.\end{aligned}$$

注 根据定积分的几何意义可知 $\int_0^a\sqrt{a^2-x^2}\,\mathrm{d}x$ 的值为圆 $x^2+y^2=a^2$ 面积 πa^2 的 $\dfrac{1}{4}$，与本题得到相同的结果.

例 2 求 $\int_0^8 \dfrac{1}{1+\sqrt[3]{x}}\mathrm{d}x$.

解 令 $\sqrt[3]{x}=t$，则 $x=t^3$，$\mathrm{d}x=3t^2\mathrm{d}t$. 当 $x=0$ 时，$t=0$；当 $x=8$ 时，$t=2$. 从而

$$\begin{aligned}\int_0^8\frac{1}{1+\sqrt[3]{x}}\mathrm{d}x&=\int_0^2\frac{1}{1+t}3t^2\mathrm{d}t=3\int_0^2\frac{t^2-1+1}{1+t}\mathrm{d}t=3\int_0^2\left(t-1+\frac{1}{1+t}\right)\mathrm{d}t\\&=3\left[\frac{t^2}{2}-t+\ln(1+t)\right]\Big|_0^2=3\ln 3.\end{aligned}$$

例 3 计算 $\int_1^{\mathrm{e}^3}\dfrac{\mathrm{d}x}{x\sqrt{\ln x+1}}$.

解 **解法 1** 令 $\ln x+1=t$，则 $x=\mathrm{e}^{t-1}$，$\mathrm{d}x=\mathrm{e}^{t-1}\mathrm{d}t$. 当 $x=1$ 时，$t=1$；当 $x=\mathrm{e}^3$ 时，$t=4$. 于是

$$\int_1^{\mathrm{e}^3}\frac{\mathrm{d}x}{x\sqrt{\ln x+1}}=\int_1^4\frac{1}{\mathrm{e}^{t-1}\sqrt{t}}\mathrm{e}^{t-1}\mathrm{d}t=\int_1^4\frac{\mathrm{d}t}{\sqrt{t}}=2\sqrt{t}\Big|_1^4=2.$$

解法 2 本例中，如果不明显写出新变量 t，则定积分的上、下限就不要变，重新计算如下：

$$\int_1^{\mathrm{e}^3}\frac{\mathrm{d}x}{x\sqrt{\ln x+1}}=\int_1^{\mathrm{e}^3}\frac{\mathrm{d}(\ln x+1)}{\sqrt{\ln x+1}}=2\sqrt{\ln x+1}\Big|_1^{\mathrm{e}^3}=2.$$

解法 3 令$\sqrt{\ln x+1}=t$，则 $x=e^{t^2-1}$，$dx=2te^{t^2-1}dt$. 当 $x=0$ 时，$t=1$；当 $x=e^3$ 时，$t=2$. 于是$\int_1^{e^3}\frac{dx}{x\sqrt{\ln x+1}}=\int_1^2\frac{1}{e^{t^2-1}t}2te^{t^2-1}dt=\int_1^2 2dt=2$.

例 4 求$\int_0^{\pi}\sqrt{\sin^3 x-\sin^5 x}\,dx$.

解 因为$\sqrt{\sin^3 x-\sin^5 x}=(\sin x)^{\frac{3}{2}}|\cos x|$，所以

$$\begin{aligned}\int_0^{\pi}\sqrt{\sin^3 x-\sin^5 x}\,dx&=\int_0^{\pi}(\sin x)^{\frac{3}{2}}\mid\cos x\mid dx\\&=\int_0^{\frac{\pi}{2}}(\sin x)^{\frac{3}{2}}\cos x\,dx-\int_{\frac{\pi}{2}}^{\pi}(\sin x)^{\frac{3}{2}}\cos x\,dx\\&=\int_0^{\frac{\pi}{2}}(\sin x)^{\frac{3}{2}}d\sin x-\int_{\frac{\pi}{2}}^{\pi}(\sin x)^{\frac{3}{2}}d\sin x\\&=\frac{2}{5}(\sin x)^{\frac{5}{2}}\Big|_0^{\frac{\pi}{2}}-\frac{2}{5}(\sin x)^{\frac{5}{2}}\Big|_{\frac{\pi}{2}}^{\pi}=\frac{4}{5}.\end{aligned}$$

例 5 证明：若 $f(x)$在$[-a,a]$上连续，则：

(1) $\int_{-a}^{a}f(x)dx=\int_0^a[f(-x)+f(x)]dx$；

(2) 当 $f(x)$为偶函数时，有$\int_{-a}^{a}f(x)dx=2\int_0^a f(x)dx$；

(3) 当 $f(x)$为奇函数时，有$\int_{-a}^{a}f(x)dx=0$.

证明 $\int_{-a}^{a}f(x)dx=\int_{-a}^{0}f(x)dx+\int_0^a f(x)dx$.

(1) 在上式右端第一项中令 $x=-t$，则

$$\int_{-a}^{0}f(x)dx=-\int_a^0 f(-t)dt=\int_0^a f(-t)dt=\int_0^a f(-x)dx,$$

故

$$\int_{-a}^{a}f(x)dx=\int_0^a f(-x)dx+\int_0^a f(x)dx=\int_0^a[f(-x)+f(x)]dx.$$

(2) 若 $f(x)$为偶函数，即 $f(-x)=f(x)$，由(1)有

$$\int_{-a}^{a}f(x)dx=\int_0^a[f(-x)+f(x)]dx=2\int_0^a f(x)dx.$$

(3) 若 $f(x)$为奇函数，即 $f(-x)=-f(x)$，则

$$\int_{-a}^{a}f(x)dx=\int_0^a[f(-x)+f(x)]dx=0.$$

例 6 计算$\int_{-1}^{1}(|x|+\sin x)x^2dx$.

解 因为积分区间关于原点对称，且$|x|x^2$ 为偶函数，$\sin x\cdot x^2$ 为奇函数，所以

$$\int_{-1}^{1}(|x|+\sin x)x^2dx=\int_{-1}^{1}|x|x^2dx=2\int_0^1 x^3dx=2\cdot\frac{x^4}{4}\Big|_0^1=\frac{1}{2}.$$

例 7 设 $f(x)$在$[0,1]$上连续，证明：

(1) $\int_0^{\frac{\pi}{2}}f(\sin x)dx=\int_0^{\frac{\pi}{2}}f(\cos x)dx$；

(2) $\int_0^{\pi} xf(\sin x)\mathrm{d}x=\frac{\pi}{2}\int_0^{\pi}f(\sin x)\mathrm{d}x$，由此计算$\int_0^{\pi}\frac{x\sin x}{1+\cos^2 x}\mathrm{d}x$.

证明 (1) 令 $x=\frac{\pi}{2}-t$，则 $\mathrm{d}x=-\mathrm{d}t$. 当 $x=0$ 时，$t=\frac{\pi}{2}$；当 $x=\frac{\pi}{2}$时，$t=0$. 于是

$$\int_0^{\frac{\pi}{2}}f(\sin x)\mathrm{d}x=-\int_{\frac{\pi}{2}}^0 f\left[\sin\left(\frac{\pi}{2}-t\right)\right]\mathrm{d}t=\int_0^{\frac{\pi}{2}}f(\cos t)\mathrm{d}t=\int_0^{\frac{\pi}{2}}f(\cos x)\mathrm{d}x.$$

(2) 令 $x=\pi-t$，则 $\mathrm{d}x=-\mathrm{d}t$. 当 $x=0$ 时，$t=\pi$；当 $x=\pi$ 时，$t=0$. 于是

$$\begin{aligned}\int_0^{\pi}xf(\sin x)\mathrm{d}x&=-\int_{\pi}^0(\pi-t)f[\sin(\pi-t)]\mathrm{d}t=\int_0^{\pi}(\pi-t)f(\sin t)\mathrm{d}t\\&=\pi\int_0^{\pi}f(\sin t)\mathrm{d}t-\int_0^{\pi}tf(\sin t)\mathrm{d}t=\pi\int_0^{\pi}f(\sin x)\mathrm{d}x-\int_0^{\pi}xf(\sin x)\mathrm{d}x.\end{aligned}$$

所以 $\int_0^{\pi}xf(\sin x)\mathrm{d}x=\frac{\pi}{2}\int_0^{\pi}f(\sin x)\mathrm{d}x$.

由于 $g(x)=\frac{\sin x}{1+\cos^2 x}$是关于 $\sin x$ 的函数，因此

$$\begin{aligned}\int_0^{\pi}\frac{x\sin x}{1+\cos^2 x}\mathrm{d}x&=\frac{\pi}{2}\int_0^{\pi}\frac{\sin x}{1+\cos^2 x}\mathrm{d}x=-\frac{\pi}{2}\int_0^{\pi}\frac{1}{1+\cos^2 x}\mathrm{d}(\cos x)\\&=-\frac{\pi}{2}\arctan(\cos x)\Big|_0^{\pi}=-\frac{\pi}{2}\left(-\frac{\pi}{4}-\frac{\pi}{4}\right)=\frac{\pi^2}{4}.\end{aligned}$$

5.4.2 定积分的分部积分法

设函数 $u=u(x)$，$v=v(x)$在区间$[a,b]$上具有连续导数，由第 4 章的不定积分分部积分公式

$$\int uv'\mathrm{d}x=\int u\mathrm{d}v=uv-\int u'v\mathrm{d}x$$

有定积分的分部积分公式

$$\int_a^b uv'\mathrm{d}x=\int_a^b u\mathrm{d}v=(uv)\Big|_a^b-\int_a^b u'v\mathrm{d}x.$$

与不定积分的分部积分公式不同的是，这里可将原函数已经积出的部分 uv 先用上下限代入.

例 8 求 $\int_0^1 x\mathrm{e}^{-x}\mathrm{d}x$.

解
$$\begin{aligned}\int_0^1 x\mathrm{e}^{-x}\mathrm{d}x&=-\int_0^1 x\mathrm{d}(\mathrm{e}^{-x})=-\left[(x\mathrm{e}^{-x})\Big|_0^1-\int_0^1\mathrm{e}^{-x}\mathrm{d}x\right]\\&=-\left[(\mathrm{e}^{-1}-0)+\int_0^1\mathrm{e}^{-x}\mathrm{d}(-x)\right]\\&=-\left(\mathrm{e}^{-1}+\mathrm{e}^{-x}\Big|_0^1\right)=-[\mathrm{e}^{-1}+(\mathrm{e}^{-1}-1)]=1-2\mathrm{e}^{-1}.\end{aligned}$$

例 9 求 $\int_0^1\arctan x\mathrm{d}x$.

解 设 $u=\arctan x$，$\mathrm{d}v=\mathrm{d}x$，则 $u'=\frac{1}{1+x^2}$，$v=x$，于是

$$\int_0^1 \underset{u}{\arctan x}\, \underset{v}{\mathrm{d}x} = (x\arctan x)\Big|_0^1 - \int_0^1 \frac{x\,\mathrm{d}x}{1+x^2} = \frac{\pi}{4} - \frac{1}{2}\int_0^1 \frac{\mathrm{d}(1+x^2)}{1+x^2}$$

$$= \frac{\pi}{4} - \frac{1}{2}[\ln(1+x^2)]\Big|_0^1 = \frac{\pi}{4} - \frac{1}{2}\ln 2.$$

例 10 求 $\int_0^4 \mathrm{e}^{\sqrt{x}}\,\mathrm{d}x$.

解 设 $\sqrt{x}=t$,则 $x=t^2$,$\mathrm{d}x=2t\,\mathrm{d}t$. 当 $x=0$ 时,$t=0$; 当 $x=4$ 时,$t=2$. 于是

$$\int_0^4 \mathrm{e}^{\sqrt{x}}\,\mathrm{d}x = 2\int_0^2 t\mathrm{e}^t\,\mathrm{d}t = 2\int_0^2 t\,\mathrm{d}\mathrm{e}^t = 2(t\mathrm{e}^t)\Big|_0^2 - 2\int_0^2 \mathrm{e}^t\,\mathrm{d}t$$

$$= 4\mathrm{e}^2 - 2\mathrm{e}^t\Big|_0^2 = 2(\mathrm{e}^2+1).$$

例 11 导出 $I_n = \int_0^{\frac{\pi}{2}} \sin^n x\,\mathrm{d}x$($n$ 为非负整数)的递推公式.

解 易见 $I_0 = \int_0^{\frac{\pi}{2}} \mathrm{d}x = \frac{\pi}{2}$,$I_1 = \int_0^{\frac{\pi}{2}} \sin x\,\mathrm{d}x = 1$.

当 $n\geqslant 2$ 时,有

$$I_n = \int_0^{\frac{\pi}{2}} \sin^n x\,\mathrm{d}x = -\int_0^{\frac{\pi}{2}} \sin^{n-1} x\,\mathrm{d}\cos x$$

$$= (-\sin^{n-1}x\cos x)\Big|_0^{\frac{\pi}{2}} + (n-1)\int_0^{\frac{\pi}{2}} \sin^{n-2}x\cos^2 x\,\mathrm{d}x$$

$$= (n-1)\int_0^{\frac{\pi}{2}} \sin^{n-2}x(1-\sin^2 x)\,\mathrm{d}x$$

$$= (n-1)\int_0^{\frac{\pi}{2}} \sin^{n-2}x\,\mathrm{d}x - (n-1)\int_0^{\frac{\pi}{2}} \sin^n x\,\mathrm{d}x$$

$$= (n-1)I_{n-2} - (n-1)I_n,$$

从而得到递推公式 $I_n = \frac{n-1}{n} I_{n-2}$.

反复用此公式直到下标为 0 或 1,得

$$I_n = \begin{cases} \frac{n-1}{n}\cdot\frac{n-3}{n-2}\cdot\cdots\cdot\frac{5}{6}\cdot\frac{3}{4}\cdot\frac{1}{2}\cdot\frac{\pi}{2}, & n\text{ 为偶数}, \\ \frac{n-1}{n}\cdot\frac{n-3}{n-2}\cdot\cdots\cdot\frac{6}{7}\cdot\frac{4}{5}\cdot\frac{2}{3}\cdot 1, & n\text{ 为奇数}. \end{cases}$$

注 根据例 7 的结果,有

$$\int_0^{\frac{\pi}{2}} \sin^n x\,\mathrm{d}x = \int_0^{\frac{\pi}{2}} \cos^n x\,\mathrm{d}x$$

$$= \begin{cases} \frac{n-1}{n}\cdot\frac{n-3}{n-2}\cdot\cdots\cdot\frac{5}{6}\cdot\frac{3}{4}\cdot\frac{1}{2}\cdot\frac{\pi}{2}, & n\text{ 为偶数}, \\ \frac{n-1}{n}\cdot\frac{n-3}{n-2}\cdot\cdots\cdot\frac{6}{7}\cdot\frac{4}{5}\cdot\frac{2}{3}\cdot 1, & n\text{ 为奇数}. \end{cases}$$

二维码 5.4

习题 5.4

1. 计算下列定积分：

(1) $\int_0^{\sqrt{2}}\sqrt{2-x^2}\,dx$； (2) $\int_0^1 x^2\sqrt{1-x^2}\,dx$；

(3) $\int_1^{\sqrt{3}}\frac{dx}{x^2\sqrt{1+x^2}}$； (4) $\int_{-1}^1\frac{x\,dx}{\sqrt{5-4x}}$；

(5) $\int_0^4\frac{x+2}{\sqrt{2x+1}}dx$； (6) $\int_0^{\pi}\cos^4 x\sin x\,dx$；

(7) $\int_0^1 t e^{-t^2}dt$； (8) $\int_1^e\frac{1+\ln x}{x}dx$；

(9) $\int_0^{\pi}\sqrt{\sin^2 x-\sin^4 x}\,dx$； (10) $\int_0^1\frac{dx}{e^x+e^{-x}}$.

2. 设 $f(x)=\begin{cases}x e^{-x^2}, & x\geqslant 0,\\ \dfrac{1}{1+\cos x}, & -1<x<0,\end{cases}$ 求 $\int_1^4 f(x-2)dx$.

3. 利用函数的奇偶性计算下列定积分：

(1) $\int_{-5}^5\frac{x^3\sin^2 x}{x^4+2x^2+1}dx$； (2) $\int_{-\frac{1}{2}}^{\frac{1}{2}}\frac{(\arcsin x)^2}{\sqrt{1-x^2}}dx$；

(3) $\int_{-1}^1\frac{2x^2+x\cos x}{1+\sqrt{1-x^2}}dx$； (4) $\int_{-2}^2\frac{x+|x|}{2+x^2}dx$.

4. 计算下列定积分：

(1) $\int_0^{\frac{\pi}{2}}x^2\sin x\,dx$； (2) $\int_1^e x\ln x\,dx$；

(3) $\int_0^1 x\arctan x\,dx$； (4) $\int_0^{\frac{1}{2}}\arcsin x\,dx$；

(5) $\int_0^{\frac{\pi}{4}}\frac{x\,dx}{1+\cos 2x}$； (6) $\int_{\frac{1}{e}}^e|\ln t|\,dt$；

(7) $\int_1^e\sin(\ln x)dx$； (8) $\int_0^1\frac{x e^x}{(1+x)^2}dx$.

5. 已知 $f(x)$ 连续且满足方程 $f(x)=x e^{-x}+2\int_0^1 f(t)dt$，求 $f(x)$.

6. 设 $f(x)$ 在 $[a,b]$ 上连续，证明 $\int_a^b f(x)dx=(b-a)\int_0^1 f[a+(b-a)x]dx$.

7. 证明 $\int_0^1 x^m(1-x)^n dx=\int_0^1 x^n(1-x)^m dx$.

8. 证明 $\int_0^{\frac{\pi}{2}}\frac{\sin^3 x}{\sin x+\cos x}dx=\int_0^{\frac{\pi}{2}}\frac{\cos^3 x}{\sin x+\cos x}dx$，并求出积分值.

9. 若 $f(t)$ 连续且为奇函数，证明 $\int_0^x f(t)\mathrm{d}t$ 是偶函数；若 $f(t)$ 连续且为偶函数，证明 $\int_0^x f(t)\mathrm{d}t$ 是奇函数.

10. 若 $f''(x)$ 在 $[0,\pi]$ 上连续，$f(0)=2$，$f(\pi)=1$，证明：$\int_0^\pi [f(x)+f''(x)]\sin x\,\mathrm{d}x=3$.

提高题

1. $\int_{-\pi}^{\pi}(\sin^3 x+\sqrt{\pi^2-x^2})\mathrm{d}x=$ ________.

2. $\int_{-\frac{\pi}{4}}^{\frac{\pi}{4}}\dfrac{1}{(1+\mathrm{e}^x)\cos^2 x}\mathrm{d}x=$ ________.

3. $\int_0^{\frac{\pi}{2}}\dfrac{\sin^{2016}x}{\sin^{2016}x+\cos^{2016}x}\mathrm{d}x=$ ________.

4. 设连续非负函数满足 $f(x)f(-x)=1(-\infty<x<+\infty)$，则 $\int_{-\frac{\pi}{2}}^{\frac{\pi}{2}}\dfrac{\cos x}{1+f(x)}\mathrm{d}x=$ ________.

5. 设函数 $f(x)$ 连续，且 $f(0)=f'(0)=0$，记

$$F(x)=\begin{cases}\int_0^x\left[\int_0^u f(t)\mathrm{d}t\right]\mathrm{d}u, & x\leqslant 0,\\ \int_{-x}^0\ln[1+f(x+t)]\mathrm{d}t, & x>0.\end{cases}$$

求 $F'(x)$ 及 $F''(0)$.

6. 设函数 $f(x)=\int_1^x\dfrac{\ln t}{1+t^2}\mathrm{d}t\,(x>0)$，则 $f(x)-f\left(\dfrac{1}{x}\right)=$ ________.

7. 求 $\lim\limits_{x\to 0^+}\dfrac{\int_0^x\sqrt{x-t}\,\mathrm{e}^t\,\mathrm{d}t}{\sqrt{x^3}}$.

8. 如图 5-6 所示，曲线 C 的方程为 $y=f(x)$，点 $(3,2)$ 是它的一个拐点，直线 l_1 与 l_2 分别是曲线 C 在点 $(0,0)$ 与 $(3,2)$ 处的切线，其交点为 $(2,4)$. 设函数 $f(x)$ 具有三阶连续导数，计算定积分 $\int_0^3(x^2+x)f'''(x)\mathrm{d}x$.

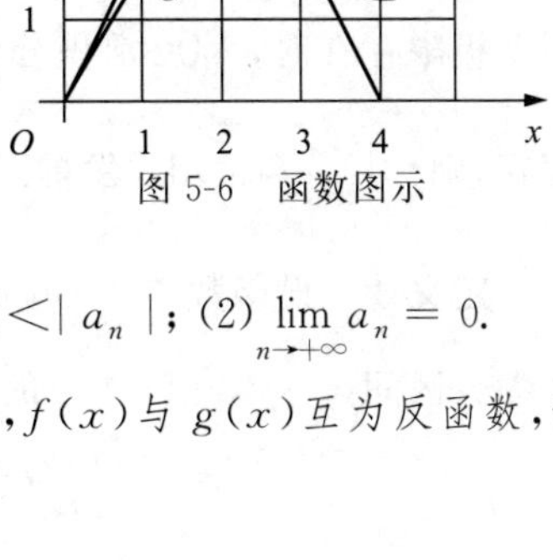

图 5-6 函数图示

9. $\int_{\frac{\pi}{2}}^{\frac{21}{2}\pi}\sin^6 x\,\mathrm{d}x=$ ________.

10. 设 $a_n=\int_{n\pi}^{(n+1)\pi}\dfrac{\sin x}{x}\mathrm{d}x$，$n$ 为正整数，证明：(1) $|a_{n+1}|<|a_n|$；(2) $\lim\limits_{n\to+\infty}a_n=0$.

11. 设 $f(x)$ 单调增加且有连续导数，$f(0)=0$，$f(a)=b$，$f(x)$ 与 $g(x)$ 互为反函数，证明：$\int_0^a f(x)\mathrm{d}x+\int_0^b g(x)\mathrm{d}x=ab$.

12. 已知 $f(x)$ 在 $\left[0,\dfrac{3\pi}{2}\right]$ 上连续，在 $\left(0,\dfrac{3\pi}{2}\right)$ 内是函数 $\dfrac{\cos x}{2x-3\pi}$ 的一个原函数，$f(0)=0$.

(1) 求 $f(x)$在区间 $\left[0,\dfrac{3\pi}{2}\right]$ 上的平均值；

(2) 证明 $f(x)$在区间 $\left(0,\dfrac{3\pi}{2}\right)$ 内存在唯一零点.

5.5 反常积分

前面的定积分有两个前提：一个是积分区间是有限的，另一个是被积函数是有界的. 但在某些实际问题中，常常需要突破这两个前提条件. 因此在定积分的计算中，也要研究无穷区间上的积分和无界函数的积分. 这两类积分统称为**反常积分**或**广义积分**，相应地，前面的定积分则称为**正常积分**或**常义积分**.

5.5.1 无穷区间上的反常积分

定义 1 设函数 $f(x)$ 在 $[a,+\infty)$ 上连续，对于任何大于 a 的实数 b，称 $\lim\limits_{b\to+\infty}\int_a^b f(x)\mathrm{d}x$ 为 $f(x)$ 在无穷区间 $[a,+\infty]$ 上的**反常积分**(improper integral)，或**广义积分**，记作 $\int_a^{+\infty} f(x)\mathrm{d}x$，即

$$\int_a^{+\infty} f(x)\mathrm{d}x=\lim_{b\to+\infty}\int_a^b f(x)\mathrm{d}x.$$

当此极限存在时，称反常积分 $\int_a^{+\infty} f(x)\mathrm{d}x$ **收敛**，并称此极限为该反常积分的值；如果极限不存在，则称反常积分 $\int_a^{+\infty} f(x)\mathrm{d}x$ **发散**.

定义 2 设函数 $f(x)$ 在 $(-\infty,b]$ 上连续，对于任何小于 b 的实数 a，称 $\lim\limits_{a\to-\infty}\int_a^b f(x)\mathrm{d}x$ 为 $f(x)$ 在无穷区间 $(-\infty,b]$ 上的**反常积分**，或**广义积分**，记为 $\int_{-\infty}^b f(x)\mathrm{d}x$，即

$$\int_{-\infty}^b f(x)\mathrm{d}x=\lim_{a\to-\infty}\int_a^b f(x)\mathrm{d}x.$$

当此极限存在时，称反常积分 $\int_{-\infty}^b f(x)\mathrm{d}x$ **收敛**，并称此极限为该反常积分的值；若极限不存在，则称 $\int_{-\infty}^b f(x)\mathrm{d}x$ **发散**.

定义 3 设函数 $f(x)$ 在 $(-\infty,+\infty)$ 上连续，定义 $\int_{-\infty}^0 f(x)\mathrm{d}x+\int_0^{+\infty} f(x)\mathrm{d}x$ 为 $f(x)$ 在无穷区间 $(-\infty,+\infty)$ 上的**反常积分**，或**广义积分**，记为

$$\int_{-\infty}^{+\infty} f(x)\mathrm{d}x=\int_{-\infty}^0 f(x)\mathrm{d}x+\int_0^{+\infty} f(x)\mathrm{d}x.$$

当 $\int_{-\infty}^0 f(x)\mathrm{d}x$ 和 $\int_0^{+\infty} f(x)\mathrm{d}x$ 都收敛时，称 $\int_{-\infty}^{+\infty} f(x)\mathrm{d}x$ **收敛**，并称 $\int_{-\infty}^0 f(x)\mathrm{d}x$ 的值与 $\int_0^{+\infty} f(x)\mathrm{d}x$ 的值之和为反常积分 $\int_{-\infty}^{+\infty} f(x)\mathrm{d}x$ 的值；若 $\int_{-\infty}^0 f(x)\mathrm{d}x$，$\int_0^{+\infty} f(x)\mathrm{d}x$ 有一

个发散或两个都发散,则称反常积分$\int_{-\infty}^{+\infty} f(x)\mathrm{d}x$ **发散**.

如何判断无穷区间上反常积分的敛散性呢?根据无穷区间上反常积分的定义和牛顿-莱布尼茨公式,若$F(x)$是连续函数$f(x)$的原函数,则有

$$\int_a^{+\infty} f(x)\mathrm{d}x = F(x)\Big|_a^{+\infty} = \lim_{x\to+\infty} F(x) - F(a),$$

$$\int_{-\infty}^{b} f(x)\mathrm{d}x = F(x)\Big|_{-\infty}^{b} = F(b) - \lim_{x\to-\infty} F(x),$$

$$\int_{-\infty}^{+\infty} f(x)\mathrm{d}x = F(x)\Big|_{-\infty}^{+\infty} = \lim_{x\to+\infty} F(x) - \lim_{x\to-\infty} F(x),$$

极限存在,则相应的反常积分收敛;极限不存在,则相应的反常积分发散.

例 1 计算$\int_0^{+\infty} \frac{\mathrm{d}x}{1+x^2}$.

解 $\int_0^{+\infty} \frac{\mathrm{d}x}{1+x^2} = \arctan x\Big|_0^{+\infty} = \lim_{x\to+\infty} \arctan x - \arctan 0 = \frac{\pi}{2}$.

反常积分$\int_0^{+\infty} \frac{\mathrm{d}x}{1+x^2}$ 表示位于曲线 $y=\frac{1}{1+x^2}$的下方,x 轴上方以及 y 轴右方,并向右延伸至无穷的阴影部分的面积(参见图 5-7),此面积有限且为$\frac{\pi}{2}$.

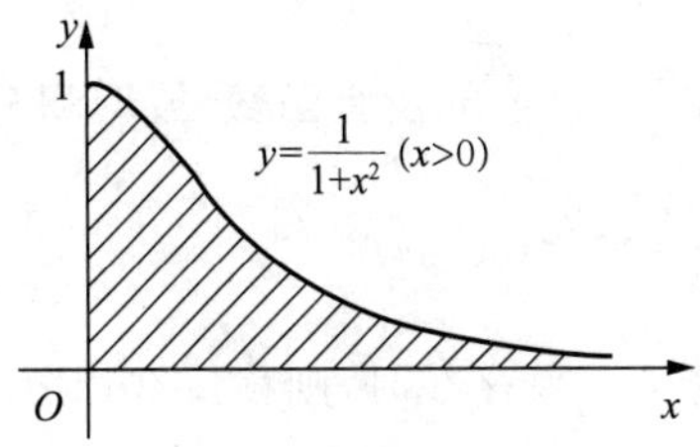

图 5-7 积分图示

另外 $\int_{-\infty}^{+\infty} \frac{\mathrm{d}x}{1+x^2} = (\arctan x)\Big|_{-\infty}^{+\infty}$

$$= \frac{\pi}{2} - \left(-\frac{\pi}{2}\right) = \pi.$$

例 2 讨论$\int_{-\infty}^{1} \frac{x}{1+x^2}\mathrm{d}x$ 的敛散性.

解 $\int_{-\infty}^{1} \frac{x}{1+x^2}\mathrm{d}x = \frac{1}{2}\int_{-\infty}^{1} \frac{\mathrm{d}(1+x^2)}{1+x^2} = \frac{1}{2}\ln(1+x^2)\Big|_{-\infty}^{1} = -\infty$.

则$\int_{-\infty}^{1} \frac{x}{1+x^2}\mathrm{d}x$ 发散.

例 3 计算$\int_0^{+\infty} t\mathrm{e}^{-pt}\mathrm{d}t$ (p 为常数,且 $p>0$).

解 $\int_0^{+\infty} t\mathrm{e}^{-pt}\mathrm{d}t = -\frac{1}{p}\int_0^{+\infty} t\mathrm{d}\mathrm{e}^{-pt} = -\frac{1}{p}t\mathrm{e}^{-pt}\Big|_0^{+\infty} + \frac{1}{p}\int_0^{+\infty} \mathrm{e}^{-pt}\mathrm{d}t$

$$= -\frac{1}{p}t\mathrm{e}^{-pt}\Big|_0^{+\infty} - \frac{1}{p^2}\mathrm{e}^{-pt}\Big|_0^{+\infty}$$

$$= -\frac{1}{p}\lim_{t\to+\infty} t\mathrm{e}^{-pt} + 0 - \frac{1}{p^2}(0-1) = \frac{1}{p^2}.$$

注 其中不定式 $\lim_{t\to+\infty} t\mathrm{e}^{-pt} = \lim_{t\to+\infty} \frac{t}{\mathrm{e}^{pt}} = \lim_{t\to+\infty} \frac{1}{p\mathrm{e}^{pt}} = 0$.

例 4 讨论$\int_1^{+\infty} \frac{1}{x^p}\mathrm{d}x$ 的敛散性.

证明 (1) 当 $p=1$ 时，$\int_1^{+\infty}\frac{1}{x^p}dx=\int_1^{+\infty}\frac{1}{x}dx=\ln x\Big|_1^{+\infty}=+\infty$.

(2) 当 $p\neq1$ 时，

$$\int_1^{+\infty}\frac{1}{x^p}dx=\frac{x^{1-p}}{1-p}\Big|_1^{+\infty}=\begin{cases}+\infty, & p<1,\\ \dfrac{1}{p-1}, & p>1.\end{cases}$$

因此，当 $p>1$ 时，$\int_1^{+\infty}\frac{1}{x^p}dx$ 收敛，其值为$\frac{1}{p-1}$；当 $p\leqslant1$ 时，$\int_1^{+\infty}\frac{1}{x^p}dx$ 发散.

5.5.2 无界函数的反常积分

下面再把定积分推广到无界函数的情形.

如果函数 $f(x)$在点 a 的任一邻域内都无界，那么称 a 为函数 $f(x)$的**瑕点**(也称无界间断点)，无界函数的反常积分也称为**瑕积分**.

定义 4 设函数 $f(x)$在$[a,b)$上连续，b 为瑕点. 称 $\lim\limits_{\varepsilon\to0^+}\int_a^{b-\varepsilon}f(x)dx$ 为无界函数 $f(x)$ 在$[a,b)$上的**反常函数**(或**瑕积分**)，记为$\int_a^b f(x)dx$，即

$$\int_a^b f(x)dx=\lim_{\varepsilon\to0^+}\int_a^{b-\varepsilon}f(x)dx.$$

这个极限存在时，则称反常积分$\int_a^b f(x)dx$ 收敛，并称此极限为该反常积分的值；若极限不存在，则称反常积分$\int_a^b f(x)dx$ 发散.

类似地，若函数 $f(x)$在$(a,b]$上连续，a 为瑕点，称极限 $\lim\limits_{\varepsilon\to0^+}\int_{a+\varepsilon}^b f(x)dx$ 为无界函数 $f(x)$ 在$(a,b]$上的**反常函数**(或**瑕积分**)，记为$\int_a^b f(x)dx$，即

$$\int_a^b f(x)dx=\lim_{\varepsilon\to0^+}\int_{a+\varepsilon}^b f(x)dx.$$

当此极限存在时，称反常积分$\int_a^b f(x)dx$ **收敛**，并称此极限为该反常积分的值；若极限不存在，则称反常积分$\int_a^b f(x)dx$ **发散**.

若函数 $f(x)$在$[a,c)$、$(c,b]$内连续，$x=c$ 为 $f(x)$瑕点，则定义

$$\int_a^c f(x)dx+\int_c^b f(x)dx$$

为无界函数 $f(x)$在$[a,b]$上的**反常函数**(或**瑕积分**)，记为$\int_a^b f(x)dx$，即

$$\int_a^b f(x)dx=\int_a^c f(x)dx+\int_c^b f(x)dx.$$

这里只有当$\int_a^c f(x)dx$ 与$\int_c^b f(x)dx$ 都收敛(即上式中两个极限都存在)，反常积分$\int_a^b f(x)dx$ 才**收敛**，且反常积分$\int_a^b f(x)dx$ 的值等于$\int_a^c f(x)dx$ 与$\int_c^b f(x)dx$ 这两个反常积分

的和;若$\int_a^c f(x)\mathrm{d}x$与$\int_c^b f(x)\mathrm{d}x$至少有一个发散,则$\int_a^b f(x)\mathrm{d}x$ **发散**.

根据上面的定义及牛顿-莱布尼茨公式,可判断无界函数反常积分的敛散性及求值:

b 为瑕点时,$\int_a^b f(x)\mathrm{d}x=F(x)\Big|_a^b=\lim\limits_{x\to b^-}F(x)-F(a)$,

a 为瑕点时,$\int_a^b f(x)\mathrm{d}x=F(x)\Big|_a^b=F(b)-\lim\limits_{x\to a^+}F(x)$.

例 5 计算反常积分$\int_0^a \frac{\mathrm{d}x}{\sqrt{a^2-x^2}}(a>0)$.

解 因为$\lim\limits_{x\to a^-}\frac{1}{\sqrt{a^2-x^2}}=+\infty$,所以 a 为瑕点.

$$\begin{aligned}原式&=\arcsin\frac{x}{a}\Big|_0^a\\&=\lim_{x\to a^-}\arcsin\frac{x}{a}-0=\frac{\pi}{2}.\end{aligned}$$

反常积分$\int_0^a \frac{\mathrm{d}x}{\sqrt{a^2-x^2}}$的几何意义是:位于 $y=\frac{1}{\sqrt{a^2-x^2}}$的下方,$x$ 轴上方,直线 $x=0$ 与 $x=a$ 之间的图形的面积(参见图 5-8),此面积有限且为$\frac{\pi}{2}$.

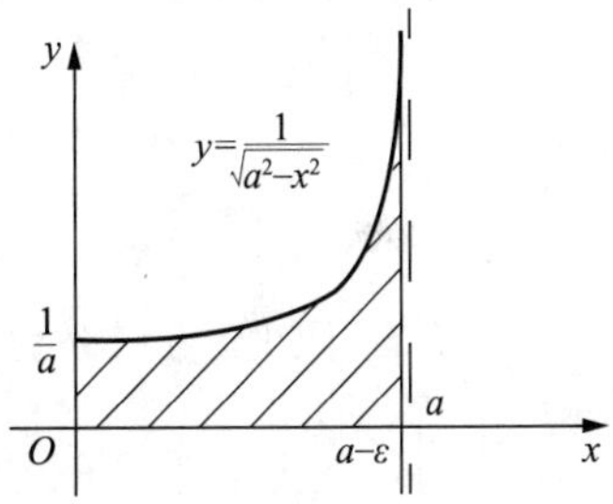

图 5-8 积分图示

例 6 讨论反常积分$\int_{-1}^1 \frac{1}{x^2}\mathrm{d}x$ 的敛散性.

解 被积函数 $f(x)=\frac{1}{x^2}$在区间$[-1,1]$上除 $x=0$ 外连续,且$\lim\limits_{x\to 0}\frac{1}{x^2}=+\infty$. 所以 $x=0$ 为$\frac{1}{x^2}$的瑕点. 于是

$$\int_{-1}^1 \frac{1}{x^2}\mathrm{d}x=\int_{-1}^0 \frac{1}{x^2}\mathrm{d}x+\int_0^1 \frac{1}{x^2}\mathrm{d}x.$$

而

$$\int_{-1}^0 \frac{1}{x^2}\mathrm{d}x=\left(-\frac{1}{x}\right)\Big|_{-1}^0=-\lim_{x\to 0^-}\left(\frac{1}{x}+1\right)=+\infty,$$

即反常积分$\int_{-1}^0 \frac{\mathrm{d}x}{x^2}$发散,所以反常积分$\int_{-1}^1 \frac{1}{x^2}\mathrm{d}x$ 发散.

注 一般而言,判断无穷区间上的反常积分,一目了然,而瑕积分与定积分容易混淆. 例 6 中如果忽略了$\frac{1}{x^2}$在 $x=0$ 处无界而按定积分计算,则有错误结果

$$\int_{-1}^1 \frac{1}{x^2}\mathrm{d}x=-\frac{1}{x}\Big|_{-1}^1=-1-1=-2.$$

另外,定积分的计算方法与性质,不能随意地直接应用到反常积分中,否则会出错. 如

$\int_{-\infty}^{+\infty} \frac{x}{1+x^2} dx$ 是发散的，若把此积分看成是奇函数在对称区间上的积分，就得出此积分为零的错误结果.

例 7 讨论 $\int_0^1 \frac{1}{x^q} dx\,(q>0)$ 的敛散性.

证明 被积函数在积分区间上有瑕点 $x=0$.

(1) 当 $q=1$ 时，$\int_0^1 \frac{1}{x^q} dx = \int_0^1 \frac{1}{x} dx = \ln x \Big|_0^1 = +\infty$.

(2) 当 $q \neq 1$ 时，$\int_0^1 \frac{1}{x^q} dx = \frac{x^{1-q}}{1-q} \Big|_0^1 = \begin{cases} +\infty, & q>1, \\ \frac{1}{1-q}, & 0<q<1. \end{cases}$

因此，当 $q<1$ 时，$\int_0^1 \frac{1}{x^q} dx$ 收敛，其值为 $\frac{1}{1-q}$；当 $q \geqslant 1$ 时，$\int_0^1 \frac{1}{x^q} dx$ 发散.

二维码 5.5

习题 5.5

1. 判断下列反常积分的敛散性：

(1) $\int_1^{+\infty} \frac{dx}{x^4}$；

(2) $\int_0^{+\infty} e^{-x} dx$；

(3) $\int_0^{+\infty} \sin x\, dx$；

(4) $\int_{-\infty}^{0} \frac{e^x}{1+e^x} dx$；

(5) $\int_{-\infty}^{+\infty} \frac{1}{x^2+2x+2} dx$；

(6) $\int_1^{+\infty} \frac{1}{x(1+x^2)} dx$；

(7) $\int_{-1}^{1} \frac{1}{x} dx$；

(8) $\int_0^1 \frac{\ln x}{x} dx$；

(9) $\int_0^1 \frac{x}{\sqrt{1-x^2}} dx$；

(10) $\int_{-\frac{\pi}{2}}^{\frac{\pi}{2}} \frac{1}{\cos^2 x} dx$.

2. 已知 $\lim\limits_{x\to\infty} \left(\frac{1+x}{x}\right)^{ax} = \int_{-\infty}^{a} t e^t dt\,(a>0)$，求常数 a.

3. 当 λ 为何值时，$\int_2^{+\infty} \frac{dx}{x(\ln x)^\lambda}$ 收敛？当 λ 为何值时，该反常积分发散？

4. 计算 $\int_1^{+\infty} \frac{\arctan x}{x^2} dx$.

提高题

1. $\int_0^{+\infty} \frac{\ln(1+x)}{(1+x)^2} dx =$ ________.

2. $\int_{-\infty}^{1} \frac{1}{x^2+2x+5} dx =$ ________.

5.6 定积分在几何上的应用

定积分在自然科学和实际生活中有着广泛的应用,有许多实际问题最后归结为定积分问题.本节主要讲定积分在几何学上的应用,如平面图形的面积、旋转体的体积、平行截面面积为已知的立体的体积.本节在讨论定积分的应用之前,先介绍利用定积分解决实际问题时所用的方法——微元法.

5.6.1 定积分的元素法

先回顾5.1节中讨论过的求曲边梯形面积的几个步骤:

(1) 分割:用一组分点将区间$[a,b]$任意分成长度为$\Delta x_i(i=1,2,\cdots,n)$的$n$个小区间.相应地把曲边梯形分割成$n$个窄曲边梯形,第$i$个窄曲边梯形的面积为$\Delta A_i$,于是

$$A=\sum_{i=1}^{n}\Delta A_i.$$

(2) 作近似代替,计算ΔA_i的近似值$\Delta A_i\approx f(\xi_i)\Delta x_i(x_{i-1}\leqslant\xi_i\leqslant x_i)$.

(3) 求和,得A的近似值$A\approx\sum\limits_{i=1}^{n}f(\xi_i)\Delta x_i$.

(4) 取极限,得A的精确值$A=\lim\limits_{\lambda\to 0}\sum\limits_{i=1}^{n}f(\xi_i)\Delta x_i=\int_a^b f(x)\mathrm{d}x(f(x)\geqslant 0)$.

在上述问题中注意到以下几点:

(1) 所求量(面积A)与区间$[a,b]$有关.

(2) 所求量对于区间$[a,b]$具有可加性.如果把区间$[a,b]$分成多个小区间,则所求量相应地分成许多部分量(如ΔA_i),而所求量等于所有部分量之和$\left(\text{如}A=\sum\limits_{i=1}^{n}\Delta A_i\right)$.

(3) 以$f(\xi_i)\Delta x_i$近似代替部分量ΔA_i时,它们只相差一个Δx_i的高阶无穷小.

(4) 在满足上述条件后,所求量A即可表示为定积分$A=\int_a^b f(x)\mathrm{d}x$.

在引出A的积分表达式的4个步骤中,主要是第(2)步,得到ΔA_i的近似值$f(\xi_i)\Delta x_i$,使得

$$A=\lim_{\lambda\to 0}\sum_{i=1}^{n}f(\xi_i)\Delta x_i=\int_a^b f(x)\mathrm{d}x.$$

为了简便,省略下标i,用ΔA表示任一小区间$[x,x+\mathrm{d}x]$上窄曲边梯形的面积,取$[x,x+\mathrm{d}x]$的左端点x为ξ,以$f(x)$为高、$\mathrm{d}x$为底的矩形的面积$f(x)\mathrm{d}x$作为ΔA的近似值(参见图5-9),即$\Delta A\approx f(x)\mathrm{d}x$. $f(x)\mathrm{d}x$称为面积微元.事实上就是面积微分,记作

$$\mathrm{d}A=f(x)\mathrm{d}x,$$

则$A=\int_a^b f(x)\mathrm{d}x$.

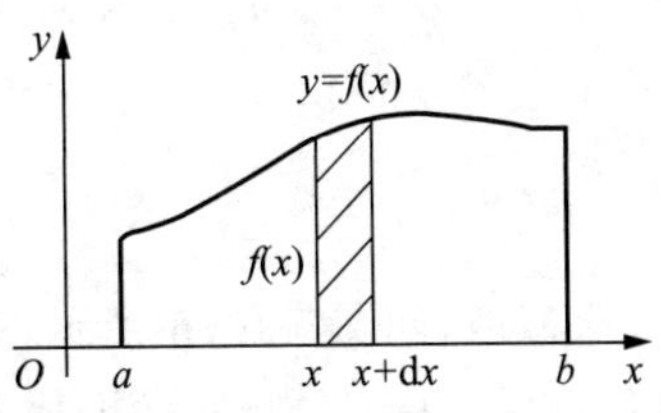

图5-9 微元法图示

一般地，在实际问题中，将所求的量 U（**总量**）表示为定积分的方法称为**微元法**，其主要步骤如下：

（1）**由分割写出微元（化整为零）** 根据具体问题，选取积分变量，例如 x 为积分变量，并确定它的变化区间 $[a,b]$，任取 $[a,b]$ 的一个区间微元 $[x,x+\mathrm{d}x]$，求出相应于这个区间微元上部分量 ΔU 的近似值，即求出所求总量 U 的**微元**

$$\mathrm{d}U=f(x)\mathrm{d}x.$$

（2）**由微元写出积分（积零为整）** 根据 $\mathrm{d}U=f(x)\mathrm{d}x$ 写出表示总量 U 的定积分

$$U=\int_a^b \mathrm{d}U=\int_a^b f(x)\mathrm{d}x.$$

应用微元法解决实际问题时，应注意如下两点.

（1）所求总量 U 关于区间 $[a,b]$ 应具有可加性，即如果把区间 $[a,b]$ 分成许多部分区间，则 U 相应地分成许多部分量，而 U 等于所有部分量 ΔU 之和. 这一要求是由定积分概念本身所决定的.

（2）使用微元法的关键是正确给出部分量 ΔU 的近似表达式 $f(x)\mathrm{d}x$，即使得 $f(x)\mathrm{d}x=\mathrm{d}U\approx\Delta U$. 在通常情况下，要检验 $\Delta U-f(x)\mathrm{d}x$ 是否为 $\mathrm{d}x$ 的高阶无穷小并非易事，因此，在实际应用中要注意 $\mathrm{d}U=f(x)\mathrm{d}x$ 的合理性.

5.6.2 平面图形的面积

1. 直角坐标系下平面图形的面积

根据定积分的几何意义，当 $f(x)\geqslant 0$ 时，曲线 $y=f(x)$ 及直线 $x=a,x=b(a<b)$ 与 x 轴所围成的曲边梯形的面积 $=\int_a^b f(x)\mathrm{d}x$. 由曲线 $y=f(x)$，$y=g(x)$ 以及直线 $x=a,x=b$ 围成的图形的面积可通过微元法（图 5-10(a) 中阴影部分）$\mathrm{d}A=[f(x)-g(x)]\mathrm{d}x$ 处理，则此图形的面积为

$$A=\int_a^b [f(x)-g(x)]\mathrm{d}x. \tag{5-5}$$

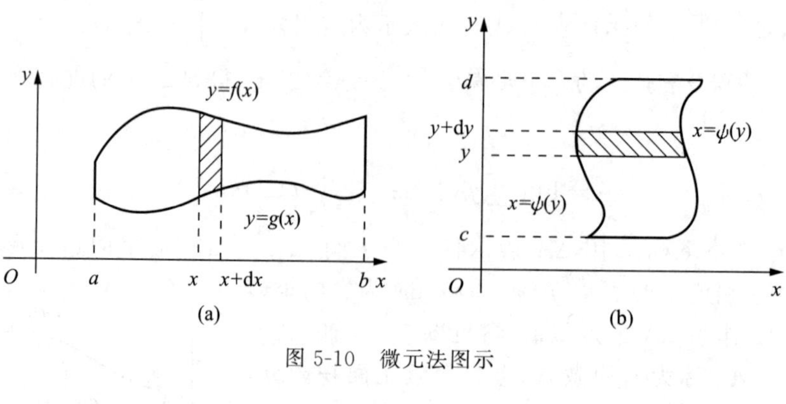

图 5-10 微元法图示

类似地，如图 5-10(b) 所示，如果曲线 $x=\psi(y)$ 位于曲线 $x=\varphi(y)$ 的右边，那么由这两条曲线以及直线 $y=c,y=d$ 所围成平面图形的面积为

$$A=\int_c^d [\psi(y)-\varphi(y)]\mathrm{d}y. \tag{5-6}$$

例 1　求正弦曲线 $y=\sin x$ 在区间 $[0,2\pi]$ 上的一段与 x 轴所围成的平面图形的面积.

解　作出草图(见图 5-11),根据式(5-5),所求面积

$$A=\int_0^{\pi}(\sin x-0)\mathrm{d}x+\int_{\pi}^{2\pi}(0-\sin x)\mathrm{d}x$$
$$=\int_0^{\pi}\sin x\mathrm{d}x+\int_{\pi}^{2\pi}(-\sin x)\mathrm{d}x$$
$$=-\cos x\Big|_0^{\pi}+\cos x\Big|_{\pi}^{2\pi}=4.$$

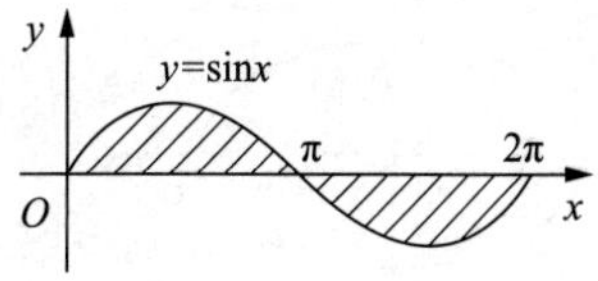

图 5-11　正弦曲线所围的面积

例 2　求曲线 $y=x^2-1$ 与 $y=7-x^2$ 所围成的面积.

解　作出草图(图 5-12),由方程组

$$\begin{cases}y=x^2-1,\\ y=7-x^2,\end{cases}$$

解得两曲线的交点为 $(-2,3)$,$(2,3)$.

取 x 为积分变量,则 x 的变化范围是 $[-2,2]$,根据式(5-5),所求面积

$$A=\int_{-2}^{2}[(7-x^2)-(x^2-1)]\mathrm{d}x=2\int_{-2}^{2}(4-x^2)\mathrm{d}x=4\int_0^2(4-x^2)\mathrm{d}x=\frac{64}{3}.$$

例 3　求由 $y^2=2x$ 和 $y=x-4$ 所围成的图形的面积.

解　画出草图(图 5-13),由方程组

$$\begin{cases}y^2=2x,\\ y=x-4,\end{cases}$$

解得它们的交点为 $(2,-2)$,$(8,4)$.

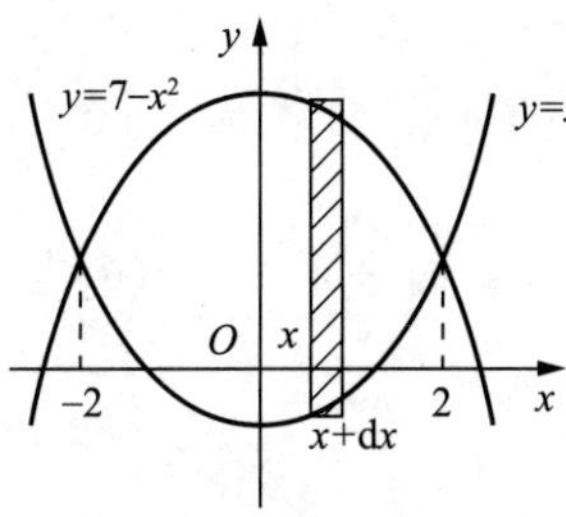

图 5-12　微元法图示

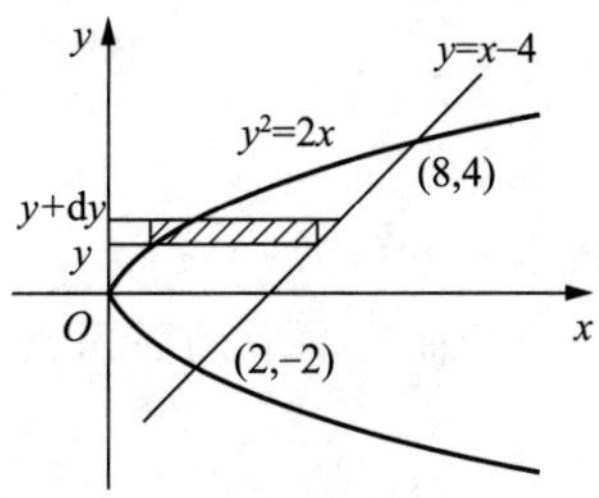

图 5-13　微元法图示

选 y 为积分变量,则 y 的变化范围是 $[-2,4]$,根据式(5-6),所求面积

$$A=\int_{-2}^{4}\mathrm{d}A=\int_{-2}^{4}\left(y+4-\frac{y^2}{2}\right)\mathrm{d}y=18.$$

注　本题如果选 x 为积分变量,则计算过程将会复杂很多.

$$A=\int_0^2[\sqrt{2x}-(-\sqrt{2x})]\mathrm{d}x+\int_2^8[\sqrt{2x}-(x-4)]\mathrm{d}x=18.$$

因此,在实际应用中,应根据具体情况合理地选择积分变量以达到简化计算的目的.

例 4　求椭圆 $\dfrac{x^2}{a^2}+\dfrac{y^2}{b^2}=1$ 所围成的面积.

解　作出草图(图 5-14),根据椭圆的参数方程

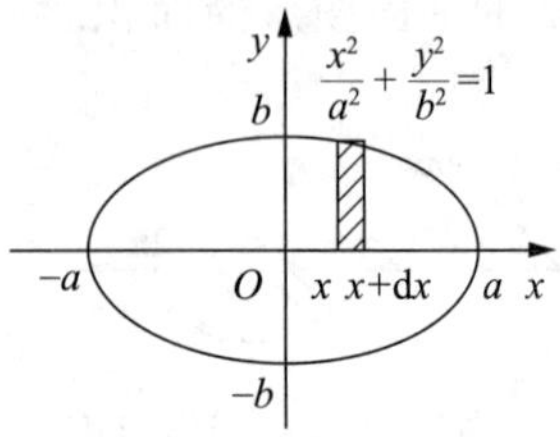

图 5-14 微元法图示

$$\begin{cases} x=a\cos t, \\ y=b\sin t, \end{cases}$$

应用定积分的微元法，由 $x=a\cos t$ 得：当 $x=0$ 时，$t=\frac{\pi}{2}$；当 $x=a$ 时，$t=0$. 又由椭圆的对称性可知，面积微元 $dA_1=y\,dx$，椭圆的面积 $A=4A_1$，

$$A=4\int_0^a y\,dx=4\int_{\frac{\pi}{2}}^0 b\sin t\,d(a\cos t)=4ab\int_0^{\frac{\pi}{2}}\sin^2 t\,dt=\pi ab.$$

另外

$$A=4A_1=4\int_0^a y\,dx=4\int_0^a \frac{b}{a}\sqrt{a^2-x^2}\,dx=4\cdot\frac{b}{a}\int_0^a\sqrt{a^2-x}\,dx=4\cdot\frac{b}{a}\cdot\frac{1}{4}\pi a^2=\pi ab.$$

2. 极坐标系下平面图形的面积

在平面上取一点 O，称为**极点**，由 O 引一条射线，称为**极轴**，取定长度单位，并规定从极轴逆时针转动的角度为正，这样就构成了一个**平面极坐标系**.

平面上点 M 的位置可用 $|OM|=r$ 和 OM 与极轴的夹角 θ 来确定，记作 $M(r,\theta)$，r 称为点 M 的**极径**，θ 称为点 M 的**极角**.

规定点 $M(r,\theta)$ 关于极点的对称点 $P(r,\theta+\pi)$，可以记作 $P(-r,\theta)$.

如果将平面直角坐标系的原点作为极坐标系的极点，将 x 轴正半轴作为极坐标系的极轴，则平面上同一点 M 有两种表示方法：在平面直角坐标系中为 $M(x,y)$，在平面极坐标系中为 $M(r,\theta)$，如图 5-15 所示，可以得到这两种坐标之间的关系：

$$\begin{cases} x=r\cos\theta, \\ y=r\sin\theta, \end{cases}\qquad \begin{cases} r=\sqrt{x^2+y^2}, \\ \tan\theta=\frac{y}{x}. \end{cases}$$

设曲线的极坐标方程为 $r=r(\theta)$，且 $r(\theta)\geqslant 0$ 连续，下面来求 $r=r(\theta)$ 与射线 $\theta=\alpha$ 和 $\theta=\beta(\alpha<\beta)$ 所围成的曲边扇形的面积 A（参见图 5-16）.

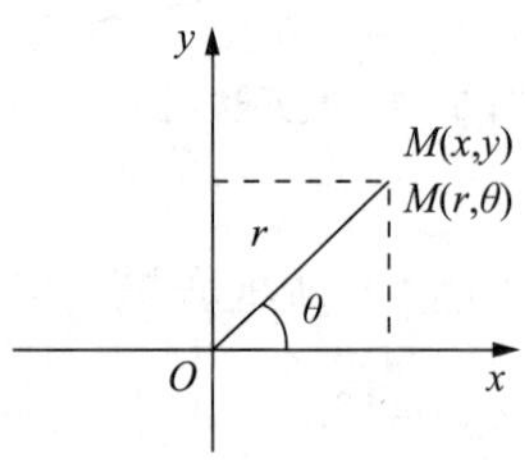

图 5-15 极坐标

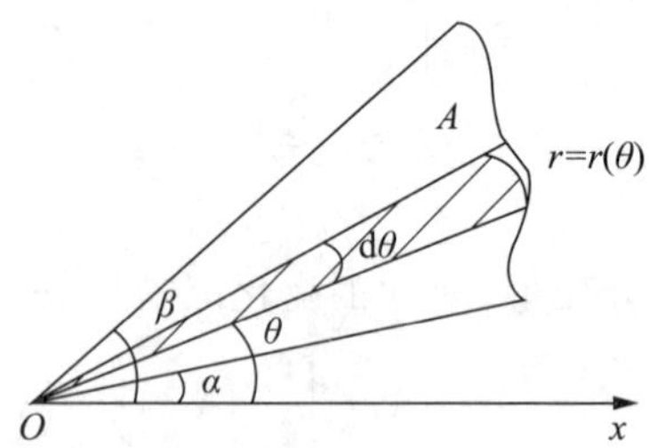

图 5-16 极坐标中的微元

在 $[\alpha,\beta]$ 上任取一个子区间 $[\theta,\theta+d\theta]$，则对应的小曲边扇形的面积 ΔA 就近似地等于以 O 为圆心，以 $r(\theta)$ 为半径的小圆扇形的面积

$$\Delta A\approx dA=\frac{1}{2}[r(\theta)]^2 d\theta,$$

于是所求曲边扇形的面积

$$A=\frac{1}{2}\int_{\alpha}^{\beta} r^2(\theta)\mathrm{d}\theta. \tag{5-7}$$

例 5 求双纽线 $r^2=a^2\cos2\theta$ 所围平面图形的面积.

解 作出草图(图 5-17),由对称性及式(5-7)得

$$A=4\int_0^{\frac{\pi}{4}}\frac{1}{2}a^2\cos2\theta\mathrm{d}\theta=a^2.$$

例 6 求心形线 $r=a(1+\cos\theta)(a>0)$所围平面图形的面积.

解 作出草图(图 5-18),由对称性及式(5-7)得

$$\begin{aligned}A&=a^2\int_0^{\pi}(1+2\cos\theta+\cos^2\theta)\mathrm{d}\theta\\&=a^2\left(\frac{3\theta}{2}+2\sin\theta+\frac{1}{4}\sin2\theta\right)\Big|_0^{\pi}=\frac{3}{2}\pi a^2.\end{aligned}$$

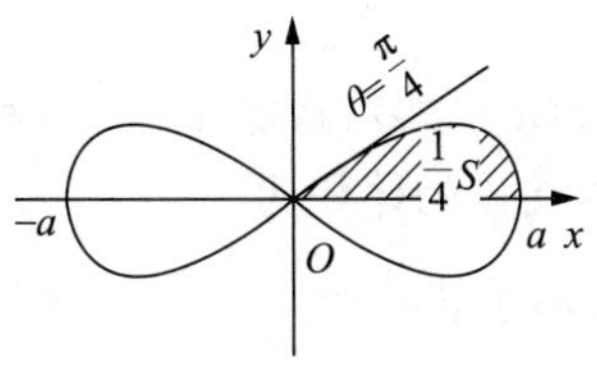

图 5-17 双纽线所围的面积

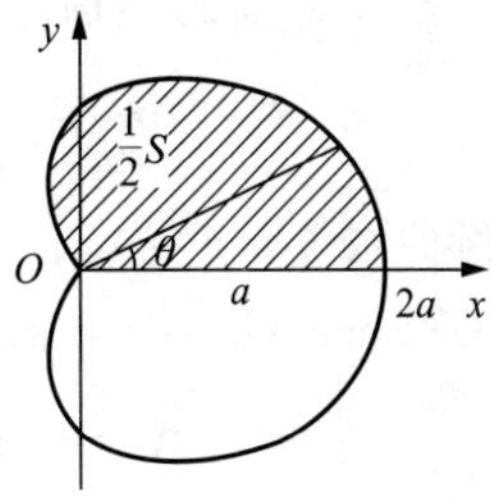

图 5-18 心形线所围的面积

5.6.3 旋转体的体积

旋转体就是由一个平面图形绕着平面内一条直线旋转一周而成的立体.这条直线称为旋转轴.圆柱、圆锥、圆台、球体可以分别看成是由矩形绕它的一条边、直角三角形绕它的直角边、直角梯形绕它的直角腰、半圆绕它的直径旋转一周而成的立体,所以它们都是旋转体.

上述旋转体都可以看作由连续曲线 $y=f(x)$,直线 $x=a,x=b$ 及 x 轴所围成的曲边梯形绕 x 轴旋转一周而成的立体.

取横坐标 x 为积分变量,它的变化区间为$[a,b]$,在$[a,b]$上的任一小区间$[x,x+\mathrm{d}x]$的窄曲边梯形绕 x 轴旋转而成的薄片的体积近似等于以 $f(x)$为底半径、以 $\mathrm{d}x$ 为高的扁圆柱体的体积(参见图 5-19(a)),即体积微元

$$\mathrm{d}V=\pi[f(x)]^2\mathrm{d}x$$

于是旋转体的体积

$$V=\pi\int_a^b[f(x)]^2\mathrm{d}x. \tag{5-8}$$

推广 用类似的方法可推出下列结论.

*(1) 由连续曲线 $y=f(x)$、直线 $x=a,x=b$ 及 x 轴所围成的曲边梯形绕 y 轴旋转一周而成的立体的体积为

$$V_y=2\pi\int_a^b xf(x)\mathrm{d}x,\quad f(x)\geqslant0,\quad 0\leqslant a<b. \tag{5-9}$$

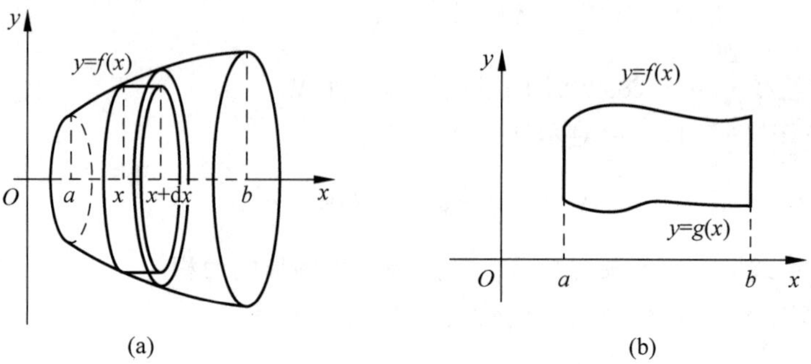

图 5-19 求体积的微元法图示

(2) 由连续曲线 $y=f(x)$，$y=g(x)$（$f(x)\geqslant g(x)\geqslant 0$）、直线 $x=a$，$x=b$ 围成的图形（参见图 5-19(b)）绕 x 轴旋转一周而成的立体的体积为

$$V_x=\pi\int_a^b[f^2(x)-g^2(x)]\mathrm{d}x. \tag{5-10}$$

*(3) 由连续曲线 $y=f(x)$，$y=g(x)$（$f(x)\geqslant g(x)\geqslant 0$）、直线 $x=a$，$x=b$（$0\leqslant a<b$）围成的图形（参见图 5-19(b)）绕 y 轴旋转一周而成的立体的体积为

$$V_y=2\pi\int_a^b x[f(x)-g(x)]\mathrm{d}x. \tag{5-11}$$

由曲线 $x=\varphi(y)$ 和直线 $y=c$，$y=d$（$c<d$）及 y 轴所围成图形（参见图 5-20(a)），绕 y 轴旋转一周所成的旋转体（参见图 5-20(b)）的体积为

$$V_y=\pi\int_c^d\varphi^2(y)\mathrm{d}y,$$

绕 x 轴旋转形成的旋转体体积为

$$V_x=2\pi\int_c^d y\varphi(y)\mathrm{d}y,\quad \varphi(y)\geqslant 0,\quad 0\leqslant c<d.$$

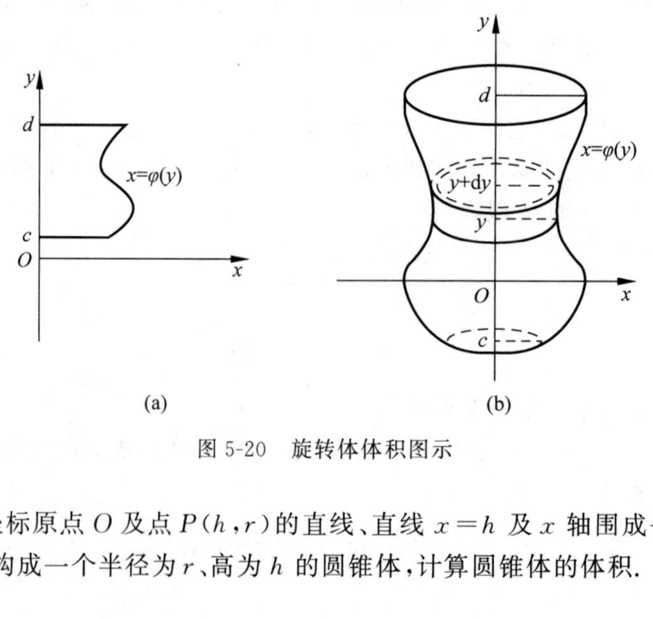

图 5-20 旋转体体积图示

例 7 连接坐标原点 O 及点 $P(h,r)$ 的直线、直线 $x=h$ 及 x 轴围成一个直角三角形. 将它绕 x 轴旋转构成一个半径为 r、高为 h 的圆锥体，计算圆锥体的体积.

解 取 x 轴为旋转轴，建立如图 5-21 所示的坐标系，则过原点 O 及点 $P(h,r)$ 的直线方程为 $y=\frac{r}{h}x$，取横坐标 x 为积分变量，它的变化区间为 $[0,h]$. 圆锥体中相对应于 $[0,h]$ 上的任一小区间 $[x,x+\mathrm{d}x]$ 的薄片的体积近似等于以 $\frac{r}{h}x$ 为底半径、$\mathrm{d}x$ 为高的扁圆柱体的体积，即体积微元

$$\mathrm{d}V=\pi\left(\frac{r}{h}x\right)^2\mathrm{d}x,$$

故所求体积

$$V=\int_0^h\pi\left(\frac{r}{h}x\right)^2\mathrm{d}x=\frac{\pi r^2}{h^2}\frac{x^3}{3}\bigg|_0^h=\frac{\pi hr^2}{3}.$$

例 8 计算由椭圆 $\frac{x^2}{a^2}+\frac{y^2}{b^2}=1(a>0,b>0)$ 围成的平面图形绕 x 轴旋转而成的旋转椭球体的体积(图 5-22).

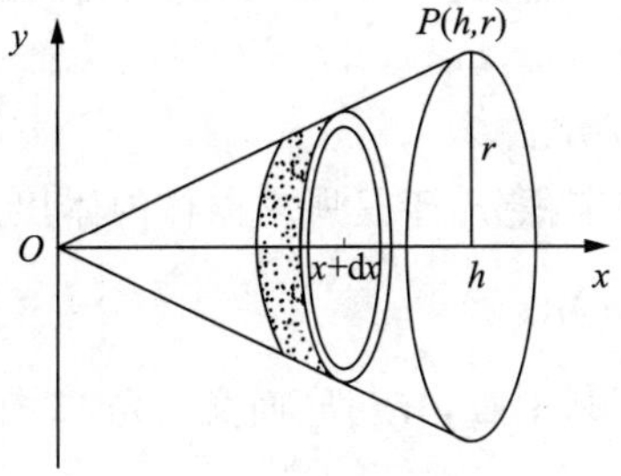

图 5-21 圆锥体的体积微元

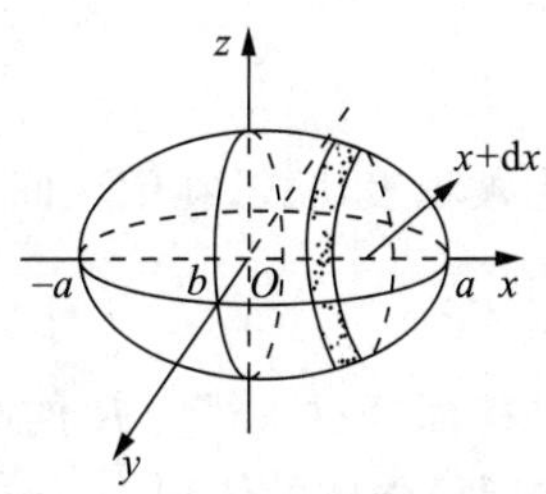

图 5-22 旋转椭球体的体积微元

解 该旋转体可视为由上半椭圆 $y=\frac{b}{a}\sqrt{a^2-x^2}$ 及 x 轴所围成的图形绕 x 轴旋转而成的立体.

取 x 为自变量，其变化区间为 $[-a,a]$，根据式(5-8)，所求旋转椭球体的体积为

$$\begin{aligned}V&=\int_{-a}^{a}\mathrm{d}V=\int_{-a}^{a}\pi\frac{b^2}{a^2}(a^2-x^2)\mathrm{d}x=2\pi\frac{b^2}{a^2}\int_0^a(a^2-x^2)\mathrm{d}x\\&=2\pi\frac{b^2}{a^2}\left(a^2x-\frac{x^3}{3}\right)\bigg|_0^a=\frac{4}{3}\pi ab^2.\end{aligned}$$

特别地，当 $a=b=R$ 时，可得半径为 R 的球体的体积 $V=\frac{4}{3}\pi R^3$.

例 9 求由曲线 $y=x^2$ 及 $y=2-x^2$ 所围成的图形分别绕 x 轴和 y 轴旋转而成的旋转体的体积.

解 作草图 5-23，并求得曲线 $y=x^2$ 及 $y=2-x^2$ 的交点坐标分别为 $(-1,1)$ 及 $(1,1)$

$$\begin{aligned}V_x&=2\pi\int_0^1[(2-x^2)^2-x^4]\mathrm{d}x\\&=8\pi\left(x-\frac{1}{3}x^3\right)\bigg|_0^1=\frac{16}{3}\pi,\end{aligned}$$

$$V_y=\pi\int_0^1(\sqrt{y})^2\mathrm{d}y+\pi\int_1^2(\sqrt{2-y})^2\mathrm{d}y$$
$$=\pi\left(\frac{1}{2}y^2\right)\Big|_0^1+\pi\left(2y-\frac{1}{2}y^2\right)\Big|_1^2=\pi.$$

注 根据式(5-11)有

$$V_y=2\pi\int_0^1 x(2-x^2-x^2)\mathrm{d}x=2\pi\int_2^1 2(x-x^3)\mathrm{d}x=\pi.$$

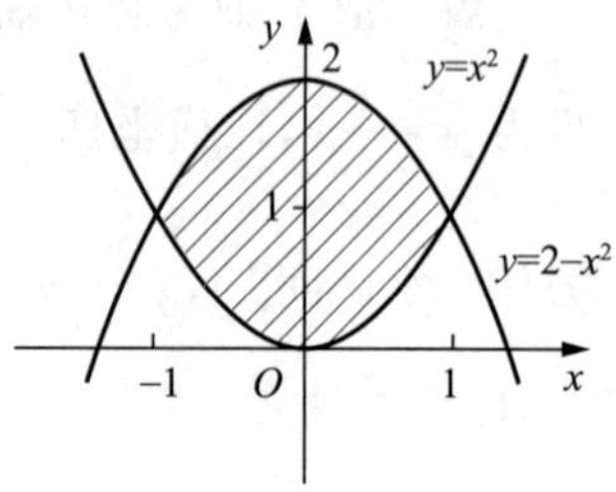

图 5-23 两条曲线所围的面积

5.6.4 平行截面面积已知的立体体积

从计算旋转体体积的过程可以看出，如果一个立体不是旋转体，但知道该立体上垂直于一定轴的各个截面的面积，那么，这个立体的体积也可以用定积分来计算.

如图 5-24 所示，取上述定轴为 x 轴，并设该立体在过点 $x=a$，$x=b$ 且垂直于 x 轴的两个平面之间，以 $A(x)$表示过点 x 且垂直于 x 轴的截面面积，假定 $A(x)$为 x 的已知的连续函数. 这时，取 x 为积分变量，它的变化区间为$[a,b]$；立体中相应于$[a,b]$上的任一小区间$[x,x+\mathrm{d}x]$的一薄片的体积，近似等于以 $A(x)$为底面积、以 $\mathrm{d}x$ 为高的扁圆柱体的体积，体积微元

$$\mathrm{d}V=A(x)\mathrm{d}x.$$

以 $A(x)\mathrm{d}x$ 为被积表达式，在闭区间$[a,b]$上作定积分，于是所求立体的体积为

$$V=\int_a^b A(x)\mathrm{d}x.$$

例 10 一平面经过半径为 R 的圆柱体的底圆中心，并与底面交成角 α(图 5-25)，计算该平面截圆柱体所得立体的体积.

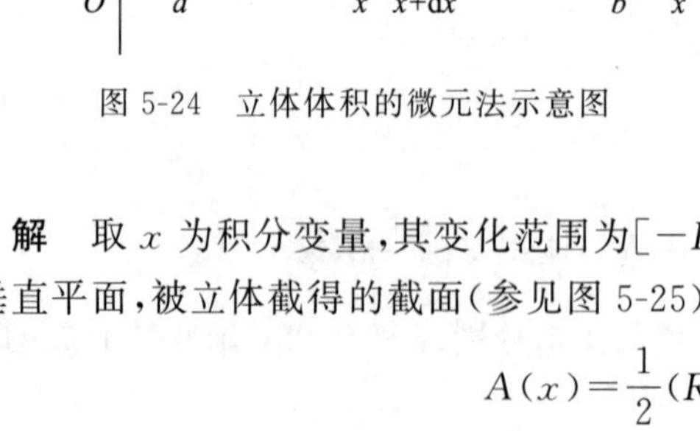

图 5-24 立体体积的微元法示意图

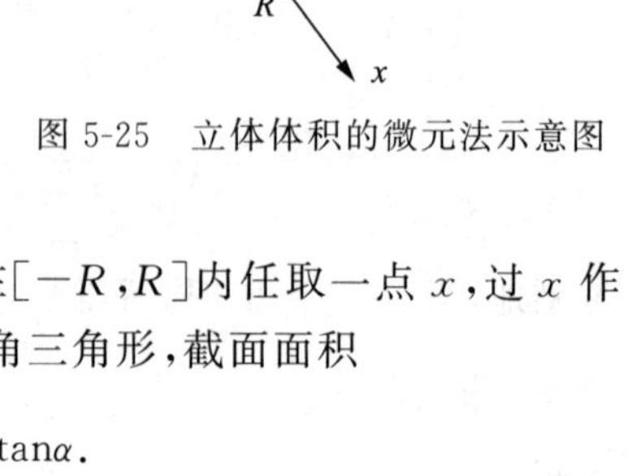

图 5-25 立体体积的微元法示意图

解 取 x 为积分变量，其变化范围为$[-R,R]$. 在$[-R,R]$内任取一点 x，过 x 作 x 轴的垂直平面，被立体截得的截面(参见图 5-25)为一直角三角形，截面面积

$$A(x)=\frac{1}{2}(R^2-x^2)\tan\alpha.$$

体积微元

$$\mathrm{d}V=A(x)\mathrm{d}x.$$

所求体积

$$V=\frac{1}{2}\int_{-R}^{R}(R^2-x^2)\tan\alpha\,dx=\frac{2}{3}R^3\tan\alpha.$$

习题 5.6

二维码 5.6

1. 求下列曲线所围图形的面积：

(1) $y=8-2x^2$ 与 $y=0$；

(2) $y=\sqrt{x}$ 与 $y=x$；

(3) $y=x^2$ 与 $y=2x+3$；

(4) $y=\frac{1}{x}, y=x$ 与 $x=2$；

(5) $y=\ln x$，y 轴与 $y=\ln a, y=\ln b(b>a>0)$；

(6) $y=e^x, y=e^{-x}$ 与 $x=1$.

2. 曲线 $y=x^2$ 在点(1,1)处的切线与 $x=y^2$ 所围成图形的面积.

3. 求下列极坐标表示的曲线所围图形的面积：

(1) $r=2a\cos\theta$；

(2) $r=2a(2+\cos\theta)$；

(3) $r=3\cos\theta$ 与 $r=1+\cos\theta$ 所围图形的公共部分.

4. 求下列已知曲线所围成的图形，按指定的轴旋转所产生的旋转体的体积：

(1) $y=x^2, x=y^2$，分别绕 x 轴，y 轴；

(2) $y=\sqrt{x}, y=x-2, y=0$，分别绕 x 轴，y 轴；

(3) $y=x, x=2, y=\frac{1}{x}$，分别绕 x 轴，y 轴；

(4) $y=0, x=\frac{\pi}{2}, y=\sin x$，分别绕 x 轴，y 轴.

5. 计算由摆线 $x=a(t-\sin t), y=a(1-\cos t)$ 的一拱，直线 $y=0$ 所围成的图形分别绕 x 轴和 y 轴旋转而成的旋转体的体积.

6. 求以半径为 R 的圆为底、平行且等于底圆直径的线段为顶、高为 h 的正劈锥体的体积(参见图 5-26).

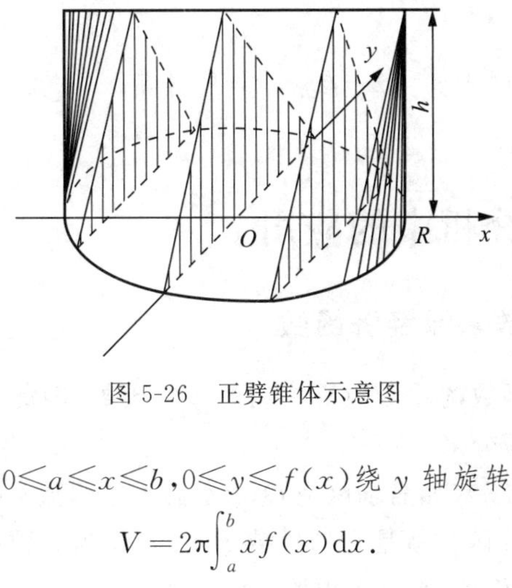

图 5-26 正劈锥体示意图

7. 证明：由平面图形 $0\leqslant a\leqslant x\leqslant b, 0\leqslant y\leqslant f(x)$ 绕 y 轴旋转所得旋转体的体积为

$$V=2\pi\int_a^b xf(x)\,dx.$$

提高题

1. 设位于曲线 $y=\dfrac{1}{\sqrt{x(1+\ln^2 x)}}$ $(\mathrm{e}\leqslant x<+\infty)$下方，$x$ 轴上方的无界区域为 G，则 G 绕 x 轴旋转一周所得空间区域的体积为________.

2. 求由曲线 $y=\lim\limits_{n\to+\infty}\dfrac{x}{1+x^2+\mathrm{e}^{nx}}$，$y=\dfrac{x}{2}$，$y=0$ 及 $x=1$ 围成的平面图形的面积.

3. 设 S_1 是由曲线 $y=x^2$ 与直线 $y=t^2(0<t<1)$及 y 轴所围图形的面积，S_2 是由曲线 $y=x^2$ 与直线 $y=t^2(0<t<1)$及 $x=1$ 所围图形的面积(参见图 5-27). 求：t 取何值时，$S(t)=S_1+S_2$ 取到极小值？极小值是多少？

4. 设直线 $y=ax$ 与抛物线 $y=x^2$ 所围成的图形的面积为 S_1，它们与直线 $x=1$ 所围成的图形的面积为 S_2，并且 $a<1$. 试确定 a 的值，使 $S=S_1+S_2$ 达到最小，并求出最小值.

5. 如图 5-28 所示，设 D_1 是由抛物线 $y=2x^2$ 和直线 $x=a$，$x=2$ 及 $y=0$ 所围成的平面区域；D_2 是由抛物线 $y=2x^2$ 和直线 $y=0$，$x=a$ 所围成的平面区域，其中 $0<a<2$.

(1) 试求 D_1 绕 x 轴旋转而成的旋转体的体积 V_1 及 D_2 绕 y 轴旋转而成的旋转体的体积 V_2；

(2) 问当 a 为何值时，V_1+V_2 取得最大值？试求此最大值.

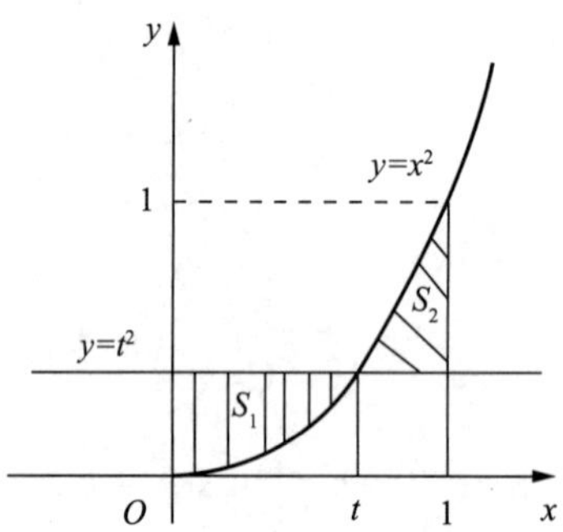

图 5-27 曲线所围的面积

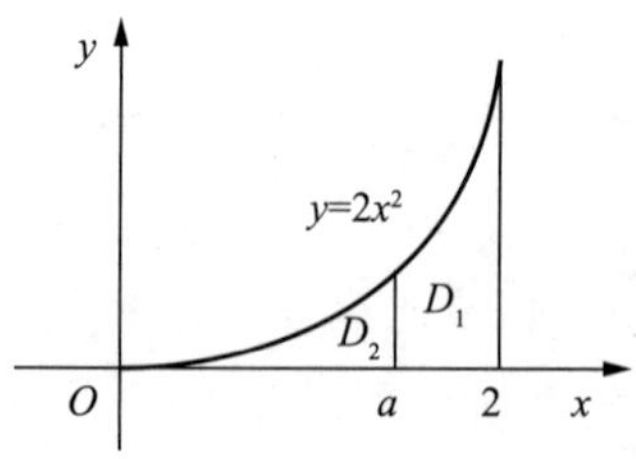

图 5-28 曲线所围的面积

6. 设平面图形 A 由 $x^2+y^2\leqslant 2x$ 与 $y\geqslant x$ 所确定，求图形 A 绕直线 $x=2$ 旋转一周所得旋转体的体积.

*5.7 积分在经济分析中的应用

5.7.1 由边际函数求原经济函数

在经济学中，把一个函数的导函数称为它的边际函数. 因此在经济问题中，由边际函数求原来的经济函数，可用积分来解决.

已知某一经济函数 $F(x)$(如需求函数 $Q(P)$、总成本函数 $C(x)$、总收入函数 $R(x)$和利润函数 $L(x)$等)，它的边际函数就是它的导数 $F'(x)$. 作为导数(微分)的逆运算，若对已知的边际函数 $F'(x)$求不定积分，则可求得原经济函数

$$F(x)=\int F'(x)\mathrm{d}x.$$

利用所给的条件也可以通过定积分 $F(x)-F(x_0)=\int_{x_0}^{x}F'(t)\mathrm{d}t$，即

$$F(x)=\int_{x_0}^{x}F'(t)\mathrm{d}t+F(x_0),$$

求得原经济函数.

例 1 已知某产品生产 x 件时，边际成本 $C'(x)=0.4x-12$(元/件)，固定成本 500 元.(1)求其成本函数；(2)求产量为多少时，平均成本最低.

解 (1) 由已知条件得

$$C'(x)=0.4x-12,\quad C(0)=500.$$

因此生产 x 件商品的总成本为

$$C(x)=\int_0^x C'(t)\mathrm{d}t+C(0)=\int_0^x(0.4t-12)\mathrm{d}t+500=0.2x^2-12x+500(\text{元}).$$

(2) $\overline{C}(x)=0.2x-12+\dfrac{500}{x}$，$\overline{C}'(x)=0.2-\dfrac{500}{x^2}$.

令 $\overline{C}'(x)=0$，得 $x_1=50$($x_2=-50$ 舍去).

因此，$\overline{C}(x)$ 仅有一个驻点 $x_1=50$，再由实际问题可知 $\overline{C}(x)$ 有最小值. 故当产量为 50 时，平均成本最低.

例 2 设生产某产品的固定成本为 60，产量为 x 单位时的边际收入函数为 $R'(x)=100-2x$，边际成本函数为 $C'(x)=x^2-14x+111$.

(1) 求总收益函数、总成本函数、总利润函数；

(2) 求当产量为多少时利润最大并求最大利润.

解 (1) 总收益函数

$$R(x)=\int_0^x(100-2t)\mathrm{d}t=100x-x^2.$$

总成本函数

$$C(x)=\int_0^x(t^2-14t+111)\mathrm{d}t+C(0)=\frac{1}{3}x^3-7x^2+111x+60.$$

总利润函数

$$\begin{aligned}L(x)&=R(x)-C(x)=100x-x^2-\left(\frac{1}{3}x^3-7x^2+111x+60\right)\\&=-\frac{1}{3}x^3+6x^2-11x-60.\end{aligned}$$

(2) 令 $L'(x)=R'(x)-C'(x)=0$，得 $x_1=1$，$x_2=11$. 又因为

$$L''(x)=R''(x)-C''(x)=-2-2x+14=12-2x,$$

于是 $L''(1)=10>0$，$L''(11)=-10<0$，所以当 $x=11$ 时利润最大，最大利润为

$$L(11)=-\frac{1}{3}\times 11^3+6\times 11^2-11\times 11-60\approx 101.3.$$

例 3 设生产某种机器的固定成本为 1.2 万元，每月生产 x 台的边际成本为 $C'(x)=0.6x-0.2$(万元)，每台售价为 1.6 万元，问每月生产多少台时利润最大，最大利润是多少？

解 设总成本函数、总收益函数、总利润函数分别为 $C(x)$,$R(x)$,$L(x)$,则

$$C(x)=\int_0^x(0.6t-0.2)\mathrm{d}t+C(0)=0.3x^2-0.2x+1.2,$$

$$R(x)=1.6x,$$

$$L(x)=R(x)-C(x)=1.6x-(0.3x^2-0.2x+1.2)=-0.3x^2+1.8x-1.2.$$

令 $L'(x)=-0.6x+1.8=0$,得 $x=3$. 又因 $L''(3)=-0.6<0$,所以每月生产 3 台时利润最大,最大利润为

$$L(3)=-0.3\times3^2+1.8\times3-1.2=1.5(\text{万元}).$$

5.7.2 资本现值与投资问题

设有 P 元货币,若按年利率 r 作连续复利计算,则 t 年后的价值为 $P\mathrm{e}^{rt}$ 元; 反之,若 t 年后要有货币 P 元,则按连续复利计算,现应有 $P\mathrm{e}^{-rt}$ 元,称此为**资本现值**.

设在时间区间$[0,T]$内 t 时刻的单位时间收入为 $f(t)$,称此为**收入率**,若按年利率 r 作连续复利计算,则在时间区间$[t,t+\Delta t]$内的收入现值为 $f(t)\mathrm{e}^{-rt}\mathrm{d}t$. 按照定积分的微元法的思想,则在$[0,T]$内得到的总收入现值为

$$y=\int_0^T f(t)\mathrm{e}^{-rt}\mathrm{d}t.$$

若收入率 $f(t)=a$(a 为常数),称其为**均匀收入率**,若年利率 r 也为常数,则总收入的现值为

$$y=\int_0^T a\mathrm{e}^{-rt}\mathrm{d}t=a\cdot\frac{-1}{r}\mathrm{e}^{-rt}\Big|_0^T=\frac{a}{r}(1-\mathrm{e}^{-rT}).$$

例 4 现对某企业给予一笔投资 A,经测算,该企业在 T 年中可以按每年 a 元的均匀收入率获得收入,若年利润为 r,试求:

(1) 该投资的纯收入贴现值;

(2) 收回该笔投资的时间.

解 (1) 因收入率为 a,年利润为 r,故投资后的 T 年中获总收入的现值为

$$y=\int_0^T a\mathrm{e}^{-rt}\mathrm{d}t=\frac{a}{r}(1-\mathrm{e}^{-rT}),$$

从而投资所获得的纯收入的贴现值为

$$R=y-A=\frac{a}{r}(1-\mathrm{e}^{-rT})-A.$$

(2) 收回投资,即为总收入的现值等于投资,

$$\frac{a}{r}(1-\mathrm{e}^{-rT})=A.$$

于是

$$T=\frac{1}{r}\ln\frac{a}{a-Ar}.$$

即收回投资的时间为

$$T=\frac{1}{r}\ln\frac{a}{a-Ar}.$$

例如，若对某企业投资 $A=800$ 万元，年利率为 5%，设在 20 年中的均匀收入率为 $a=200$ 万元/年，则有投资回收期为

$$T=\frac{1}{0.05}\ln\frac{200}{200-800\times0.05}=20\ln1.25\approx4.46(\text{年}).$$

由此可知，该投资在 20 年中可得纯利润为 1728.2 万元，投资回收期约为 4.46 年.

习题 5.7

二维码 5.7

1. 某企业生产 x 吨产品时的边际成本为

$$C'(x)=\frac{1}{50}x+30(\text{元/吨}),$$

且固定成本为 900 元，试求产量为多少时平均成本最低？

2. 已知某产品生产 x 件时，边际成本 $C'(x)=0.4x-12$(元/件)，固定成本 200 元.

(1) 求其成本函数；

(2) 若此种商品的售价为 20 元且可全部售出，求其利润函数 $L(x)$，并求产量为多少时所获得的利润最大.

3. 某种商品的成本函数 $C(x)$(万元)，其边际成本为 $C'(x)=1$，边际收益是生产量 x(百台)的函数，即 $R'(x)=5-x$.

(1) 求生产量为多少时，总利润最大？

(2) 在利润量最大的生产量基础上又生产了 100 台，总利润减少了多少？

4. 已知对某商品的需求量是价格 P 的函数，且边际需求 $Q'(P)=-4$，该商品的最大需求量为 80(即 $P=0$ 时，$Q=80$)，求需求量与价格的函数关系.

提高题

1. 若一企业生产某产品的边际成本是产量 x 的函数

$$C'(x)=2\mathrm{e}^{0.2x},$$

固定成本 $C_0=90$，求总成本函数.

2. 有一个大型投资项目，投资成本为 $A=10000$ 万元，投资年利率为 5%，每年的均匀收入率为 $a=2000$ 万元，求该投资为无限期时的纯收入的贴现值(或称为投资的资本价值).

复习题 5

1. 填空题

(1) 设 $f(x)$ 为连续函数，则 $\int_2^3 f(x)\mathrm{d}x+\int_3^1 f(u)\mathrm{d}u+\int_1^2 f(t)\mathrm{d}t=$________.

(2) $\lim\limits_{x\to0}\dfrac{\int_0^x \sin^2 t\,\mathrm{d}t}{x^3}=$________.

(3) 函数 $F(x)=\int_1^x(1-\ln\sqrt{t})\mathrm{d}t\,(x>0)$ 的递减区间为________.

(4) 已知 $\int_0^1 f(x)\mathrm{d}x=1, f(1)=0$,则 $\int_0^1 xf'(x)\mathrm{d}x=$ ________.

(5) 设 $\lim\limits_{x\to+\infty} f(x)=1$, a 为常数,则 $\lim\limits_{x\to+\infty}\int_x^{x+a} f(x)\mathrm{d}x=$ ________.

2. 选择题

(1) 在下列积分中,其值为0的是(　　).

A. $\int_{-1}^1 |\sin 2x|\mathrm{d}x$　　B. $\int_{-1}^1 \cos 2x\mathrm{d}x$　　C. $\int_{-1}^1 x\sin x\mathrm{d}x$　　D. $\int_{-1}^1 \sin 2x\mathrm{d}x$

(2) 设 $f(x)$ 在 $[a,b]$ 上非负,在 (a,b) 内 $f''(x)>0, f'(x)<0$.

$$I_1=\frac{b-a}{2}[f(b)+f(a)],\quad I_2=\int_a^b f(x)\mathrm{d}x,\quad I_3=(b-a)f(b),$$

则 I_1,I_2,I_3 的大小关系为(　　).

A. $I_1\leqslant I_2\leqslant I_3$　　B. $I_2\leqslant I_3\leqslant I_1$　　C. $I_1\leqslant I_3\leqslant I_2$　　D. $I_3\leqslant I_2\leqslant I_1$

(3) 设 $\Phi(x)=\int_0^x \sin(x-t)\mathrm{d}t$,则 $\Phi'(x)$ 等于(　　).

A. $\cos x$　　B. $-\sin x$　　C. $\sin x$　　D. 0

(4) 定积分 $\int_{-1}^1 x^{2002}(\mathrm{e}^x-\mathrm{e}^{-x})\mathrm{d}x$ 的值为(　　).

A. 0　　B. $2002!\left(\mathrm{e}-\frac{1}{\mathrm{e}}\right)$

C. $2003!\left(\mathrm{e}-\frac{1}{\mathrm{e}}\right)$　　D. $2001!\left(\mathrm{e}-\frac{1}{\mathrm{e}}\right)$

(5) 设 $f(x)=\int_0^{\sin x}\sin t^2\mathrm{d}t$, $g(x)=x^3+x^4$,则当 $x\to 0$ 时,$f(x)$ 是 $g(x)$ 的(　　)无穷小量.

A. 等价　　B. 同阶但非等价　　C. 高阶　　D. 低阶

3. 求极限:

(1) $\lim\limits_{n\to\infty}\sum\limits_{k=1}^n \frac{n}{n^2+3k^2}$;　　(2) $\lim\limits_{n\to\infty}\frac{1}{n}\sum\limits_{i=1}^n\sqrt{1+\frac{i}{n}}$;

(3) $\lim\limits_{x\to a}\frac{x}{x-a}\int_a^x f(t)\mathrm{d}t$,其中 $f(x)$ 连续;　　(4) $\lim\limits_{x\to 0}\frac{\int_{2x}^0 \mathrm{e}^{-t^2}\mathrm{d}t}{\mathrm{e}^x-1}$.

4. 估计积分 $\int_{\pi/4}^{\pi/2}\frac{\sin x}{x}\mathrm{d}x$ 的值.

5. 求下列函数的导数:

(1) $\frac{\mathrm{d}}{\mathrm{d}x}\int_0^x \sin(x-t)^2\mathrm{d}t$;

(2) $\frac{\mathrm{d}}{\mathrm{d}x}\int_0^x tf(x^2-t^2)\mathrm{d}t$,其中 $f(x)$ 是连续函数.

6. 设函数 $y=y(x)$ 由方程 $\int_0^{y^2}\mathrm{e}^{-t}\mathrm{d}t+\int_x^0\cos t^2\mathrm{d}t=0$ 所确定,求 $\frac{\mathrm{d}y}{\mathrm{d}x}$.

7. 设 $f(x)$ 连续且满足 $\int_0^{x^2(1+x)} f(t)\mathrm{d}t=x$,求 $f(2)$.

8. 已知 $f(x)=x^2-x\int_0^2 f(x)\mathrm{d}x+2\int_0^1 f(x)\mathrm{d}x$，求 $f(x)$.

9. 设 $F(x)=\int_0^x \mathrm{e}^{-\frac{t^2}{2}}\mathrm{d}t, x\in(-\infty,+\infty)$，求曲线 $y=F(x)$ 在拐点处的切线方程.

10. 设 $f(x)$ 和 $g(x)$ 均为$[a,b]$上的连续函数，证明：至少存在一点 $\xi\in(a,b)$，使

$$f(\xi)\int_\xi^b g(x)\mathrm{d}x=g(\xi)\int_a^\xi f(x)\mathrm{d}x.$$

11. 设 $f(x)$在$(-\infty,+\infty)$内连续且 $f(x)>0$. 证明函数

$$F(x)=\frac{\int_0^x tf(t)\mathrm{d}t}{\int_0^x f(t)\mathrm{d}t}$$

在$(0,+\infty)$内为单调增加函数.

12. 求下列定积分：

(1) $\int_0^\pi(\sin^2 x-\sin^3 x)\mathrm{d}x$；　　(2) $\int_0^3\frac{\mathrm{d}x}{(1+x)\sqrt{x}}$；

(3) $\int_{-\sqrt{2}}^{\sqrt{2}}\sqrt{8-2x^2}\,\mathrm{d}x$；　　(4) $\int_0^1\frac{\ln(1+x)}{(2-x)^2}\mathrm{d}x$.

13. 设 $\int_0^\pi\frac{\cos x}{(x+2)^2}\mathrm{d}x=A$，求$\int_0^{\frac{\pi}{2}}\frac{\sin x\cos x}{x+1}\mathrm{d}x$.

14. 设 $f(x)$在$[0,2a]$上连续，则 $\int_0^{2a}f(x)\mathrm{d}x=\int_0^a[f(x)+f(2a-x)]\mathrm{d}x$.

15. 证明 $\int_x^1\frac{\mathrm{d}x}{1+x^2}=\int_1^{\frac{1}{x}}\frac{\mathrm{d}x}{1+x^2}(x>0)$.

16. 设 $f(x),g(x)$在区间$[-a,a](a>0)$上连续，$g(x)$为偶函数，且 $f(x)$满足条件 $f(x)+f(-x)=A$（A 为常数）. (1)证明：$\int_{-a}^a f(x)g(x)\mathrm{d}x=A\int_0^a g(x)\mathrm{d}x$；(2) 利用(1)的结论计算定积分$\int_{-\frac{\pi}{2}}^{\frac{\pi}{2}}|\sin x|\arctan\mathrm{e}^x\,\mathrm{d}x$.

17. 设 $f(x)$是以 T 为周期的连续函数，证明对任意实数 a，有 $\int_a^{a+T}f(x)\mathrm{d}x=\int_0^T f(x)\mathrm{d}x$. 并计算$\int_0^{100\pi}\sqrt{1-\cos 2x}\,\mathrm{d}x$.

18. 设 $f(x)$是以 π 为周期的连续函数，证明：

$$\int_0^{2\pi}(\sin x+x)f(x)\mathrm{d}x=\int_0^\pi(2x+\pi)f(x)\mathrm{d}x.$$

19. 设 $f(x),g(x)$都是$[a,b]$上的连续函数，且 $g(x)$在$[a,b]$上不变号，证明：至少存在一点 $\xi\in[a,b]$，使以下等式成立：

$$\int_a^b f(x)g(x)\mathrm{d}x=f(\xi)\int_a^b g(x)\mathrm{d}x.$$

这一结果称为积分第一中值定理.

20. 已知 $\int_0^{+\infty}\frac{\sin x}{x}\mathrm{d}x=\frac{\pi}{2}$，求 $\int_0^{+\infty}\frac{\sin^2 x}{x^2}\mathrm{d}x$.

21. 判断积分 $\int_{2/\pi}^{+\infty}\frac{1}{x^2}\sin\frac{1}{x}\mathrm{d}x$ 的收敛性.

22. 判断积分 $\int_0^3\frac{\mathrm{d}x}{(x-1)^{2/3}}$ 的收敛性.

23. 求抛物线 $y=-x^2+4x-3$ 及其在点$(0,-3)$和$(3,0)$处的切线所围成的图形的面积.

24. 求曲线 $y=-x^3+x^2+2x$ 与 x 轴所围成的图形的面积.

25. 求位于曲线 $y=\mathrm{e}^x$ 下方，该曲线过原点的切线的左方以及 x 轴上方之间的图形的面积.

26. 求由下列已知曲线所围成的图形，按指定的轴旋转所产生的旋转体的体积：

(1) $y=\mathrm{e}^x$ 与 $x=1,y=1$ 所围成的图形，分别绕 x 轴，y 轴；

(2) $x^2+(y-5)^2\leqslant 16$，绕 x 轴.

27. 求曲线 $y=4-x^2$ 及 $y=0$ 所围成的图形绕直线 $x=3$ 旋转所得旋转体的体积.

28. 设抛物线 L：$y=-bx^2+a(a>0,b>0)$，确定常数 a,b 的值，使得

(1) L 与直线 $y=x+1$ 相切；

(2) L 与 x 轴所围图形绕 y 轴旋转所得旋转体的体积最大.

29. 已知生产某产品 x 单位时的边际收入为 $R'(x)=100-2x$(元/单位)，求生产40单位时的总收入及平均收入，并求再增加生产10个单位时所增加的总收入.

30. 已知某产品的边际收入 $R'(x)=25-2x$，边际成本 $C'(x)=13-4x$，固定成本为 $C_0=10$，求当 $x=5$ 时的毛利和纯利.

31. 已知需求函数 $D(Q)=(Q-5)^2$ 和消费函数 $S(Q)=Q^2+Q+3$.

(1) 求平衡点；

(2) 求平衡点处的消费者剩余；

(3) 求平衡点处的生产者剩余.

自测题5

1. 填空题

(1) $\int_a^b f'(2x)\mathrm{d}x=$________；　　(2) $\int_{-\frac{\pi}{2}}^{\frac{\pi}{2}}(3+\sqrt{1+\cos^4 x}\sin x)\mathrm{d}x=$________；

(3) $\frac{\mathrm{d}}{\mathrm{d}x}\left[\int_{x^2}^0 x\cos t\,\mathrm{d}t+\int_0^1 t\cos t\,\mathrm{d}t\right]=$________；

(4) $\int_0^{+\infty}\frac{\arctan x}{1+x^2}\mathrm{d}x=$________；

(5) 当 $c=$________时，由曲线 $y=x^2$ 和 $y=cx^3(c>0)$ 围成的面积为 $\frac{2}{3}$.

2. 单项选择题

(1) 设 $I_1=\int_3^4 \ln^2 x\,\mathrm{d}x$，$I_2=\int_3^4 \ln^4 x\,\mathrm{d}x$，则(　　).

A. $I_1>I_2$　　B. $I_1<I_2$　　C. $I_2=I_1^2$　　D. $I_2=2I_1$

(2) 设 $f(x)=x^2-\int_0^{x^2}\cos t^2\,\mathrm{d}t$，$g(x)=\sin^{10}x$，则当 $x\to 0$ 时，$f(x)$ 是 $g(x)$ 的(　　).

A. 等价无穷小　　B. 同阶但非等价无穷小

C. 高阶无穷小　　D. 低价无穷小

(3) 设 $f(x)$ 是连续函数，且 $F(x)=\int_{x^2}^{e^{-x}} f(t)\,\mathrm{d}t$，则 $F'(x)$ 等于(　　).

A. $-e^{-x}f(e^{-x})-2xf(x^2)$　　B. $-e^{-x}f(e^{-x})+f(x^2)$

C. $e^{-x}f(e^{-x})-2xf(x^2)$　　D. $e^{-x}f(e^{-x})+f(x^2)$

(4) 设函数 $f(x)$ 在闭区间 $[a,b]$ 上连续，且 $f(x)>0$，则方程 $\int_a^x f(t)\,\mathrm{d}t+\int_b^x \frac{1}{f(t)}\,\mathrm{d}t=0$ 在开区间 (a,b) 内的根有(　　)个.

A. 0　　B. 1　　C. 2　　D. 3

(5) $f(x)$ 在 $[a,b]$ 上连续是 $\int_a^b f(x)\,\mathrm{d}x$ 存在的(　　)条件.

A. 必要　　B. 充分　　C. 充要　　D. 无关

3. 求下列极限：

(1) $\lim\limits_{x\to 0}\dfrac{\int_0^{x^2}\sin^{\frac{3}{2}} t\,\mathrm{d}t}{\int_0^x t(t-\sin t)\,\mathrm{d}t}$；　　(2) $\lim\limits_{x\to 0}\dfrac{\int_0^{\sin^2 x}\ln(1+t)\,\mathrm{d}t}{\sqrt{1+x^4}-1}$.

4. 求下列定积分：

(1) $\int_0^4 x e^{\sqrt{x}}\,\mathrm{d}x$；　　(2) $\int_{-2}^2 \dfrac{x+|x|}{2+x^2}\,\mathrm{d}x$；

(3) $\int_0^{2\pi}\sqrt{1+\cos x}\,\mathrm{d}x$.

5. 已知 $f(x)=\begin{cases} e^{-x}, & x\geqslant 0, \\ 1+x^2, & x<0. \end{cases}$ 求 $\int_{\frac{1}{2}}^2 f(x-1)\,\mathrm{d}x$.

6. 计算由曲线 $y=x^3-6x$ 和 $y=x^2$ 所围成的图形的面积.

7. 求曲线 $y=2-x^2$ 及直线 $y=x$，$x=0(x>0)$ 所围图形绕 x 轴、y 轴旋转一周所得旋转体的体积.

8. 求函数 $I(x)=\int_1^x t(1+2\ln t)\,\mathrm{d}t$ 在 $[1,e]$ 上的最大值与最小值.

9. 设 $f(x)$ 为连续函数，当 $f(x)$ 是以 2 为周期的周期函数时，证明函数 $G(x)=2\int_0^x f(t)\,\mathrm{d}t-x\int_0^2 f(t)\,\mathrm{d}t$ 也是周期为 2 的周期函数.

习 题 答 案

习题 1.1

1.（1）相同；（2）相同.

2.（1）$[-2,2]$；（2）$[-2,1)\cup(1,3)\cup(3,+\infty)$；（3）$(2,+\infty)$；

（4）$\left\{x \,\middle|\, x\in\mathbf{R}\text{ 且 }x\neq k\pi+\frac{\pi}{2}-1,k=0,\pm1,\pm2,\cdots\right\}$.

3. $f(3)=2,f(2)=1,f(0)=2,f\left(\frac{1}{2}\right)=2,f\left(-\frac{1}{2}\right)=2^{-\frac{1}{2}}$.

4. $f(x-1)+f(x+1)=\begin{cases}2x^2+10, & x<-1,\\ x^2+8, & -1\leqslant x<1,\\ 4x+2, & x\geqslant1.\end{cases}$

5. $C=\begin{cases}10, & 0<x\leqslant1,\\ 10+5(x-1), & 1<x<6.\end{cases}$

6.（1）$y=\begin{cases}2, & x=0,\\ 1, & x\neq0;\end{cases}$（2）$y=\begin{cases}x+1, & x>0,\\ x-1, & x<0.\end{cases}$

7. $f(x)=4x^2-x+c$.

8.（1）偶函数；（2）奇函数；（3）非奇非偶函数；（4）奇函数.

9.（1）在$(-1,0)$内单调减少；（2）在$\left(-\frac{\pi}{2},\frac{\pi}{2}\right)$内单调增加；（3）在$(-1,+\infty)$内单调增加.

提高题

1. $f(7)=1$.

2. ～4. 证明略.

5. 无界；如$\left\{x\,|\,x=2k\pi+\frac{\pi}{2},k\in\mathbf{Z}\right\}$.

6. 证明略.

习题 1.2

1.（1）$y=\sqrt[3]{u},u=\arcsin v,v=a^x$；（2）$y=u^3,u=\sin v,v=\ln x$；

（3）$y=a^u,u=\tan v,v=x^2$；（4）$y=\ln u,u=v^2,v=\ln w,w=t^3,t=\ln x$；

（5）$y=u^{20},u=1+x$；（6）$y=2^u,u=v^2,v=\sin x$.

2. $f(x)=\frac{x}{x+4},f(x-1)=\frac{x-1}{x+3}$.

3. $f[f(x)]=1$.

4. $f(0)=0,f(-1)=-\frac{\pi}{2},f\left(-\frac{\sqrt{2}}{2}\right)=-\frac{\pi}{4},f\left(\frac{\sqrt{3}}{2}\right)=\frac{\pi}{3}$.

5. $g(0)=0,g(1)=\frac{\pi}{4},g(\sqrt{3})=\frac{\pi}{3},g(-1)=-\frac{\pi}{4}$.

提高题

1. 证明略.

2. (1) $y=\dfrac{1-x}{1+x}$； (2) $y=\dfrac{1}{3}\arcsin\dfrac{x}{2}$； (3) $y=\log_2\dfrac{x}{1-x}$.

3. $f[g(x)]=\begin{cases}1, & |e^x|<1,\\ 0, & |e^x|=1,\\ -1, & |e^x|>1,\end{cases}=\begin{cases}1, & x<0,\\ 0, & x=0,\\ -1, & x>0.\end{cases}$

习题 1.3

1. $R(x)=-\dfrac{1}{2}x^2+4x$.

2. $R(x)=\begin{cases}130x, & 0\leqslant x\leqslant 700,\\ 91000+117x, & 700<x\leqslant 1000.\end{cases}$

3. $L(Q)=8Q-\dfrac{Q^2}{5}-50,\overline{L(Q)}=\dfrac{L(Q)}{Q}=8-\dfrac{Q}{5}-\dfrac{50}{Q}$.

4. $P=\dfrac{5}{4}$.

习题 1.4

1. (1) 发散； (2) 收敛于 0； (3) 发散； (4) 收敛于 1；
   (5) 收敛于 0； (6) 收敛于 2； (7) 发散； (8) 发散.
2. (1) 错； (2) 对； (3) 对； (4) 对； (5) 错； (6) 错.
3. 例如,数列 $1,-1,1,-1,\cdots,\lim\limits_{n\to\infty}|(-1)^{n-1}|=1$,但 $\lim\limits_{n\to\infty}(-1)^{n-1}$ 不存在.

提高题

1. ~5. 证明略.

习题 1.5

1. $\delta=0.05$.
2. 极限不存在.
3. 略.
4. 0.
5. $x\to+\infty$ 和 $x\to-\infty$ 时的极限不等,故不存在.

提高题

证明略.

习题 1.6

1. (1) D； (2) C； (3) D； (4) D； (5) D.

2. (1) $\dfrac{3^{70}8^{30}}{5^{100}}$； (2) $\dfrac{1}{4}$； (3) 1； (4) $2x$； (5) $\dfrac{1}{2}$； (6) 3；
   (7) $-\dfrac{1}{2}$； (8) 2； (9) $\dfrac{1}{2}$； (10) -1； (11) $\dfrac{1}{2}$； (12) $\dfrac{1}{2}$.

3. $a=4,m=10$.

4. $a=25, b=20$.

5. $a=-3$.

6. $\lim\limits_{x\to 0} f(x)=-1$； $\lim\limits_{x\to +\infty} f(x)=0$； $\lim\limits_{x\to -\infty} f(x)=-\infty$不存在.

提高题

1. D.

2. $\lim\limits_{n\to\infty}\dfrac{1-e^{-nx}}{1+e^{-nx}}=\begin{cases}1, & x>0,\\ 0, & x=0,\\ -1, & x<0.\end{cases}$

习题 1.7

1. (1) ω； (2) $\frac{3}{5}$； (3) 1； (4) 2； (5) $\cos a$； (6) 1； (7) $-\frac{1}{3}$； (8) 4.

2. (1) 2； (2) $\sqrt{e}$； (3) e^2；(4) e； (5) e^2； (6) 1.

3. (1) 1； (2) 1； (3) $\frac{1}{2}$；(4) 3； (5) 0； (6) 0.

4. (1) 1； (2) $\frac{2}{\pi}$； (3) e^3； (4) e^{-4}；(5) e.

提高题

1. (1) $e^{\frac{1}{3}}$； (2) 1； (3) 2； (4) e； (5) $\frac{1}{4}$； (6) 1.

2. (1) 0； (2) $e^{-\frac{1}{6}}$.

3. ～4. 证明略.

习题 1.8

1. 略.

2. (1) 错误； (2) 正确； (3) 错误； (4) 正确； (5) 错误； (6) 正确； (7) 正确； (8) 错误.

3. (1) 无穷大量.

   (2) 当 $x\to 0^+$ 或 $x\to +\infty$时，$f(x)=\ln x$ 是无穷大量；当 $x\to 1$ 时，$f(x)=\ln x$ 是无穷小量.

   (3) 当 $x\to 0^+$ 时，$f(x)=e^{\frac{1}{x}}$ 是无穷大量；当 $x\to 0^-$ 时，$f(x)=e^{\frac{1}{x}}$ 是无穷小量.

   (4) 当 $x\to +\infty$时，$f(x)=\frac{\pi}{2}-\arctan x$ 是无穷小量.

   (5) 当 $x\to\infty$时，$\frac{1}{x}\sin x$ 是无穷小量.

   (6) 当 $x\to\infty$时，$\frac{1}{x^2}\sqrt{1+\frac{1}{x^2}}$ 是无穷小量.

4. 0.

5. (1) x 的$\frac{1}{2}$阶无穷小； (2) x 的$\frac{1}{2}$阶无穷小； (3) x 的$\frac{1}{3}$阶无穷小.

6. (1) $\frac{1-x}{1+x}\sim 1-\sqrt{x}$； (2) $(1-\cos x)^2$ 为比 $\sin^2 x$ 高阶的无穷小； (3) 同阶无穷小.

7. (1) 2； (2) $\frac{3}{2}$； (3) $\frac{3}{4}$； (4) 0； (5) 2； (6) $\frac{1}{3}$； (7) 0； (8) $-\frac{1}{a^2}$.

8. 6.

提高题

1. 0.

2. $-\frac{1}{6}$.

3. 3.

4. $1<\alpha<2$.

5. a_2, a_3, a_1.

6. $\alpha=\frac{1}{4}$.

7. ～10. 证明略.

习题 1.9

1. $k=2$.

2. 当且仅当 $a=1$ 时，函数 $f(x)$ 在 $x=0$ 处连续.

3. 在 $x=0$ 处不连续.

4. (1) 在 $[0,2]$ 上连续；(2) 在 $(-\infty,-1)$ 和 $(-1,+\infty)$ 上连续.

5. $C=\frac{1}{3}$.

6. $a=1$.

7. (1) $x=0$ 为第一类间断点(跳跃间断点). $x=1$ 为可去间断点，补充定义 $y(1)=\frac{1}{2}$，则函数在 $x=1$ 处连续，$x=-1$ 为第二类间断点(无穷间断点).

   (2) $x=1$ 为第一类间断点(跳跃间断点).

   (3) $x=1$ 为可去间断点，补充 $y(1)=-2$，则函数在 $x=1$ 处连续；$x=2$ 为无穷间断点.

   (4) 当 $k\neq 0$ 时，$x=0$ 为可去间断点，补充 $y(0)=1$，则函数在 $x=0$ 处连续；当 $k\neq 0$ 时，$x=k\pi$ 是无穷间断点；$x=k\pi+\frac{\pi}{2}$ 为可去间断点，补充 $y\left(k\pi+\frac{\pi}{2}\right)=0$，则函数在 $x=k\pi+\frac{\pi}{2}$ 处连续.

   (5) $x=0$ 是第二类间断点(振荡间断点).

   (6) $x=0$ 是 $f(x)$ 的第二类间断点(无穷间断点)；$x=1$ 处无定义，$x=1$ 是 $f(x)$ 的可去间断点；$x=2$ 是 $f(x)$ 的连续点.

8. 略.

9. (1) 0；(2) $\tan(2\ln 2)$；(3) e^6；(4) $\frac{e^2}{5}$.

提高题

1. $a=0, b=-1$.

2. (1) $a=-1$；(2) $a=2$；(3) $a\neq 1, a\neq 2$.

3. $x=1$ 为函数的跳跃间断点；$x=-1$ 为函数的跳跃间断点.

4. 连续点.

5. 证明略.

6. $a=\frac{3}{2}, b=-\frac{1}{2}$.

7. $c=1$.

习题 1.10

证明略.

复习题 1

1. (1) √；　(2) ×；　(3) ×；　(4) √；　(5) ×.
2. (1) 1；　(2) 10ln3；　(3) e^3；　(4) 2；　(5) 1，−2.
3. (1) C；　(2) D；　(3) C；　(4) C；　(5) A.
4. 证明略.
5. (1) $\frac{1}{2\sqrt[3]{2}}$；　(2) 1；　(3) $\frac{1}{2}$；　(4) 2；　(5) 1.
6. $a=\sqrt[5]{8}$.
7. $b=-1$.
8. $x=0$ 为 $f(x)$ 的第一类间断点(跳跃间断点)，$x=1$ 为 $f(x)$ 的无穷间断点，$x=-1$ 为 $f(x)$ 的可去间断点，补充 $f(-1)=\frac{1}{2}$，则 $f(x)$ 在 $x=0,-1$ 处连续.
9. (1) $x=-1$ 为第二类间断点(无穷间断点)；
   (2) $x=0$ 为第一类间断点(跳跃间断点)；
   (3) $x=0,\pm1,\pm2,\cdots$ 均为第一类间断点(跳跃间断点)；
   (4) $x=0$ 为第一类间断点(跳跃间断点).
10. (1) $a=1$；
    (2) $a>0$ 且 $a\neq1$ 时 $x=0$ 是 $f(x)$ 的间断点；
    (3) 连续区间为 $(-\infty,0)$ 及 $[0,+\infty)$.
11. (1) $x=0$ 为可去间断点，令 $f(0)=4$，则 $f(x)$ 在 $x=0$ 处连续；
    (2) $x=2$ 为第一类间断点(跳跃间断点)；
    (3) $x=-2$ 为第一类间断点(跳跃间断点).
12. 当 $\alpha\leqslant0$ 时，$x=0$ 为第二类间断点；当 $\alpha>0,\beta=-1$ 时，在 $x=0$ 处连续，$\beta\neq-1$ 时，$x=0$ 为第一类间断点(跳跃间断点).

13.～17. 证明略.

自测题 1

1. (1) e；(2) $k=-1$；(3) $a=3,b=2$；(4) $\frac{1}{3}$；(5) 正.
2. (1) C；(2) A；(3) D；(4) A；(5) C.
3. (1) e^{-2}；(2) 0；(3) $\frac{3}{4}$；(4) $\frac{1}{2}$.
4. $a=0$.
5. $k=-1$.
6. (1) $x=-1$ 为可去间断点；(2) $x=1$ 为跳跃间断点，$x=2$ 为无穷间断点.
7. 两个实根.

习题 2.1

1. (1) $\frac{\mathrm{d}y}{\mathrm{d}x}=a$；(2) $f'(1)=-8,f'(2)=0,f'(3)=0$；(3) $f'(1)=\frac{\pi}{4}$；
   (4) $f'(0)=0$；(5) $f'(0)=0$.

2. (1) $A=-f'(x_0)$； (2) $A=f'(0)$； (3) $A=2f'(x_0)$； (4) $A=f'(x_0)$.

3. 证明略.

4. $a=2c, b=-c^2$.

5. $f'(2)=3$.

6. (1) 存在，$f'(0)=1$； (2) $f'_-(0)=1, f'_+(0)=0$，$f'(0)$不存在.

7. 切线方程为 $y=x-1$，法线方程为 $y=-(x-1)$.

8. $(2,4)$.

提高题

1. $e^{\frac{f'(a)}{f(a)}}$.

2. $\dfrac{3}{2}f'(1)$.

3. $f'_-(0)=-1, f'_+(0)=1$，$f'(0)$不存在.

4. $(\alpha+\beta)f'(x)$.

5. $-99!$.

6. C.

7. A,C.

8. 3.

习题 2.2

1. (1) $y'=3x^2-\dfrac{20}{x^5}+\dfrac{1}{x^2}$； (2) $y'=20x^4-2^x\ln 2+3e^x$；

(3) $y'=\sec^2 x-2\sec x\tan x$； (4) $y'=\cos^2 x-\sin^2 x=\cos 2x$；

(5) $y'=\ln x+1-2x$； (6) $y'=3e^x(\cos x-\sin x)$；

(7) $y'=\dfrac{(x-2)e^x}{x^3}$； (8) $y'=\dfrac{1-\cos x}{\sin^2 x}$；

(9) $y'=(x+1)\tan x+x\tan x+x(x+1)\sec^2 x$.

2. (1) $y'\big|_{x=\frac{\pi}{6}}=\dfrac{1+\sqrt{3}}{2}$， $y'\big|_{x=\frac{\pi}{4}}=\sqrt{2}$； (2) $\dfrac{d\rho}{d\theta}\Big|_{\theta=\frac{\pi}{4}}=\dfrac{\sqrt{2}}{4}\left(1+\dfrac{\pi}{2}\right)$.

3. (1) $y'=8(2x+5)^3$； (2) $y'=3\sin(4-3x)$；

(3) $y'=-6xe^{-3x^2}$； (4) $y'=\dfrac{2x}{1+x^2}$；

(5) $y'=2\sin x\cos x=\sin 2x$； (6) $y'=\dfrac{e^x}{1+e^{2x}}$；

(7) $y'=2\arcsin x\cdot\dfrac{1}{\sqrt{1-x^2}}$； (8) $y'=-\tan x$.

4. (1) $y'=\dfrac{1}{\sqrt{1-(2x+5)^2}}\cdot 2$； (2) $y'=\dfrac{x}{(1-x^2)^{\frac{3}{2}}}$；

(3) $y'=-2e^{-3x^2}(3x\cos 2x+\sin 2x)$； (4) $y'=\dfrac{4x\ln(1+x^2)}{1+x^2}$；

(5) $y'=\dfrac{1}{\sqrt{1-x}}\cdot\dfrac{1}{2\sqrt{x}}$； (6) $y'=\dfrac{1}{\sqrt{a^2+x^2}}$；

(7) $y'=\sec x$； (8) $y'=-\csc x$.

5. (1) $y'=-\frac{1}{x^2}e^{\tan\frac{1}{x}}\sec^2\frac{1}{x}$； (2) $y'=\frac{1}{\tan 2x}\cdot\sec^2 2x\cdot 2$；

(3) $y'=e^{\arctan\sqrt{x}}\cdot\frac{1}{1+x}\cdot\frac{1}{2\sqrt{x}}$； (4) $y'=\frac{1}{\ln\ln x}\cdot\frac{1}{\ln x}\cdot\frac{1}{x}$；

(5) $y'=2\sin x\cdot\cos x\cdot\sin x^2+\sin^2 x\cdot\cos x^2\cdot 2x$；

(6) $y'=\frac{1}{2\sqrt{x+\sqrt{x}}}\left(1+\frac{1}{2\sqrt{x}}\right)$； (7) $y'=\frac{3}{2\sqrt{3x(1-3x)}}-\frac{1}{x^2}2^{-\frac{1}{x}}\ln 2$；

(8) $y'\Big|_{x=2}=-\frac{\sqrt{3}}{3}$.

6. $a=d=1,b=c=0$.

7. $y+7=-3(x-1)$.

8. $\frac{dy}{dx}\Big|_{x=0}=\frac{3\pi}{4}$.

提高题

1. $\frac{dy}{dx}=x^{\sin x}\left(\cos x\cdot\ln x+\frac{\sin x}{x}\right)$.

2. (1) $\frac{dy}{dx}=f'(x^2)2x$； (2) $\frac{dy}{dx}=f'(\sin^2 x)2\sin x\cdot\cos x-f'(\cos^2 x)2\cos x\cdot\sin x$.

3. $y'=\frac{1}{2\sqrt{x+\sqrt{x+\sqrt{x}}}}\left(1+\frac{1}{2\sqrt{x+\sqrt{x}}}\left(1+\frac{1}{2\sqrt{x}}\right)\right)$.

4. $\frac{dy}{dx}=nf^{n-1}(\varphi^n(\sin x^n))f'(\varphi^n(\sin x^n))\cdot n\varphi^{n-1}(\sin x^n)\cdot\varphi'(\sin x^n)\cdot\cos x^n\cdot nx^{n-1}$.

5. 略.

习题 2.3

1. (1) $y'=4x+\frac{1}{x},y''=4-\frac{1}{x^2}$； (2) $y'=2e^{2x-1},y''=4e^{2x-1}$；

(3) $y'=\cos x-x\sin x,y''=-2\sin x-x\cos x$； (4) $y'=e^{-t}(\cos t-\sin t),y''=-2e^{-t}\cos t$；

(5) $y'=\frac{1}{(1-x^2)^{\frac{3}{2}}},y''=\frac{3x}{(1-x^2)^{\frac{5}{2}}}$； (6) $y'=2x\arctan x+1,y''=2\arctan x+\frac{2x}{1+x^2}$.

2. $\frac{d^2y}{dx^2}=f''(x\varphi(x))(\varphi(x)+x\varphi'(x))^2+f'(x\varphi(x))(2\varphi'(x)+x\varphi''(x))$.

3. (1) $y^{(n)}=2^{n-1}\sin\left(2x+(n-1)\frac{\pi}{2}\right)$；

(2) $y'=\ln x+1,y^{(n)}=(-1)^{n-2}(n-2)!\ x^{-(n-1)}(n\geqslant 2)$；

(3) $y^{(n)}=(-1)^n n!\left[\frac{1}{(x-2)^{n+1}}-\frac{1}{(x-1)^{n+1}}\right]$；

(4) $y^{(n)}=(n+x)e^x$.

4. (1) $y^{(50)}=-3^{50}x^2\sin 3x+100x\cdot 3^{49}\cdot\cos 3x+2450\cdot 3^{48}\sin 3x$； (2) $y^{(4)}=-4e^x\cos x$.

5. $f'''(a)$存在，$f'''(a)=6\varphi(a)$.

6. $f'(0)=\lim\limits_{x\to 0}\frac{f(x)-f(0)}{x}=\lim\limits_{x\to 0}x^{n-1}\sin\frac{1}{x}=0,n\geqslant 2$；

$f''(0)=\lim\limits_{x\to 0}\frac{f'(x)-f'(0)}{x}=\lim\limits_{x\to 0}\left(nx^{n-2}\sin\frac{1}{x}-x^{n-3}\cos\frac{1}{x}\right)$.

若 $f''(0)$存在，则有 $n\geqslant 4$.

提高题

1. $f^{(n)}(x)=4^{n-1}\cos\left(4x+n\cdot\frac{\pi}{2}\right)$.

2. $f^{(n)}(0)=2^n$.

3. $f^{(n)}(0)=(n-1)!\ \mathrm{e}^n$.

4. $y^{(n)}=\frac{2-\ln x}{x\ln^3 x}$.

5. $y''=2f'(x^2+b)+4x^2f''(x^2+b)$.

6. $y^{(n)}(0)=\frac{(-1)^n 2^n n!}{3^{n+1}}$.

习题 2.4

1. (1) $\frac{\mathrm{d}y}{\mathrm{d}x}=-\frac{y}{x+y}$；(2) $\frac{\mathrm{d}y}{\mathrm{d}x}=\frac{ay-x^2}{y^2-ax}$；(3) $\frac{\mathrm{d}y}{\mathrm{d}x}=\frac{\cos(x+y)-y}{x-\cos(x+y)}$；(4) $\frac{\mathrm{d}y}{\mathrm{d}x}=-\frac{\mathrm{e}^y}{1+x\mathrm{e}^y}$.

2. $\frac{\mathrm{d}^2y}{\mathrm{d}x^2}=\frac{2(x^2+y^2)}{(x-y)^3}$.

3. $\left.\frac{\mathrm{d}y}{\mathrm{d}x}\right|_{x=0}=1$；$\left.\frac{\mathrm{d}^2y}{\mathrm{d}x^2}\right|_{x=0}=3$.

4. (1) $y'=(1+x^2)^{\sin x}\left(\cos x\ln(1+x^2)+\frac{2x\sin x}{x^2+1}\right)$；(2) $y'=\left(\frac{x}{1+x}\right)^x\left(\ln\frac{x}{1+x}+\frac{1}{1+x}\right)$；

   (3) $y'=\frac{\sqrt{x+2}(3-x)^4}{(x+1)^5}\left[\frac{1}{2(x+2)}-\frac{4}{3-x}-\frac{5}{x+1}\right]$；

   (4) $y'=\sqrt{x\sin x\sqrt{1-\mathrm{e}^x}}\cdot\frac{1}{2}\left[\frac{1}{x}+\cot x-\frac{\mathrm{e}^x}{2(1-\mathrm{e}^x)}\right]$.

5. (1) $\left.\frac{\mathrm{d}y}{\mathrm{d}x}\right|_{x=\frac{\pi}{4}}=-2\sqrt{2}$；(2) $\frac{\mathrm{d}y}{\mathrm{d}x}=-\frac{\tan\theta}{\alpha},\frac{\mathrm{d}^2y}{\mathrm{d}x^2}=\frac{\tan\theta}{\alpha^2}$；(3) $\frac{\mathrm{d}y}{\mathrm{d}x}=t;\frac{\mathrm{d}^2y}{\mathrm{d}x^2}=\frac{1}{f''(t)}$.

提高题

1. $\left.\frac{\mathrm{d}^2y}{\mathrm{d}x^2}\right|_{t=0}=-\frac{1}{8}$.

2. 2.

3. $y=-\frac{2}{\pi}x+\frac{\pi}{2}$.

4. $y=-2x$.

5. $y''(0)=-1$.

习题 2.5

1. $\Delta y=0.0201,\mathrm{d}y\Big|_{\substack{x=1\\ \Delta x=0.01}}=(2x\Delta x)\Big|_{\substack{x=1\\ \Delta x=0.01}}=0.02$.

2. $\mathrm{d}y|_{x=2}=12\mathrm{d}x$.

3. (1) $\mathrm{d}y=(3+2x)x^2\mathrm{e}^{2x}\mathrm{d}x$；(2) $\mathrm{d}y=\frac{x\cos x-\sin x}{x^2}\mathrm{d}x$；(3) $\mathrm{d}y=2\cos(2x+1)\mathrm{d}x$；

   (4) $\mathrm{d}y=\frac{2x\mathrm{e}^{x^2}}{1+\mathrm{e}^{x^2}}\mathrm{d}x$；(5) $\mathrm{d}y=\frac{1}{\sqrt{1+x^2}}\mathrm{d}x$；(6) $\mathrm{d}y=\frac{2\mathrm{e}^{2x}(x-1)}{x^3}\mathrm{d}x$.

4. (1) $\frac{1}{\omega}\sin\omega t+C$； (2) $4(\sqrt{x})^3\cos x^2$.

5. $dy=\frac{2-ye^{xy}}{xe^{xy}-3y^2}dx$.

6. (1) $2x\cos x^2$； (2) $\cos x^2$.

7. $\sqrt[3]{25}\approx 2.9259$.

8. (1) $f(x)=\sqrt[3]{x}$, $f(998)\approx f(1000)+f'(1000)(998-1000)\approx 9.995$； (2) $e^{-0.03}\approx 0.97$.

提高题

$dy=2^{\tan x}\ln 2\cdot\sec^2 x\,dx$.

复习题 2

1. (1) ×； (2) √； (3) ×； (4) ×； (5) √； (6) ×.

2. (1) $\frac{1}{2}$； (2) $y=x+1$； (3) $f'(3)=27+27\ln 3$； (4) $\frac{\Delta y}{\Delta x}=12.61$；

(5) $f'(x)$； (6) $-\frac{1}{f'(x_0)}$； (7) $-\frac{x}{y}$； (8) $-\frac{\cos 3x}{3}+C$.

3. (1) C； (2) A； (3) D； (4) A； (5) D； (6) A； (7) C； (8) D.

4. (1) $2xe^{\frac{1}{x}}-e^{\frac{1}{x}}$； (2) $\frac{3}{2}\sqrt{x}-\tan x$；

(3) $\frac{1}{2x}\left(1+\frac{1}{\sqrt{\ln x}}\right)$； (4) $-\frac{1}{\sqrt{x^2-a^2}}$；

(5) $\frac{1}{7}x^{-\frac{6}{7}}+\sqrt[x]{7}\ln 7\cdot\left(-\frac{1}{x^2}\right)$； (6) $f'(\ln x)\frac{1}{x}e^{f(x)}+f(\ln x)e^{f(x)}f'(x)$；

(7) $\frac{\cos x}{\sqrt{1-\sin^2 x}}$； (8) $\sin x\ln\tan x$.

5. 切线方程为 $4x+y-4=0$，法线方程为 $2x-8y+15=0$.

6. 切线方程为 $-x+4y-4=0$.

7. $f'(x)=\begin{cases}\cos x, & x<0,\\ 1, & x\geqslant 0.\end{cases}$

8. $y'=1+x^x(1+\ln x)$.

9. 切线方程为 $x+2y-3=0$.

10. $\frac{dy}{dx}=\frac{2x-y}{x-2y}$； $\frac{d^2y}{dx^2}=\frac{6(x^2+y^2-xy)}{(x-2y)^3}$.

11. $\frac{dy}{dx}=\frac{\sin(x+y)}{e^y-\sin(x+y)}$, $\frac{d^2y}{dx^2}=\frac{e^y[e^y\cos(x+y)-\sin^2(x+y)]}{(e^y-\sin(x+y))^3}$.

12. $y'=\frac{y}{y-1}$, $y''=-\frac{y}{(y-1)^3}$.

13. $\left.\frac{d^2y}{dx^2}\right|_{x=0}=2e^2$.

14. $\left.\frac{d^2y}{dx^2}\right|_{\substack{x=0\\y=-1}}=-\frac{1}{4\pi^2}$.

15. $\frac{dy}{dx}=\frac{e^x-y}{x+e^y}$, $\left.\frac{d^2y}{dx^2}\right|_{x=0}=-2$.

16. $\dfrac{18y^5-12x^2y^3-6x^4y}{(3y^2-x^2)^3}$.

17. $\left.\dfrac{d^2y}{dx^2}\right|_{t=0}=\dfrac{3}{4}$.

18. $y^{(20)}(0)=-6840$.

19. $f^{(2k+1)}(0)=0(k=0,1,2,\cdots)$， $f^{2k}(0)=n!\ (k=1,2,\cdots)$.

20. (1) $dy=\dfrac{1}{\sqrt{1-x}}\dfrac{1}{2\sqrt{x}}dx\,dx$； (2) $dy=\dfrac{e^{x+y}-y}{x-e^{x+y}}dx$；

(3) $dy=f'(e^x)e^x\,dx$； (4) $dy=-\dfrac{a^{2x}\ln a}{\sqrt{1-a^{2x}}}\arccos a^x\,dx$.

21. $A=1,f'(x)$连续.

22. $-\dfrac{1}{2}$.

23. $1+\dfrac{2}{300}$.

自测题 2

1. (1) 充分必要； (2) 充分，必要； (3) -1； (4) $b^2=4ac$； (5) $-\dfrac{\sqrt{3}}{2}+\dfrac{\pi}{360}$.

2. (1) C； (2) B； (3) C； (4) C； (5) A.

3. (1) $y'=\pi x^{\pi-1}+\pi^x\ln\pi+e^{x\ln x}(1+\ln x)$； (2) $y'=(a^x\ln a+ax^{a-1})\sin x+(a^x+x^a)\cos x$.

4. $a=-1,b=1$ 时 $f(x)$可导，且 $f'(x)=\begin{cases}-e^{-x}, & x<0,\\ -1, & x=0,\\ 2x-1, & x>0.\end{cases}$

5. $2f\left(\dfrac{1}{x}\right)-\dfrac{2}{x}f'\left(\dfrac{1}{x}\right)+\dfrac{1}{x^2}f''\left(\dfrac{1}{x}\right)$.

6. $2e^2$.

7. $\dfrac{(6t+5)(t+1)}{t}$.

习题 3.1

1. $\xi=\dfrac{\pi}{2}$.

2. (1) $f(-1)=f(1)=e-1$，且连续、可导，满足罗尔定理中的三个条件. $f'(x)=2xe^{x^2}$. 若令 $f'(\xi)=0$，则有 $\xi=0$.

(2) 函数在 $x=1$ 点的导数不存在，故不满足罗尔定理的条件.

(3) 函数在 $x=0$ 点不连续，故不满足罗尔定理的条件.

3. 证明略.

4. 构造函数 $F(x)=e^xf(x)$.

5. ～10. 证明略.

提高题

证明略.

习题 3.2

1. (1) $-\frac{3}{5}$； (2) $\frac{1}{2}$； (3) 2； (4) $-\frac{1}{8}$；

(5) $\frac{m}{n}a^{m-n}(a\neq 0)$，当 $a=0$ 时，若 $m>n$，则极限为 0；若 $m=n$，则极限为 1；若 $m<n$，则极限为 ∞；

(6) 2； (7) 1； (8) 3； (9) 0； (10) $\frac{3}{2}$；

(11) 0； (12) 0； (13) $+\infty$； (14) $-\frac{2}{\pi}$； (15) -1；

(16) $\frac{1}{2}$； (17) $\frac{1}{3}$； (18) $\frac{3}{2}$； (19) e； (20) $e^{-\frac{2}{\pi}}$；

(21) e^{-1}； (22) $e^{-\frac{1}{3}}$.

2. $m=3$； $n=-4$.
3. 略.
4. $f''(x)$.
5. 证明略.
6. 连续.

提高题

1. (1) $\frac{1}{a}$； (2) $\sqrt{2}$； (3) e^{-1}； (4) e^{-1}； (5) -1； (6) $e^{-\sqrt{2}}$.
2. $a=-1, b=-\frac{1}{2}, k=-\frac{1}{3}$.
3. $f(0)=2$.

习题 3.3

1. $e^x=e+e(x-1)+\frac{e(x-1)^2}{2!}+\cdots+\frac{e(x-1)^n}{n!}+o((x-1)^n)$.
2. $-[1+(x+1)+(x+1)^2+\cdots+(x+1)^n]+o((x+1)^n)$.
3. $f(x)=-56+21(x-4)+37(x-4)^2+11(x-4)^3+(x-4)^4$.
4. (1) $\frac{1}{6}$； (2) $\frac{1}{2}$.

提高题

1. $a=1/2, b=1$.
2. 证明略.
3. 12.
4. $\frac{7}{12}$.
5. $f^{(3)}(0)=0$.
6. 2025×2024.
7. $-100\times 98!$.

习题 3.4

1. (1) 单增区间为 $(-\infty,-1)$，$(3,+\infty)$，单减区间为 $[-1,3]$，极大值为 $f(-1)=3$，极小值为

$f(3)=-61$； (2) 单增区间为$(1,+\infty)$，单减区间为$(0,1]$，极小值为$f(1)=1$； (3) 单增区间为$(-\infty,2)$，单减区间为$(2,+\infty)$，极大值为$f(2)=1$； (4) 单增区间为$(-\infty,0)$，$(2,+\infty)$，单减区间为$(0,2]$，极大值为$f(0)=0$，极小值为$f(2)=-4$.

2. (1) 极大值为$f(0)=7$，极小值为$f(2)=3$； (2) 极大值为$f(1)=1$，极小值为$f(-1)=-1$； (3) 极大值为$f\left(\frac{1}{2}\right)=\frac{3}{2}$； (4) 极大值为$f(2)=4e^{-2}$，极小值为$f(0)=0$.

3. ~5. 证明略.

6. $a=2$，在$x=\frac{\pi}{3}$处取得极大值$\sqrt{3}$.

提高题

1,3,5,7. 证明略.

2. $k=\frac{2\sqrt{3}}{9}$.

4. $\frac{1}{\ln 2}-1<k<\frac{1}{2}$.

6. 当$x=1$时，极大值$y=1$；当$x=-1$时，极小值$y=0$.

8. $y=y(x)$的驻点为$x=1$，$(1,1)$为极小值点.

习题 3.5

1. (1) 最大值为$y(4)=80$，最小值为$y(-1)=-5$； (2) 最大值为$y\left(\frac{3}{4}\right)=1.25$，最小值为$y(-5)=-5+\sqrt{6}$； (3) 最大值为13，最小值为4.

2. $x=-3$时函数有最小值27.

3. 长为10m，宽为5m.

4. $r=\sqrt[3]{\frac{V}{2\pi}}$，$h=2\sqrt[3]{\frac{V}{2\pi}}$，$d:h=1:1$.

5. 1800元.

6. $\alpha=\frac{2\sqrt{6}}{3}\pi$.

提高题

$\sqrt{2}a$，$\sqrt{2}b$.

习题 3.6

1. (1) 当$Q=3$时，平均成本最小； (2) $C'(Q)=15-12Q+3Q^2=15-6Q+Q^2=\bar{C}(Q)$时，$Q=3$.

2. (1) 当$Q=1000$时，平均成本最小； (2) 当$Q=60000$时，L最大.

3. $L'(x)=60-0.2x$；$x=150$，$L'(150)=30$，表示当产量增加1个单位时，利润增加30个单位；$x=400$，$L'(150)=-20$，表示当产量增加1个单位时，利润减少20个单位.

4. 250单位.

5. $Q=15$时工厂总利润最大.

6. (1) $\frac{EQ}{EP}=\frac{300-4P}{300-2P}$； (2) $P=50$，$\frac{EQ}{EP}=0.5$，价格再增加1%，该商品的需求量增加0.5%；$P=120$，$\frac{EQ}{EP}=-3$，价格再增加1%，该商品的需求量减少2.5%.

提高题

1. $\ln R=\ln P+\frac{1}{3}P^3-\frac{1}{3}$.

2. (1) $Q=1200-10P$；(2) $\left.\frac{\mathrm{d}R}{\mathrm{d}Q}\right|_{P=100}=8000$,经济学意义是需求量每提高1件,收益增加8000万元.

3. $C'(Q)=1+(1-Q)\mathrm{e}^{-Q}$.

4. $P=15$时,获利最大.

5. $x=\sqrt[\alpha-1]{\frac{Q}{Pc\alpha}}$.

6. 明年降价12%时,销售量预期增加18%～24%,总收益增加6%～12%.

习题 3.7

1. (1) 当 $x\in\left(-\infty,\frac{1}{3}\right)$时,$y''>0$,函数上凹；当 $x\in\left(\frac{1}{3},+\infty\right)$时,$y''<0$,函数上凸；拐点为$\left(\frac{1}{3},\frac{2}{27}\right)$.

   (2) 当$x\in(-\infty,-1)$和$x\in(1,+\infty)$时,$y''<0$,函数上凸；当$x\in(-1,1)$时,$y''>0$,函数上凹；拐点为$(-1,\ln 2)$,$(1,\ln 2)$.

   (3) 当$x\in(-\infty,-2)$时,$y''<0$,函数上凸；当$x\in(-2,+\infty)$时,$y''>0$,函数上凹；拐点为$(-2,-2\mathrm{e}^{-2})$.

   (4) 在$\mathbf{R}$上函数上凹,没有拐点.

   (5) 当$x\in(-\infty,-3)$及$x\in(-3,6)$时,$y''<0$,函数上凸；当$x\in(3,+\infty)$时,$y''>0$,函数上凹；拐点为$\left(6,\frac{2}{27}\right)$.

   (6) 上凹区间$\left(-\infty,\frac{1}{2}\right)$；上凸区间$\left(\frac{1}{2},+\infty\right)$；拐点$\left(\frac{1}{2},\mathrm{e}^{\arctan\frac{1}{2}}\right)$.

2. 证明略.

3. $a=-\frac{3}{2}$,$b=\frac{9}{2}$.

4. (1) 无水平、斜渐近线,垂直渐近线$x=0$； (2) 无水平、垂直渐近线,斜渐近线$y=x+1$； (3) 垂直渐近线$x=\pm\sqrt{3}$,水平渐近线$y=0$,无斜渐近线； (4) 垂直渐近线$x=\frac{1}{2}$,斜渐近线$y=\frac{1}{2}x+\frac{1}{4}$,无水平渐近线.

5. 作图略.

提高题

1. C.
2. B.
3. 证明略.
4. $y=x+2$.
5. $y=x+\frac{\pi}{2}$.
6. $y=-x-1$.

复习题 3

1. (1) $x+\frac{\Delta x}{2}$； (2) $e^{g(\xi)}g'(\xi)(b-a)$； (3) $[0,n),[n,+\infty)$； (4) $a=\frac{1}{3},b=2$； (5) $y=1,x=-1$.

2. (1) C； (2) C； (3) B； (4) B； (5) A.

3. (1) $\frac{1}{2}$； (2) 1； (3) $\frac{\sqrt{3}}{3}$； (4) 0； (5) $\frac{1}{2}$； (6) ∞； (7) 1； (8) $-\frac{1}{12}$.

4. 证明略.

5. 单增区间为$(-\infty,0)$，$\left[\frac{2}{5},+\infty\right)$，单减区间为$\left[0,\frac{2}{5}\right)$；极大值为$f(0)=0$，极小值为$f\left(\frac{2}{5}\right)=-\frac{3}{5}\sqrt[3]{\frac{4}{25}}$.

6. $(-\infty,-1]$及$[3,+\infty)$为单增区间，$[-1,3]$为单减区间.

7. 单增区间为$(1,e^2)$，单减区间为$(0,1]$，$[e^2,+\infty)$. 极大值为$f(e^2)=\frac{4}{e^2}$，极小值为$f(1)=0$.

8. $x=-\frac{1}{2}\ln 2$时，y取极小值0.

9. $b^2<3ac$时，y没有极值.

10. 最小值为$f\left(\frac{1}{e}\right)=-\frac{1}{e}$，最大值为$f(e)=e$.

11. 上凹区间$(-\infty,0)$和$(1,+\infty)$，上凸区间$(0,1)$；拐点$(0,1)$，$(1,0)$.

12. $k=\pm\frac{\sqrt{2}}{8}$时，曲线的拐点处的法线通过原点.

13. 证明略.

14. $e^{\pi}>\pi^{e}$(提示：令$f(x)=x-e\ln x$，讨论$f(x)$的单调性).

15. $r=\frac{2\sqrt{6}}{3}R$；$h=\frac{2\sqrt{3}}{3}R$.

16. $x=2$时总利润最大3万元.

17. (1) $\frac{EQ}{EP}=\frac{-2P^2}{80-P^2}$，$P=4$时价格增加1%，需求量降低0.5%.

    (2) $P=4$时价格增加1%，总收益增加0.5%.

18. (1) 水平渐近线$y=0$，垂直渐近线$x=-1,x=1$； (2) 垂直渐近线$x=0$，斜渐近线$y=x$；
    (3) 垂直渐近线$x=1$，水平渐近线$y=1$； (4) 垂直渐近线$x=1$，斜渐近线$y=x-2$.

自测题 3

1. (1) B； (2) D； (3) B； (4) D； (5) D.

2. (1) 有且仅有一个实根； (2) e^{-1}； (3) $1,-3,-24,16$； (4) 0； (5) 4.

3. (1) -2； (2) 1； (3) 0； (4) $\frac{1}{2}$； (5) 1； (6) 2.

4. 证明略.

5. 极大值为$y(-1)=17$，极小值为$y(3)=-47$，拐点为$(1,-15)$.

6. (1) $C(P)=700-10P$，$R(P)=100P-2P^2$； (2) $L(P)=110P-2P^2-700$，$Q=45$.

习题 4.1

1. $(2x+1)e^{-x^2}+C$.

2. $\sin x+C$.

3. (1) $x-\frac{6}{5}x^{\frac{5}{3}}+\frac{3}{7}x^{\frac{7}{3}}+C$；(2) $\frac{x^2}{4}-\ln|x|-\frac{2}{x^2}+C$；

(3) $\frac{2^x}{\ln 2}+\frac{x^3}{3}+3\ln|x|+C$；(4) $\ln|x|-3\arcsin x+C$；

(5) $-\frac{1}{x}-\arctan x+C$；(6) $-\frac{1}{x}+\arctan x+C$；

(7) $\frac{2^x e^{-x}}{\ln 2-1}+C$；(8) e^x+x+C；

(9) $-\cot x-x+C$；(10) $2x-\frac{5(2/3)^x}{\ln(2/3)}+C$；

(11) $\frac{x}{2}-\frac{\sin x}{2}+C$；(12) $\sin x-\cos x+C$；

(13) $\frac{1}{2}\tan x+C$；(14) $\frac{1}{2}\tan x+\frac{1}{2}x+C$.

4. $y=\ln x+1$.

5. $f(x)=x-\frac{x^2}{2}+\frac{1}{2}$.

提高题

1. $\ln 2$.

2. $f(x)=x+\frac{1}{3}x^3+1$.

3. $\ln R=\ln P+\frac{1}{3}P^3-\frac{1}{3}$.

4. (1) $Q=1200-10P$；(2) $\left.\frac{dR}{dQ}\right|_{P=100}=80$，需求量每提高 1 件，收益增加 80 万元.

习题 4.2

1. (1) $\frac{1}{5}$；(2) $\frac{1}{3}$；(3) $\frac{1}{20}$；(4) $\frac{1}{3}$；(5) $\frac{1}{14}$；

(6) $-\frac{1}{2}$；(7) $\frac{1}{3}$；(8) $\frac{1}{2}$；(9) $\frac{1}{3}$.

2. (1) $-\frac{1}{22}(3-2x)^{11}+C$；(2) $-\frac{1}{2}(2-3x)^{\frac{2}{3}}+C$；

(3) $\frac{1}{3}e^{3x-1}+C$；(4) $\frac{1}{2}\sin x^2+C$；

(5) $-\frac{1}{3}\sqrt{2-3x^2}+C$；(6) $-2\cos\sqrt{t}+C$；

(7) $e^{-\frac{1}{x}}+C$；(8) $\frac{2}{\cos^2 x}+C$；

(9) $-\frac{1}{5}\ln|1-5x|+C$；(10) $-\frac{3}{4}\ln|1-x^4|+C$；

(11) $\frac{1}{2}\ln(a^2+x^2)+C$；　(12) $\frac{1}{5}\ln|2+5\ln x|+C$；

(13) $\ln|\ln\ln x|+C$；　(14) $-\frac{1}{3}(\arccos x)^3+C$；

(15) $\ln|\sin x+\cos x|+C$；　(16) $\frac{10^{\arctan x}}{\ln 10}+C$；

(17) $\frac{1}{\ln 2-\ln 3}\arctan\left(\frac{2}{3}\right)^x+C$；　(18) $\arctan e^x+C$；

(19) $-\frac{1}{\arcsin x}+C$；　(20) $-\frac{1}{x\ln x}+C$；

(21) $-\sqrt{2-x+x^2}+\frac{1}{2}\arcsin\frac{2x+1}{3}+C$；　(22) $\sin x-\frac{\sin^3 x}{3}+C$；

(23) $x-\ln(1+e^x)+C$；　(24) $\frac{1}{2}\arctan(\sin^2 x)+C$；

(25) $-\frac{1}{97}\frac{1}{(x-1)^{97}}-\frac{1}{49}\frac{1}{(x-1)^{98}}-\frac{1}{99}\frac{1}{(x-1)^{99}}+C$.

3. (1) $\arcsin x-\frac{1-\sqrt{1-x^2}}{x}+C$；　(2) $\sqrt{x^2-9}-3\arccos\frac{3}{|x|}+C$；

(3) $-\frac{\sqrt{1+x^2}}{x}+C$；　(4) $-\frac{\sqrt{a^2+x^2}}{x}-\arcsin\frac{x}{a}+C$；

(5) $\frac{1}{a^2}\frac{x}{\sqrt{x^2+a^2}}+C$；　(6) $\frac{9}{2}\arcsin\frac{x+2}{3}+\frac{x+2}{2}\sqrt{5-4x-x^2}+C$.

4. $F(x)=-\frac{1}{4}(\cot x+\tan x+2)$.

提高题

1. $x+\ln|2\sin x+\cos x|+C$.

2. $-\frac{1}{2}(1-x^2)^2+C$.

3. $\frac{1}{4}f^2(x^2)+C$.

4. $\frac{1}{x}+C$.

5. $\frac{\sin 2x}{4}-\frac{x}{2}+C$.

习题 4.3

1. (1) $\frac{x}{2}\sin 2x+\frac{1}{4}\cos 2x+C$；　(2) $-xe^{-x}-e^{-x}+C$；

(3) $x\ln(x^2+1)-2x+2\arctan x+C$；　(4) $x\arccos x-\sqrt{1-x^2}+C$；

(5) $x\arctan x-\frac{1}{2}\ln(1+x^2)+C$；　(6) $x\ln^2 x-2x\ln x+2x+C$；

(7) $\frac{1}{4}x^2+\frac{1}{4}x\sin 2x+\frac{1}{8}\cos 2x+C$；　(8) $\frac{1}{2}(x^2-1)\ln(x-1)-\frac{1}{4}x^2-\frac{1}{2}x+C$；

(9) $\frac{x}{2}(\sin\ln x+\cos\ln x)+C$；　(10) $e^{\sqrt{2x+1}}(\sqrt{2x+1}-1)+C$；

(11) $\frac{1}{2}e^x-\frac{1}{10}(\cos 2x+2\sin 2x)e^x+C$； (12) $x(\arcsin x)^2+2\sqrt{1-x^2}\arcsin x-2x+C$；

(13) $-\cot x\ln\sin x-\cot x-x+C$； (14) $\frac{1}{2-x}\ln(1+x)+\frac{1}{3}\ln\left|\frac{2-x}{1+x}\right|+C$；

(15) $-\sqrt{1-x^2}\arcsin x+x+C$.

2. $(x\cos x+x\sin x-\sin x)e^x+C$.

3. $\cos x-\frac{2\sin x}{x}+C$.

提高题

1. $x\ln x+C$.

2. $e^{2x}\tan x+C$.

3. $\frac{1}{4}\cos 2x-\frac{1}{4x}\sin 2x+C$.

4. 略.

习题 4.4

1. (1) $3\ln(x^2+4)+\frac{5}{2}\arctan\frac{x}{2}+C$； (2) $2\ln|x+4|+\frac{5}{x+4}+C$；

(3) $\ln\left(\frac{x+3}{x+2}\right)^2-\frac{3}{x+3}+C$；

(4) $2\ln|x+2|-\frac{1}{2}\ln|x+1|-\frac{3}{2}\ln|x+3|+C$；

(5) $\frac{1}{12}\ln|x-2|-\frac{1}{24}\ln(x^2+2x+4)-\frac{1}{4\sqrt{3}}\arctan\frac{x+1}{\sqrt{3}}+C$；

(6) $\ln|x|-\frac{1}{2}\ln(x^2+1)+C$； (7) $\ln|x|-3\ln|x+1|+\ln(x^2+1)-\arctan x+C$；

(8) $\frac{1}{4}\ln|x|-\frac{1}{24}\ln(x^6+4)+C$； (9) $-\frac{1}{7x^7}-\frac{1}{5x^5}-\frac{1}{3x^3}-\frac{1}{x}-\frac{1}{2}\ln\left|\frac{1-x}{1+x}\right|+C$.

2. (1) $2\sqrt{x+2}-2\arctan\sqrt{x+2}+C$； (2) $-\frac{5}{2}\left(\frac{x+1}{x}\right)^{\frac{2}{5}}+C$；

(3) $2\sqrt{x}-4\sqrt[4]{x}+4\ln(\sqrt[4]{x}+1)+C$； (4) $2a\arctan\sqrt{\frac{a+x}{a-x}}-\sqrt{a^2-x^2}+C$；

(5) $x-4\sqrt{x+1}+4\ln(\sqrt{x+1}+1)+C$； (6) $\frac{4}{3}\sqrt[4]{\frac{x-2}{x+1}}+C$.

提高题

1. (1) $\frac{1}{2}(x+\ln|\cos x+\sin x|)+C$； (2) $\frac{x}{2}[\sin(\ln x)-\cos(\ln x)]+C$；

(3) $-\arcsin\frac{1}{x}+\frac{\sqrt{x^2-1}}{x}+C$； (4) $\frac{1}{2}\arctan\frac{2x}{\sqrt{1+x^2}}+C$.

2. $-2\sqrt{1-x}\arcsin\sqrt{x}+2\sqrt{x}+C$.

复习题 4

1. (1) $2-e^{-x}$；$x^2-e^{-x}+2$； (2) $xf'(x)-f(x)+C$； (3) $x\cos x-\sin x+C$；

(4) 存在； (5) 0.

2. (1) D； (2) D； (3) A； (4) C； (5) D.

3. $\frac{2}{3}x^3+C$.

4. $-\frac{1}{3}\sqrt{(1-x^2)^3}+C$.

5. $x+2\ln|x-1|+C$.

6. $\frac{1}{2}\left[\frac{f(x)}{f'(x)}\right]^2+C$.

7. $-\frac{\ln(e^x+1)}{e^x}+x-\ln(e^x+1)+C$.

8. (1) $-\sqrt{1-x^2}-\frac{1}{2}(\arccos x)^2+C$； (2) $\frac{1}{9}\left[x-\frac{2}{3}\arctan\left(\frac{3}{2}x\right)\right]+C$；

(3) $\frac{1}{102}(1+x)^{102}-\frac{1}{101}(1+x)^{101}+C$； (4) $\frac{1}{2}e^{-\frac{1}{x^2}}+C$；

(5) $2\arctan e^x+C$； (6) $\frac{1}{3}(\sqrt{x^2+1})^3+\frac{1}{3}x^3+C$；

(7) $\frac{1}{2(\ln3-\ln2)}\ln\left|\frac{3^x-2^x}{3^x+2^x}\right|+C$； (8) $\frac{1}{2}\ln|x|-\frac{1}{20}\ln(x^{10}+2)+C$；

(9) $x+\ln|5\cos x+2\sin x|+C$； (10) $\frac{1}{4}\ln\left|\frac{\sqrt{4-x^2}-2}{\sqrt{4-x^2}+2}\right|+C$；

(11) $\sqrt{x^2-4}-2\arccos\frac{2}{x}+C$； (12) $\frac{1}{2}\ln\frac{\sqrt{1+x^4}-1}{x^2}+C$.

9. (1) $\ln\frac{|x|}{\sqrt{1+x^2}}-\frac{\ln(1+x^2)}{2x^2}+C$；

(2) $x\arctan x-\frac{1}{2}\ln(1+x^2)-\frac{1}{2}(\arctan x)^2+C$；

(3) $\ln x[\ln(\ln x)-1]+C$； (4) $x\ln(x+\sqrt{1+x^2})-\sqrt{x^2+1}+C$；

(5) $2x\sqrt{e^x-3}-4\sqrt{e^x-3}+4\sqrt{3}\arctan\frac{\sqrt{e^x-3}}{\sqrt{3}}+C$；

(6) $e^x\tan\frac{x}{2}+C$.

10. $\frac{1}{4}\tan^4x-\frac{1}{2}\tan^2x-\ln|\cos x|+C$.

11. (1) $\frac{3}{2}\ln|x^2-4x+8|+\frac{5}{2}\arctan\frac{x-2}{2}+C$； (2) $\frac{1}{4}x^4+\ln\frac{\sqrt[4]{x^4+1}}{x^4+2}+C$；

(3) $\ln|x|-\frac{1}{4}\ln(1+x^8)+C$； (4) $\frac{1}{6}\ln\left(\frac{x^2+1}{x^2+4}\right)+C$；

(5) $\frac{1}{2}\ln\frac{x^2+x+1}{x^2+1}+\frac{\sqrt{3}}{3}\arctan\frac{2x+1}{\sqrt{3}}+C$；

(6) $\frac{2}{5}x^{\frac{5}{2}}+\frac{2}{3}x^{\frac{3}{2}}-\frac{2}{5}(x+1)^{\frac{5}{2}}+\frac{2}{3}(x+1)^{\frac{3}{2}}+C$； (7) $-\arcsin\frac{2-x}{\sqrt{2}(x-1)}+C$；

(8) $\frac{2}{3}(\sqrt{3x+2}\sin\sqrt{3x+2}+\cos\sqrt{3x+2})+C$；

(9) $\frac{4}{3}(\sqrt[4]{x^3}-\ln(\sqrt[4]{x^3}+1))+C$； (10) $2\sqrt{1+\ln x}+\ln\left|\frac{\sqrt{1+\ln x}-1}{\sqrt{1+\ln x}+1}\right|+C$.

12. $2[\sqrt{x}\arcsin\sqrt{x}+\sqrt{1-x}+\sqrt{x}\ln x-2\sqrt{x}]+C$.

13. $\frac{1-\cos 4x}{2\sqrt{x-\frac{1}{4}\sin 4x+1}}$.

自测题 4

1. (1) $e^{-x}+C$； (2) $-\sin\frac{x}{2}$； (3) $\frac{1}{x}+C$； (4) $\frac{1}{2}f^2(x)+C$； (5) $\frac{1}{2}\sin^2 x+C$.

2. (1) D； (2) B； (3) A； (4) A； (5) D.

3. (1) $x-2\arctan x+C$； (2) $\frac{1}{12}\ln\left|\frac{3+2x}{3-2x}\right|+C$；

(3) $2\sqrt{x}-3\sqrt[3]{x}+6\sqrt[6]{x}-6\ln(1+\sqrt[6]{x})+C$； (4) $\sqrt{x^2-4}-2\arccos\frac{2}{x}+C$；

(5) $\frac{1}{2}\ln(1+x^2)+\frac{1}{2}\arctan^2 x+C$； (6) $x\tan x+\ln|\cos x|+C$.

4. (1) $y=\frac{1}{2}x^2+e^x+1$； (2) $R(x)=100x-5x^2$, $P(x)=100-5x$.

习题 5.1

1. (1) 1； (2) e−1.

2. (1) 3； (2) $\frac{\pi}{8}-\frac{1}{4}$.

3. (1) $\int_{-3}^{5}(x^2-3x)\mathrm{d}x$； (2) $\int_0^2\sqrt{4-x^2}\,\mathrm{d}x$； (3) $\int_0^1\sin(\pi x)\mathrm{d}x$； (4) $\int_0^1\ln(1+x)\mathrm{d}x$.

提高题

1. (1) $\int_0^1\frac{1}{1+x^2}\mathrm{d}x$； (2) $\int_0^1 x\ln(1+x)\mathrm{d}x$； (3) $e^{\int_0^1 x\ln(1+x)\mathrm{d}x}$； (4) $\ln 3\cdot\int_0^1 x^2\mathrm{d}x$.

2. C.

3. B.

习题 5.2

1. (1) $\int_3^4 f(x)\mathrm{d}x=3$； (2) $\int_4^3 f(x)\mathrm{d}x=-3$.

2. (1) $\int_0^1 x^2\mathrm{d}x>\int_0^1 x^3\mathrm{d}x$； (2) $\int_3^4(\ln x)^2\mathrm{d}x<\int_3^4(\ln x)^3\mathrm{d}x$；

(3) $\int_0^1 e^x\mathrm{d}x>\int_0^1 e^{x^2}\mathrm{d}x$； (4) $\int_0^{\frac{\pi}{2}}x\,\mathrm{d}x>\int_0^{\frac{\pi}{2}}\sin x\,\mathrm{d}x$.

3. (1) $6\leqslant\int_1^4(x^2+1)\mathrm{d}x\leqslant 51$； (2) $\pi\leqslant\int_0^{\pi}(1+\sin x)\mathrm{d}x\leqslant 2\pi$；

(3) $2e^{-\frac{1}{4}}\leqslant\int_0^2 e^{x^2-x}\mathrm{d}x\leqslant 2e^2$； (4) $\frac{4}{3}\leqslant\int_0^1\frac{x^2+3}{x^2+2}\mathrm{d}x\leqslant\frac{3}{2}$；

(5) $0\leqslant\int_0^1\sqrt{2x-x^2}\,\mathrm{d}x\leqslant 1$； (6) $\frac{\pi}{4}\leqslant\int_0^{\pi}\frac{1}{3+\sin^3 x}\leqslant\frac{\pi}{3}$.

4. ～6. 证明略.

7. 16.

提高题

证明略.

习题 5.3

1. (1) $\sin e^x$; (2) $2xe^{-x^4}$; (3) $-\cos(\pi\cos^2 x)\sin x-\cos(\pi\sin^2 x)\cos x$;

   (4) $\int_0^x f(t)\mathrm{d}t+xf(x)$.

2. $-\dfrac{\cos x}{1-\sin x}$.

3. $\cot t$.

4. (1) $\dfrac{1}{2}$; (2) $\dfrac{1}{2e}$; (3) $\dfrac{1}{2}$; (4) $\dfrac{\pi^2}{4}$.

5. (1) $\dfrac{97}{8}$; (2) $\dfrac{\pi}{6}$; (3) $\dfrac{\pi}{3}$; (4) $\dfrac{1}{2}$; (5) 4; (6) $1-\dfrac{\pi}{4}$.

6. $\dfrac{8}{3}$.

7. $\Phi(x)=\begin{cases}\dfrac{x^3}{3}, & 0\leqslant x\leqslant 1,\\ -\dfrac{x^2}{2}+2x-\dfrac{7}{6}, & 1<x\leqslant 2.\end{cases}$

8. $f(x)=x-1$.

9. $F(x)$在 $x=0$ 处连续,但不可导.

10. 证明略.

提高题

1. 2.

2. $\dfrac{1}{6}$.

3. $5\times 2^{n-1}$.

4. $\dfrac{1}{1+x^2}+\dfrac{\pi}{3}x^2$.

5. 同.

6. B.

7. C.

8. (1) $a=-1$; (2) $a=-2$.

9. -1.

10. 最小值 $f\left(\dfrac{1}{2}\right)=\dfrac{1}{4}, f\left(-\dfrac{1}{2}\right)=\dfrac{1}{4}$.

11. 最小值 $f\left(\dfrac{1}{\sqrt{2}}\right)=\dfrac{2-\sqrt{2}}{6}$,最大值 $f(0)=\dfrac{1}{3}$.

习题 5.4

1. (1) $\dfrac{\pi}{2}$; (2) $\dfrac{\pi}{16}$; (3) $\sqrt{2}-\dfrac{2}{3}\sqrt{3}$; (4) $\dfrac{1}{6}$; (5) $\dfrac{22}{3}$; (6) $\dfrac{2}{5}$;

(7) $\frac{1}{2}(1-e^{-1})$； (8) $\frac{3}{2}$； (9) 1； (10) $\arctan e-\frac{\pi}{4}$.

2. $\tan\frac{1}{2}-\frac{1}{2}e^{-4}+\frac{1}{2}$.

3. (1) 0； (2) $\frac{\pi^3}{324}$； (3) $4-\pi$； (4) ln3.

4. (1) $\pi-2$； (2) $\frac{e^2}{4}+\frac{1}{4}$； (3) $\frac{\pi}{4}-\frac{1}{2}$； (4) $\frac{\pi}{12}+\frac{\sqrt{3}}{2}-1$； (5) $\frac{\pi}{8}-\frac{\ln 2}{4}$；

(6) $2-2e^{-1}$； (7) $\frac{1}{2}(e\sin 1-e\cos 1+1)$； (8) $\frac{e}{2}-1$.

5. $f(x)=xe^{-x}+4e^{-1}-2$.

6.～10. 证明略.

提高题

1. $\frac{\pi^3}{2}$.

2. 1.

3. $\frac{\pi}{4}$.

4. 1.

5. $F'(x)=\begin{cases}\int_0^x f(t)\mathrm{d}t, & x<0,\\ 0, & x=0,\\ \ln[1+f(x)], & x>0,\end{cases}$ $F''(0)=0$.

6. 0.

7. $\frac{2}{3}$.

8. -20.

9. $\frac{25\pi}{8}$.

10.～11. 证明略.

12. (1) $\frac{1}{3\pi}$； (2) 证明略.

习题 5.5

1. (1) $\frac{1}{3}$； (2) 1； (3) 发散； (4) ln2； (5) π； (6) $\frac{1}{2}\ln 2$； (7) 发散；

(8) 发散； (9) 1； (10) 发散.

2. 2.

3. 当 $\lambda>1$ 时收敛于$\frac{1}{(\lambda-1)(\ln 2)^{\lambda-1}}$；当 $\lambda\leqslant 1$ 时发散.

4. $\frac{\pi}{4}+\frac{1}{2}\ln 2$.

提高题

1. 1.

2. $\frac{3}{8}\pi$.

习题 5.6

1. (1) $\frac{64}{3}$； (2) $\frac{1}{6}$； (3) $\frac{32}{3}$； (4) $\frac{3}{2}-\ln 2$； (5) $b-a$； (6) $e+\frac{1}{e}-2$.

2. $\frac{9}{16}$.

3. (1) πa^2； (2) $18\pi a^2$； (3) $\frac{5\pi}{4}$.

4. (1) $\frac{3}{10}\pi,\frac{3}{10}\pi$； (2) $\frac{16}{3}\pi,\frac{184}{15}\pi$； (3) $\frac{11}{6}\pi,\frac{8}{3}\pi$； (4) $\frac{1}{4}\pi^2,2\pi$.

5. $5\pi^2a^3$； $6\pi^3a^3$.

6. $\frac{1}{2}\pi R^2 h$.

7. 证明略.

提高题

1. $V=\frac{\pi^2}{4}$.

2. $S=\frac{1}{2}\ln 2$.

3. $S(t)$在$t=\frac{1}{2}$处取得最小值$S\left(\frac{1}{2}\right)=\frac{1}{4}$.

4. 当$a=\frac{1}{\sqrt{2}}$时，S取最小值$\frac{2-\sqrt{2}}{6}$.

5. (1) $V_1=\frac{4\pi}{5}(32-a^5)$，$V_2=\pi a^4$； (2) $a=1$是极大值点，亦即最大值点，此时V_1+V_2取得最大值$\frac{129}{5}\pi$.

6. $\frac{\pi^2}{2}-\frac{2\pi}{3}$.

习题 5.7

1. 300.
2. (1) $C(x)=-0.2x^2+12x-200$； (2) $L(x)=-0.2x^2+32x-200$，最大利润$L(80)=1080$元.
3. (1) 4 百台； (2) 0.5 万元.
4. $Q(P)=-4P+80$.

提高题

1. $C(x)=10e^{0.2x}+80$.
2. 贴现值 3 亿元.

复习题 5

1. (1) 0； (2) $\frac{1}{3}$； (3) $(e^2,+\infty)$； (4) -1； (5) a.

2. (1) D； (2) D； (3) C； (4) A； (5) B.

3. (1) $\frac{\sqrt{3}\pi}{9}$； (2) $\frac{4}{3}\sqrt{2}-\frac{2}{3}$； (3) $af(a)$； (4) -2.

4. $\frac{1}{2}\leqslant\int_{\frac{\pi}{4}}^{\frac{\pi}{2}}\frac{\sin x}{x}dx\leqslant\frac{\sqrt{2}}{2}$.

5. (1) $\sin x^2$； (2) $xf(x^2)$.

6. $\frac{e^{y^2}\cos x^2}{2y}(y\neq 0)$.

7. $\frac{1}{5}$.

8. $f(x)=x^2-\frac{4}{3}x+\frac{2}{3}$.

9. $y=x$.

10. ~11. 证明略.

12. (1) $\frac{\pi}{2}-\frac{4}{3}$； (2) $\frac{2}{3}\pi$； (3) $\sqrt{2}(\pi+2)$； (4) $\frac{1}{3}\ln 2$.

13. $\frac{1}{2}\left(\frac{1}{2}+\frac{1}{\pi+2}-A\right)$.

14. ~15. 证明略.

16. (1) 证明略； (2) $\frac{\pi}{2}$.

17. 证明略； $200\sqrt{2}$.

18. ~19. 证明略.

20. $\frac{\pi}{2}$.

21. $3(1+\sqrt[3]{2})$.

22. 1.

23. $\frac{9}{4}$.

24. $\frac{37}{12}$.

25. $\frac{e}{2}$.

26. (1) $v_x=\frac{\pi}{2}(e^2-3)$, $v_y=2\pi$； (2) $160\pi^2$.

27. 64π.

28. (1) $a=1-\frac{1}{4b}$； (2) $a=\frac{2}{3}$, $b=\frac{3}{4}$.

29. 2400； 60； 100.

30. 毛利 85,纯利 75.

31. (1) (2,9)； (2) 14.67； (3) 7.33.

自测题 5

1. (1) $\frac{1}{2}[f(2b)-f(2a)]$； (2) 3π； (3) $-\sin x^2-2x^2\cos x^2$； (4) $\frac{\pi^2}{8}$； (5) $\frac{1}{2}$.

2. (1) B； (2) B； (3) A； (4) B； (5) B.

3. (1) 12； (2) 1.

4. (1) $\frac{1}{2}(e^2-1)$； (2) ln3； (3) $4\sqrt{2}$.

5. $\frac{37}{24}-\frac{1}{e}$.

6. $\frac{253}{12}$.

7. $V_x=\frac{38}{15}\pi,V_y=\frac{5}{6}\pi$.

8. 最小值 $I(1)=0$,最大值 $I(e)=e^2$.

9. 证明略.

参考文献

1. 王金芝，楚振艳. 微积分[M]. 北京：清华大学出版社，2017.
2. 同济大学数学系. 高等数学 [M]. 八版. 北京：高等教育出版社，2025.
3. 张宏伟. 高等数学应用案例库：民族地区实践篇[M]. 北京：科学出版社，2024.
4. 汪晓勤. 数学史中的高等数学：从《九章算术》到现代分析学[M]. 上海：华东师范大学出版社，2023.
5. 杜栋. 可视化高等数学：Blender 与 Manim 实战[M]. 杭州：浙江大学出版社，2023.
6. THOMAS G B，等. 托马斯微积分 [M]. 叶其孝，译. 15 版. 北京：机械工业出版社，2024.
7. 吉米多维奇. 数学分析习题集(精编版)[M]. 李荣涑，译. 武汉：华中科技大学出版社，2025.
8. ADRIAN BANNER. 普林斯顿微积分读本(修订版)[M]. 杨爽，译. 北京：人民邮电出版社，2023.
9. STEWART J. Calculus：Early Transcendentals [M]. 7th ed. Boston：Cengage Learning，2016.
10. 李未，王飞跃. AI 时代的数学思维：从梯度下降到神经网络[M]. 北京：清华大学出版社，2025.
11. 教育部高等学校大学数学课程教学指导委员会. 高等数学课程思政案例集[G]. 北京：高等教育出版社，2024.
12. 大连民族大学数学科学学院. 中华民族共同体意识融入数学教学实践报告[R]. 大连：大连民族大学，2025.
13. 同济大学数学系. 高等数学(第七版)教学课件[EB/OL]. [2025-08-21]. https://math.tongji.edu.cn/teaching_resources.
14. 吴赣昌. 微积分：经管类 [M]. 五版. 北京：中国人民大学出版社，2017.
15. 同济大学数学系. 高等数学电子教案[EB/OL].